专利文献研究

智能汽车

2018

国家知识产权局专利局专利文献部◎组织编写

知识产权出版社
全国百佳图书出版单位
—北京—

图书在版编目（CIP）数据

专利文献研究.2018.智能汽车/国家知识产权局专利局专利文献部组织编写.—北京：知识产权出版社，2019.9

ISBN 978-7-5130-6471-2

Ⅰ.①专… Ⅱ.①国… Ⅲ.①专利—文集 Ⅳ.①G306-53

中国版本图书馆CIP数据核字（2019）第206406号

内容提要

本书为国家知识产权局专利局专利文献部组织编写的2018年优秀专利文献研究成果集的智能汽车专题，共13篇论文，旨在通过对这个专题的深入研究，传播共享专利局各审查部门、各地审查协作中心的专利审查员、专利信息分析人员、专利布局研究人员的最新专利文献研究成果，以期共同推进我国的专利文献专题研究的深度及广度。

责任编辑：卢海鹰　　　　**责任校对**：谷　洋

执行编辑：崔思琪　　　　**责任印制**：刘译文

专利文献研究（2018）

——智能汽车

国家知识产权局专利局专利文献部　组织编写

出版发行：知识产权出版社有限责任公司	网　　址：http://www.ipph.cn
社　　址：北京市海淀区气象路50号院	邮　　编：100081
责编电话：010-82000860转8112	责编邮箱：lueagle@126.com
发行电话：010-82000860转8101/8102	发行传真：010-82000893/82005070/82000270
印　　刷：三河市国英印务有限公司	经　　销：各大网上书店、新华书店及相关专业书店
开　　本：787mm×1092mm　1/16	印　　张：19.75
版　　次：2019年9月第1版	印　　次：2019年9月第1次印刷
字　　数：410千字	定　　价：90.00元

ISBN 978-7-5130-6471-2

《专利文献研究（2018）》编委会

出版说明

习近平总书记指出："加强知识产权保护是完善产权保护制度最重要的内容，也是提高中国经济竞争力最大的激励"。创新驱动发展是世界经济发展的必然趋势，知识产权日益成为国家发展的战略性资源和国际竞争力的核心要素。作为创新主战场的制造业需要把握这一难得的战略机遇，突出创新驱动，突破一批重点领域关键技术，向数字化、网络化、智能化方向发展。

《专利文献研究》系列丛书自2010年首刊以来，已收录文章400余篇，旨在及时挖掘专利文献价值、呈现各技术领域的最新研究成果。自2017年以来，本书编写组紧密围绕重点领域，邀请国家知识产权局专利局相关领域专利审查员开展专利技术综述撰写工作。

《专利文献研究2018》丛书共分三册，收录了智能汽车、智能电网、医药制药三个技术领域的专利技术综述。作者在整理、分析特定技术领域相关专利文献的基础上，以典型技术方案为支撑，展现该领域的技术发展趋势、核心技术、主要专利申请人和发明人等信息，并以此为基础对该技术领域今后的发展方向和发展趋势进行综合性论述。

衷心希望本书的出版能够为广大专利工作者提供参考，为制造业相关领域从业者提供借鉴和支持，为实现中国制造向中国创造、中国速度向中国质量、中国产品向中国品牌三大转变贡献力量。

《专利文献研究2018》编辑部

2019年9月

目　录

汽车用固态图像传感器专利技术综述*

马晓敏

摘　要　本文介绍了汽车用固态图像传感器国内外专利的基本情况，归纳和总结了汽车用固态图像传感器在国内外的申请趋势、主要申请人排名和分布，重点研究了汽车用固态图像传感器技术发展路线和技术功效的分布。

关键词　固态图像传感器　车　驾驶　运输　solid image sensor　pilot　vehicle

一、概述

固态图像传感器能实现信息的获取、转换，并能给出直观、真实、层次多、内容丰富的图像信息，因此得到越来越广泛的使用。随着图像处理和计算机视觉技术的快速发展，越来越多的先进技术应用到汽车电子领域。本文针对汽车用固态图像传感器的国内外专利申请做了重点研究。使用德温特世界专利索引数据库（DWPI）、世界专利文摘数据库（SIPOABS）、中文专利全文数据库（CNTXT）检索截至2018年6月1日的专利申请。检索过程主要采用分类号和关键词进行限定，在DWPI、SIPOABS中主要采用分类号H01L 27/14+、H04N 5/335和关键词pilot+、vehicle相与，并去除了具有分类号H01L 27/142和H04N 5/225的部分文献，人工去噪后最终得到1295篇外文文献。在CNTXT中主要采用分类号H01L 27/14+、H04N 5/335和关键词车、驾驶、交通、运输相与，并去除关键词飞、航等包含的部分文献，人工去噪后最终得到701篇中文文献。

（一）图像传感器的背景技术

从1839年法国物理学家A. E. Becquerel发现光生伏特效应开始，人们在后续的研究中发现基于硅的PN结具有较高的光电转换效率，可以用于采集光信号并转化为电信号。工作于积分模式下的光电二极管首先在1967年被Weckler所提出，该理论从根本上为未来的图像传感器芯片的发展奠定了基础。在1969年来自贝尔实验室的Willard S. Boyle和

* 作者单位：国家知识产权局专利局专利审查协作江苏中心。

George E. Smith 发明了电荷耦合器件 CCD（Charge Coupled Device）。[1] 此后，固态图像传感器经历了 CCD 器件、CMOS 无源像素 PPS、CMOS 有源像素 APS 等发展阶段，目前，CCD 技术和 CMOS 有源像素技术是固态图像传感器的主流技术。

（1）CCD 图像传感器

CCD 技术具有很多优点，图 1－1 给出了一个简化的隔列转移型 CCD 图像传感器阵列的工作原理图。这种隔列转移型 CCD 的工作过程如下：在光积分期间，光生电荷存储在像素单元的势阱里；当光积分时间结束，像素单元中的光生电荷便转移到垂直读出寄存器；此时的转移过程各列像素单元的光生电荷同时转移到对应的垂直读出寄存器中；转移到垂直读出寄存器中的光生电荷在读出脉冲的作用下一行行地向水平读出寄存器中转移，水平读出寄存器快速地将其经输出放大器输出。

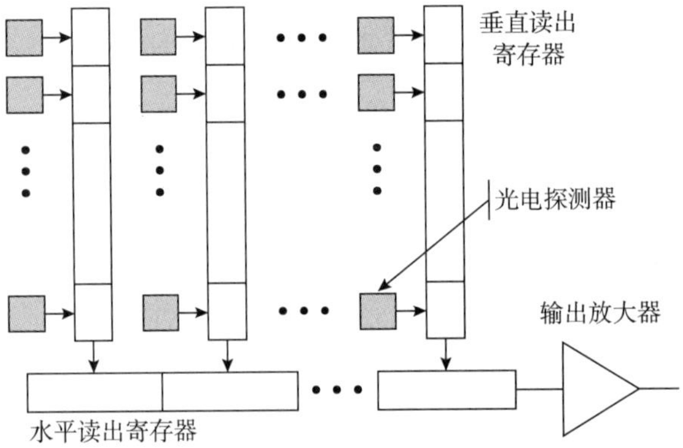

图 1－1　CCD 图像传感器阵列工作原理图

（2）CMOS 图像传感器

CMOS 图像传感器采用的是标准的 CMOS 工艺，CMOS 图像传感器从像素结构上主要可以分为无源像素 PPS 和有源像素 APS。无源像素 PPS 单元如图 1－2 由一个光电二极管和一个传输晶体管组成。由于列总线上寄生电阻和电容的影响，无源像素图像信号的读出速度很慢，而且读出噪声很大，无源像素的成像质量只有相同尺寸的 CCD 图像传感器的 1/10，这使得无源像素被限制应用在一些低端的产品上。

标准的 CMOS 有源像素 APS 单元如图 1－3 包括一个光电探测器、一个复位晶体管、一个源跟随放大器的晶体管、一个行选通管，其中源跟随放大器的晶体管输出电压随光电探测器电压变化。有源像素 APS 与无源像素 PPS 最显著的区别在于像素内是否包含有源缓冲器。有源像素内的有源缓冲器，连接光电探测器与列总线。通过增加缓冲管，像素的光电探测器与列总线相隔离，而与有源缓冲管的栅极相连接，栅极寄生电容远远小于总线电容。较小的敏感节点电容可以实现较高的数据读出速率和较小的读出噪声。[2]

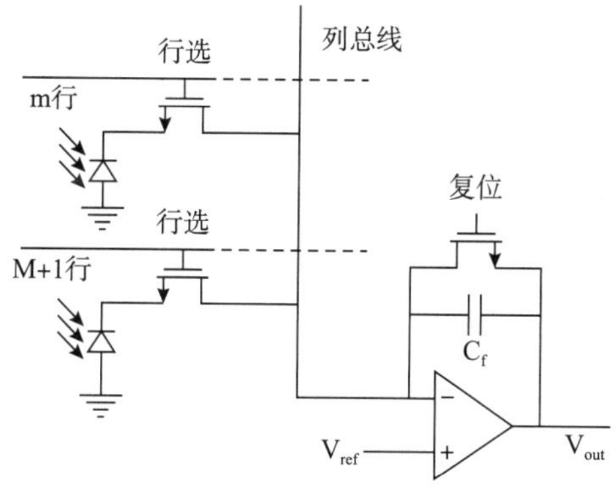

图 1－2　CMOS 无源像素 PPS 结构图

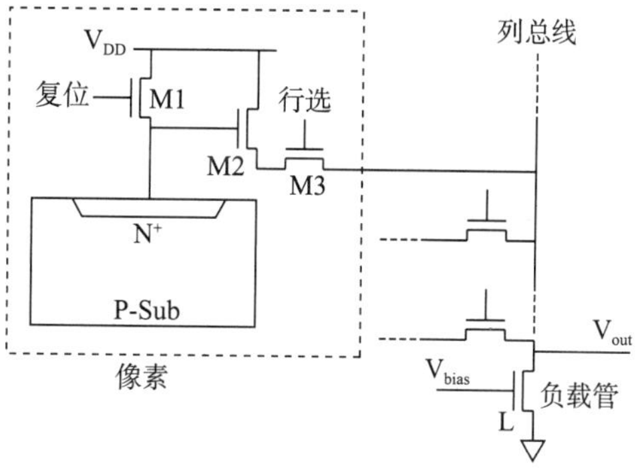

图 1－3　CMOS 有源像素 APS 结构图

（二）固态图像传感器在汽车上的应用

相比手机摄像头，汽车摄像头在抗震性、电学性、稳定性、对环境抵抗性等方面具有更严苛的要求，因此固态图像传感器在汽车上的应用壁垒更高。尽管如此，由于图像传感器能实现信息的获取、转换和视觉功能的扩展，固态图像传感器已广泛应用于汽车等移动交通工具上，主要有以下几方面的应用：[3]

（1）后视系统

后视系统是将摄像头安装在汽车的尾部，通过驾驶室的显示器将车后的情景显示给驾驶员，使其能清晰地观察到车后通过后视镜无法观察到的区域，提高驾驶的舒适性并且避免事故的发生。

（2）车道保持系统

车道保持系统主要由传感器及负责图像处理的控制器构成。传感器安装在前挡风玻璃上方，采集车前方 20～60m 的道路的图像并发送给控制器如图 1－4 所示。控制器根据得到的图像提取出车两侧的车道线，并将车道线与车的行驶方向进行比较，当存在交叉时控制器认为车辆已经或者正在偏离正确的车道。当方向指示灯打开时该功能关闭。

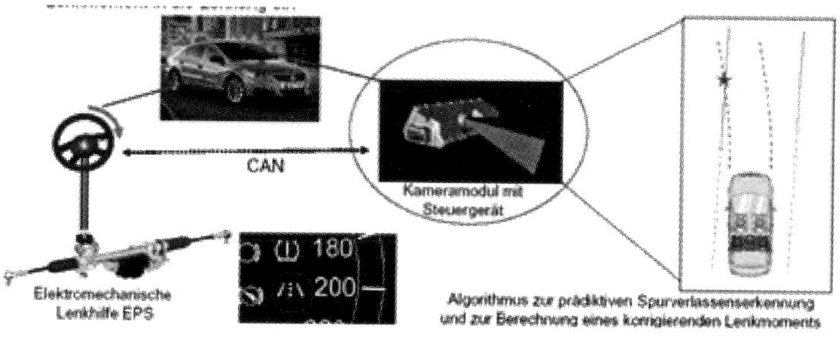

图 1－4　汽车车道保持系统

（3）全景监视系统

全景监视系统，顾名思义就是能够监视车辆周围所有相关的情况。其主要的结构就是在车的前后和左右各装配一个传感器，同时将各个传感器的图像数据进行拼接，以达到鸟瞰的效果。

（4）红外视觉系统（夜视系统）

红外图像传感器技术分为被动红外摄像技术和主动红外摄像技术。被动红外图像传感器技术是根据人体和热机发出的红外光较强，其他物体发出的红外光相对微弱的原理，利用特殊的热红外夜视仪可以实现夜间监控。主动红外图像传感器技术利用红外灯来产生红外辐射，发出人眼看不见的红外光去照射景物和环境，使用普通低照度 CCD 黑白摄像机或“白天彩色夜间自动转黑白”的图像传感器或“红外低照度彩色图像传感器”去感受周围景物反射回来的红外光，从而实现夜视功能。

（5）自动泊车系统

自动泊车系统是利用车尾摄像头，将车辆后方的路况呈现在中央显示屏中，驾驶员通过触摸屏把代表车身的方块在屏幕上随意移动，如果位置合适，方块将由红色变成绿色。此时只要挂入倒挡，控制好车速就可以完成自动停车了。目前的自动泊车系统在整个倒车过程中，系统仍然需要依靠其他传感器获取距离与车的位置信息。

二、固态图像传感器专利申请发展状况

（一）国外专利申请状况

本节主要对固态图像传感器在 H01L 27/14、H04N 5/335 领域应用于汽车等交通工具方向的国外专利申请状况的趋势以及全球重要专利申请人进行分析，从中得到相关固态图像传感器的技术发展趋势，以及各阶段专利申请国家分布和主要申请人。其中将每个同族中最早优先权日期视为该申请的申请日，一系列同族申请视为一件申请。

1. 国外专利申请趋势

图 2－1 示出了固态图像传感器应用于驾驶领域的国外专利申请趋势，大致可以分为三个时期，各时期划分以申请量增长率的变化为标准。

（1）萌芽期（1990 年之前）

1967 年 4 月 4 日，美国霍尼韦尔（HONEYWELL）提出采用双栅结型场效应晶体管作为辐射探测器（光电探测器）应用于航空或其他交通工具的图像处理系统上（US3453507A）；1977 年 7 月 14 日，梅塞施密特（MESSERSCHMITT）提出将辐射探测器应用于军用交通工具的夜视系统（US4210807A）；之后从 1986 年 11 月 7 日 ISEKI AGRIC 将 CCD 图像传感器应用于移动交通工具，至此之后的 1986～1990 年间梅塞施密特、松下（MATSUSHITA）、索尼（SONY）等公司先后将 CCD 图像处理装置应用于航空、军事等交通工具上。从萌芽期申请量与申请内容上分析，初期应用于交通工具方面的固态图像传感器主要集中在航空、军事等高端领域，后期 CCD 图像传感器初步应用于移动交通工具上，同时也有部分大型企业如松下、索尼等参与到该技术的开发中。

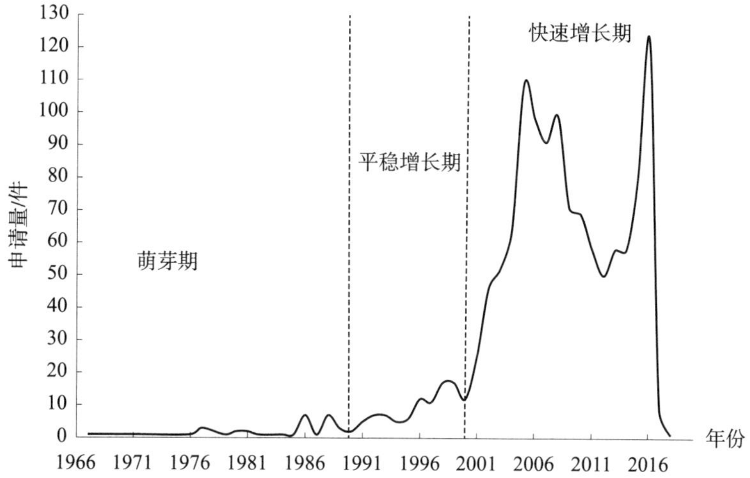

图2－1　固态图像传感器领域国外专利申请趋势

图2－2示出了1990年之前（萌芽期）固态图像传感器领域技术来源地申请量占比。从该图可以看出，在DWPI数据库收录的专利范围内，日本、美国、德国、法国的申请人在该领域几乎占据垄断地位，这与半导体技术在上述国家的发展具有直接关系。图2－3示出了1990年之前（萌芽期）固态图像传感器领域排名前十位的申请人，从该图可以看出，其中，梅塞施密特、汤姆森（THOMSON）、松下等申请人的申请量较多，但由于这一时期处于固态图像传感器在交通工具应用的萌芽阶段，研究该领域的发明人和申请人主要集中在军事、航空航天等高端领域，直到萌芽期后期CCD出现，才使固态图像传感器在普通交通工具，如汽车上具体应用。

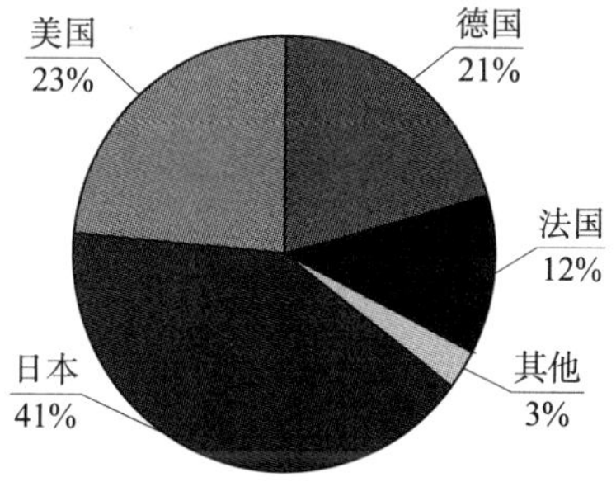

图2－2　1990年之前（萌芽期）固态图像传感器领域技术来源地申请量占比

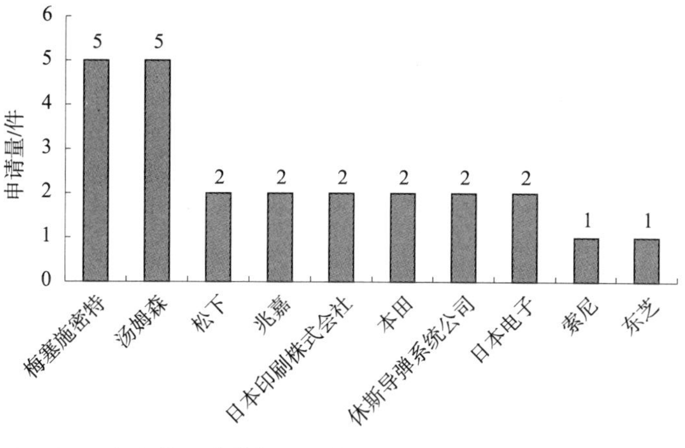

图2－3　1990年之前（萌芽期）固态图像传感器领域排名前十位的申请人

（2）平稳增长期（1991～2000年）

从图2－1可见，从1991年开始，固态图像传感器在交通工具应用领域的专利申请量处于稳中有升的趋势，而且申请人数量相较之前也有大幅度增长，特别是在该阶段后期，申请量相较于萌芽期已有较大增长。

图2－4示出了1991～2000年（平稳增长期）固态图像传感器技术来源地申请量占比，在萌芽阶段，日本、美国、德国、法国申请人的申请量位居前四位，而从图2－4中可以看出，在平稳增长期阶段，日本和美国仍保持前列并维持高速增长的趋势，在该趋势下，德国增长量不及上述两国，而法国以及其他国家则未能在该领域保持增长势头。另外，从图2－4可知日本与美国在汽车固态图像传感器领域占据将近90%的专利申请量，半导体技术起源并发展于美国，美国在半导体领域的理论基础以及设备工艺等方面具有雄厚的根基，日本近代致力于发展半导体技术和汽车生产，因此上述申请量也从侧面反映了日本和美国在汽车固态图像传感器领域的技术地位。

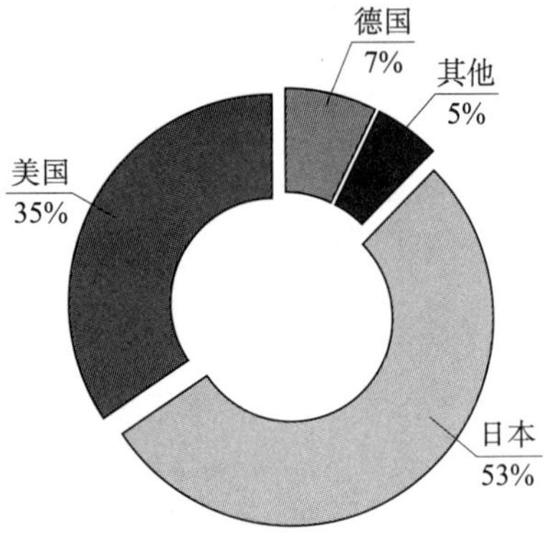

图2－4　1991～2000年（平稳增长期）固态图像传感器领域技术来源地申请量占比

图2－5示出了1991～2000年（平稳增长期）固态图像传感器领域排名前11位申请人申请量分布，从图2－5中可以看出，在该阶段，美光（MICRON）以较多的申请量遥遥领先于其他申请人，其次是以索尼、松下、电装（DENSO）、夏普（SHARP）、佳能（CANON）、本田（HONDA）等日本公司为主的申请人，这是由于在1998～2000年，美光提出将CMOS图像传感器应用于汽车驾驶系统，美光针对该项技术提出了大量的专利申请（如US19980172301A、US19990374990A等），从图2－1中也得以体现，即在1998～2000年固态图像传感器在汽车领域的申请量具有一个增长的小高峰；此外在1991～2000年，索尼、

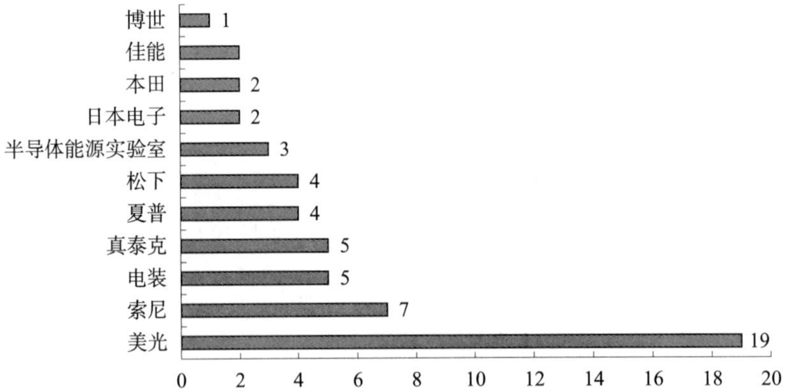

图2－5　1991～2000年（平稳增长期）固态图像传感器领域排名前11位的申请人

松下、夏普、电装等日本公司在汽车等交通工具的图像传感器仍然以 CCD 图像传感器技术为主（如专利 JPH05638A、JPH10189942、JPH05316435A 等），并且索尼、松下等上述日本公司在 1991 ~2000 年（平稳增长期）的申请量处于稳步上升趋势。

（3）快速增长期（2001 ~2018 年）

从图 2 –1 可见，从 2001 年开始，汽车固态图像传感器的申请量相比前两个阶段都出现了量的飞跃，这也从一个侧面证明了随着时代和工业的发展，固态图像传感器在汽车领域的应用与优势越来越多地被认可。而在该阶段由于汽车等驾驶工具的飞速发展也激发了对固态图像传感器更高的要求，特别是在 CMOS 图像传感器技术日益成熟的情况下，CMOS 固态图像传感器能够越来越多地应用于汽车驾驶系统。另外，特别是在当下进入辅助驾驶系统阶段，固态图像传感器在汽车的报警系统、后视摄像机、倒车可视系统、乘客监控、盲点监测、停车辅助系统、自动泊车系统等方面均占据主导地位，因此在快速增长阶段汽车固态图像传感器的申请量呈直线上升趋势。

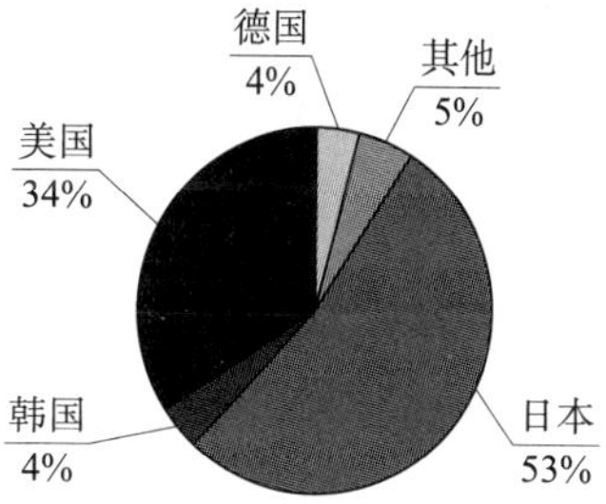

图 2 –6　2006 ~2018 年（快速增长期）固态图像传感器领域技术来源地申请量占比

图 2 –6 示出了 2006 ~2018 年（快速增长期）固态图像传感器领域技术来源地申请量占比，可以看出，日本、美国、韩国、德国位居前四位，占据了 95% 的申请量，相较于平稳增长期，日本与美国仍保持在汽车固态图像传感器技术上的领先地位。但是，韩国和德国属于后起之秀，也具有一定的申请量，这与韩国在近代半导体技术的飞速发展具有不可分割的关系，此外德国在半导体技术、光学、汽车等领域具有雄厚的理论和工艺基础，因此伴随汽车的飞速发展也带动了汽车图像传感器在德国的技术发展。

图 2 –7 示出了 2006 ~2018 年（快速增长期）申请量排名靠前的申请人排名，从图 2 –7 中可以看出，在该阶段，申请量排名前三的公司为美光、松下以及安森美（APTINA），尽管其他公司申请量排名稍有落后，但是也仍具有可观的申请量。在该阶段，大部分技术集中于 CMOS 图像传感器，这与 CMOS 图像传感器集成度高、成本低等多方面的特点密不可分。仅有约 1/10 的申请量属于 CCD 图像传感器，且 CCD 图像传感器申请集中于夏普公司，由于 CCD 图像传感器具有更好的图像质量，在高端摄像技术要求下仍具有极大的应用。

2. 国外重要申请人排名

表 2 –1 示出固态图像传感器领域国外重要申请人排名及申请数量，从该表可知国外重要申请人排名前十位的分别是：美光、松下、安森美、索尼、夏普、豪威科技（OMNIVISION）、佳能、半导体元器件公司（SEMICONDUCTOR COMPONENTS IND）、三星、

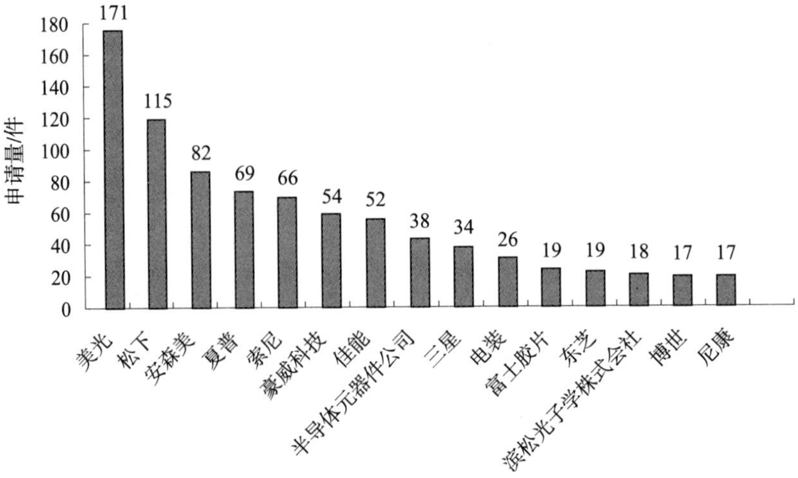

图2-7　2006~2018年（快速增长期）固态图像传感器领域排名靠前的申请人

电装、富士胶片、东芝、滨松光子学株式会社、博世、尼康。

表2-1　固态图像传感器领域国外重要申请人排名

申请人	申请量/件	国别
美光	190	美国
松下	119	日本
安森美	82	美国
夏普	73	日本
索尼	73	日本
豪威科技	54	美国
佳能	52	日本
半导体元器件公司	38	美国
三星	34	韩国
电装	26	日本
富士胶片	19	日本
东芝	19	日本
滨松光子学株式会社	18	日本
博世	17	德国
尼康	17	日本

（二）中国专利申请状况

本节主要对中国专利申请状况的趋势以及全球专利重要申请人进行分析，从中得到汽车用固态图像传感器技术的发展趋势以及重要申请人的申请量排布状况。

图2－8示出了关于汽车用固态图像传感器的中国专利申请趋势与国外专利申请趋势的对比，可以看出，与国外专利申请趋势对应，大致也可以分为三个阶段，第一阶段为1986～2003年，第二阶段为2004～2011年，第三阶段为2012～2018年。中国专利关于汽车用固态图像传感器的申请较国外专利技术起步晚、数量少，直到2012年以后，国内申请量与国外申请量才保持同步增长。由于中国半导体起步较晚、基础较差，商用CCD芯片的开发完全落于人后，市场基本被索尼、松下、夏普等日本厂商垄断，彻底错过CCD时代。而随着CMOS图像传感器的兴起、国内半导体技术的发展以及国内市场的空前发展，在2012年以后国内的申请量已经与国外申请总量几乎持平。

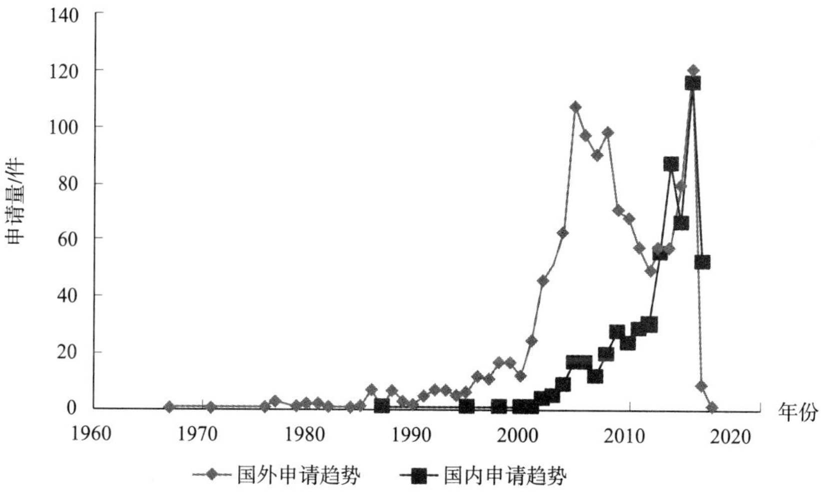

图2－8　汽车用固态图像传感器国内外专利申请趋势对比

图2－9示出了汽车用固态图像传感器中国申请人排名，从该图中可以看出，国内申请量排名前三位的申请人豪威科技、索尼、全视科技均属于国外公司。上述公司在CMOS图像传感器领域具有长久的技术积累，在国外该领域的申请量也居于前列。此外，排名第四至六位的申请人分别是：北京思比科微电子、上海集成电路研发中心、格科微电子。上述申请人均属于国内公司。可以看出，虽然国内公司的图像传感器技术起步较晚，但是已经具有奋起直追的势头。其中北京思比科微电子、格科微电子作为中国主要的CMOS图像传感器供应商，除了将CMOS图像传感器应用于智能手机上，还进一步扩大应用领域，将CMOS图像传感器应用于监控、车载、无人机等。从图2－9所示的专利申请量也不难看出，北京思比科微电子、格科微电子等公司对于汽车用图像传感器领域的重视。

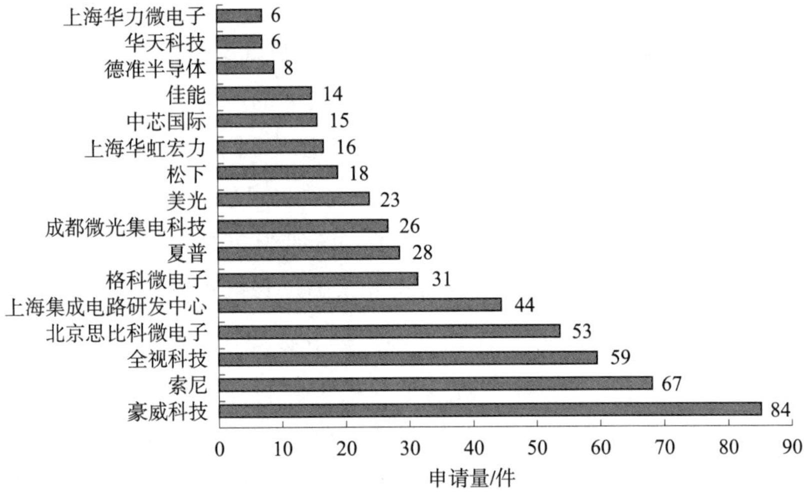

图2-9　汽车用固态图像传感器中国申请人排名

图2-10示出根据IPC分类号统计得到汽车用固态图像传感器的国内申请的技术分布，可以看出，汽车用固态图像传感器的国内申请主要集中在CMOS图像传感器领域（H01L 27/146），CCD图像传感器领域（H01L 27/148）涉猎不多。而随着CMOS IMAGER SENSOR（CIS）的兴起和发展，我国申请主要集中在CMOS图像传感器领域，并且从图2-9示出的汽车用固态图像传感器国内外申请人申请量的排名可看出，国内公司正致力于CMOS图像传感器的研究与开发，尝试逐步打破日本与欧美厂商在CMOS图像传感器领域的技术与市场垄断。

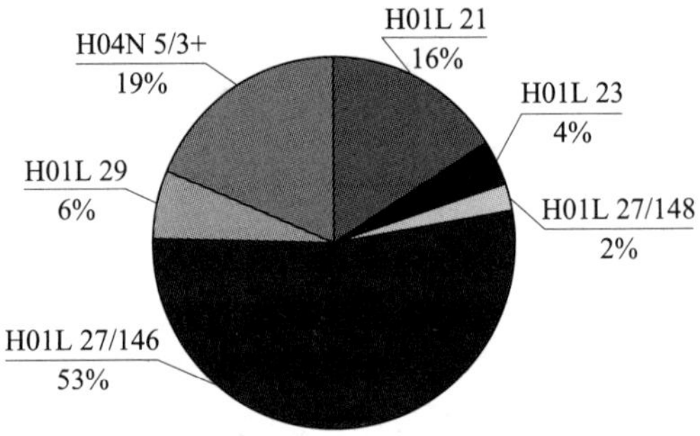

图2-10　汽车用固态图像传感器国内申请的技术分布

三、汽车固态图像传感器技术专利技术发展分析

（一）汽车用固态图像传感器技术发展路线

图3-1示出了汽车用固态图像传感器技术发展路线。光电二极管自1967年被Weckler提出后，为未来的图像传感器芯片的发展奠定了基础，此后依次经历了CCD图像传感器、CMOS无源像素传感器（CMOS-PPS）、CMOS有源像素传感器（CMOS-APS）、CMOS数字像素传感器（CMOS-DPS）等阶段。1967年4月4日美国霍尼韦尔提出，采用双栅结型场效应晶体管作为辐射探测器（光电探测器）应用于航空或其他交通工具的图像处理系统上（专利US3453507A）。1977年7月14日梅塞施密特提出将辐射探测器

应用于军用交通工具的夜视系统，该夜视系统利用自然界绝大多数物体的温度都大于绝对温度，在此情况下的物体都会向外发射一定波长的红外光束的原理，采用辐射探测器感知上述光束，由于所发射红外光束的能量很弱，用于夜视系统的红外图像传感器价格昂贵，主要用于军事方面（专利 US4210807A）。此后，随着井关农机株式会社（ISEKI AGRIC）在 1986 年 11 月 7 日提出采用 CCD 作为移动交通工具的图像处理装置（专利 JPS63120216A），梅塞施密特、松下、索尼等先后将 CCD 图像处理装置应用于航空、军事等交通工具上。1986 ~ 1998 年，作为移动工具用的图像传感器主要技术集中于 CCD 图像传感器上，作为代表的当属索尼、夏普、松下等公司。1998 年，美光将 CMOS 图像传感器应用于汽车驾驶系统，并提出了大量的专利申请，自此之后，汽车用固态图像传感器进入 CMOS 时代，大部分专利集中于 CMOS 图像传感器领域，仅有约 1/10 的申请量属于 CCD 领域，且 CCD 申请较集中于日本夏普；从 2005 年开始，伴随着汽车从普通汽车到自动驾驶的升级，安全等级在加码，CMOS 图像传感器在汽车报警系统、后视摄像机、主动巡航控制、驾驶员瞌睡告警系统、倒车可视系统、乘客监控、盲点监测、停车辅助系统、追尾碰撞预警、自动泊车系统等方面突出的优势，使得对 CMOS 图像传感器的专利申请量进入飞速增长的模式。

（二）汽车用固态图像传感器技术功效分布

图 3 –2 示出了汽车固态图像传感器技术功效分布，主要从以下几方面技术内容进行分析：①高动态性；②灵敏度；③降噪；④功耗；⑤抗震动；⑥环境抵抗性；⑦夜视环境；⑧深度测距。第①至④点属于固态图像传感器固有性能，其中，高动态性（动态范围）是固态图像传感器一项非常重要的指标，即图像传感器能够响应的最大光强与最小可探测光强（通常由系统的噪底决定）的比值，用分贝（dB）作为单位。例如自然场景从直射阳光到暗夜的动态范围近 180dB，而目前典型 CMOS 图像传感器 DR 只有 70dB 左右，满足不了记录自然场景的要求，采用 CIS 作感光元件的照相机逆光下同一帧里无法将人脸和背景同时拍摄清楚，动态范围对 CCD 和 CMOS 图像传感器的工作条件具有较强的限制作用，因此上述重要申请人均对于该技术具有深入的研究（专利 JP2000078480A，索尼；专利 US6140630A，美光；专利 US2006243887A1，安森美；专利 JP2007129502A，松下）。灵敏度和信噪比均涉及图像传感器及其工作电路是否能够准确地将光信号转化成电信号并进行图像的还原，上述技术问题关系到图像传感器成像真实程度，是固态图像传感器的重要指标，如专利 US6310366B1 中美光提出 CMOS 图像传感器降低串扰提高信噪比、专利 US2002163020A1 中美光提出 CMOS 图像传感器提高量子效率提高信噪比。对于功耗问题，随着半导体器件尺寸越做越小，功耗一定程度上影响了半导体器件的电学性能和使用寿命，如专利 JP3169327B2 中夏普提出降低 CCD 图像传感器的功耗。第⑤至⑧点是固态图像传感器应用于汽车领域时对于生产的更高要求和标准。由于汽车的工作环境

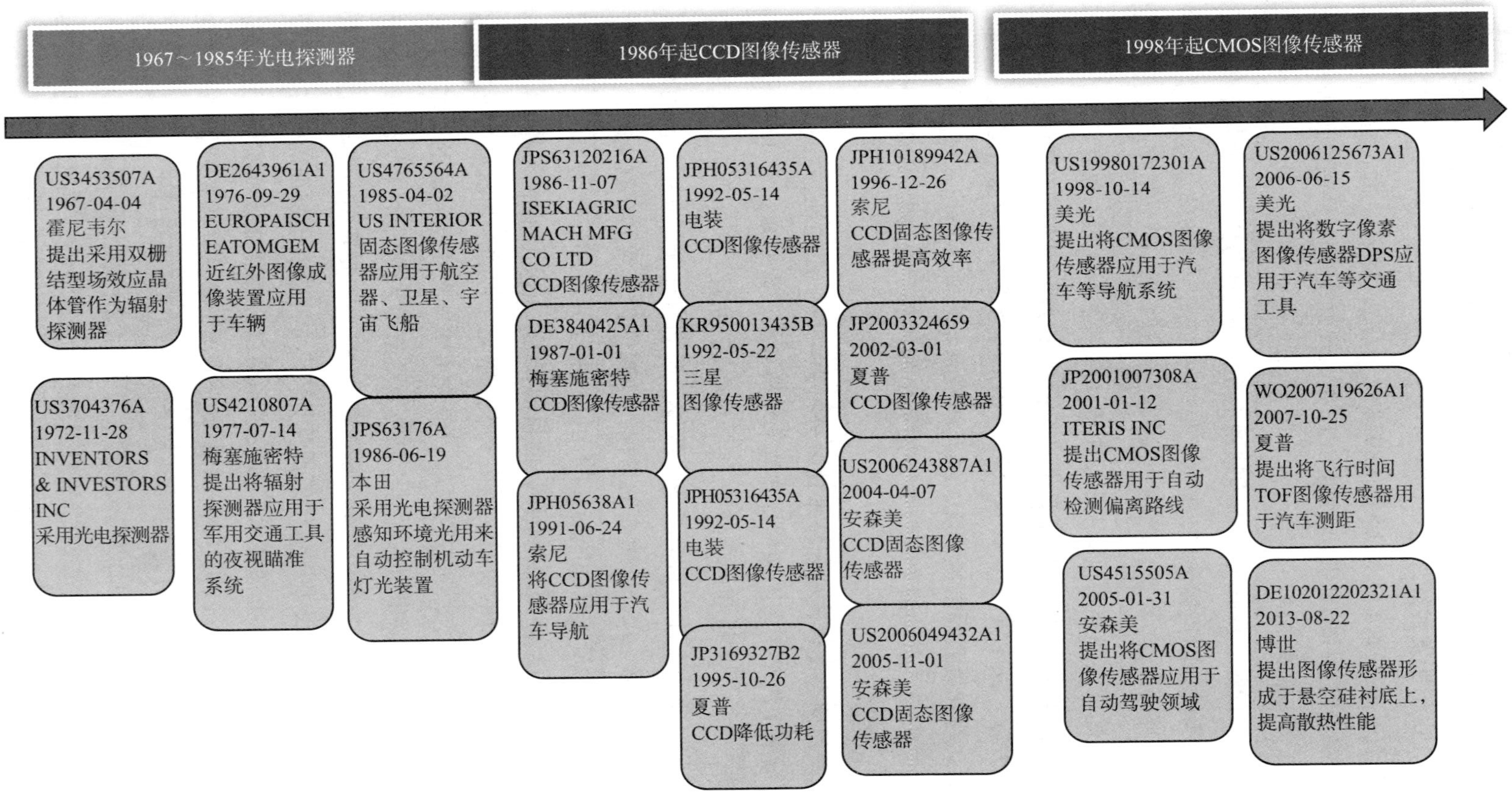

图3-1 汽车用固态图像传感器技术发展路线

比较艰苦，狂风暴雨、严寒酷暑、泥泞颠簸、飞沙走石，这种恶劣和严苛的环境都将遇到，那么安装在汽车上的固态图像传感器其在抗震性、环境抵抗性（温度、耐蚀）等方面就具有了不同于普通图像传感器特别是应用于手机上的图像传感器的要求，这也是长期需要解决的技术问题，如专利 US2006118943A1 中霍尼韦尔提出 CMOS 图像传感器具有抗震动性。此外，夜视系统具有更高的安全价值，比如夜间行车时，普通汽车前大灯近光灯的照射范围只有 30 米，所有光线没有直接照射到的地方，驾驶员都很难看清楚或根本看不见，远光灯虽然能够改善，但由于影响逆向道驾驶员视线也只能在很少情况下使用，因此车载夜视系统对于汽车安全至关重要。最后，随着无人驾驶的兴起，对于图像传感器在深度测量上也提出了相应的要求。

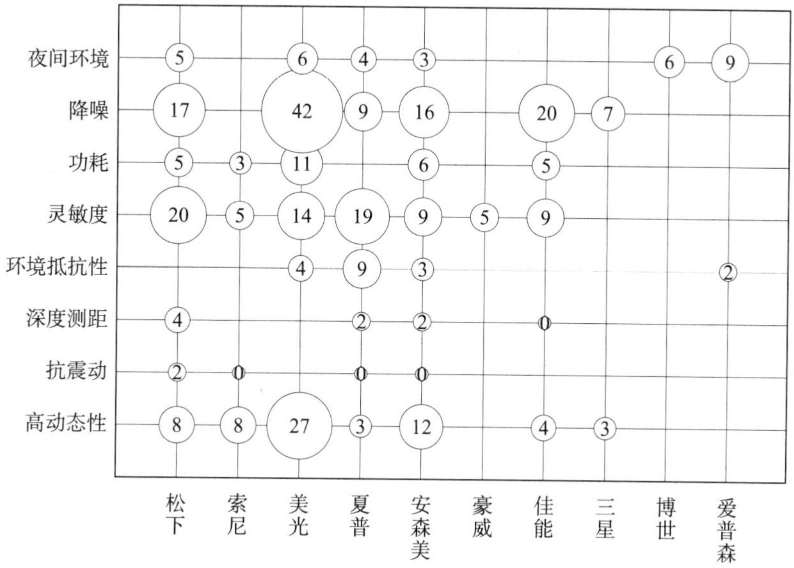

图 3－2　汽车固态图像传感器技术功效分布

注：图中数字表示申请量，单位为件。

综上可知，从该图 3－2 可以看出，固态图像传感器应用于汽车领域时，其在性能上不仅对固态图像传感器固有性能如灵敏度、功耗、降噪等方面具有大量的专利申请，同时当其应用于汽车时，伴随着汽车本身高速行驶、外界环境条件差以及在辅助驾驶系统 ADAS 中对于测距的要求，固态图像传感器对于环境抵抗性、深度测距以及抗震动、夜视环境等方面具有高于普通图像传感器的要求，因此上述技术也占据一定的申请比例。从图 2－8 所示国外重要申请人排名前五位分别是美光、松下、安森美、索尼、夏普，从图 3－2分析上述公司在专利技术布局上可知，上述申请人的重点技术分布具有相似之处，均对灵敏性、降噪、高动态性和功耗等涉及图像传感器基本性能的专利技术重点布局，此外针对汽车领域高性能要求的夜视环境、环境抵抗性、深度测距以及抗震动等特性均具有一定的专利布局。

四、汽车固态图像传感器前景分析和总结

尽管 CMOS 图像传感器以及图像处理技术在各个领域都有了长足的发展，但是由于汽车对于图像传感器的功耗、体积以及图像处理的运算速度、可靠性都有着非常严苛的要求，因此固态图像传感器在汽车上的应用目前仍处于技术发展阶段，未来随着技术的发展，视觉测量、图像拼接以及图像识别将是非常重要的发展方向。这几个方向目前在车上已经开始应用，但是局限性很大。

自动泊车功能可以看作是视觉测量的应用，但是该功能还仅仅是单镜头二维数据的测量，需要驾驶员参与完成很多的前期工作，同时在整个倒车的过程也是由其他系统来负责完成测量的。图像拼接技术的典型应用是全景监视，该功能已经实现并且批量生产，但是如何提高拼接部分的误差、减少盲区以及鬼影的存在仍然是比较重要的技术问题。图像识别将是未来实现无人驾驶的关键技术，一旦图像识别技术能够实现三维视觉的重建并对绝大多数的障碍物、行人以及交通标示进行识别，结合目前的导航技术、自适应巡航技术，车辆完全可以实现无人驾驶。目前应用的实例是车道保持技术。该技术能够得到应用主要有两点原因，一个是车道线的识别及测量均可通过二维数据可以实现，另外一个就是车道标示线的提取和识别相比较其他交通标示要容易得多。

图像传感器在汽车上的应用大大提高了车辆驾驶的舒适性和安全性，已经得到了市场的普遍认可。伴随着深度学习、高精地图、智能硬件的发展，汽车领域也突破了以往的沉寂，成为汽车全产业链的风口，上述技术离不开基础的图像传感器，专门为汽车设计的图像传感器也将迎来新的发展。可以预见，在不久的将来，以图像传感器为主的系统将会在汽车整个电器系统中占据越来越重要的地位，同时以图像传感器和图像数据处理为基础的自动驾驶系统也将会出现在人们的面前。

参考文献

[1] 李兆涵．超宽动态范围图像传感器的研究［D］．长春：吉林大学，2016.

[2] 付贤松．CMOS 图像传感器动态范围扩展技术的研究［D］．天津：天津大学，2006.

[3] 庄攀峰．图像传感器在汽车上的应用［J］．科普园，2010：43－46.

汽车主动安全中自动紧急制动相关的专利技术综述*

盖蕾　王芃**　王敏**

摘　要　随着人们对汽车安全性要求的不断提高，汽车主动安全技术在全球范围内引起了越来越广泛的关注。由于能够有效避免或减少事故的发生，自动紧急制动系统已逐步成为汽车主动安全技术的重要组成部分，在整个汽车行业中的应用正逐步普及，甚至在中低端车型中的应用也日渐增多。本文从专利的角度，分析国内外自动紧急制动系统相关专利的申请量趋势、地域分布、专利流向、技术发展路线、关键申请人以及专利技术构成，对未来发展趋势进行预测，并针对未来发展给出一些建议供中国相关企业参考。

关键词　自动紧急制动　避撞　防撞　AEB　专利

一、概述

（一）研究背景

截至2017年底，中国汽车产销量连续9年蝉联全球第一，而与此同时，2017年中国道路交通事故年死亡人数仍高居世界第二。汽车安全技术作为能减少事故发生和降低伤害的重要手段，越来越受到汽车厂商和消费者的重视。

汽车安全技术分为被动安全技术和主动安全技术，被动安全技术是指事故发生过程中及事故发生后，尽量减少损害的技术。而主动安全技术是指通过预先的防范，避免事故发生的技术。随着人们对汽车安全的要求越来越高，被动安全技术已经无法满足人们的要求，汽车安全技术正在朝着主动预防事故发生的方向发展。20世纪70年代以来，汽车主动安全中制动相关的技术经历了从防抱死制动系统（ABS）、驱动防滑转系统（ASR），到电子制动力分配（EBD）、电子稳定系统（ESP），再到自动紧急制动系统（AEB）的发展。基于上述各制动相关专利的被标引量，在图1中标注出相对应的核心专

* 作者单位：国家知识产权局专利局专利审查协作北京中心。
** 等同第一作者。

利的发展脉络。

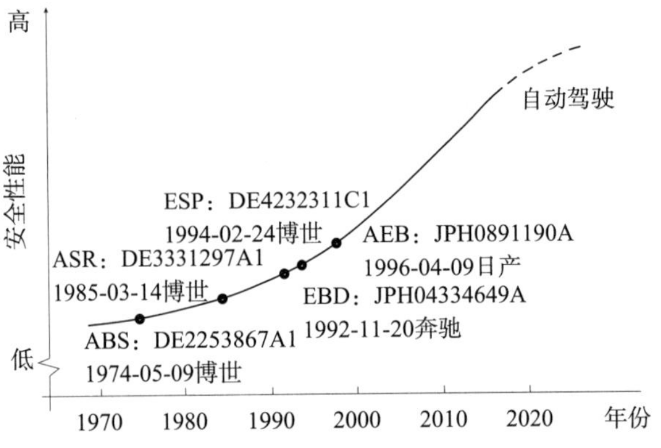

图 1　汽车主动安全中制动相关的核心专利申请发展脉络

欧洲新车评价机构（Euro NCAP）通过对交通事故的分析发现，90% 的交通事故是由于驾驶员的注意力不集中引起的，而 AEB 能够减少 38% 的追尾碰撞。2014 年欧洲新车评价规程（Euro－NCAP）将 AEB 纳入评分体系。同年，美国公路安全保险协会（IIHS）将预碰撞系统（Front Crash Prevention）引入碰撞测试。日本新车评价机构（JNCAP）首度进行了预碰撞安全系统测试。2018 年中国新车评价规程（以下简称“C－NCAP”）增加了车辆的 AEB 试验和评价，从此中国也正式将 AEB 纳入汽车安全技术的考量范畴。由此可见，AEB 已逐步成为汽车主动安全技术的重要组成部分，同时也成为消费者的重点关注对象。

（二）研究对象

AEB（Autonomous Emergency Braking），即自动紧急制动系统，又称自主紧急制动系统或预碰撞安全系统，其通过摄像头和/或雷达检测和识别前方车辆或行人等障碍物，在距离过近且存在碰撞风险的情况下先用声音或灯光等形式提醒驾驶员进行制动操作回避碰撞。若驾驶员没有采取任何避撞操作，系统判断无法避免追尾碰撞时，就会采取自动紧急制动措施来降低车辆速度或转向控制以减轻或避免碰撞，如图 2 所示。

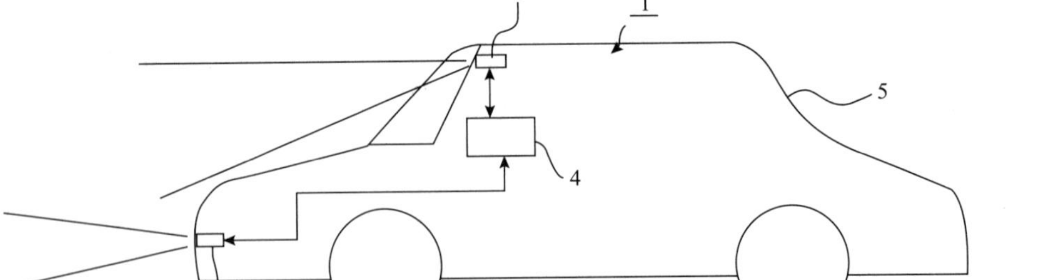

图 2　公开号为 CN1704719A 的示意图

AEB 有三层含义。自动：AEB 是自动启动的、不按驾驶员或乘客意愿启动的制动。紧急：AEB 仅在危机时刻才会采取干预措施。制动：AEB 会通过直接制动或补充制动的方式来避免或减轻事故。其中，危机时刻通过摄像头和/或雷达来实现判断。

AEB 一般还包含两项技术。FCW（Forward Collision Warning，前向碰撞预警）：车辆在探测到极有可能发生碰撞时所自动发出的警告，用以警示驾驶员。DBS（Dynamic Brake Support，动态制动辅助）：当驾驶员已经进行制动操作但仍被检测到有发生碰撞的可能时，该系统将自动调节制动力，达到较正常驾驶员制动操作更大的车辆减速。

（三）研究方法

为了全面、准确地反映 AEB 领域的专利技术现状及其发展趋势，在对现有专利数据库进行分析比较的基础上，本文选择了专利检索与服务系统（Patent search and service system，以下简称“S 系统”）中的中国专利文摘数据库（CNABS）、中国专利检索系统文摘数据库（CPRSABS）、德温特世界专利索引数据库（DWPI）和世界专利文摘数据库（SIPOABS）以及 incoPat 数据库作为检索数据库。

鉴于 AEB 技术除了涉及制动外，还涉及与不同功能的车辆子系统进行联合控制、辅助驱动及相应的控制策略，因此，数据检索所使用的分类号并不局限于 B60T，还包含 B60W、B60R、B60K、G05B 和 G05G。

目前，各大汽车厂商和配件制造商都有自己的 AEB，它们根据各自策略、技术构成和实现效果的不同，给予 AEB 不同的命名。例如，梅赛德斯·奔驰称其为预安全制动系统（PRE－SAFE Brake）、丰田称其为预碰撞系统（Pre－Collision System）、本田称其为碰撞减轻制动系统（Collision Mitigation Brake System）、大众称其为正面辅助系统（Front Assist）、沃尔沃称其为城市安全系统（City Safety）、宝马称其为行人检测和城市主动制动系统（Pedestrian Warning with City Brake Activation）、斯巴鲁称其为视野安全系统（Eye Sight）、德尔福称其为集成安全系统（ISS integration safety system）等。因此，检索所使用的关键词，除了包含对汽车和制动进行相应的中英文及扩展限定外，还进一步包含不同厂商的制动策略和技术构成，具体参见表 1。

表 1　检索 AEB 相关专利申请所使用的关键词

领域	汽车、车辆、automobile、vehicle、car?
功能	制动、刹车、brak +
策略	主动、自主、自动、紧急、安全、防撞、避撞、碰撞、预警、预防、防止、AEB、activ +、autonom +、automatic、auto－matic、emergent +、sudden +、safe +、precollision、pre－collision
技术构成	雷达、超声波、激光、红外线、摄像头、照相机、摄像机、相机、视频、图像、视像、radar、ultrasonic、supersonic、laser、infrared、camera、video、image

截至 2018 年 8 月 28 日，在本文所用检索数据库中检索得到的涉及 AEB 技术的相关专利申请共计 4926 件。

二、AEB 专利申请分析和技术构成

20 世纪 90 年代以来，随着电子技术、控制技术和传感器技术的发展，AEB 在汽车产业中得到了广泛的应用，AEB 的专利申请进入技术日臻成熟的快速发展阶段。本节将从 AEB 的全球专利申请概况和中国专利申请概况两大方面对申请量趋势、地域分布、专利流向、技术路线、关键申请人以及专利技术构成等内容进行详细说明。

（一）全球专利申请概况

1. 申请量趋势

由图 3 可知，在 1990 年以前，AEB 技术在全球范围内的每年专利申请量尚不足 40 件，可见 20 世纪 90 年代之前，该项技术尚未引起汽车行业内的广泛关注。而进入 20 世纪 90 年代以后，AEB 技术的专利申请量较之前有了显著提升，在 1991 年至 2010 年的 20 年间，该项技术经历了一个稳步增长的平稳发展时期。从 2011 年起，AEB 全球专利申请量开始逐年飙升，这说明整个汽车行业愈发重视对 AEB 相关技术的研发工作，AEB 技术由此进入了一个迅猛发展的新时代。

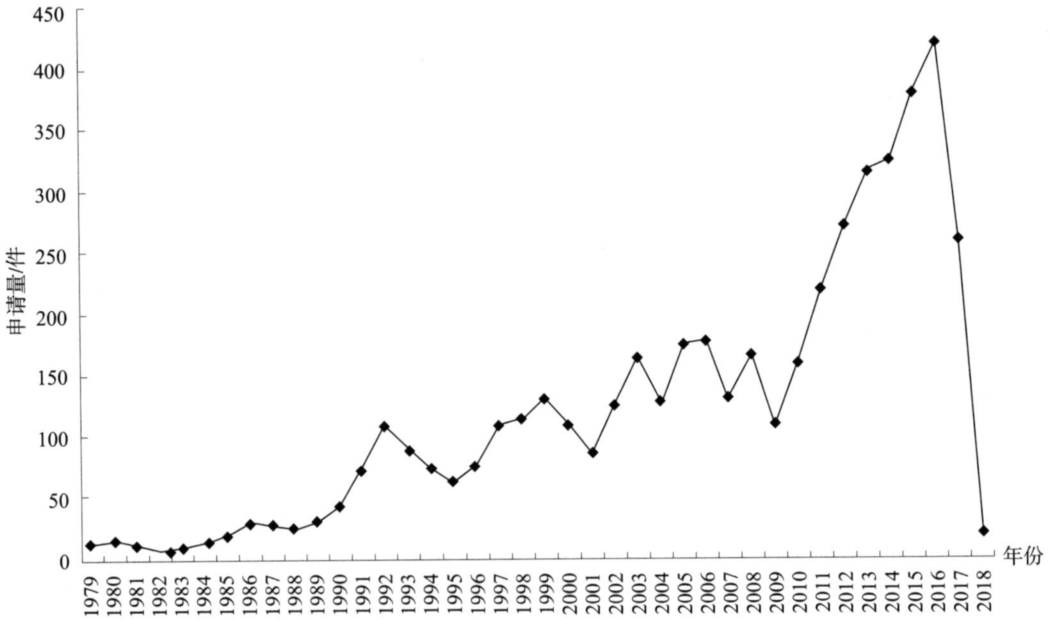

图 3　1979～2018 年 AEB 全球专利申请量趋势

图 4 显示了全球主要国家的 AEB 专利申请量趋势，从图中不难发现，大多数 AEB 专利申请主要国家均表现出与全球专利申请量基本一致的发展趋势，其中，中国的 AEB 专利申请量增幅最大，日本和德国的 AEB 专利申请量增幅紧随其后。此外，几乎每个国家

的 AEB 专利申请量在 2009 年不约而同地出现了一个显著的波谷，可见，各国 AEB 技术的发展，在 2008 年之后都出现了短暂的停滞，这应当与当年爆发的全球性金融危机不无关系，随着全球经济形势的好转，该项技术的专利申请量也随之迅速回升。

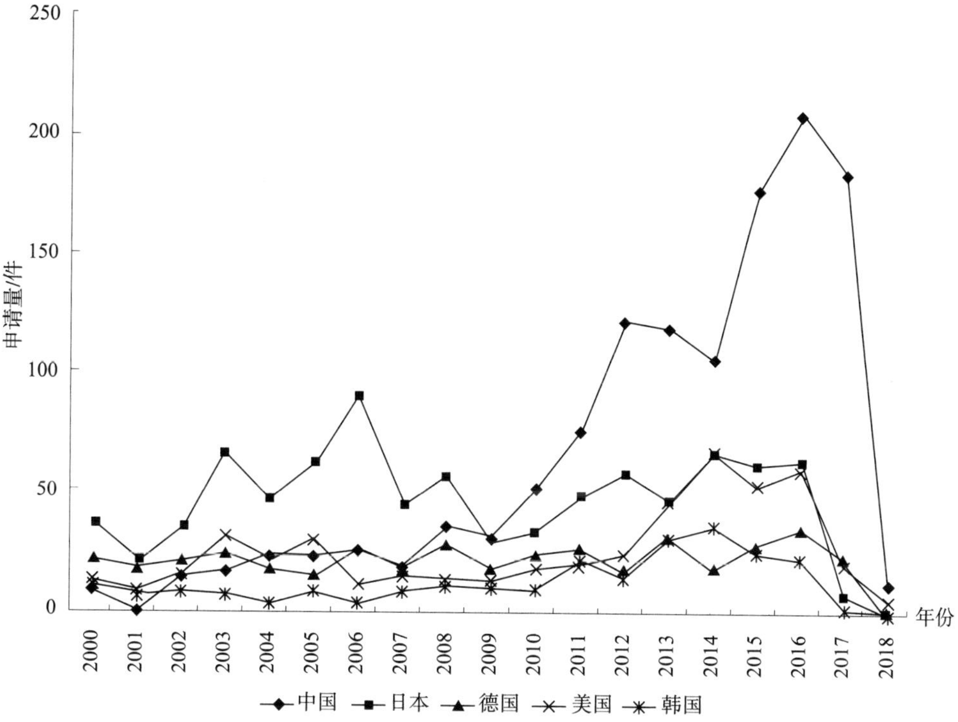

图 4　2000～2018 年全球主要国家 AEB 专利申请量趋势

2. 全球专利申请地域排名

随着全球汽车产业的发展，AEB 技术专利申请量全球地域排名呈现出鲜明特点。如图 5 所示，AEB 技术各国专利申请数量之间的差距较大，进而形成了不同梯队。具体而言，中国和日本分别以 1322 件和 1219 件处于第一梯队，德国和美国分别以 620 件和 560 件位列第二梯队，韩国则以 346 件身处第三梯队。巧合的是，上述相邻两梯队之间均呈现出近似 2 倍的数量关系，可见差距较为明显。这也进一步说明相比全球其他国家/地区，AEB 这项新兴的制动技术在中国和日本的汽车市场上引起了更大重视。

3. 专利申请主要流向

图 6 所示为 AEB 专利申请主要流向国家的分布情况。统计日本、中国、德国、美国和韩国的 AEB 专利申请流向国家的数量分布，是获取上述各国专利布局情况的有效手段。研究表明，上述各技术来源国的专利申请均毫无悬念地主要流向本国。除流向本国外，各个国家的 AEB 专利向其他国家的流向情况，却表现出了显著的差异。其中，日本作为世界上最重要的汽车制造国之一，其在本国以外的其他国家同样具有大量的专利申请。德国和美国这两大传统汽车研发大国，虽然在该项技术的专利申请总量并不巨大，

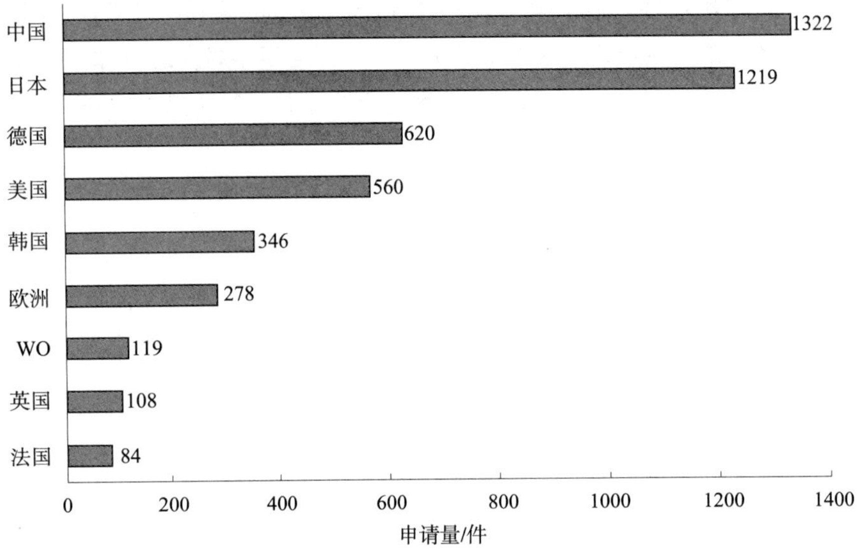

图 5　AEB 专利申请量全球主要国家/地区排名

但其在各国的专利布局呈相对均匀的分布状态。具有大量汽车生产厂商的韩国，也有一定比例的专利在本国以外的其他国家提交申请。而 AEB 专利申请总量庞大的中国，汽车制造行业起步较晚，其虽然在本国的申请量占优，但是在其他国家却鲜有布局，可见，对于中国汽车行业来说，尚需努力让技术走出国门。

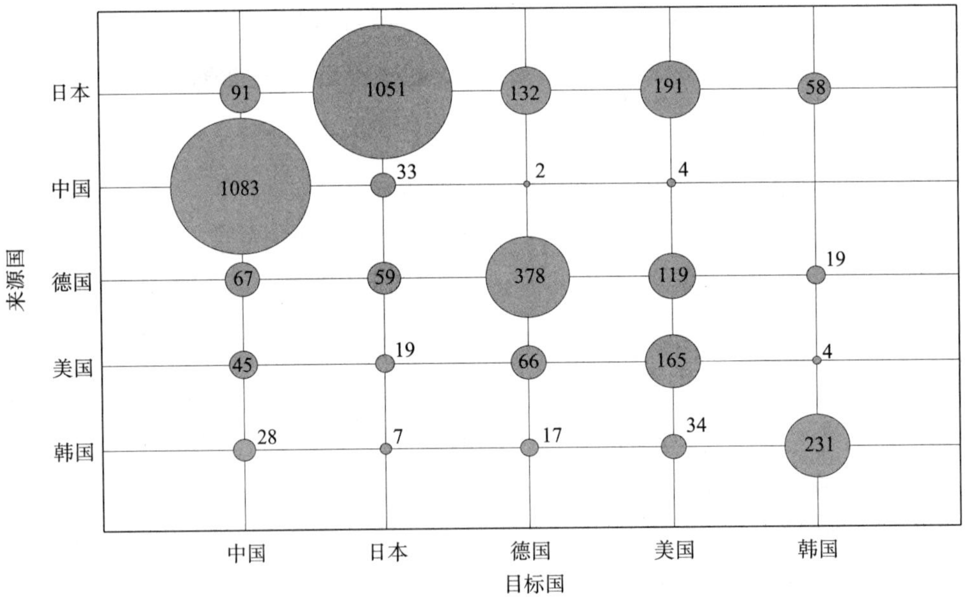

图 6　AEB 专利申请主要流向国家分布

注：图中数字表示申请量，单位为件。

4. 全球申请人排名

众所周知，博世长期以来一直在制动领域占据着主导地位。但在图 7 中对 AEB 专利全球申请人按照申请量进行排序后发现，丰田的排名却超前于博世，位列全球第一。与此同时，本田、富士重工业、马自达、日产、电装等日本汽车制造厂商在排名中呈整体靠前的状态，技术研发实力强劲，日本各大汽车制造厂商对 AEB 技术的投入力度，从上述数据中可见一斑，同时也再次印证了日本的汽车市场对这项技术的高度重视。

相较而言，在图 7 未示出的后续排名中，吉利以 50 件、奇瑞以 21 件分别位列第 16 位和第 24 位，吉林大学和江苏大学分别以 17 件并列第 30 位，可见，中国的汽车生产企业和高等院校的技术实力相比全球先进的 AEB 研发厂商还有一定差距。

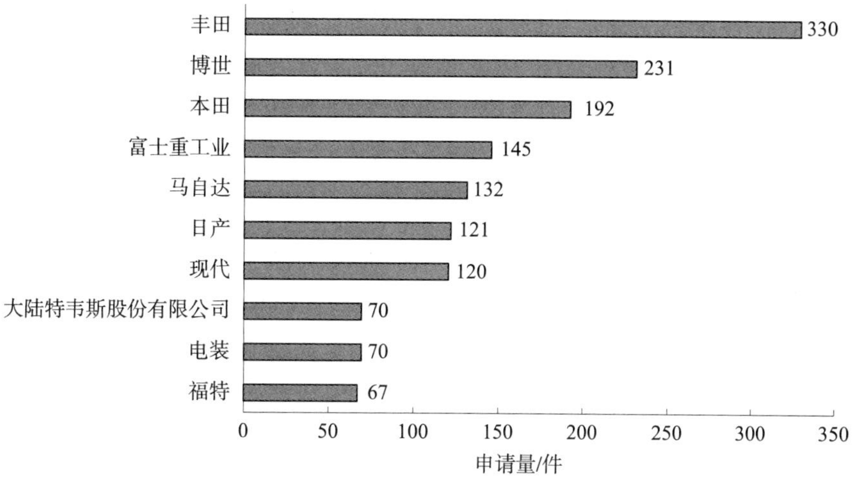

图 7　AEB 专利全球主要申请人申请量排名

丰田、博世、富士重工业、本田以及现代作为 AEB 全球五大专利申请人，其近 20 年的专利申请表现恰是整个 AEB 技术发展的缩影，参见图 8。

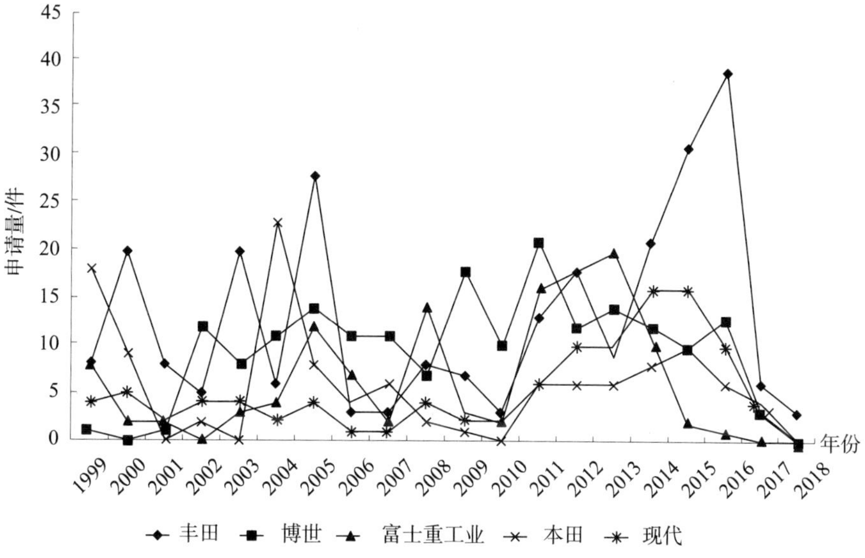

图 8　1999 ~2018 年 AEB 专利关键申请人申请量趋势

在 2002 ~ 2005 年，上述全球五大 AEB 专利申请人共同创造了一个专利申请量的小高峰，而 2006 年左右又统一跌入谷底，在沉寂了若干年后，2011 年开始再次呈现出一个新的申请量峰值。

其中，2000 ~ 2005 年，丰田的 AEB 专利申请量出现了一个小高潮，随后在 2006 ~ 2010 年增速放缓，2010 年之后申请量再次回升，并于 2016 年以 39 件年申请量达到最高值。本田具有与丰田较为相似的专利申请趋势，不同之处在于，早在 2004 年本田便出现了其 AEB 专利申请量在近 20 年中的最高值，2010 年之后的申请量回升阶段也未突破这一数值。富士重工业起初的申请趋势与其他汽车厂商不尽相同，在 2000 ~ 2004 年出现了同行业中罕见的申请量低谷，且在 2008 年以 14 件申请在上述五大 AEB 专利申请人中位列当年申请量之首，直至 2010 年以后才表现出与其他汽车厂商相似的申请量高峰期。

博世从 2002 年开始，一直保持着非常平稳的 AEB 专利申请量，不存在明显的波动，说明其作为传统制动研发厂商，在 AEB 这项技术的研发方面未出现盲目冒进现象，扎实地占据着重要席位。而现代没有像其他申请人一样出现 2002 ~ 2005 年的申请量高峰，而是在 2010 年后迅猛发展，可见现代在 AEB 技术方面的研究虽然起步稍晚，但是已经在近几年迎头赶上。

5. 全球专利申请技术构成

纵观 AEB 专利在各技术领域的分布，不难发现 AEB 技术并非仅涉及 B60T（车辆制动控制系统或其部件）领域，由于汽车制动是一个系统性的工作，因此其还同时涉及 B60W（不同类型或不同功能的车辆子系统的联合控制）领域、B60R（不包含在其他类目中的车辆、车辆配件或车辆部件）领域、G08G（交通控制系统）领域 B60C（与轮胎有关的装置或布置）领域、B60Q（一般车辆照明或信号装置的布置，及其安装或支承或其电路）领域、G01S（无线电导航）领域、B62D（机动车）领域、F02D（燃烧发动机的控制）领域和 F16D（制动机）领域多个领域的内容。

从图 9 可以看出，相比于 B60T 申请量的均匀递减分布，B60W、B60R、G08G 三个技术领域中，日本的申请量远高于其他四国，由此可见，日本市场更注重 AEB 技术在控制领域方面的研发，这可以理解为日本汽车厂商相对而言更看重该项技术的实际应用，因而也有更大可能将 AEB 技术快速投入市场实践中。

进入中国的 AEB 专利申请明显集中在 B60T（车辆制动控制系统或其部件）领域，这说明中国汽车市场尚处于仅注重制动本身的相对单一的发展形势，涉及车辆不同子系统之间协同控制的专利占比不高。而德国、美国、韩国市场则呈现为在各个领域中均衡发展的稳定状态。

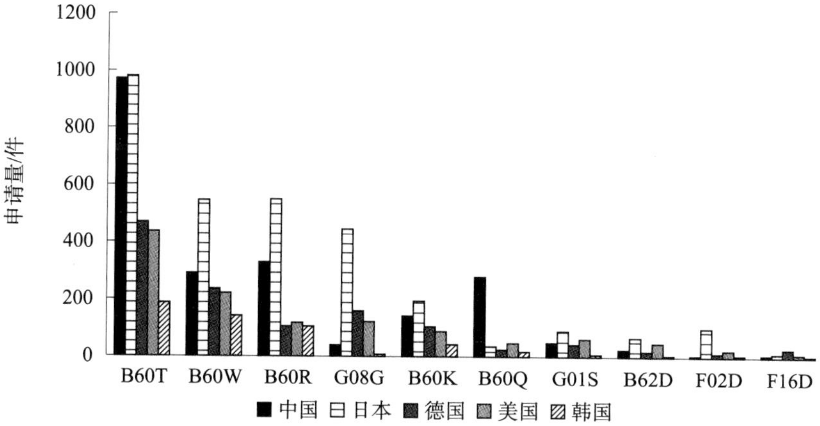

图 9　AEB 全球专利申请技术构成

（二）中国专利申请概况

1. 中国专利申请量趋势

根据图 3、图 10，1991～2000 年的这 10 年是 AEB 技术在全球范围内的第一个快速发展期，而此时中国汽车行业对 AEB 技术的研发工作尚未真正起步，可以说中国错过了全球 AEB 技术发展的第一个黄金时代。AEB 专利申请在中国的兴起，大约发生在 2001 年之后，可见这项技术在中国的起步相对较晚，但却发展迅速，特别是 2010 年以后中国 AEB 专利申请量得到了极速增长，与全球专利申请趋势高度吻合。但是，仍然需要冷静

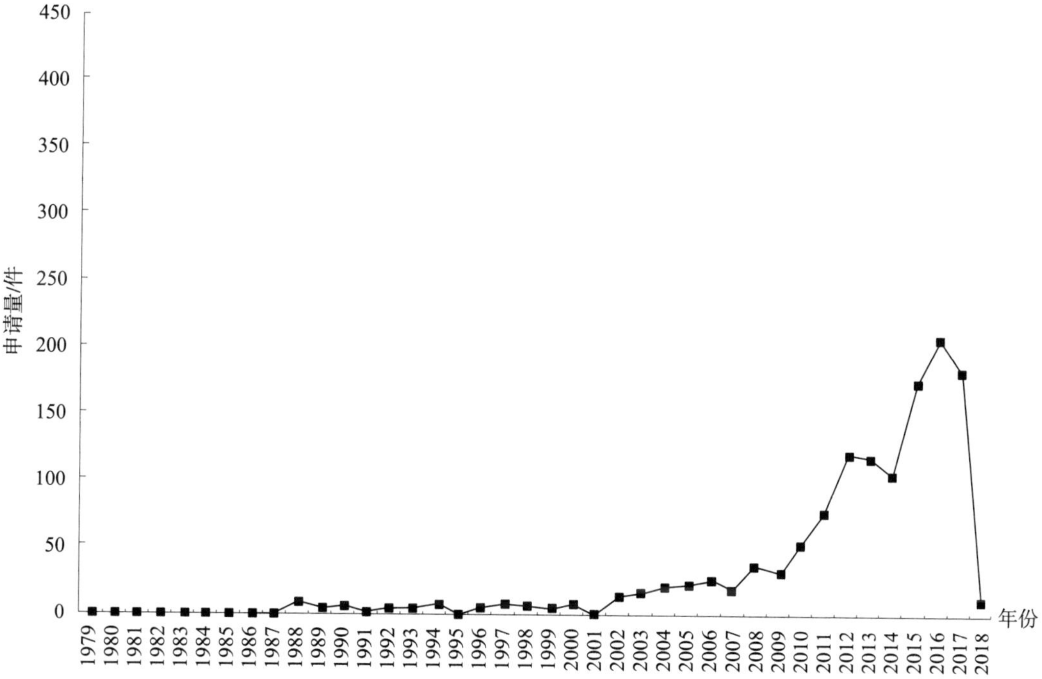

图 10　1979～2018 年 AEB 专利申请全球和中国申请量趋势

地看待这一发展现象，短期内高速发展的背后，有时会隐藏着基础薄弱、质量参差不齐的弊端。

2. 中国专利申请人构成类型

众所周知，AEB 技术需要多个领域协同配合，其专业性较强、技术门槛较高。中国 AEB 专利申请人以企业、个人和高校为主，参见图 11。其中，超过一半的申请人为企业，这一现象完全符合该项技术注重实际应用的特点。与此同时，大专院校作为重要的研发团体，拥有 17% 的占比。此外，个人申请人以 30% 的占比高居第二位，高于正常水平。

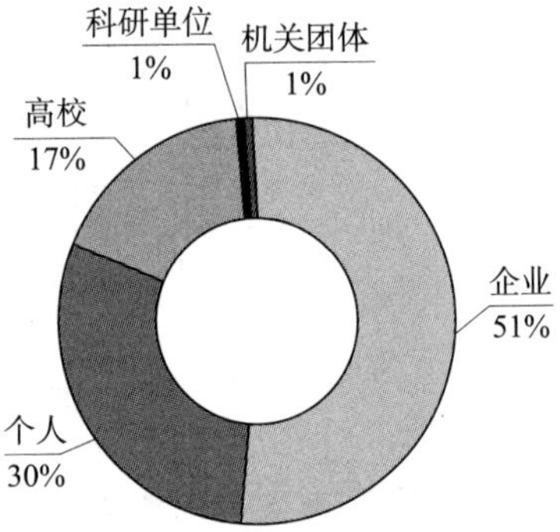

图 11 AEB 中国专利申请人构成类型分布

3. 申请中国专利的专利申请人排名

如图 12 所示，AEB 技术在中国的专利申请量排名前十位的申请人，主要由中国本土企业及高校和国外知名汽车厂商构成，二者各自占有一半席位。其中，吉利以绝对优势占据首位。

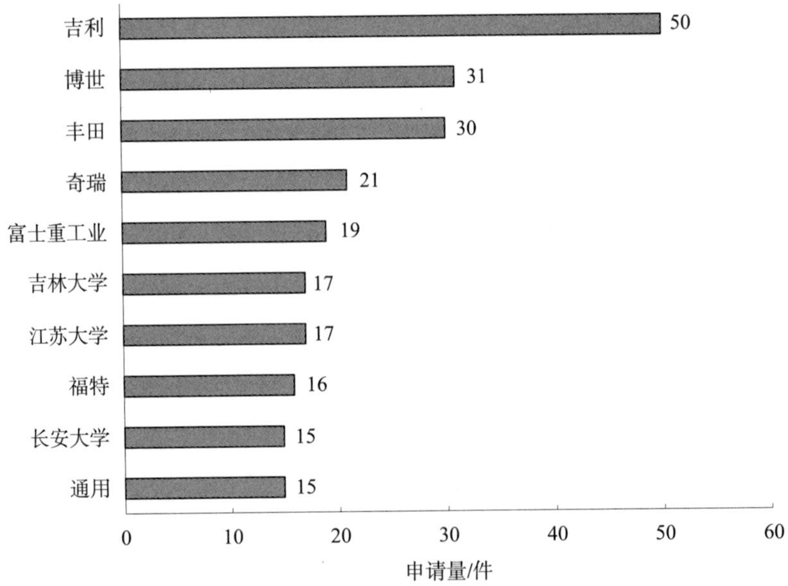

图 12 AEB 技术在中国的专利申请人申请量排名

在中国企业及高校中，吉利以 50 件专利申请处于主导地位，奇瑞以 21 件专利申请紧随其后，可见在中国范围内，上述两家汽车制造厂商对 AEB 领域的研究目前处于领先地位。吉林大学、江苏大学和长安大学之间以非常微小的申请量差异位列高校类申请人的前三位，由此推测上述三所高校对 AEB 技术方面的研究投入难分伯仲。同时还应看到，相对于中国 AEB 专利庞大的申请总量，上述每一个中国申请人的专利申请量并不突出，这说明中国 AEB 市场的技术研发力量相对分散。

国外汽车厂商在中国的 AEB 专利申请人排名情况与全球申请人排名并不完全相同，其中，日本企业在中国的申请量排名总体与其在全球范围内的申请量排名相比有所下滑，而德国、美国企业在中国的申请量相较于全球排名反而明显提升，由此可见，各国汽车厂商对中国 AEB 市场的重视程度有所不同。

4. 中国专利申请技术构成

图 13 为 AEB 中国专利申请技术构成，从图中不难发现，在中国 AEB 技术的专利申请主要集中在 B60T 领域，数量高达近千件，是其他领域专利申请量的 3 倍以上。此外，B60R 领域、B60W 领域以及 B60Q 领域的专利申请量各有 300 件左右。其他领域的专利申请量更是远少于上述各领域。

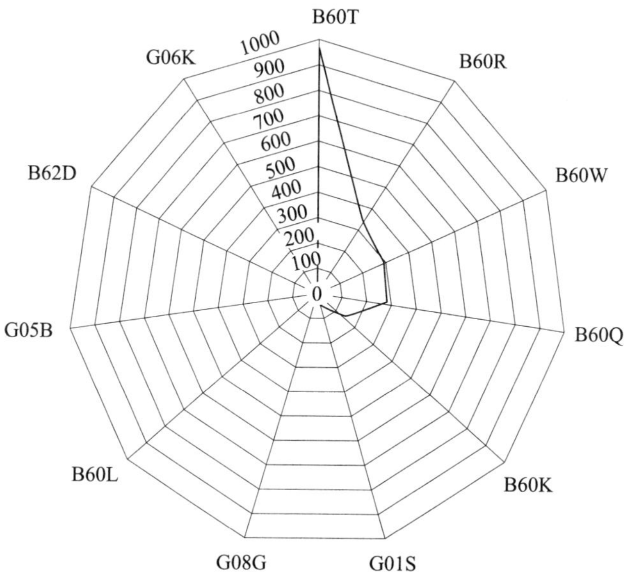

图 13　AEB 中国专利申请技术构成

注：图中数字表示申请量，单位为件。

由此可见，中国 AEB 专利申请目前还仅侧重于车辆制动控制系统以及部件本身的研究，AEB 技术在各个领域中的发展并不均衡，在制动系统与车辆其他系统间的联合控制和动力传递领域尚具有很大的发展空间。

（三）技术发展路线

通过对涉及 AEB 的专利申请进行统计和梳理，将其技术分为目标识别、控制策略、联合控制和交通控制等四个方面，形成图 14 的技术发展路线。

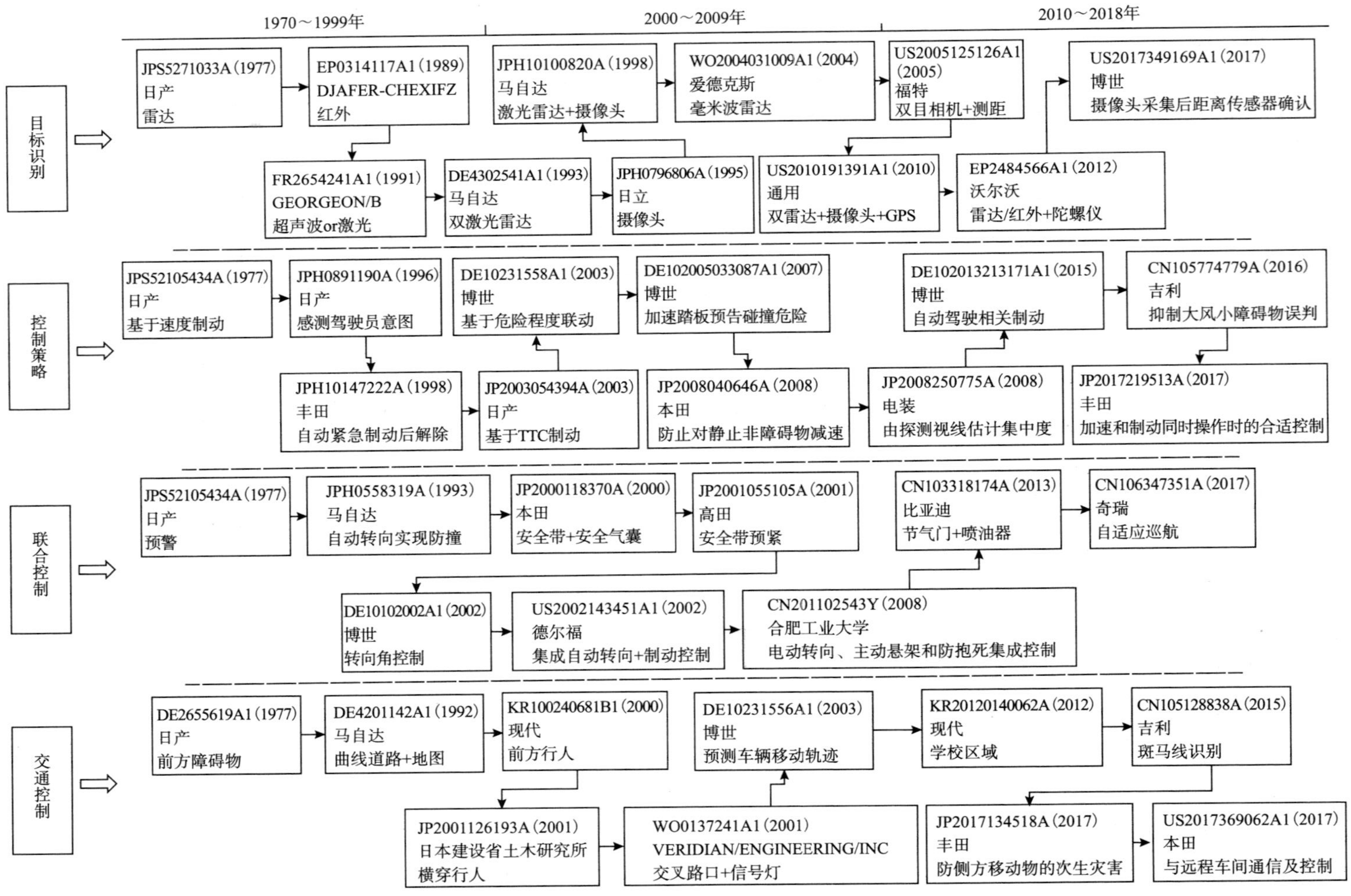

图14 AEB技术发展路线

1. 目标识别

作为 AEB 的关键技术，目标识别从 AEB 诞生开始就一直存在，并随着传感器和电子技术的进步在不断发展。早在 1977 年，日产就提出了一套完整的利用雷达实现紧急情况的预警和制动的技术构想（专利公开号：JPS5271033A），这是 AEB 技术中目标识别的雏形技术。其后，随着传感器技术的进步，越来越多的探测设备被应用于 AEB 的目标识别中，比如 1989 年 DJAFER - CHERIF Z 提出基于红外光学系统来探测前方车辆，并警告驾驶员（专利公开号：EP0314117A1），1991 年 GEORGEON B 提出基于超声波或激光来探测与前方车辆间距离，距离太近时紧急制动（专利公开号：FR2654241A1）。为了更宽范围并更准确地进行探测，1993 年马自达提出了采用双激光雷达来探测与前车间的距离和相对速度（专利公开号：DE4302541A1）。随着电子摄像技术的发展，日立于 1995 年提出基于摄像头技术探测前方路况，从而实现预警和制动控制（专利公开号：JPH0796806A），马自达于 1998 年提出基于激光雷达和摄像头结合实现探测及控制（专利公开号：JPH10100820A）。2000 年以后，随着更多更精密的传感器技术应用于 AEB 技术，目标识别的准确性有了很大的提高，爱德克斯于 2004 年提出基于毫米波雷达实现障碍物检测（专利公开号：WO2004031009A1）。多传感器融合技术也是自 2000 年以后各大汽车厂商研发的方向，福特于 2005 年提出基于双目相机和测距传感器来实现预碰撞探测（专利公开号：US2005125126A1），通用于 2010 年提出基于双雷达、摄像头和 GPS 技术的多目标融合模块（专利公开号：US2010191391A1），沃尔沃于 2012 年提出基于雷达或红外传感器来探测前车，并配备陀螺仪来感知本车转向情况，从而更好地实现制动控制（专利公开号：EP2484566A1）。近年来，由于传感器技术发展的越来越成熟，各大汽车厂商侧重于基于多传感器的目标精确识别和优化使用，比如 2017 年博世提出的摄像头采集后距离传感器确认的技术方案（专利公开号：US2017349169A1）。

2. 控制策略

控制策略是 AEB 技术的核心内容，它的发展水平决定着整个 AEB 系统的智能程度。在判断自动紧急制动的必要性时，首先会想到将车速作为重要参数，1977 年，日产提出了基于与前车的相对速度实施制动（专利公开号：JPS52105434A）。之后，越来越多的触发因素被考虑进来，1996 年，日产提出了通过制动踏板踩踏情况感测驾驶员意图以判断是否介入紧急制动（专利公开号：JPH0891190A），由此形成了较为完备的近代 AEB 技术。然而，在进行完一次自动紧急制动之后，车辆不应当无限期地停止在原处，1998 年，丰田提出了自动紧急制动后的解除方案（专利公开号：JPH10147222A）。除了根据车速和车距来确定两车所需的安全距离（AS）的传统预警算法，2003 年，日产提出了基于即碰时间（TTC）的预警算法（专利公开号：JP2003054394A）。同年，根据碰撞危险的缓急情况，博世提出了基于不同危险程度联动的分级制动方案（专利公开号：DE10231558A1）。随后，汽车厂商对是否触发制动进行了深入研究，2007 年，博世提出了加速踏板预告碰撞危险的方案（专利公开号：DE102005033087A1）。2008 年，本田提出了防止遇静止非障碍物的误减速（专利公开号：JP2008040646A），同年，电装提出了由探测视线估计驾驶员集中度的技术（专利公开号：JP2008250775A），2015 年，博世提出了应用于自动驾驶中的紧急制动手段（专利公开号：DE102013213171A1），2016 年，吉利提出了抑制大风小障碍物的误判（专利公开号：CN105774779A），2017 年，丰田提出了加速和制动同时操作时的控制方式（专利公开号：JP2017219513A）。

3. 联合控制

AEB 技术除包括制动本身外，还涉及与车辆其他系统间的联合控制和动力传递。为了在危险来临之前及时提醒驾驶员注意，1977 年，日产采用了预警系统进行辅助控制（专利公开号：JPS52105434A）。进入 20 世纪 90 年代以后，汽车厂商想到了引入转向系统配合自动避险，1993 年，马自达提出了自动转向实现防撞的技术方案（专利公开号：JPH0558319A）。随后，安全带技术引起了广泛关注，2000 年，本田提出了基于安全带的使用状态决定安全气囊的展开程度（专利公开号：JP2000118370A），2001 年，高田又提出了在碰撞之前进行安全带预紧（专利公开号：JP2001055105A）。紧接着，转向系统被进一步地从多角度应用于联合控制中，2002 年，博世提出了通过转向角判断车辆姿态的控制方法（专利公开号：DE10102002A1），同年，德尔福提出了集成主动转向和制动的控制方法（专利公开号：US2002143451A1），2008 年，合肥工业大学提出了电动助力转向系统、主动悬架系统和制动防抱死系统的集成控制（专利公开号：CN201102543Y）。之后，联合控制策略涉及更为广泛的车辆子系统，2013 年，比亚迪提出了结合节气门位置检测来控制喷油器断油的辅助制动手段（专利公开号：CN103318174A）。2017 年，奇瑞提出了与自适应巡航相配合的自动紧急制动方案（专利公开号：CN106347351A）。

4. 交通控制

AEB 技术对交通状况的检测与控制经历了一个漫长的演变发展过程。早在 1977 年，日产便开始了对前方障碍物的检测（专利公开号：DE2655619A1），这是 AEB 在交通控制方面的最基本形式，并且对这一检测对象的研究一直持续至今。之后，汽车厂商开始关注道路形态的因素，1992 年，马自达提出了结合地图定位对曲线道路进行控制（专利公开号：DE4201142A1）。随后，行人作为交通环境中的弱势群体，受到了越来越多的重视，2000 年，现代提出了对前方行人的控制方案（专利授权公告号：KR100240681B1），2001 年，日本建设省土木研究所也提出了专门针对横穿行人的避让措施（专利公开号：JP2001126193A）。同年，VERIDIAN ENGINEERING INC. 提出了交叉路口以及交通信号灯的场景控制（专利公开号：WO0137241A1）。为了全面地掌握动态信息，2003 年，博世提出了预测车辆移动轨迹的方案（专利公开号：DE10231556A1）。近年来，部分汽车厂商开始投入对特定交通环境的研究，2012 年，现代提出了对学校区域的控制手段（专利公开号：KR20120140062A），2015 年，吉利提出了对斑马线的识别技术（专利公开号：CN105128838A）。当仅关注前方车辆或前方障碍物已经不能满足当前的交通安全要求时，汽车厂商逐渐将其他车辆的行驶状态纳入考虑范畴，2017 年，丰田提出了防侧方移动物的次生灾害的技术方案（专利公开号：JP2017134518A），同年，本田又提出了与远程车之间的通信及控制手段（专利公开号：US2017369062A1）。

（四）关键申请人以及技术分析

AEB 专利申请集中在丰田、博世、本田、富士重工业、现代等关键申请人中，而中国申请人在数量和质量上均与国外申请人有比较大的差距。下面，对 AEB 领域专利申请量较大的国外汽车厂商和国内汽车厂商进行分析。

1. 丰田

凭借在电子技术方面的优势，丰田不仅是最早将 AEB 系统装备在量产车上的厂家之一，而且其专利申请量领先于其他公司。丰田将 AEB 系统称为预碰撞系统（Pre - Collision System，PCS），在世界范围内共有 AEB 技术领域专利申请 330 件，其一般采用雷达搭配摄像头来综合判断障碍物的信息。

通过分析图 15 可知，丰田自 20 世纪 90 年代起，就注重 AEB 专利申请的布局，其技术构成不仅局限于 B60T 领域，还包括 B60W 领域，例如涉及安全带预紧等专利申请。

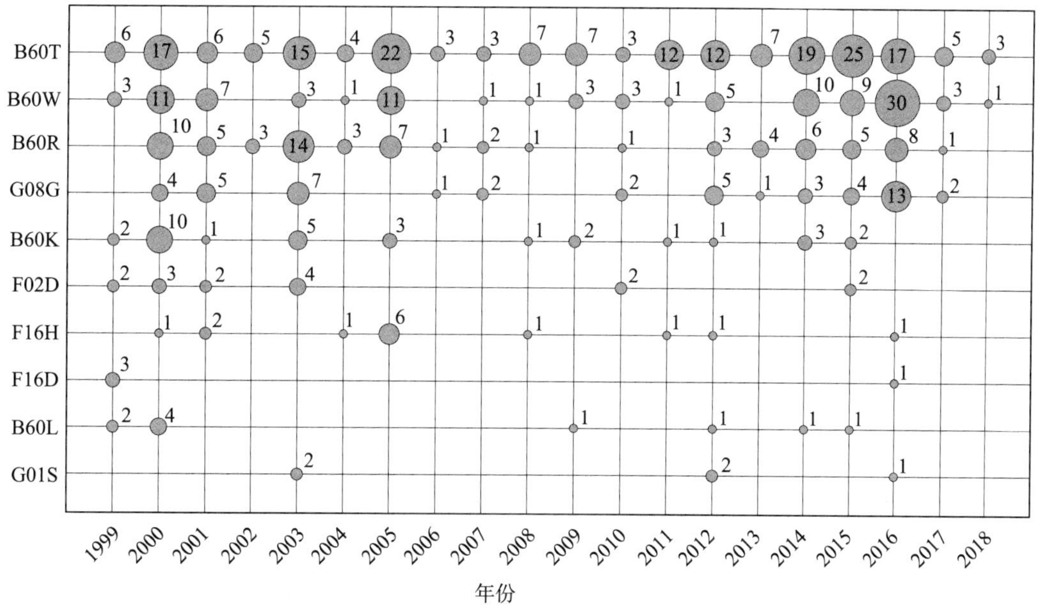

图 15　1999 ~2018 年丰田 AEB 专利申请技术趋势

注：图中数字表示申请量，单位为件。

而随着技术的进步，涉及与车辆其他部件间的联合控制和交通控制相关的申请正在逐年加大。例如，丰田于 2016 年 1 月 26 日同时申请了三件涉及 AEB 技术的专利申请，公开号是 JP2017134518A、JP2017134519A 和 JP2017134520A，并通过《巴黎公约》途径分别进入中国、美国和德国。上述三件专利申请的发明名称均为车辆用防碰撞辅助系统，其制动策略分别涉及防止因自动转向操纵避开控制的执行致使本车牵连侧方移动物的次生灾害的产生，通过检测前方障碍物是连续的物体，从而唯一决定了使本车转向操纵的方向，以减轻避开路径决定的处理负荷，以及在避开横穿道路的行人等的情况下，确定基于自动转向操纵避开控制的避开方向，参见图 16。

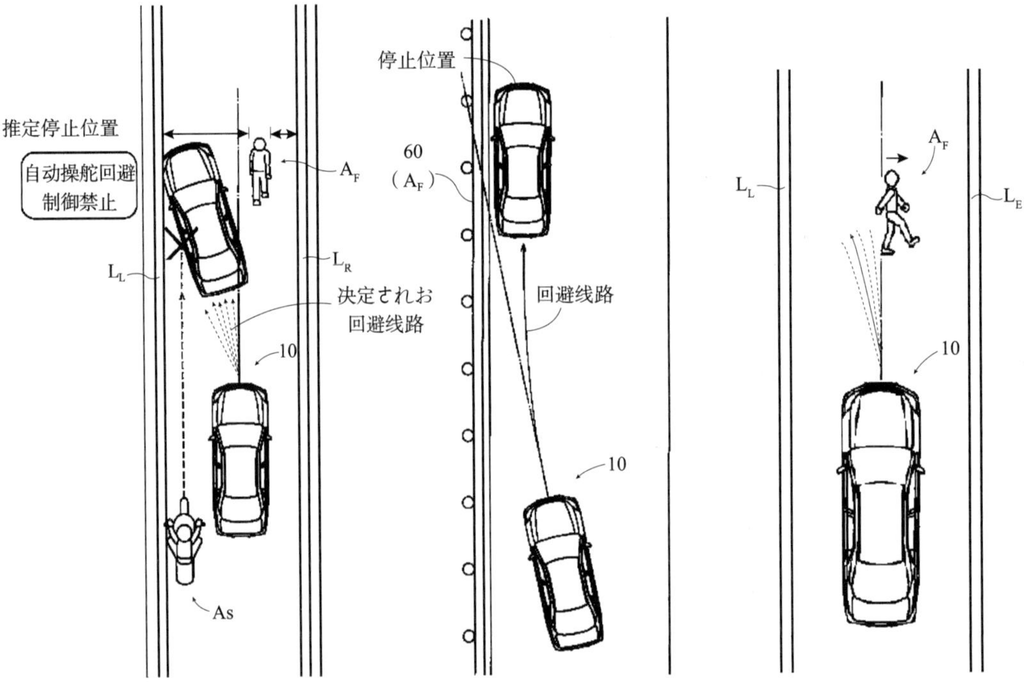

图 16　JP2017134518A、JP2017134519A 和 JP2017134520A 的摘要附图

从一个侧面可以看出，丰田的专利布局正在向多部件间协同控制以达到更优化的自动紧急制动效果侧重，并且将存在行人、摩托车等复杂的道路交通情况纳入制动控制的策略中，避免次生灾害发生，同时考虑减轻策略处理负荷，进一步完善了现有的自动驾驶技术。丰田这一布局也正是汽车安全领域的发展重心由被动安全向主动安全转变的一个缩影。

2. 博世

博世是世界上最大的汽车配件供应商之一，经常与诸如梅赛德斯－奔驰等各大汽车厂商合作进行技术研发，并且作为 ABS、ASR 和 ESP 系统的最早研发者和提出者，其在主动安全领域的研究一直遥遥领先。博世在世界范围内共有 AEB 技术领域专利申请 231 件，其一般采用双摄像头立体成像来综合判断障碍物的信息。

由图 17 可见，博世在 AEB 领域的研究起步较晚，2002 年之后逐渐赶上，每年都在对 AEB 技术进行专利布局，除了最擅长的 B60T 领域外，还侧重 B60W 和 G08G 领域。该公司对 AEB 技术中其他车辆配件或车辆部件和车辆动力装置或传动装置的布置或安装等其他方面，自 2012 年后就鲜有涉及。

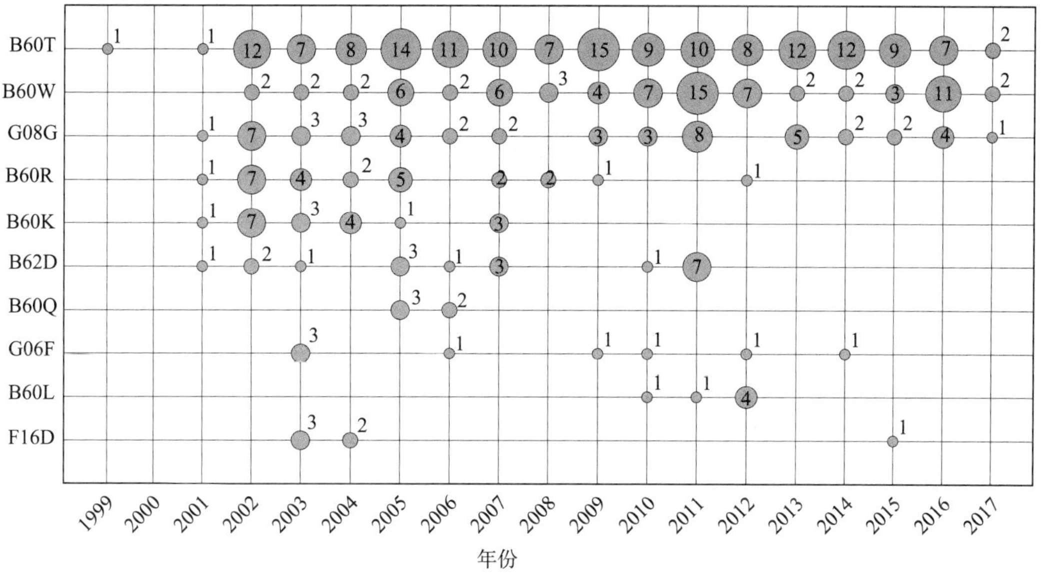

图 17　1999 ~2017 年博世 AEB 专利申请技术趋势

注：图中数字表示申请量，单位为件。

例如，博世在 2016 年 6 月 6 日申请了一件涉及 AEB 技术的专利申请，公开号是 US2017349169A1，已于 2017 年 12 月 14 日获得美国专利商标局授权，并且向 WIPO 国际局提出了国际申请。该专利申请涉及一种车辆的防撞系统和方法，该系统包括一个摄像机和一个距离传感器，控制器被配置成从摄像机接收指示行人存在的第一信号，从距离传感器接收指示行人存在的第二信号，确定与当前的车辆行驶路径的路线偏离，并且当摄像机和距离传感器两者都检测到行人的存在时激活计时器，当驱动器控制器接收到来自驱动器的高于阈值的输入时，重置定时器。当驾驶员输入低于阈值并且计时器到期时，使用车辆控制系统修正路线偏差，参见图 18。

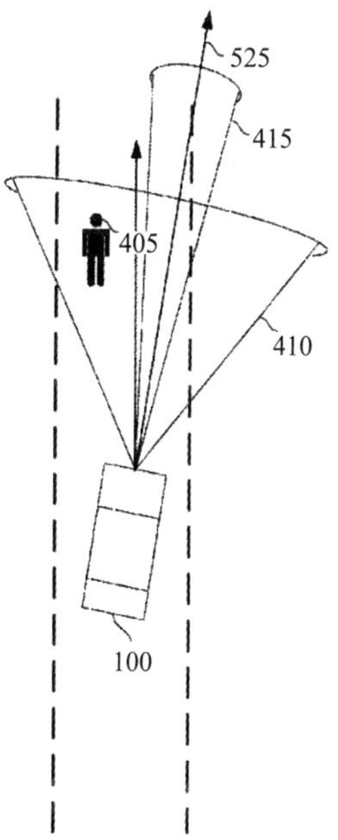

图 18　US2017349169A1 的摘要附图

可见，相对于车辆的配件设置，博世近两年更注重对联合控制和交通控制的方向的专利布局。并且在上述专利申请中，该公司以一个摄像头和一个雷达传感器组合识别的技术替代了之前一直使用的双摄像头技术，未来可能会对现有产品进行更新换代。

3. 本田

本田将 AEB 系统称为碰撞减轻制动系统（Collision Mitigation Brake System，CMBS）。在世界范围内共有 AEB 技术领域专利申请 192 件，其一般采用毫米波雷达判断障碍物的信息。同时需要指出的是，出于专利保护范围撰写的原因，本田的 AEB 专利申请中包含部分鞍骑式车辆相关的 AEB 技术。

通过分析图 19，并对比图 15、图 16 可知，本田在 1999～2004 年对 AEB 专利的布局密集，而且申请数量远超丰田和博世，其技术构成涵盖了 B60T、B60W、B60R、G01S 等多个方向，这在当时是极具前瞻性的。然而自 2006 年开始，本田在 AEB 领域仅有少量申请，一直到 2011 年开始才逐步增加专利布局，近几年加大了对动力装置的布置、距离测量和电子控制等方面的研究。

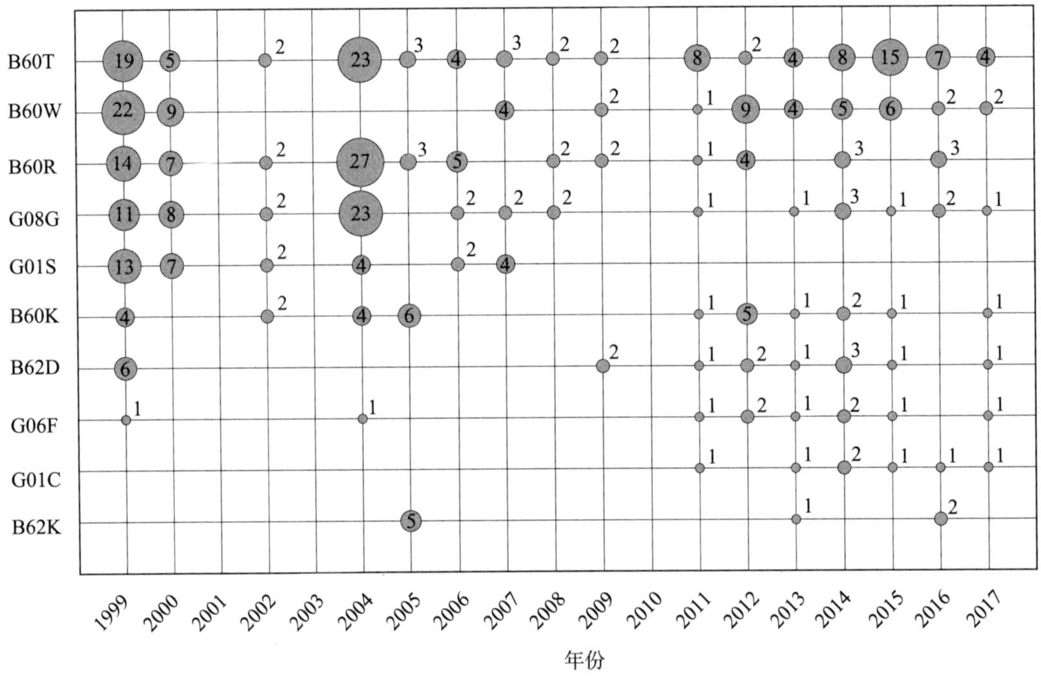

图 19　1999～2017 年本田 AEB 专利申请技术趋势

注：图中数字表示申请量，单位为件。

例如，本田于 2017 年 6 月 22 日申请的一件涉及 AEB 技术的专利申请，公开号是 US2017369062A1，并通过《巴黎公约》途径进入中国和德国。该专利申请涉及一种使用车辆通信进行合并辅助的系统和方法，处理器基于位置数据确定一个或多个远程车位于主车周围的区域中，并且基于主车对于一个或多个远程车的相对位置、主车的速度和一个或多个远程车的速度来计算用于合并到车道中的安全距离，以及根据主车和一个或多个远程车之间的实际距离和安全距离来控制主车的运动，从而实现车辆基于更远信息的识别和控制，以达到更优的制动效果，参见图 20。

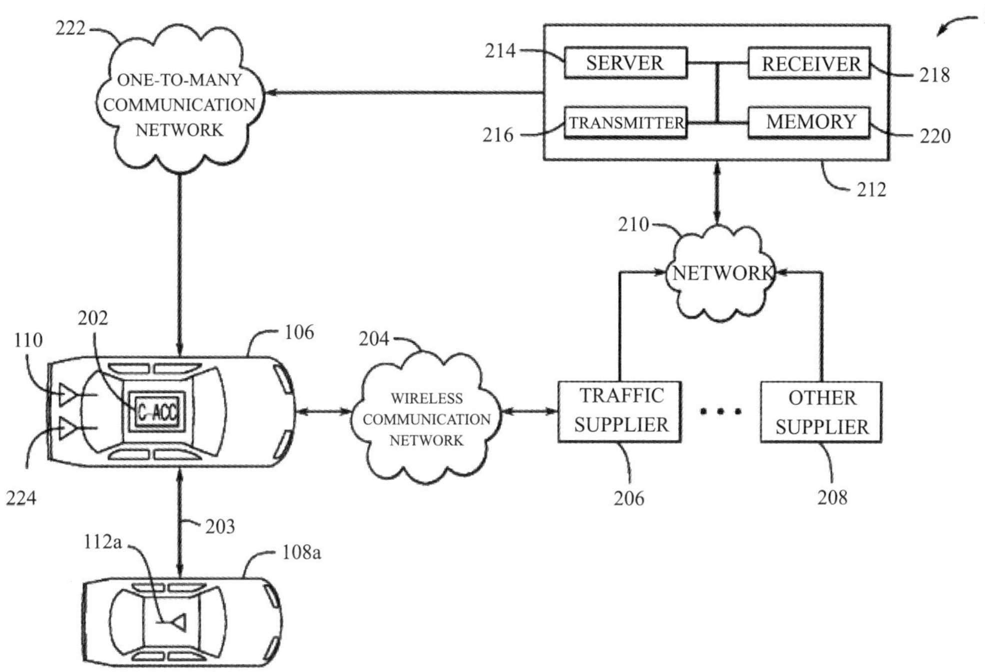

图 20　US2017369062A1 的摘要附图

由此可见，本田在 AEB 技术的研发中，已经由控制策略本身，转移到对多车辆间通信以达到更优化的控制策略目的，未来随着同品牌的汽车保有量的增加，该项技术可能会为高级驾驶辅助系统（ADAS，即实现完全无人驾驶前的过渡技术）的后续发展注入新动力。

4. 吉利

吉利作为民营汽车厂商，其技术研发虽然落后于国外众多知名厂商，但在国内对 AEB 技术的研究处于前茅。在中国范围内共有 AEB 技术领域专利申请 50 件，其一般采用毫米波雷达判断障碍物的信息。

由图 21 可见，吉利的 AEB 专利申请始于 2009 年，并且从 2011 年开始逐年增加，根据其技术构成可知，其专利布局涉及 B60T、B60W、B60Q、B60R、B60C 和 B60K（车辆动力装置或动力装置的布置和安装）等多个方面。另外，其于 2017 年 10 月 25 日提交的一件专利申请，公开号为 CN107907344A，还涉及行人 AEB 系统测试平台。可见，该公司不仅重视 AEB 技术本身，还关注到 AEB 测试的相应领域，并提前进行专利布局。

其中，吉利于 2016 年 3 月 11 日提交的一件专利申请，公开号是 CN105774779A，已于 2018 年 6 月 19 日获得授权，涉及一种抑制自动紧急制动系统对小障碍物误工作的装置和方法，通过采样模块对雷达探测到的障碍物信息进行采样，并记录采样样本 RCS（Radar – Cross Section，雷达反射截面积），然后通过障碍物分析模块对样本 RCS 进行分

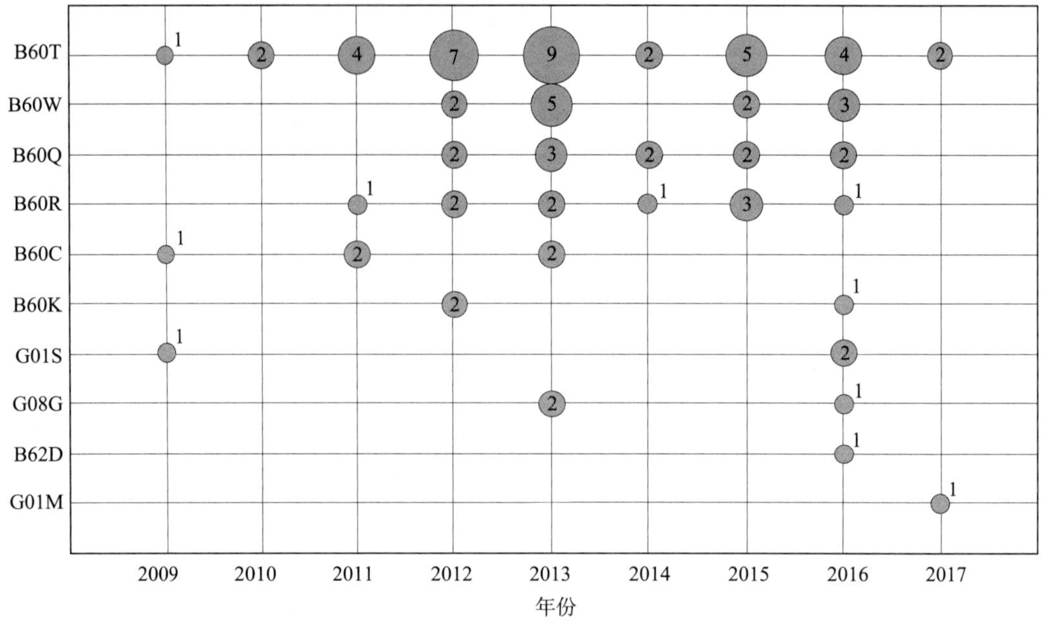

图21　2009～2017年吉利AEB专利申请技术趋势

注：图中数字表示申请量，单位为件。

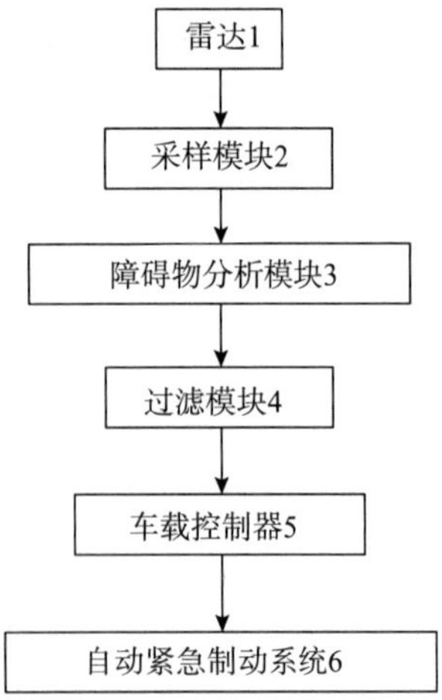

图22　CN105774779A的摘要附图

析，判断出雷达探测到的障碍物属于大障碍物或者小障碍物，最后通过过滤模块滤除雷达探测到的小障碍物信息，然后将雷达探测到的大障碍物信息发送给车载控制器，使得车载控制器能够在接收到大障碍物信息时控制自动紧急制动系统执行制动操作，从而在大风或前方车辆抛物的情况下，也不会因为地面小障碍物（如易拉罐、水瓶等）的移动速度可能会达到设定的阈值引起AEB误工作，参见图22。

由此可见，吉利在AEB领域的研究已经不再局限于制动装置本身，而是考虑综合环境因素，并对AEB系统的操作进行触发控制。然而，还需要看到的是，该公司在交通控制方面的专利布局较小，未能将复杂的交通状况纳入控制方案中，这也与2018版C－NCAP中仅对车辆和行人进行AEB测试有关。

三、AEB发展趋势和建议

虽然AEB系统功能强大，但目前仍有许多不足和有待突破的技术难点。首先，AEB在较高车速下不能有效发挥功能，即使在AEB的有效作用范围内，也不能确保完全避免碰撞。其次，对汽车行驶环境中的前方环境进行有效识别是 AEB 有效采取措施的前提，尤其是遇到突发情况，AEB 对目标识别的精确度要求更高，因此如何快速、精准地识别危险目标并判断其运动轨迹是 AEB 技术的难点所在。最后，AEB 系统通过使用摄像头实现对路上行人的监测，因此将摄像头捕捉的数据与车载雷达数据进行融合也是一个技术难点，数据定标、联合标定和控制逻辑都是技术难点所在。

（一）技术发展趋势

1. 目标的精确识别

为了不断提高 AEB 系统的准确性和可靠性，未来 AEB 技术的发展升级主要从更精准识别和更复杂场景应用这两个方面进行。对目标的精准识别是 AEB 的基础，因此综合利用多传感器技术，通过传感器融合实现更精确的目标识别是 AEB 技术未来发展的必然趋势之一。性能不断提升的车载雷达、车载摄像头技术将为实现更为精确、及时的目标识别提供便利。各种类型传感器相互配合使用，取长补短，可以更精准地识别目标。实践也证明，不同传感器融合识别具有更好的可靠性和鲁棒性，数据可信度高，系统分辨能力大幅提升。

当然，传感器融合技术对控制系统运算能力和控制算法要求较高，这是未来发展所面临的一大挑战，如何基于人工智能等新技术来提升 AEB 系统的整体控制性能，也是未来技术研发的一个热点方向，是创新主体构建核心竞争力的关键所在。

2. 复杂路况的有效运算

除了汽车，行人和非机动车也是道路交通的重要组成部分，更是交通事故中最容易受伤的群体。如何使得 AEB 系统更好地保护行人和非机动车，也是未来 AEB 发展的重要趋势。城市内的十字路口等场景是交通事故高发路段，通过对侧方进入车辆前方的汽车、行人、自行车和摩托车等的识别和判断来有效应对更多交通场景里出现的复杂情况，以提高 AEB 系统应对复杂路况和应用场景的能力。复杂路况和应用场景的有效运算，除了提高数字运算能力外，还应当注意到道德伦理问题的运算。无论是根据驾驶员事先设定的场景参照执行，还是根据系统标准运算得到各方面更小损失来执行，这些都依赖于道德伦理标准的设定，而未来 AEB 的运算控制中加入这方面的设定是必然趋势。

3. 互联网技术的充分应用

通过前述本田的专利申请 US2017369062A1 可以预见，在同品牌的汽车保有量的基础上，充分利用互联网技术，在不同品牌的汽车上同时配备相同的车辆通信技术，从而构建电子化交通信息网，实现主车和同行道路上其他远程车之间的信息通信，在 AEB 控制运算时兼顾周边多个远程车的行驶状态，进而能够实现全路况的安全控制。现有 AEB 系统只能在中低速（小于等于 80km/h）时实现汽车的有效制动，而将互联网技术应用于不同品牌汽车间的信息通信时，可以预见，其能够实现的有效制动必然会大幅增加。当然，如何保证汽车间的信息交互安全也是这项技术需要克服的难题之一。

（二）中国企业的布局建议

通过前面的专利分析来看，国外在20世纪90年代末已研发了大量关于AEB的专利技术，虽然近几年国内专利申请量迅速上升，但是毕竟起步较晚，在核心技术的掌握、研发和应用方面还比较落后，专利质量整体不高，研发主体分散，技术实力整体不强。可喜的是，国家近年来一直鼓励科技创新，加之中国目前拥有全球数一数二的汽车消费市场，这为国内汽车厂商的成长提供了沃土。实力不断增强的国内汽车厂商只要专注于技术研发和投入，牢牢树立自主知识产权意识，是完全有可能迎头赶上的。

最近几年专利申请量的迅猛增加，就是大家越来越注重技术研发和专利布局的结果。只要能正视与国外申请人的技术差距，正确运用现有知识产权规则，便可以在未来的技术布局中抢占先机。例如，2018年版C－NCAP中有关于主动式安全带预紧功能的测试，测试要求当系统识别到车辆处于可能发生碰撞的危险状态时，安全带具备在碰撞前进行主动预紧的功能，结构原理需保证其可以重复使用。对此，建议国内汽车厂商适当加大这个技术方向的研发力度，提前做好专利布局，抢占竞争先机。从前面的AEB中国专利申请技术构成分析可以看出，国内创新主体还未真正掌握AEB的核心技术，比如复杂的交通路况识别，针对这种现象，建议对于那些国外已有但国内并未掌握的核心技术，可以在这些核心专利技术的基础上做进一步研发并申请多个围绕上述核心技术专利的外围专利，完善专利布局，攻防兼备，以便在后续的专利竞争中获得更多的主动权。从前面的AEB专利申请流向国家的数量分布分析可以清楚地看到，中国申请人在其他国家鲜有布局。除了高质量的专利申请占比较低之外，专利布局意识相对薄弱也是主要原因之一，针对目前国内申请人进行外国专利布局不足的现象，建议国内创新主体可以积极利用好现在国家出台的各项知识产权扶持政策，尝试海外布局，积极的海外专利布局对于出口量不断增加的国内汽车厂商来讲是必由之路。

四、结语

AEB作为能够有效避免追尾的技术，在汽车主动安全技术中占有重要地位，并且随着2018年版C－NCAP的实施，其在各车型中的应用将更加广泛。本文对国内外AEB相关专利申请进行统计分析，并对技术发展路线、关键申请人以及专利技术构成进行重点剖析，在此基础上，分析了AEB技术发展趋势，并为中国企业在AEB专利布局给出了一定的建议。

参考文献

[1] 中国汽车工业协会.2017 年汽车年终报告［EB/OL］.（2018 - 01 - 12）. http://www. sohu. com/a/216188671_99994098.

[2] 国家安全监管总局、交通运输部道路交通运输安全发展报告（2017）［EB/OL］.（2017 - 12 - 19）. https://baijiahao. baidu. com/s? id = 1587204559661251116&wfr = spider&for = pc.

[3] WANG YG, CHEN K M, HV L W. Recommendation of Traveling Intervals between Consecutive Motor Vehicle for Rear - end Collision Avoidance. Arabian Journal for Science and Engineering［J］. 2012, 37: 619 - 630.

[4] 布勒伊尔，比尔. 制动技术手册［M］. 刘希恭，等，译. 北京：机械工业出版社，2011：526 - 527.

[5] 包崇美. 自动紧急制动系统（AEB）的前世今生［J］. 世界汽车，2015：74 - 79.

[6] 中国汽车技术研究中心. C - NCAP 管理规则（2018 年版）［EB/OL］. http://www. c - ncap. org/cncap/pjgz.

先进驾驶辅助系统之自适应巡航专利技术综述*

金善科　崔岩**　谷佳运**　林玉**

摘　要　汽车自适应巡航控制又称主动巡航控制，是一种智能化的自动控制系统。其在定速巡航控制的基础上，为进一步提高安全性和舒适性发展而来，是先进驾驶辅助系统以及汽车主动安全系统的重要技术构成部分。本文从专利的角度分析了自适应巡航控制相关专利申请趋势、技术主题构成、主要来源地和目标地、申请人构成，并对其专利技术演进路线中所涉及的重点、有代表性的专利进行了综述。最后，基于上述分析，对自适应巡航控制系统的未来发展趋势进行了分析和预测，以期为我国自适应巡航技术的发展尽绵薄之力。

关键词　汽车　先进驾驶辅助系统　自适应巡航　专利分析

一、概述

（一）研究背景

先进驾驶辅助系统（Advanced Driver Assistance System，以下简称“ADAS”）是自动驾驶初级阶段的重点技术，近年来呈快速发展趋势。而作为 ADAS 重要组成部分的自适应巡航控制（Adaptive Cruise Control，以下简称“ACC”）系统，因其具有改善车辆行驶安全性、驾乘舒适性及提高交通流量的潜力而得到政府部门、汽车企业、零部件企业和相关汽车研究机构及社会各界的广泛关注，并逐步成为消费者购买车辆时考虑的重要因素。

根据汽车大数据平台“智数汽车”的研究报告，乘用车 ACC 系统的应用比例逐年上升，ACC 系统综合配置率从 2007 年的 0.74% 上升到 2017 年的 17.9%，2017 年的标配率为 8.99%。从国内外乘用车 ACC 系统的配置情况来看，进口车应用最多，综合配置率达

* 作者单位：国家知识产权局专利局专利审查协作北京中心。

** 等同第一作者。

24.68%，国产（合资）车型 ACC 系统使用稍多，综合配置率为 8.02%；自主品牌几乎很少配置 ACC 系统，综合配置率为 1.08%。可见我国应用于乘用车的 ACC 系统近年来虽然发展速度较快，但相关技术和产业发展与国外还有一定差距。

为了保护知识产权及衍生的经济利益，创新主体往往首先将其发明成果以专利而非论文的形式进行固化，因此，专利文献中往往集中了某领域最为活跃和先进的技术。本文试图从专利的角度研究国内外 ACC 系统的历史、现状和发展趋势，对 ACC 领域的专利申请进行统计分析，重点对该领域国内外主要申请人的竞争力和关键技术进行分析研究，对未来发展趋势进行预测并提出建议，以助力国内相关产业快速发展，尽快形成核心竞争力和自主知识产权，为中国智能车辆技术和产业的快速发展保驾护航。

（二）研究对象

ACC 系统，又称主动巡航控制系统，是一种智能化的自动控制系统，其在传统的定速巡航控制系统（Cruise Control System，以下简称“CCS”）基础上发展而来。ACC 系统主要由环境信息感知单元、控制单元、执行单元和人机交互界面构成。ACC 系统通过环境信息感知单元进行前方行驶环境监测（前方有无车辆、两车间距、相对速度以及其他道路信息等），控制单元通过协同控制执行单元自动调整车速或与前车保持安全车距，从而大大提高驾驶舒适性和安全性。

环境信息感知单元类似于驾驶员的眼睛，用于检测车道、车辆、障碍物、信号设施、行人等实时信息，其常用的传感器包括各种类型的车载雷达以及摄像机等。控制单元类似于驾驶员的大脑，根据所获取的环境信息以及车辆自身信息制定控制策略和算法，作出相应决策。执行单元类似于驾驶员的手、脚，其根据控制单元发来的指令执行加速、减速或转向变道操作，具体的执行单元包括车辆动力系统、转向系统以及制动系统等。人机交互界面则为驾驶员与车辆的沟通提供了一个渠道，通过功能选择和参数设定以便车辆能顺利执行驾驶员的意图，车辆也能向驾驶员进行适时反馈。

典型的 ACC 系统工作模式为：先通过人机交互界面设定主车巡航速度、车辆间距/时距等参数，在环境信息感知单元感知到前方没有车辆或前方车辆远在安全车距之外时，ACC 系统控制单元操控主车执行单元以预设车速定速巡航；当感知前方车辆在监测范围以内且前方车辆车速小于主车巡航车速时，ACC 系统以一定的控制策略操控执行单元对主车减速并自动跟随前车保持同速行驶；当前方目标车辆并道驶离或主车前方没有车辆时，ACC 系统再次操控执行单元对主车加速恢复至预设行驶速度，从而保持定速巡航状态。

（三）研究方法

为了能全面、准确地反映出 ACC 领域的专利技术现状及其发展趋势，选择专利检索与服务系统（Patent Search And Service System，以下简称“S 系统”）中的外文数据库

（以下简称“VEN 数据库”）作为检索数据库，其收录了 97 个国家或组织的专利文摘，除可保证使用分类号进行检索的准确性外，还可以避免在专利分析过程中出现大量重复记录的弊端。

检索使用的主要 IPC 分类号涉及 B60W 30/14（巡航控制）及其下更低等级的二点组 B60W 30/16（车辆间距的控制）。由于 CPC 分类号相比 IPC 分类号具有更加细致的分类条目，可以迅速有效地从大量专利文献中检索到所需信息，提高检索精度和效率，本文还使用了 CPC 分类号，主要涉及 B60W 30/14（巡航控制及）其下更低等级的所有二点组和三点组。英文关键词主要包括 ACC、adapt +、cruis + 等。截至 2018 年 6 月 30 日，在 VEN 数据库中检索得到全球范围内 ACC 系统相关专利申请总量为 7181 项。

二、专利申请概况分析

本节对 ACC 系统的专利申请情况进行了总体的研究分析。根据 ACC 系统的发展趋势、技术成熟度，同时结合我国 ACC 系统的专利申请情况进一步分析我国在该领域的国际地位和发展前景，以及我国企业与国外跨国公司之间的差距。本节主要通过 ACC 系统相关专利的申请量、申请人、来源地和目标地的统计分析来实现上述研究目的。

（一）ACC 全球专利概况

1. 申请态势

截至 2018 年 6 月 30 日，全球 ACC 系统的专利申请总量超过 7000 项，总体上呈现增长态势。其中，“项”的定义为：同一项发明可能在多个国家或地区提出专利申请，DWPI数据库将这些相关的多件申请作为一条记录收录。在进行专利申请数量统计时，对于数据库中以一族（这里的“族”指的是同族专利中的“族”）数据的形式出现的一系列专利文献，计算为“1 项”。一般情况下，专利申请的项数对应于技术的数目。如图 1 所示，ACC 系统相关专利全球申请趋势经历了三个阶段。

（1）缓慢发展期（1980～1995 年）

自 1980 年日本本田汽车公司首次提出根据车间距控制车速的自适应巡航概念雏形开始，ACC 领域专利申请开始进入缓慢发展期。这一时期，全球每年关于 ACC 领域的专利申请数量缓慢增长，每年的申请量基本上维持在个位数，申请量最多的年份为 1993 年和 1994 年，达到 18 项。受限于当时的电子信息技术、传感器技术和其他硬件技术水平，此阶段的巡航控制还是以 CCS 系统为主。直到 20 世纪 90 年代初，随着世界各国对智能运输系统及智能车辆研究的兴起，以及随着车辆电子技术的发展，ACC 系统相关技术才越来越受到关注，慢慢进入设计和研发阶段。

（2）稳步发展期（1996～2004 年）

这一时期，ACC 系统的全球专利申请量稳步增加。随着车辆电子控制单元（Electronic Control Unit，以下简称“ECU”）的稳定发展，ACC 技术随之也进入稳步发展期。以日本、美国、欧洲为代表的发达国家/地区汽车相关企业逐渐将视线从 CCS 控制转移到 ACC 控制，搭载 ACC 系统的高档车辆逐渐出现。反映到全球专利申请方面，ACC 系统的申请量增加比较稳定，从每年 30 余项逐步增加到每年 100 余项。这一时期，主要的申请人集中在日本、美国和德国。

（3）快速发展期（2005 年至今）

随着大规模集成电路在汽车电子控制系统领域的发展和应用，车辆有能力进行越来越复杂的控制，结合人们对驾乘舒适性越来越高的要求，各整车或零部件企业日益将视角转向 ACC 控制的研发和生产上，ACC 技术进入了快速发展期，全球车企纷纷开始进行专利布局。反映到全球总体申请量上，2005 年的专利申请达到了 223 项；之后快速增长，2013 年往后一直维持在 500 项以上，2014 年的全球年申请量更是达到了 645 项。图 1 所示的 2017～2018 年申请量骤降，是由于申请文件尚未完全公开。

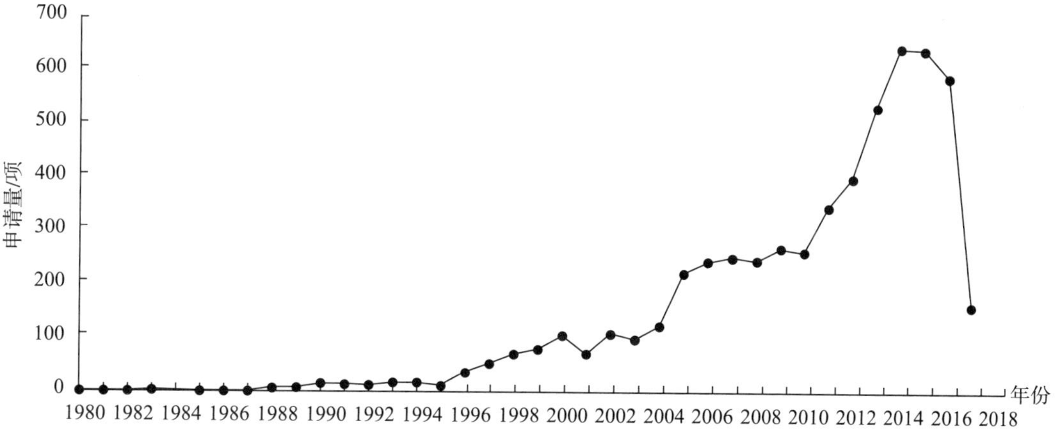

图 1　ACC 系统相关专利全球申请趋势

2. 技术主题构成

一件发明往往涉及不同类型的技术主题，这些技术主题在构成发明信息时会进行多重分类，给出多个 IPC 分类号。通过 IPC 分类号的分析，也能够直观反映某领域的技术主题构成。

按项数排名前十的 ACC 系统相关专利申请 IPC 分类号分布如图 2 所示，其中排名第一的 IPC 分类号为 B60W 30/16（车辆间距的控制），约占总量的 45.8%，也就是说近五成专利都具有分类号 B60W 30/16；排名第二的 IPC 分类号为 G08G 1/16（防撞系统），约占总量的 28.3%；第三名为 B60W 30/14（巡航控制），约占总量的 26.5%；第四名为 B60K 31/00（只作用于单个子系统、用于自动控制车速的车辆配件），约占总量的

25.8%；第五名为 B60W 10/18（包括刹车系统的控制），约占总量的 16.5%。此外，排名前十之内的 IPC 分类号还涉及 B60W 10/06（包括内燃机控制的）、B60T 7/12（用于自动启动的；用于不按司机或乘客意愿启动的）等。

从如上技术主题构成分析可以看出，ACC 系统技术主题并不侧重硬件研发，而是以软件控制为主，其充分反映了该领域智能化自动控制的特点。ACC 系统所聚焦的技术主题主要在于车辆间距的控制上，这正是 ACC 系统的核心任务；如前所述，ACC 系统是在传统 CCS 系统基础上发展而来，因此传统 CCS 也是 ACC 系统绕不开的主题；此外，动力系统、刹车系统、速度控制系统、防撞系统、自动停车/启动系统等，都是 ACC 系统的重要技术主题，后文将通过典型专利进一步说明。

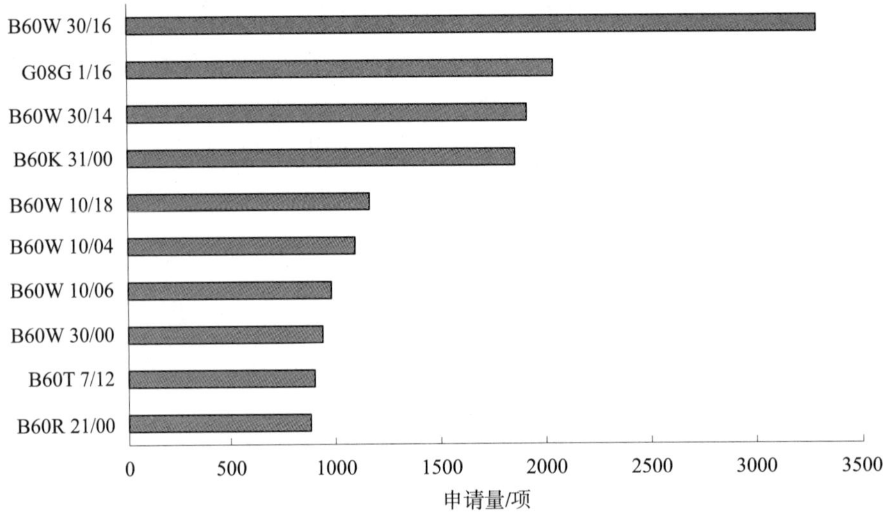

图 2　ACC 领域全球技术构成排名

3. 来源地申请态势

技术来源地分析反映了主要技术力量的来源分布情况，其不仅从宏观层面上体现了世界范围内技术和市场变化，也能为企业寻觅技术力量、嗅探市场空白点，实现技术和产业的有效布局提供帮助。

如图 3 所示，在 ACC 系统相关专利申请中，日本、德国、美国、瑞典、韩国、中国、英国、法国和瑞士是 ACC 技术的主要来源国。日本和德国在该领域的专利申请量占有绝对优势，其属于第一梯队，日本的专利申请量为 1374 项，德国的专利申请量为 1302 项，从侧面反映出日本和德国对 ACC 的重视以及雄厚的研发实力。美国作为老牌汽车强国，其对 ACC 的重视程度也是非常高的，其申请量为 734 项，属于第二梯队。瑞典、韩国和中国的申请量分别为 354 项、338 项和 312 项，属于第三梯队。英国、法国、瑞士为第四梯队，申请量分别为 155 项、148 项和 33 项。

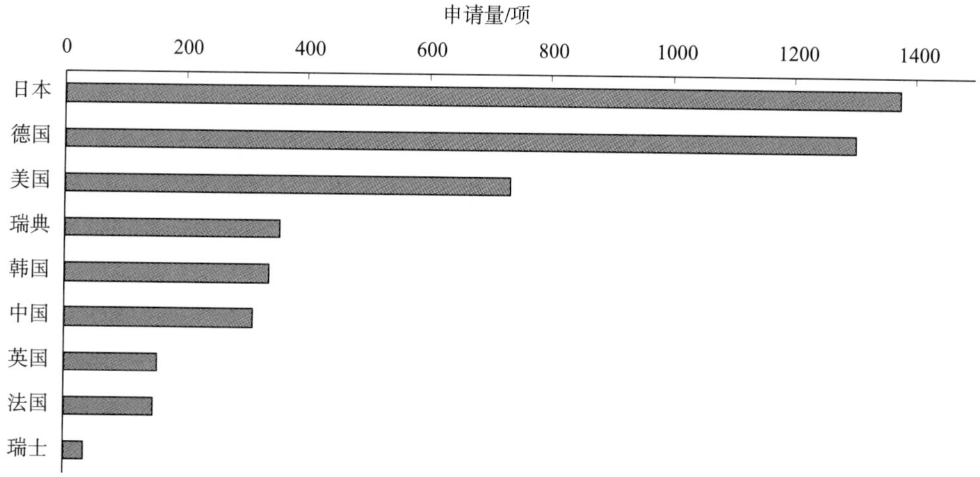

图 3　ACC 领域来源地申请量排名

4. 目标地申请态势

来源地能够反映不同国家的技术实力，而目标地则反映了不同国家/组织内市场发展程度。在前面来源地分析基础上，本节进一步综合专利目标地，获得 ACC 专利申请目标地的专利申请趋势。

如图 4 所示，在日本、美国、德国这三个汽车强国的专利布局数量分别为 2432 项、2412 项和 2164 项；由于这三个国家的申请人研发实力雄厚，世界知名的汽车厂商都集中在这三个国家，因此，这三个国家的申请人都是先以本国为基础进行专利布局，之后再向其他目标地布局，上述三个国家构成第一梯队。

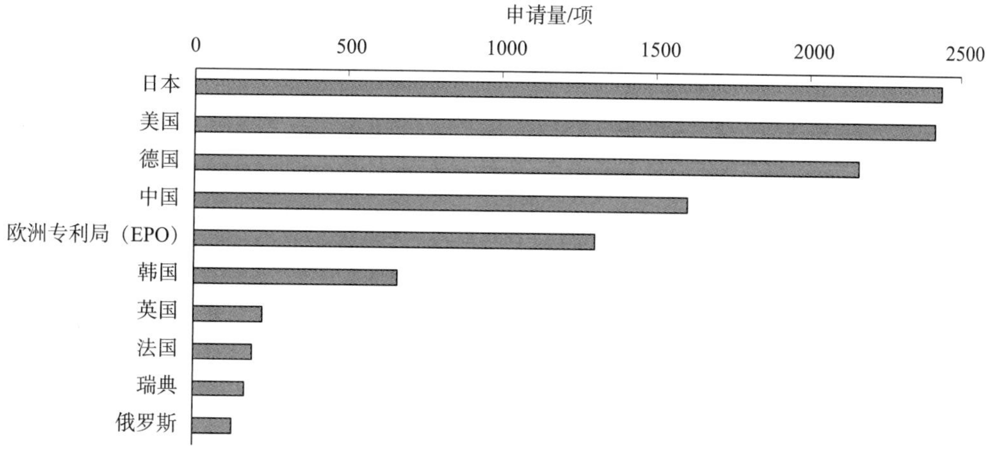

图 4　ACC 领域全球目标地申请量排名

而对于中国，截至 2017 年的统计数据，中国汽车的产销量分别为 2901. 54 万辆和 2887. 89 万辆，产销接近 3000 万辆，再次刷新全球纪录。新兴的中国汽车市场成为世界汽车巨头的兵家必争之地，因此以中国为目标市场的申请量仅次于日本、美国和德国，高达1603项。由于欧洲专利局（EPO）授权的专利，在EPO的成员国范围内同样能够获得保护，因此以EPO为目标组织的申请量为1304项；中国、EPO构成第二梯队。

而以韩国、英国、法国、瑞典和俄罗斯为目标国的申请数量分别为661项、226项、193项、170项和129项。上述五个国家构成第三梯队。

5. 主要申请人

ACC领域全球主要申请人的排名如图5所示。按申请人的申请量排名，第一至第十分别为：丰田（575项）、博世（397项）、日产（311项）、现代（289项）、电装（269项）、本田（185项）、斯堪尼亚（147项）、戴姆勒（146项）、福特（139项）、富士（121项）。

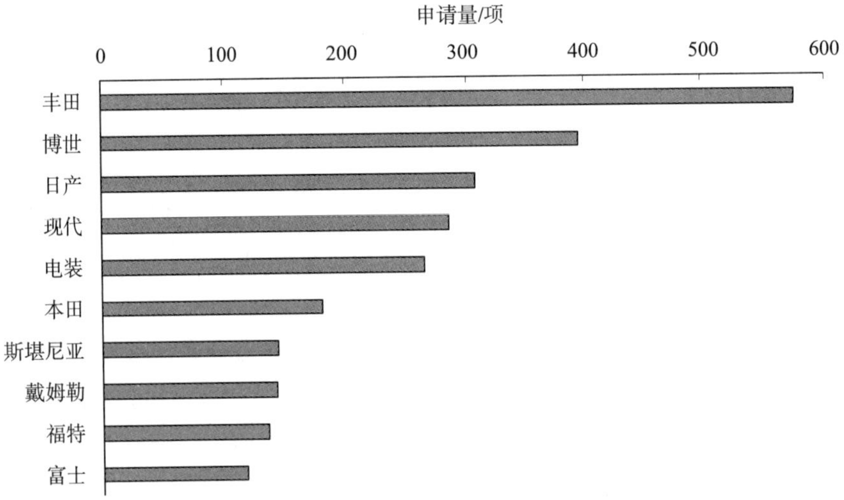

图5　ACC领域全球主要申请人申请量排名

日本申请人在ACC方面的专利申请量遥遥领先于其他国家，日本的申请人分布比较均匀，其不仅包括了整车企业丰田、日产、本田以及富士，还包括了传统的汽车配件厂商电装。作为传统汽车强国，德国一直致力于ACC的研究，博世是世界上最大的汽车配件供应商之一，在ACC领域申请了大量的专利，进行了产品的提前布局，博世就此巩固了其在ACC领域的主导地位。由于德国配件厂商研发实力雄厚，并且德国汽车企业分工明确，德国整车企业更关注于发动机和变速器这些汽车重要总成的研究，因此德国整车企业只有戴姆勒进入了前十位，并且位列第八。美国作为曾经的汽车产销量大国，只有一家车辆企业福特进入申请量前十位，另外两家通用和克莱斯勒并没有进入申请量前十位。韩国作为汽车产业后起之秀，现代也进入了申请量前十位。斯堪尼亚作为瑞典领先的商用车制造商，其对ACC的研究实力不容小觑，排名第七位。

（二）ACC中国专利概况

为掌握ACC技术在中国专利申请的总体状态，本节重点研究了中国专利申请总体状况、中国国内外申请人构成情况。

1. 申请态势

截至2017年，在ACC领域中国申请量为1603件。其中，“件”的定义为：在进行专利申请数量统计时，例如为了分析申请人在不同国家、地区或组织所提出的专利申请的分布情况，将同族专利申请分开进行统计，所得到的结果对应于申请的件数。1项专利申请可能对应于1件或多件专利申请。如图6所示，中国专利申请趋势大致可以分为以下三个阶段：

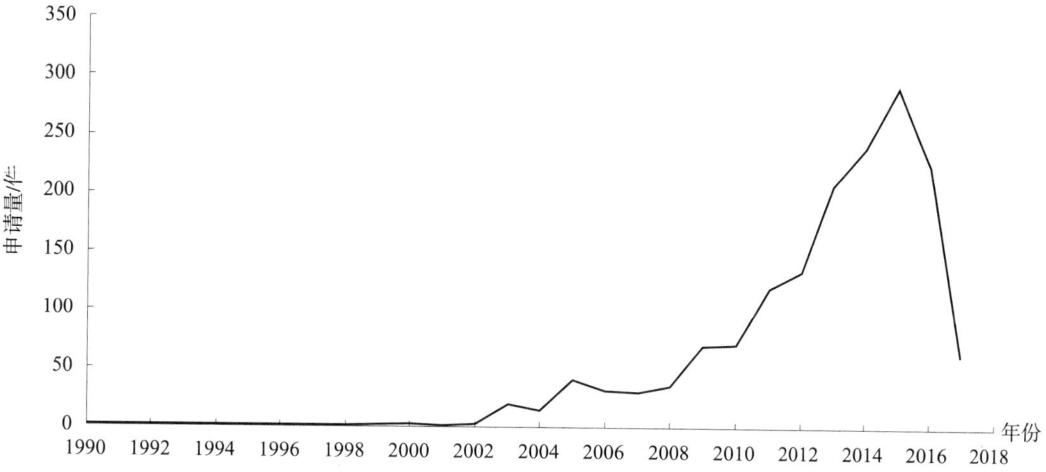

图6　ACC领域中国专利申请量趋势

（1）缓慢发展期（2002年及以前）

这一时期，我国汽车保有量还处于一个相对较低的水平，相对于汽车高昂的成本，对辅助驾驶还没有很大的需求，因此ACC方面的专利申请相对较少，处于缓慢发展的时期。但是该时期日本、德国、美国申请人已经在中国就ACC技术开始布局。这一时期，每年的申请量只有个位数，最高的仅为3件。

（2）稳步发展期（2003～2010年）

随着这一时期中国的汽车保有量逐渐增加，国外的汽车巨头纷纷在中国设厂。同时，民族品牌也开始成长，在保证传统汽车研发的同时，为了占领技术制高点，无论国内和国外的申请人都开始注重ACC系统的研发，因此ACC在这一时期专利申请量稳步增加。同时注意到，国外申请人在这一时期的关于ACC方面的专利布局要早于国内申请人，日本申请人的专利申请呈现了快速增长的趋势，德国和美国申请人的专利申请量也有较大的增长。申请量从2003年的20件，稳步增长到2010年的71件。

（3）快速发展期（2011年至今）

随着大规模集成电路的快速发展，车身电子控制系统进入了快速发展期，并且人们对驾驶舒适性的要求越来越高，各车辆企业逐渐将视角转向ACC系统的研发和生产上。

中国汽车的产销量已经连续多年位居世界第一，作为世界上最大的汽车消费市场，不论国外的汽车巨头还是国内的汽车企业，纷纷加紧 ACC 领域专利的布局。因此这一时期 ACC 领域的专利申请快速发展，中国申请人和国外申请人在申请量方面齐头并进。申请量从 2011 年的 119 件，稳步增长到 2015 年的接近 300 件。

对比 ACC 系统相关专利全球申请趋势，可见 ACC 领域中国专利申请趋势的发展期要晚 5 ~6 年，这也反映了 ACC 系统的相关专利都是由国外大型整车企业和配件商垄断的，专利申请数量由国外公司主导。

2. 技术主题构成

ACC 领域中国专利的 IPC 分类号分布构成如图 7 所示，其中排名第一的 IPC 分类号为 B60W 30/14（巡航控制），约占总量的 48. 3%；排名第二的 IPC 分类号为 B60W 30/16（车辆间距的控制），约占总量的 47. 3%。其他排名靠前的有 G08G 1/16（防撞系统）、B60K 31/00（只作用于单个子系统、用于自动控制车速的车辆配件）、B60W 10/18（包括刹车系统的控制）、B60W 10/06（包括内燃机的控制的）等技术主题。可见 ACC 领域中国专利的技术主题整体体现的构成状况与世界专利的构成状况大同小异，二者并无明显差别。

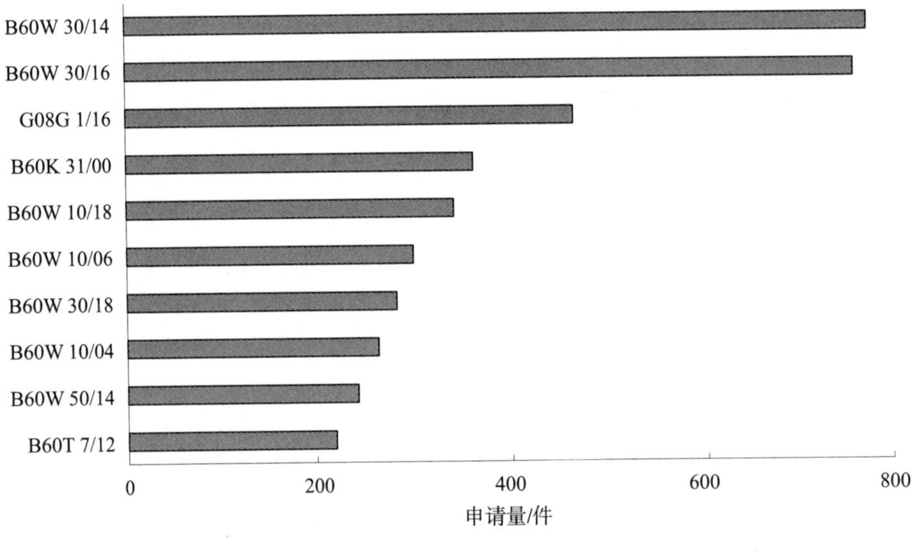

图 7　ACC 领域中国技术构成排名

3. 来源地态势

在中国的技术来源地分析反映了主要技术力量的来源分布情况，直观反映出各国/地区在中国的专利布局情况。

如图 8 所示，在 ACC 领域专利申请中，日本、中国、美国、德国、韩国、瑞典、英国、法国、荷属安的列斯是 ACC 的国内主要来源地。从图可知，日本在中国的专利申请量占有绝对优势，为534件，其属于第一梯队，该数据从侧面反映出日本对中国这个重要市场的重视。中国、美国、德国和韩国的申请量分别为302件、293件、247件和181件，属于第二梯队。瑞典、英国、法国、荷属安的列斯为第三梯队，申请量分别为90件、54件、32件、21件。

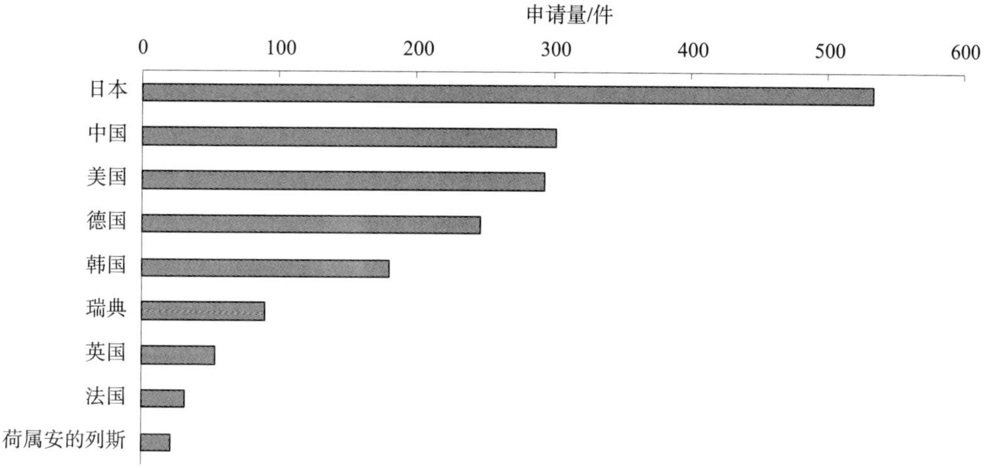

图8　ACC领域中国来源地申请量排名

4. 主要申请人

ACC领域中国专利主要申请人的排名如图9所示。按申请人申请量排名，第一至第十分别为：丰田（197件）、博世（124件）、现代（100件）、福特（98件）、通用（66件）、电装（57件）、富士（42件）、日产（41件）、斯堪尼亚（35件）、本田（33件）。

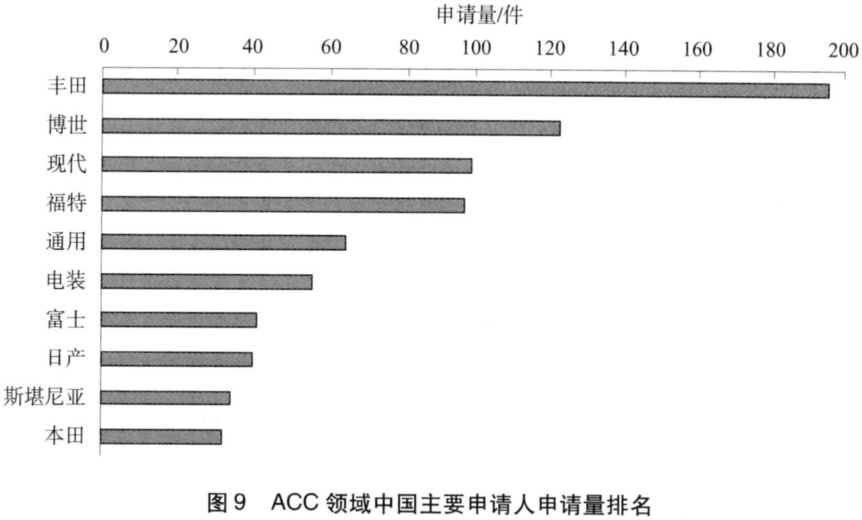

图9　ACC领域中国主要申请人申请量排名

在中国专利布局方面，日本申请人在ACC领域的专利申请量遥遥领先于其他国家，由于丰田、日产、本田三大整车厂在中国均设有合资企业，其必然要通过专利布局对其产品进行保护，因此丰田、日产、本田这三个申请人排名都在前十名。对于传统的汽车配件厂商电装，中国也是其重要的市场之一，其在中国也布局大量的 ACC 专利。另外，对于富士，中国是其旗下的斯巴鲁品牌汽车的重要市场之一，因此富士的申请量在中国排名第七。作为德国申请人的博世，是世界上最大的汽车配件供应商之一，在中国申请了大量的专利，其在申请人排名中位列第二，博世就此巩固了其中国的专利布局基础；而德国整车企业没有进入前十位的企业。美国的三大汽车巨头有两家进入前十名，分别为福特和通用，这两家企业的全球申请量都不是特别突出，但是其全球专利布局方面基本都涵盖了中国，这也显示了对中国市场的重视。中国作为现代较大的海外市场之一，其在中国也设立有合资厂，为了保护搭载 ACC 专利的车型的销售，其在中国的专利布局数量位列第三。斯堪尼亚作为瑞典领先的商用车制造厂家，将中国视为其商用车的重要市场之一，因此其在中国布局的 ACC 专利排名第九位。

三、专利技术演进路线

ACC 技术演进路线主要分为三个阶段：第一阶段是初始萌芽期，第二阶段是技术发展期，第三阶段是技术成熟期。

（一）第一阶段——初始萌芽期

1. ACC 系统雏形初现

初始萌芽期的 ACC 系统主要针对高速公路，用来实现在车速达到一定速度（不同车型有不同设定）后的定速巡航和保持安全车距功能，从而有助于减轻驾驶员疲劳和提高行车的安全性。VEN 数据库中最早的 ACC 雏形由日本本田提出，公开号为 JPS5733048A，申请日为 1980 年 8 月 4 日。如图 10 所示，其涉及一种车辆间距控制系统，通过雷达传感器探测主车与前方目标车辆之间的距离以及相对速度，当监控到的距离小于预定值时，给油门踏板施加反作用力，从而减速；当监控到本车与前方目标之间的距离已经异常接近时，自动制动控制即刻启动，以避免发生碰撞；在极端情况下，驾驶员还会丧失对油门踏板操作的优先级，以避免发生碰撞。这件专利申请有别于传统的 CCS 控制，已经开始关注根据车辆间距进行适应性车速控制，可谓是 ACC 系统的雏形。

2. 视觉传感器在 ACC 系统的应用

随着 ACC 研究的进一步推进，各大整车厂商以及配件厂商都开始关注对车辆间距的监测手段，在毫米波雷达、激光雷达的基础上发展出了采用摄像头作为视觉传感器进行图像采集的技术。通用于 1989 年 12 月 18 日提出了一项专利申请，公开号为 US4987357A，如图 11所示，其通过安装在车辆上的摄像头检测前方跟随车辆，从而使得车辆与前车保持恒定或安全距离。

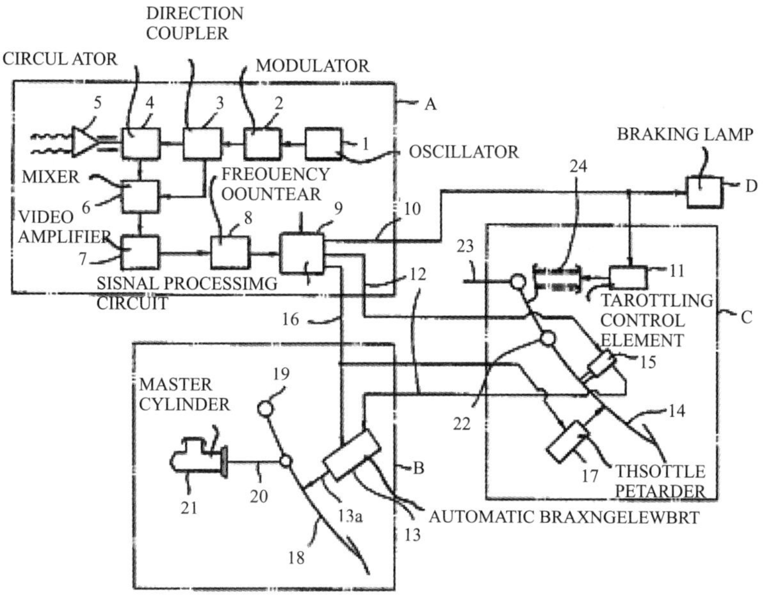

图 10　JPS5733048A 适应性车速控制图

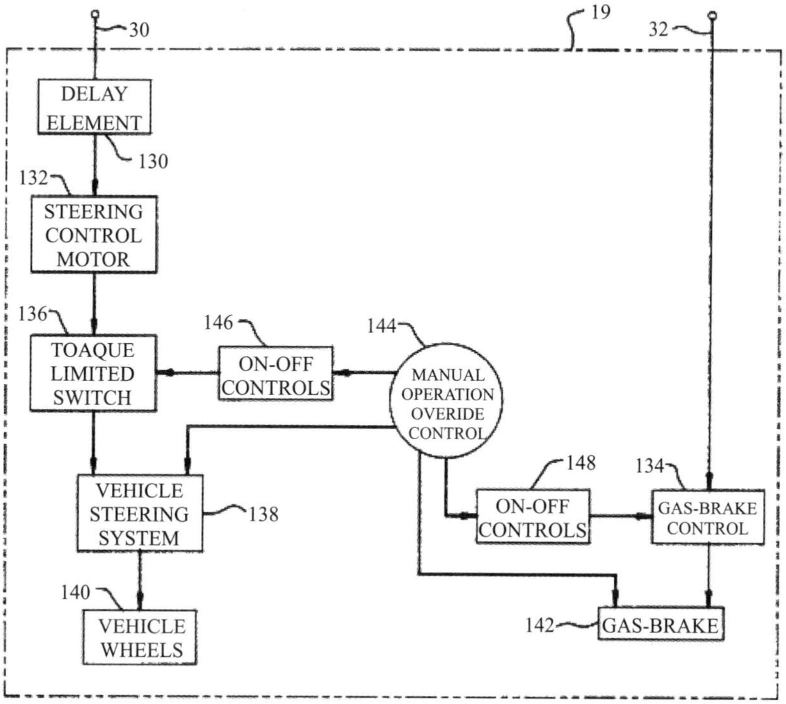

图 11　US4987357A 设计流程图

3. 针对非平直路况的 ACC 系统

初级 ACC 系统通常关注平直高速公路的理想状况进行设计研发，然而高速公路也具有分岔、起伏、转弯等非平直情况，在上述路况下，初级 ACC 系统在实现跟随车辆选择判断、跟随车辆锁定等功能上往往不能稳定应对。在初始萌芽阶段的中后期，涌现出了大量的根据车辆行驶中的外部非常规平直路况来对 ACC 系统进一步细化控制的专利。例如：电装提出的专利申请 JPH08279099A，优先权日为 1995 年 4 月 6 日，其针对车辆在高速公路弯道行驶时，装备有固定光束式激光雷达的 ACC 系统将无法继续探测到之前锁定的车辆，或可能将运行在其他车道的车辆误认为跟随车辆的缺陷，引入了扫描式激光雷达和转向角传感器，各传感器通过感知同一车道内的目标车辆与主车之间的相对距离、相对角度以及主车转弯半径等因素，由控制单元制定精准控制策略，从而实现高效准确的自适应巡航功能。其具体工作流程参见图 12。

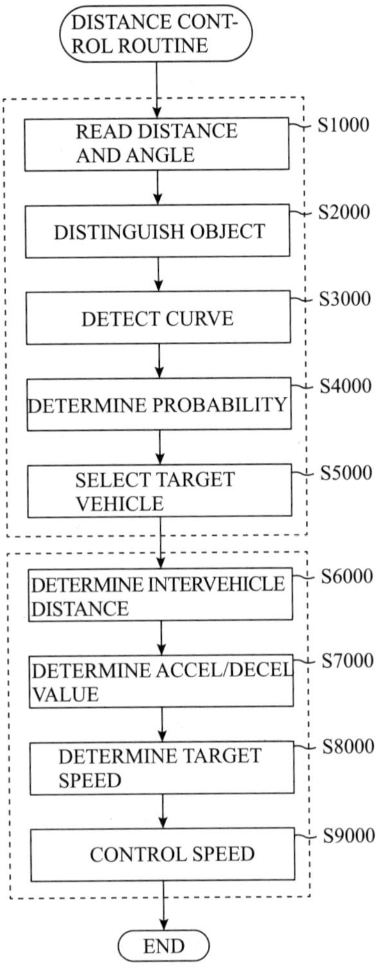

图 12 JPH08279099A 工作流程图

（二）第二阶段——技术发展期

随着技术的发展和人们对智能辅助驾驶技术需求的不断提升，ACC 系统进入第二阶段。这一阶段主要关注车辆在城市道路行驶时，道路拥堵车辆密集、车速低走走停停等典型工况下的 ACC。

1. 带有停车/起步功能的 ACC

为应对城市拥堵道路驾驶员频繁停车、起步的困扰，ACC 系统在第二阶段技术发展期的主要标志性技术为整合停车/起步功能。博世提出的专利申请 DE10017279A1，优先权日为 1999 年 4 月 9 日，在交通拥堵时，其控制系统能够自动执行左右转向、车间距控制，通过带有停车/起步功能的适应性驱动和制动措施来控制与前车之间的车间距以及自动跟随前车，从而显著减轻交通拥堵时驾驶员的负担。现代提出了一项专利申请 KR20110114986A，优先权日为 2010 年 4 月 14 日，涉及车辆自动停止和起动的控制方法：根据前方车辆的减速而控制受控车辆，使受控车辆以恒定速度接近前方车辆而不停止；受控车辆在距前方车辆预定距离时停止；在确定前方车辆起动或向前移动后，受控车辆起动。

2. 提高目标识别性能

由于城市工况行驶的复杂性，对目标识别系统提出了更高的要求，这一阶段出现了对目标识别系统进行改进的专利。例如，现代提出的专利申请 KR20040102803A，优先权日为2003年5月29日，意识到现有ACC系统，由于受控车辆需要经常加、减速，难以实现对车速的稳定控制，并且用于检测车距的传感器不能覆盖从短程到长程的距离，短程雷达传感器不适合与长程雷达传感器装在一起的问题，提出了同时采用一种用于长程车辆检测的光学雷达传感器和用于短程车辆检测的毫米波传感器，可获得的车辆间距离控制的距离范围能够得到有效扩展。

区别于高速公路行驶，在城市道路中行驶时，车速通常不会太高，这就要求ACC系统扩大车速控制范围，以使其更适应城市工况。博世提出的专利申请DE10149146A1，优先权日为2001年10月5日，其涉及一种ACC工作模式下车距、车速调整系统，其将车距、车速控制功能也应用于低车速阶段，通过定位系统、评估装置判定是否将定位到的车辆确定为跟随车辆，监控单元在ACC系统未能确定跟随车辆时，迅速将车辆控制权移交给驾驶员。

（三）第三阶段——技术成熟期

由于ACC系统在高速公路路况的普遍应用及城市工况的广泛适用，ACC技术日趋成熟，在解决了自适应跟车、自适应启停等问题后，该阶段更加关注于车辆行驶过程中的安全性、燃油经济性以及驾驶员感受等，在控制因素上，日益精细地考虑了路况、天气状况等因素。

1. 提高燃油经济性

电装于2011年4月27日提出的专利申请JP2012228979A，提供了一种ACC控制方法，当有其他车辆并入时，通过计算比较当前补偿评估指标值与刹车启动限值，如果高于该限值，则执行制动；如果低于该限制，则以匀速运动。该种控制方法在提高了安全性和驾乘舒适性的同时，也降低了油耗。

博世提出一项题为“节省能源的运行控制”的专利申请CN102729821A，优先权日为2011年4月11日，借助于该方法可以在考虑其他交通参与者以及交通装置（例如红绿灯）的动态信息的情况下节省能源地操作汽车。该方法确定汽车在即将发生的时间段中的可能的行驶过程，从其他汽车上接收消息，所述消息包括当前位置、运动方向、运动速度、计划线路等，基于所接收的消息在即将发生的时间段中确定其他汽车的可能的行驶过程，在确保在即将发生的时间间隔中两个汽车的位置之间的可能的距离在预先确定的阈值之上的前提下，来确定汽车的可能的速度曲线，从而避免能量无效率的制动过程。

随着混合动力车辆的普及，ACC也由传统的内燃机车辆应用至混合动力车辆。现代提出一项题为“一种用于混合动力电动车辆的自适应巡航控制方法”的专利申请CN107804320A，其优先权日为2016年9月5日。在该方法中，应用了考虑到混合动力电动车辆的特性的加速与滑行（PnG）驾驶模式，从而最大化了燃料效率的提高，并且同时满足了可驾驶性和燃料效率的提高。为此目的，该种用于混合动力电动车辆的ACC方法包括：在使用发动机和驱动电机作为车辆驱动源的混合动力电动车辆中，由驾驶员设定目标车辆速度，从而开启 ACC 模式，并且开启 PnG 模式；通过用户界面（UI）设备，提供用于选择 PnG 滑动模式、PnG 滑行模式和 PnG 匀速巡航模式中的任意一种模式的 UI；当驾驶员通过 UI 设备选择了一种模式时，在所选择的模式下控制混合动力电动车辆的驱动。

2. 提高安全性

现代于 2011 年 12 月 26 日提出的专利申请 KR20130074194A，涉及一种控制车辆间距离的系统，其包括：第一传感器，其可获得与前方车辆有关的信息；至少一个第二传感器，其可获得与处于左、右车道中的一辆或多辆车有关的信息；车辆间距离控制单元，当根据由第一传感器检测到的数据确定出仅通过制动输入不能避免端部碰撞时，其根据由至少一个第二传感器检测到的数据，确定用于车道变换的避让方向；转向控制单元，其可接收与由车辆间距离控制单元确定的避让方向有关的信息，并且对转向装置施加转向力以将驾驶者引导至在确定的避让方向上的车道。

博世于 2013 年 10 月 3 日提出的专利申请 EP3052961A1，用于执行 ACC 以在考虑到合流车辆（例如，正使用最初与主车辆的当前行驶车道平行的入口匝道进入高速公路）的情况下自动执行主车辆的纵向控制的系统和方法。如图 13 所示，通过在考虑到合流车

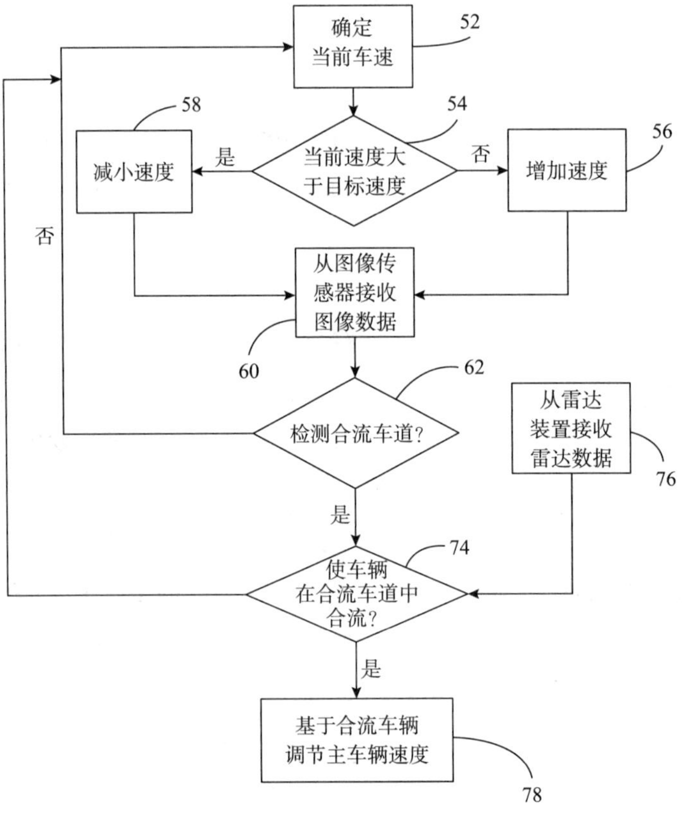

图 13　EP3052961A1 设计流程图

辆的情况下自动地控制主车辆，减小驾驶员交互并且提高了 ACC 的有效性。自动地允许合流车辆进入主车辆的当前行驶车道包括以下步骤：①使用由至少一个图像传感器所捕获的车道标记检测即将到来的入口匝道；②检测在即将到来的入口匝道上的合流车辆（例如，使用雷达数据）；③确定在即将到来的入口匝道上的合流车辆的相对速度；以及④基于合流车辆的相对速度自动加速或制动主车辆。

3. 提高驾驶员感受

电装于 2014 年 9 月 3 日提出的专利申请 JP2016052881A，涉及一种自动驾驶或辅助驾驶的车辆控制系统，其包括驾驶员操作检测装置，检测驾驶员的驾驶操作；使用者不适度检测装置，检测使用者的不适程度。当使用者不适度检测装置检测结果是使用者焦虑时，基于使用者的与车辆行驶条件有关的个人特点数据确定产生不适感的负面因素。控制装置基于此改变对车辆的行驶控制，以降低使用者的不适感。解决了自动驾驶或辅助驾驶中，因不同自动驾驶风格而使使用者产生不适感的问题。

电装于 2015 年 11 月 6 日提出的专利申请 JP2017087906A，涉及一种 ACC 工作模式下的自动学习装置，其具有第一信息获取部，构造为获取包括本车周围的目标（例如相邻车道的大型车辆）的行驶位置信息以及本车的行驶位置信息在内的行驶位置信息；第二信息获取部，构造为当行驶位置信息满足预定的行驶条件时，获取由驾驶员操作车辆产生的驾驶路径有关的驾驶路径信息（例如在超大型车辆时，驾驶在本车车道内向远离大型车辆一侧偏移行驶）；学习装置，构造为将第二信息获取部获取的与预定的形式条件相关联的驾驶路径信息存储为已学习值；控制装置，构造为当第一信息获取部获取的行驶位置信息满足该预定行驶条件时，基于该学习装置中存储的与该预定行驶条件相关的学习值执行自动驾驶控制，从而满足不同驾驶员的驾驶操作习惯。

总结上述 ACC 发展过程中的典型专利，形成图 14 的技术发展路线。

四、技术发展趋势及预测

根据国际汽车工程师学会（SAE）2014 年发布的自动驾驶分类体系，自动驾驶分为 0 ~ 5 共六个级别：

0 级：非自动化，所有驾驶任务都由人类驾驶员进行操控（即使安装了预警或干预系统）。

1 级：辅助驾驶，在特定驾驶模式下由一个辅助驾驶系统根据驾驶环境信息控制转向或加减速中的一种，并期望人类驾驶员完成所有其他动态驾驶任务。

2 级：部分自动化，在特定驾驶模式下由一个或多个辅助驾驶系统根据驾驶环境信息控制转向和加减速，并期望人类驾驶员完成所有其他动态驾驶任务。

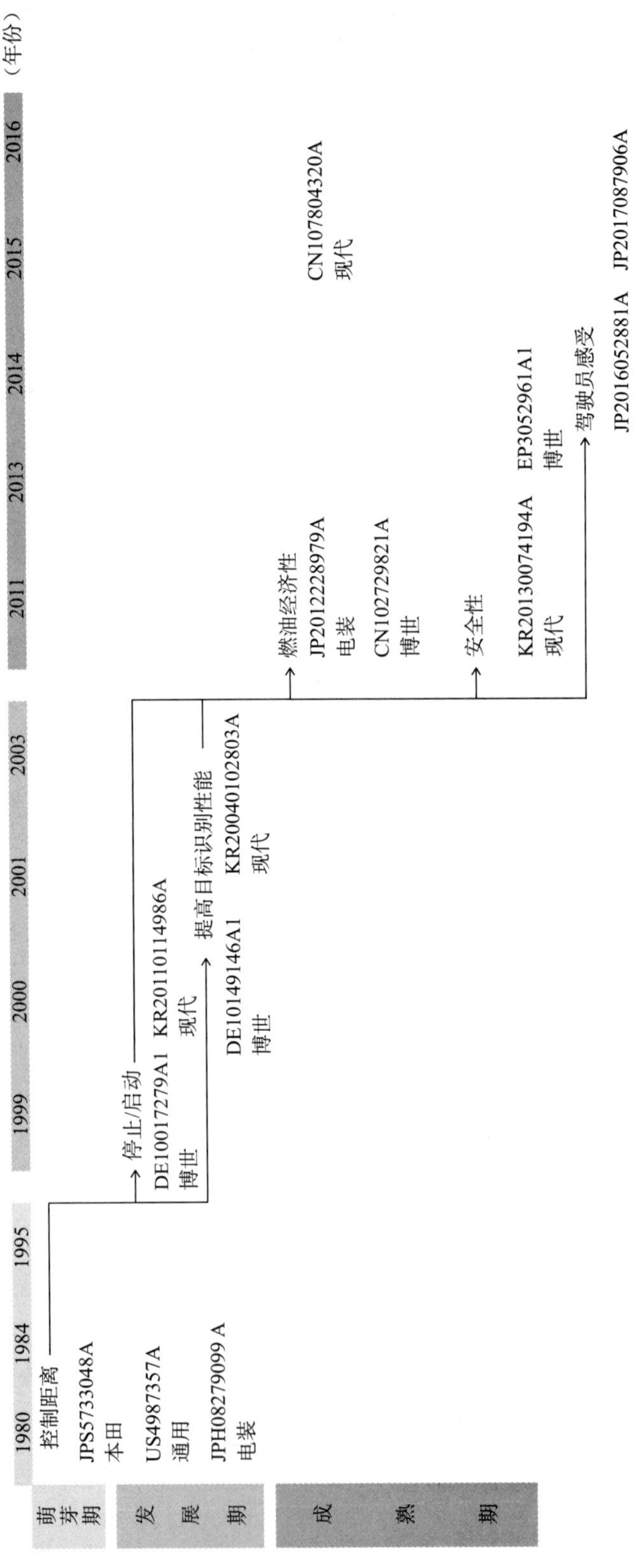

图14 ACC技术发展路线

3 级：有条件的自动驾驶，在特定驾驶模式下由一个自动驾驶系统完成所有动态驾驶任务，但期望人类驾驶员能正确响应请求并接管操控。

4 级：高度自动化，在特定驾驶模式下由一个自动驾驶系统完成所有动态驾驶任务，即使人类驾驶员无法正确响应请求并接管操控。

5 级：全自动化，自动驾驶系统在全部时间、全部路况和环境条件下（可由人类驾驶员管理）完成所有动态驾驶任务。

当前装备了 ACC、车道偏离预警系统（Lane Departure Warning System，以下简称“LDWS”）、车道保持系统（Lane Keeping System，以下简称“LKS”）等 ADAS 的车辆已经可以实现 2 级自动化，要想达到 3 级乃至 5 级自动化，实现完全无人驾驶的终极目标，根据现有的 ACC 技术，显然还有很长的路要走。综合上述专利分析情况，预期未来 ACC 主要向如下几个方向发展。

（一）自动变道

目前的 ACC 主流技术集中在车辆的纵向控制上，在单车道上进行 ACC 的技术已经成熟，但纵向控制的同时进行横向控制，即在公路上通过自动驾驶进行车道变更的技术尚不成熟。根据博世的一款典型产品，在同一车道内，无论何时受控车辆接近在前车辆，ACC 系统总会降低本车车速并试图跟随该在前车辆。如果驾驶员试图在接近过程中变道，将不得不关掉 ACC 开关以避免不期望的减速并进行加速操作以期更快、更安全地变更车道。这种操作无疑将降低驾乘的舒适性。为实现自动驾驶汽车由 2 级向 3 级跨越，ACC 自动变道技术显然不可忽略；伴随着 AI 人工智能系统的发展和介入车辆，各创新主体有必要在该方向上投入更多的研发力量。

（二）与其他 ADAS 系统集成

智能车辆需要兼顾安全性、稳定性、舒适性、动力性、通行高效性等，是一个基本脱离驾驶员操作控制、高度复杂的人工智能系统。当前部分车辆搭载的 ADAS 系统除了 ACC 外，还有 LDWS、LKS、前方碰撞预警系统（Front Collision Warning System）、行人保护系统（Pedestrian Protection System）等，然而，目前的 ACC 系统功能相对其他 ADAS 系统比较独立，综合配置成本也比较高；只有将 ACC 系统与其他 ADAS 系统集成起来，依赖强大的控制单元高效处理各种车辆信息，协同控制，才能有助于降低成本并提高车辆整体的性能需求。

（三）与外界协同的 ACC

智能交通系统（Intelligent Transport System，以下简称“ITS”）是将通信技术、自动控制技术有效融合，并应用于交通系统，为交通参与者提供多样性服务的系统。近年来，大数据、云计算、人工智能等新技术领域广泛发展，为行业发展提供了新的动力和广阔的市场空间。ACC 技术的发展可以充分利用 ITS 的发展，将装配 ACC 系统的汽车通过

V－V（Vehicle－Vehicle）或 R－V（Roadside－Vehicle）无线通信设施相连接组成协同控制的 ACC 系统，从而汽车不仅可以根据雷达传感器感知前方环境，还可以通过无线通信获得前方车辆和其他相关车辆的信息，使彼此“相连”的车辆协同完成控制操纵。基于车车通信、车路协同控制技术的 ACC 将成为未来发展方向之一。

五、结语

ACC 技术是汽车产业迈向无人驾驶终极目标的关键环节；掌握 ACC 领域的国内外专利布局状况，明确发展方向，以便尽快形成核心竞争力和自主知识产权，具有非常重要的现实意义。本文通过对国内外 ACC 领域的专利进行统计分析，对该领域技术在国内外的发展历史和研究现状作了全面介绍，对该领域中的关键专利进行了重点分析，并在此基础上，对 ACC 技术的未来发展趋势进行了分析和预测，希望能为我国 ACC 技术的发展尽绵薄之力。

参考文献

［1］张立淼．自适应巡航控制系统发展现状与前景分析［J］．汽车工业研究，2017（7）：18.

［2］智数汽车．国内乘用车市场自适应巡航行（ACC）配置趋势研究（2018 版）［R/OL］．（2018－07－06）．http://www. sohu. com/a/2035136026_378896.

［3］智研咨询．2017 年中国汽车产销量现状分析及轿车、SUV、MPV 销量排行［EB/OL］．（2018－01－17）．http://www. sohu. com/a/217231833_775892.

应用于智能车辆领域的光纤陀螺仪专利技术综述*

喻新　房倩**　张静**　吴琼**

摘　要　光纤陀螺仪是应用于智能车辆惯性导航系统的重要元件，其精度直接影响了智能车辆的自主定位精度。本文首先概述了光纤陀螺的技术发展，将光纤陀螺分为干涉式光纤陀螺、谐振式光纤陀螺和受激布里渊散射光纤陀螺三个技术分支。然后从专利申请量、申请人等角度进行分析，并针对三个技术分支的重点专利进行分析，在此基础上展望光纤陀螺的下一步技术发展重点。

关键词　光纤陀螺　干涉式　谐振式　受激布里渊散射

一、概述

惯性技术作为方位测定、姿态控制、惯性导航与制导的关键技术，在航天、航空、航海、交通导航等军事和民用领域有着广泛应用。由于光纤陀螺具有全固态、体积小、质量轻、启动快、动态范围宽、寿命长、成本低、可靠性高、易集成等突出特点，因此其广泛应用于惯性导航领域，已成为新一代惯性导航系统的首选惯性测量器件。

（一）光纤陀螺的原理

光纤陀螺的原理是建立在 Sagnac 效应上的。Sagnac 效应是指在封闭的环形回路中，两束分别沿顺时针和逆时针方向传播的光，相遇时产生干涉的一种效应。假设有一个相对惯性空间静止的环形的光路，有两束相同的光，从某点沿顺逆时针方向一起发射，当两束光相遇时，光程差和相位差为零。如果该环形光路相对于惯性空间不是静止的，而是转动的，情况就不一样了。假设环形光路如下：

设出发点为 M，旋转角速率为 Ω，方向垂直于光路所在平面且向内，两束光相遇的时刻，从 M 点到达 M′点，如果检测到两束光的地点仍在 M 点，此时两光经过的光程不

---

* 作者单位：国家知识产权局专利局光电技术发明审查部。
** 等同第一作者。

一样，且光程差与旋转角速率大小有关（见图 1 - 1）。

（二）光纤陀螺的类型

光纤陀螺的基本原理是利用激光束产生的沿顺时针和逆时针方向传播的光束在环形谐振腔内的 Sagnac 效应来检测载体的运动参数。根据提取光信号方式的不同，大致可以分为三大类：干涉式光纤陀螺（Interference Fiber Optic Gyro，IFOG），利用光纤线圈的干涉效应来敏感角运动；谐振式光纤陀螺（Resonator Fiber Optic Gyro，RFOG），利用光纤环作为谐振器来敏感角运动；受激布里渊散射环形光纤陀螺（Brillouin Fiber Optic Gyro，BFOG），利用布里渊光纤环形激光器的频率变化原理敏感角运动。

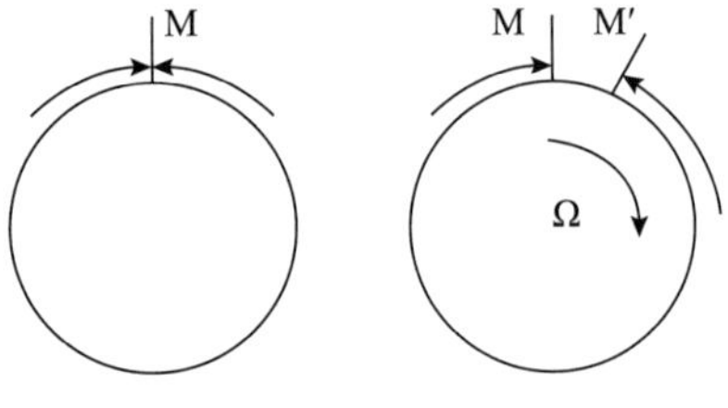

图 1 - 1　环形光路

干涉式光纤陀螺包括消偏型、全保偏光纤型、集成光学器件型三种类型，主体是一个萨格纳克干涉仪，由宽带光源（如超发光二极管或光纤光源）、光纤耦合器、光电检测器、Y 波导和光纤环组成（见图 1 - 2）。其原理基于 Sagnac 效应：当陀螺旋转时，光纤环内沿顺时针和逆时针方向传播的两束光波之间产生一个与旋转角速率成正比的相位差。

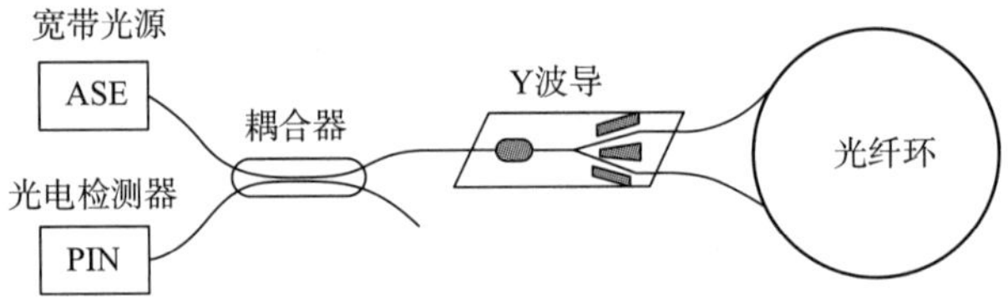

图 1 - 2　干涉式光纤陀螺结构简图

谐振式光纤陀螺包括全光纤型、集成光学型两种类型，当陀螺以一定的角速度转动时，环形腔的谐振频率由于 Sagnac 效应而发生变化，其中顺时针的谐振频率与逆时针的谐振频率的变化是相反的，利用外加激光分别锁定顺时针和逆时针的谐振频率，然后测量这一频率差即可获得转动角速度。其结构简图见图 1 - 3。

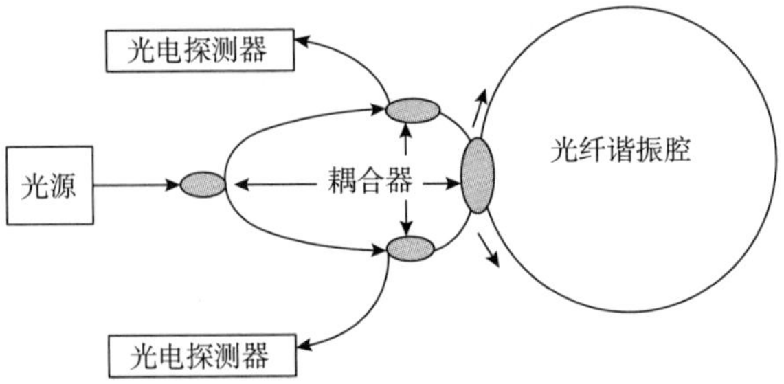

图 1 - 3　谐振式光纤陀螺结构简图

受激布里渊散射环形光纤陀螺是环行激光陀螺的光纤化产品，其工作原理为：当光纤环中传输的光强度达到一定的程度时就会产生受激布里渊散射，散射光的频率由于受 Sagnac 效应的影响而随光纤环的旋转角速度发生变化。检测顺时针及逆时针光产生的散射光的频率，并进行拍频处理，就可以得到光纤环的旋转角速度。其结构见图 1－4。

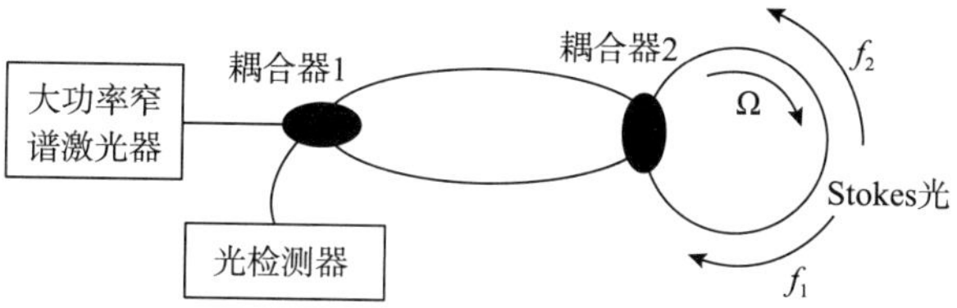

图 1－4 受激布里渊散射环形光纤陀螺结构简图

二、光纤陀螺技术现状

（一）技术发展现状

法国物理学家 Sagnac 于 1913 年发明了一种可旋转的环形干涉仪，发现了 Sagnac 效应，奠定了光纤陀螺的理论基础。1976 年，美国科学家 Vali 和 Shorthill 利用多匝光纤环增强 Sagnac 效应，研制出第一台光纤陀螺样机，标志着光纤陀螺的诞生。如今，光纤陀螺的发展已有 40 余年历史，国外中、低精度光纤陀螺已实现量产并得到了广泛的应用；惯导级、精密级的光纤陀螺正逐渐走向市场，表明高精度光纤陀螺的研发正日趋成熟。

美国是最早研制与应用光纤陀螺的国家。霍尼韦尔公司和利顿公司的光纤陀螺研发实力代表世界上该领域的最高水平。霍尼韦尔公司光纤陀螺产品型号齐全，涵盖从速率级到精密级的所有范围。利顿公司曾为美国海军空军提供高精度光纤陀螺。Northrop Grumman 公司于 2001 年收购利顿公司，使该公司的光纤陀螺研发实力得到进一步增强。

除美国外，日本也是光纤陀螺研究和生产的大国。JEA、三菱、住友、日立、松下等公司在中、低精度等级光纤陀螺的商用方面走在世界前列。几乎与美、日两国同步，英、法、德、意、俄等国也先后开展了光纤陀螺的相关研究工作。例如，法国汤姆逊－CSF 公司、英国航空航天公司（BAe）下属的史蒂文纳奇工厂、德国 SEL 公司都已开发出光纤陀螺成品，并已应用于战术导弹系统和舰船导航等领域。

我国对光纤陀螺的研究起步较晚，20 世纪 80 年代我国的大学和研究所才相继启动光纤陀螺的研发，主要研制单位有中国航天电子技术研究院、西安飞行自动控制研究所、清华大学、北京航空航天大学、浙江大学等。经过 30 年左右的发展，我国在光纤陀螺领域走出了一条自力更生、自主创新的道路，其中北京航空航天大学、中国航天电子技术研究院、西安飞行自动控制研究所处于国内领先地位。目前，我国已能研发中、低精度光纤陀螺，但相比世界发达国家，仍有差距。近几年，少数国内企业开始尝试光纤陀螺的商用化和产业化，中航工业陕西宝成航空仪表有限公司、中国航天科工四院红峰公司相继建成了光纤陀螺和光纤惯性导航系统工程化生产线，实现批量生产。

（二）专利技术现状

在专利检索与服务系统中的中国专利文摘数据库（CNABS）、外文数据库（VEN）数据库进行检索。截至2018年6月11日，获得全球范围内光纤陀螺专利申请共1581件，其申请趋势如图2－1所示。1978年德国的西门子公司提出了第一件专利申请，于1993年专利年申请量达到第一个峰值58件，其后专利申请量有所回落，然后于1998年达到第二个峰值53件，其后专利申请量又有所回落，自2006年起申请量再次开始迅速上升，每年都保持在50件以上，并于2013年达到最大值101件。

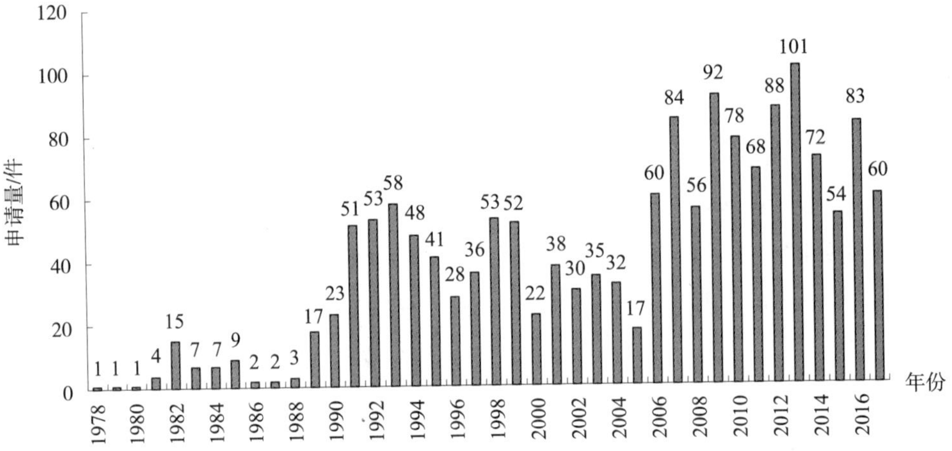

图2－1　光纤陀螺专利年申请量趋势

从专利申请的技术来源来看，如图2－2、图2－3所示，中国共申请光纤陀螺相关专利573件，美国申请547件，日本申请307件，德国申请55件，英国申请35件，法国申请29件，这六国的申请量占总申请量的将近98%。从专利申请的重要技术来源地申请量趋势看，美国从技术起源至今一直有不小的申请量；而中国的起步较晚，2001年才开始有申请，但发展迅猛，从2006年开始就占据申请量第一的位置；日本的申请主要集中在20世纪90年代，在1992年达到峰值40件，之后逐渐减少，2002年开始年申请量减少到个位数，近几年申请量为0；英国在技术发展早期有少量申请，2000年之后申请量为0；德国和法国在整个技术发展过程中都有少量申请。

从相关专利的申请人来看，如图2－4所示，其中美国的霍尼韦尔公司申请325件，申请数量最多，中国的北京航空航天大学申请105件，排名第二，浙江大学申请99件紧随其后，利顿公司申请55件，排名第四，排名第五到第九的都是日本公司。从排名前十的申请人来看，美国申请人的申请量最大，达到380件，中国和日本申请人的申请量不相上下，分别为 226 件和 191 件。

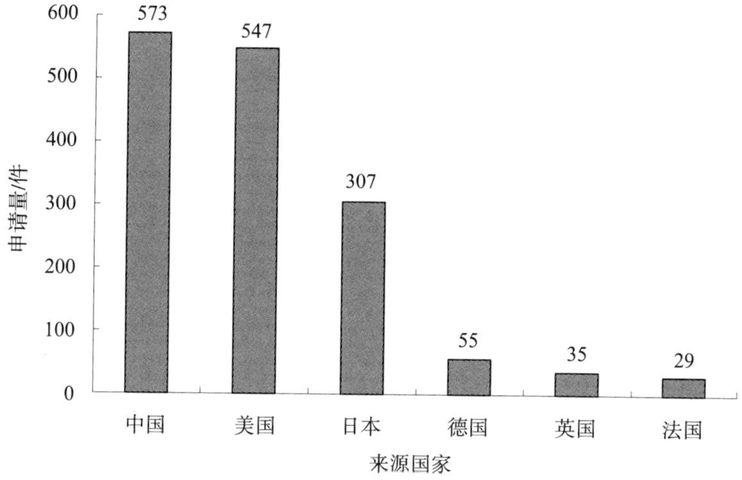

图 2-2　光纤陀螺相关专利技术来源国家

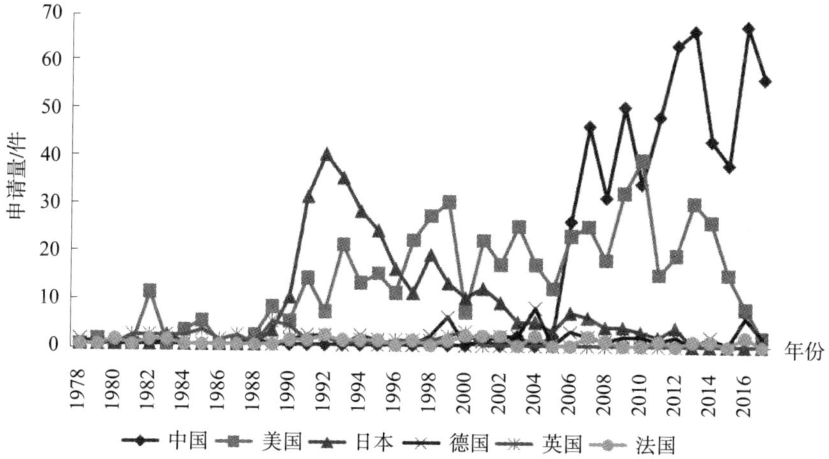

图 2-3　光纤陀螺相关专利技术重要来源地申请量趋势

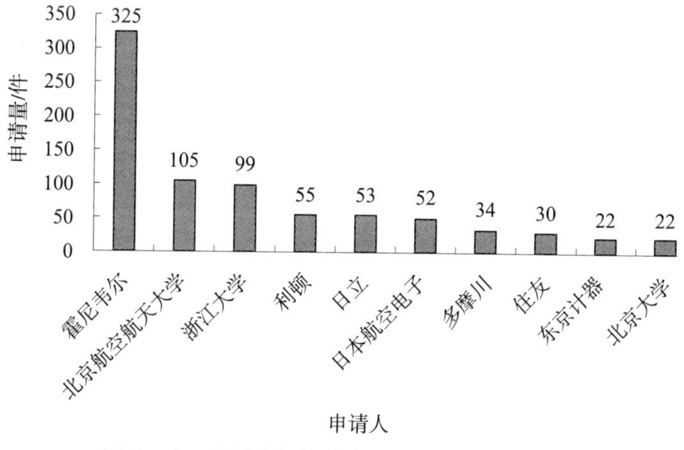

图 2-4　光纤陀螺相关专利申请人申请量排名

从申请时间上来看，如图 2－5 所示，美国的霍尼韦尔自 1985 年开始有第一件申请，1985～2003 年几乎每年都有申请，且占比非常大，2003 年后申请量骤减，几乎为零；利顿申请时间较早，在 1985 年就开始有第一件申请，于 1995 年达到申请的峰值 8 件，其后迅速减少，于 2001 年后再无申请。日本的几家公司（日本航空电子、日立、多摩川、住友、东京计器）集中在 20 世纪 90 年代，在 2000 年之后只有少量申请。中国的北京航空航天大学于 2001 年开始申请，浙江大学于 2006 年开始申请，从 2006 年之后申请量大增，占据了每年申请量的一半以上。

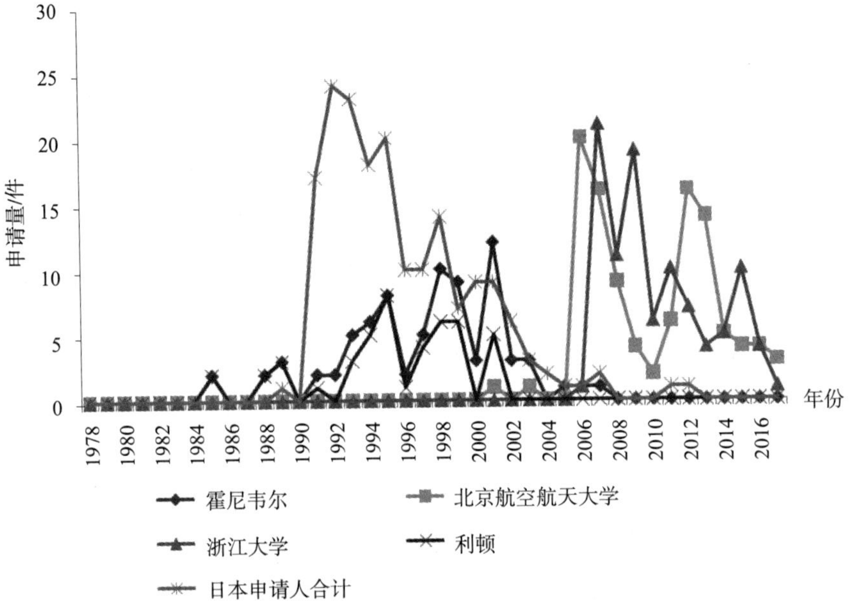

图 2－5　光纤陀螺相关专利申请趋势

从技术主题来看，如图 2－6 所示，涉及干涉式光纤陀螺的专利申请有 634 件，涉及谐振式光纤陀螺的专利申请有 174 件，涉及受激布里渊散射环形光纤陀螺的专利申请有 16 件。

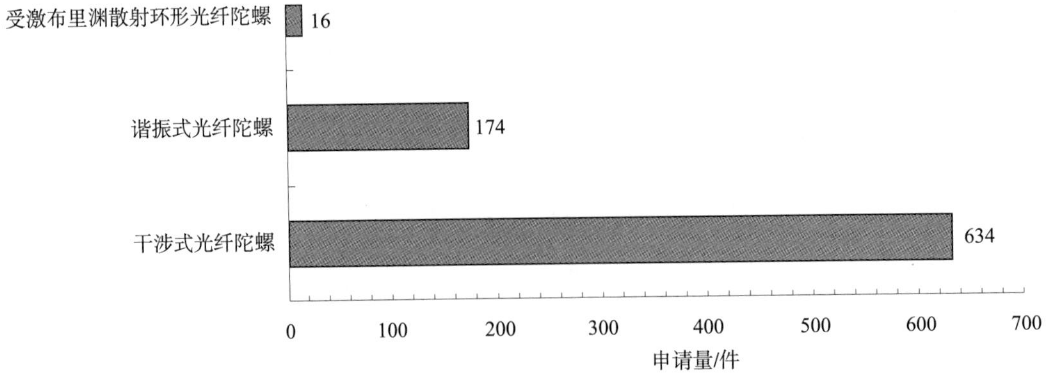

图 2－6　光纤陀螺相关专利技术主题分布

如图 2－7 所示，从技术主题的趋势来看，干涉式光纤陀螺发展最成熟，已经进入了全面化的工程实用阶段，其专利申请量从 1978 年至今每年都有一定的申请量，在 20 世纪 90 年代和 2006 年之后存在两个高峰期；谐振式光纤陀螺的专利申请最早出现在 1979 年，从 1984 年至今每年都有少量的申请，申请量的高峰出现在 2015 年；受激布里渊散射环形光纤陀螺的专利申请只有少量分布，这与其目前仍处在实验室研究阶段的情况相符。

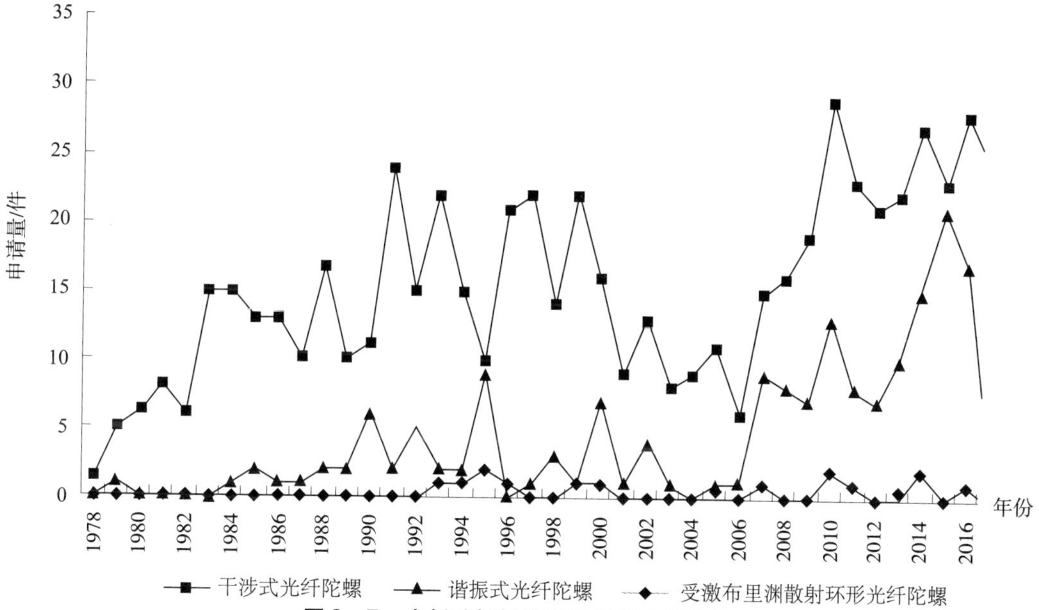

图 2-7　光纤陀螺相关专利技术主题趋势

从图 2-8 技术主题的技术申请人来源分布来看，霍尼韦尔的专利申请中数量最多的是谐振式光纤陀螺，其次是干涉式光纤陀螺，两者的申请量不相上下；利顿的专利申请则主要集中在干涉式光纤陀螺；北京航空航天大学和浙江大学的专利申请主要涉及干涉式光纤陀螺和谐振式光纤陀螺，干涉式光纤陀螺比谐振式光纤陀螺的申请量略多；日本的几家公司（日本航空电子、日立、多摩川、住友、东京计器）的专利申请则主要集中在干涉式光纤陀螺。

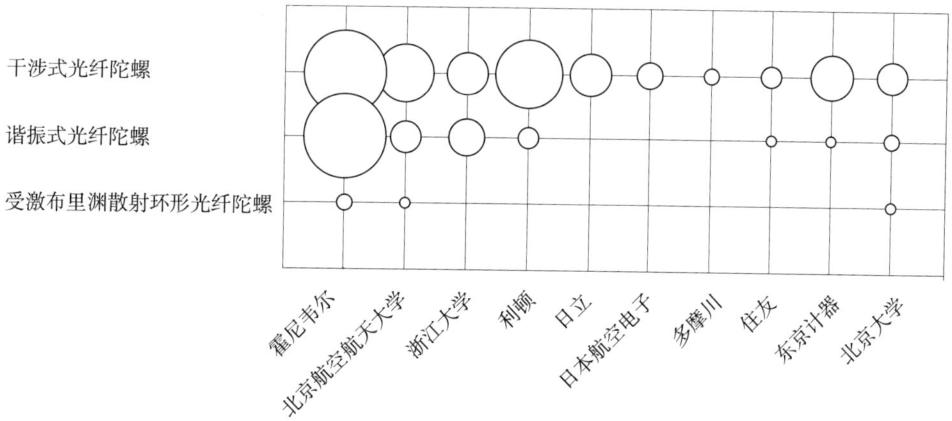

图 2-8　光纤陀螺相关专利技术主题技术申请人来源分布

注：图中气泡大小，表示申请量多少。

从相关专利申请的发明人排名来看，如图 2－9 所示，来自霍尼韦尔的 Glen A. Sanders、Lee K. Strandjord、Tiequn Qiu 等人排名靠前，三人一共申请了 216 件，来自浙江大学的刘承、舒晓武、陈杏藩的团队紧随其后，三人一共申请了 166 件，来自北京航空航天大学的张春熹、宋凝芳、金靖的团队一共申请了 127 件。

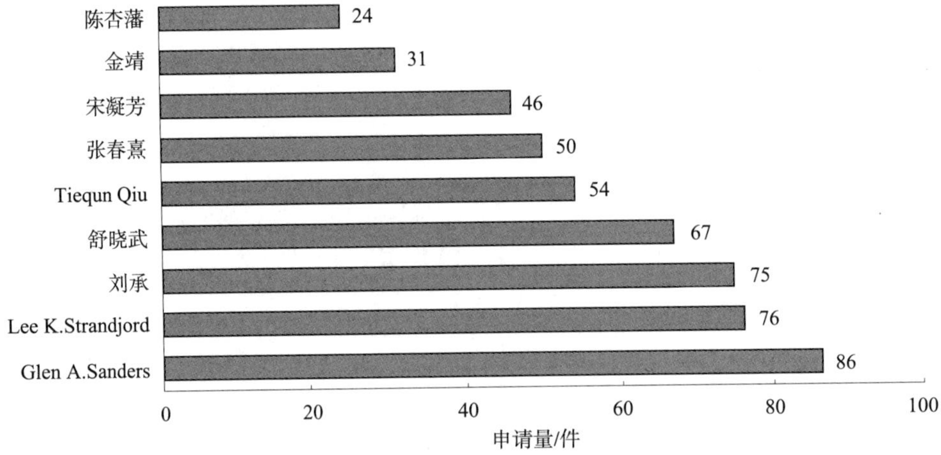

图 2－9　光纤陀螺相关专利发明人申请量排名

三、重点专利技术

光纤陀螺技术演进路线如图 3－1 所示。

图 3－1　光纤陀螺技术演进路线

（一）干涉式光纤陀螺

早期的干涉式光纤陀螺处于探索阶段（1978～2000 年），最初在干涉式光纤陀螺结构中采用的是单模光纤（专利申请 DE2804103A）。但是在单模光纤线圈中，由于弯曲、扭转及外部应力和温度变化，存在两个正交的方向，沿着这两个方向传播的光波的折射率不同，一般会产生线性双折射、圆双折射或椭圆双折射现象。单模光纤线圈中的双折射通常呈非均匀和非对称分布，使得两束反向传播光波在线圈中传播时将会经历不同的双折射，这种时变的双折射将产生非互易偏振误差，因此在偏振光的传输过程中保持偏振态就变得尤为重要。许多的专家和学者都尝试采用不同的方法来保持光波的偏振态，例如美国斯坦福大学在1984年4月25日申请的专利申请US19840603630A，其在光纤陀螺中设置一个偏振控制器用以保持和控制光波的偏振态，但这些方法需要将光纤陀螺的结构设计得更加复杂。20世纪80年代中后期保偏光纤实现了大范围的普及，这就为单模光纤陀螺中的信号衰减和非互易偏振误差提供了一个非常好的解决方案，即采用保偏光纤绕制光纤陀螺的光纤环（专利申请US19850793711A），当一束线偏振光在光纤环输入端沿其中一个双折射主轴耦合进光纤时，能在光纤中保持这种偏振态。在光纤陀螺的发展过程中这两种光纤陀螺都是一直存在的，这是因为在实际的光纤陀螺系统中，Sagnac效应十分微弱，而且光波偏振态的随机变化也会导致陀螺的输出漂移和标度因数存在不稳定性，从而影响陀螺的性能，因此必须要减小偏振态对陀螺精度的影响，由于光纤陀螺的应用范围非常广泛，对精度的要求也是不同的，因此制造不同精度的陀螺可以选择相应不同的结构来实现。

干涉式光纤陀螺根据信号处理电路的差异可以分为开环和闭环两种，开环光纤陀螺（专利申请US19790056107A）直接检测干涉后的Sagnac相移，主要用于角速度的测量。开环电路的缺陷在于其线性度差，动态范围小，而且光强的变化和电增益的变化会导致较大的误差。为了解决开环光纤陀螺存在的上述问题设计了闭环光纤陀螺（专利申请US19810309254A），闭环光纤陀螺的基本原理是在光纤环中人为地引入非互易的补偿相移，以抵消由于光纤环转动产生的Sagnac相移，使得光纤陀螺始终工作在灵敏度最高的零相位差点附近。闭环技术的应用克服了开环陀螺的各类缺陷，对光纤陀螺的各种性能指标也有很大的改善，标度因子的线性度和稳定性都得到了很大的提高。然而，虽然开环光纤陀螺存在各种缺陷，但由于这种光纤陀螺结构简单，价格便宜，仍然得到了很广泛的应用，而闭环光纤陀螺结构比较复杂，价格也更高，通常应用于高精度的光纤陀螺中，可见在干涉式光纤陀螺的发展过程中这两种陀螺处于并存的状态，分别用于制造不同精度需求的光纤陀螺。

由于光纤陀螺性能在很大程度上会受到光源、耦合器、探测器等光电器件的影响，而且光在光路传播过程中还会受到多种光路上的误差效应的影响，因此也需要对这些因素进行分析并采取相应措施加以抑制。对于抑制光纤陀螺的各类误差通常有两种思路来解决，一种是对光纤陀螺的结构进行优化从而减少导致误差的因素（专利申请US19940252704A），还有一种是对光波或者信号进行处理从而实现误差的校正（专利申请US19940245936A、US19980209507A、US19980224587A）。

随着高性能光电器件和一些新技术的应用，干涉式光纤陀螺的发展进入了一个新的阶段（2000 年至今），在这一阶段，光纤陀螺在精度和稳定度上都有了很大的突破。高性能光电器件和新技术的应用主要体现在以下两个方面：

（1）超荧光掺饵光纤光源的应用

超荧光掺饵光纤光源（专利申请 US20010993995A）的功率可达几十毫瓦，使光纤线圈的长度可增至数公里，大大提高了光纤陀螺的探测灵敏度，这一重大突破使光纤陀螺在诸如深层空间、潜艇导航等领域的应用成为可能。同时光纤光源的非偏振性和光波长的稳定性对提高光纤陀螺精度来说也是很有帮助的，使光纤陀螺的稳定性增强，减小了标度因子误差引入的漂移。

（2）集成光学器件和高速数字信号处理技术的应用

集成光学的发展为光纤陀螺的小型化、稳定性及高精度开辟了道路。目前，干涉式光纤陀螺技术的主流方案是以 Y 型集成光路和保偏光纤为特征的全数字闭环方案。全数字闭环干涉式光纤陀螺仪（专利申请 US20090505718A）的整个光纤陀螺硬件系统分为光学系统和数字信号处理系统两大块，多功能集成光学芯片为数字闭环处理的核心器件，通过在其上施加作为偏置信号的方波信号和作为反馈信号的阶梯波调制信号以分别实现工作点设置和引入一个与 Sagnac 相移大小相等、方向相反的补偿相移使系统输出信号与 Sagnac 相移信号呈线性关系且始终工作在零相位状态。

随着保偏光纤价格的下降和对高精度光纤陀螺的需求，同时由于全数字闭环干涉式光纤陀螺具有许多优点，如检测灵敏度高、标度因素稳定性好、动态范围宽、易于实现数字电路处理与输出、制作工艺稳定可靠、适合批量生产等，全数字闭环干涉式光纤陀螺仪目前已成为世界各国军用光纤陀螺的首选方案。

（二）谐振式光纤陀螺

根据专利文献检索结果，谐振式光纤陀螺最早的基础专利出现在 1979 年，是美国斯佩里公司提出的使用四个反射镜构成谐振腔从而通过谐振频率偏差检测实现对外界旋转速率信息的测量的专利申请（专利申请 US19790098467A）。镜式谐振腔存在对振动敏感、镜面对准困难等问题，1982 年美国斯坦福大学的 L. F. Stokes 等人提出了一件用定向光纤耦合器构造单模光纤谐振腔的专利申请（专利申请 US19820426890A），单模光纤谐振腔的出现，为发展全固态的谐振式光纤陀螺提供了方案。单模光纤无法保持偏振，腔内的偏振态会随着环境温度、应力等的影响而改变，这导致了单模光纤谐振腔无法实现长期的偏置稳定性。1988 年，美国霍尼韦尔公司提出了一件用保偏光纤构造谐振腔的专利申请（专利申请 US19880244983A），并在谐振腔内采用了单 90°偏振轴旋转熔接方案，保偏光纤中的热应力区在光纤内产生大的本征双折射，远远大于外力所产生的双折射，保证光纤内高的偏振消光比，从而具备优良的偏振保持性能。

保偏光纤本身具备优良的偏振保持性能，但是，保偏光纤耦合器的偏振串扰比较严重，严重影响了保偏光纤谐振腔的偏振性能，在此后将近20年的时间里，研究人员主要针对保偏光纤谐振式光纤陀螺的各种噪声进行了深入研究，这些噪声包括：热致偏振波动噪声、克尔效应噪声、背向散射噪声等。

到目前为止，抑制热致偏振波动噪声的方案主要分为三种：第一，提高光纤的保偏性能，拉开两个本征偏振态（ESOP）谐振波谷的距离，降低两者重叠的概率和相互之间的干扰（专利申请US19880244983A）；第二，提高光纤谐振腔的温度稳定性，一般可以使用光纤偏振轴单90°旋转熔接（专利申请US19880244983A）、双90°旋转熔接（JP2010112501A、CN201410186482），另外，还可以使用极低温度敏感性的光子带隙光纤（PBF）制作谐振腔（专利申请US20070770660A）；第三，在光纤谐振腔中引入高消光比设计，抑制次本征偏振态的谐振，常见方法包括在谐振腔中添加偏振控制器（专利申请US19900575319），在谐振腔入射端添加起偏器（专利申请US20080323264A、CN201410186482）等。

针对克尔效应噪声，通常的解决办法是对光源强度进行调制，通过以调制频率的同步检测可得到克尔效应引起的偏斜即输入谐振腔的两束光波的光强差，并将其反馈到谐振腔中的一束光波中，使平均光强差为零（专利申请US201414266356A）。

针对背向散射噪声，目前普遍采用相位调制的方法，调制器从早期的声光调制器发展为铌酸锂相位调制器，检测的波形也有正弦波、锯齿波（专利申请US201414266356A）、三角波（专利申请CN200710066795）等多种波形。

光子晶体光纤（PCF）的发展，为光纤陀螺解决环境适应性问题提供了全新的思路。因此从2006年开始，研究人员开始用光子晶体光纤构建光纤谐振腔来解决偏振噪声与光学克尔效应的影响（专利申请US20070770660A），但是由于缺少配套使用的光子晶体光纤耦合器，研究人员一般都采用现有的光纤耦合器与光子晶体光纤构建光纤谐振腔（专利申请CN201580000081、CN201410186482）。这种混合的光子晶体光纤谐振腔并不能发挥光子晶体光纤的优势，效果并不理想，而直接使用光子晶体光纤构成谐振腔到目前为止尚无突破的迹象。

经过40余年的发展，谐振式光纤陀螺目前并不能实现工程应用，还存在许多待解决的问题，主要包括两方面：一是现在的光电子器件的制作工艺还不能达到高精度谐振式光纤陀螺的制作要求，二是需要抑制系统的各种噪声。尽管如此，但其高精度、小型化的优点仍然促使各国研究人员前赴后继地从事谐振式光纤陀螺的研究。可以预期，随着各种光学噪声理论及其抑制措施的发展，光电器件的不断更新换代，谐振式光纤陀螺系统也会逐渐走向完善，出现在实际工程应用领域。

（三）受激布里渊散射环形光纤陀螺

相比于干涉式光纤陀螺，受激布里渊散射环形光纤陀螺可靠性高、结构简化、理论精度高、温度要求低、动态范围大；相比于谐振式光纤陀螺，受激布里渊散射环形光纤陀螺具有更高的理论精度、动态范围和最简结构。自 1980 年提出受激布里渊散射环形光纤陀螺的概念以来，其就由于原理上的优势而被看好，但由于窄带抽运源、光纤等在技术和器件加工水平上的限制以及受激布里渊振荡非稳定性方面的障碍，受激布里渊散射环形光纤陀螺技术进展缓慢，目前基本上还处于理论研究阶段，到目前为止专利申请量不足 20 件，大部分是大学、实验室等科研机构的申请，如美国的斯坦福大学、日本东京大学等。最早的申请是斯坦福大学于 1993 年提交的专利申请 US19930023672A，其通过控制顺时针和逆时针循环布里渊强度的差异从而有效抑制克尔效应。中国的哈尔滨工程大学、国防科技大学、北京交通大学等在 2007 年之后也有少量申请，其中哈尔滨工程大学专利申请量最多。仅有极少几件企业申请，比较有代表性的是霍尼韦尔公司于 2012 年申请的专利申请 US201213693321A，其通过确定受激布里渊散射光束和多频光束之间的频率差来测量陀螺仪旋转速率。

（四）小结

如前文所述，干涉式光纤陀螺、谐振式光纤陀螺和受激布里渊散射环形光纤陀螺作为光纤陀螺的三个技术分支，不是后者代替前者的渐进式关系，而是并列的平行关系，三者都诞生于 20 世纪 70 年代末期，分别代表了光纤陀螺提取光信号三种不同方式，而三者在测量方式上不同，导致各自不同的技术发展进程。

干涉式光纤陀螺的发展路线可以分为两个方面，一是结构上的发展，从单模光纤到保偏光纤，从开环结构到闭环结构，从普通光源到高频光源以及集成光学芯片和数字模拟电路的使用等都属于结构上的改进。二是对光和信号的处理方法的发展，其目的是进一步提高光纤陀螺的精度。总的来说，干涉式光纤陀螺是朝着精度高、体积小和成本低的方向来发展的。经过数十年的发展，干涉式光纤陀螺技术已经趋于完善。

谐振式光纤陀螺目前还处于理论研究向工程化应用的过渡阶段，因此它的发展主要是针对关键技术问题的定点突破，呈现前进式、多样式的发展态势。从材料角度来看，从单模光纤到保偏光纤进而到光子晶体光纤；从信号检测系统角度来看，从声光调制器到铌酸锂相位调制器，检测的波形也出现了锯齿波、三角波、正弦波等波形，系统构成实现了从纯模拟到数字的转变。另外值得一提的是，谐振式光纤陀螺的申请量从 2014 年开始有较大的突破，年均突破 20 件，与干涉式光纤陀螺在年申请量上的差距逐渐缩小，说明谐振式光纤陀螺越来越受到大家的重视，发展迅速。

受激布里渊散射环形光纤陀螺目前还处于理论研究阶段，尚无明显突破的迹象。

四、结语

本文从光纤陀螺专利技术现状及技术发展脉络入手进行分析，研究发现光纤陀螺技术最早期申请集中在大学等研究机构，如美国的斯坦福大学、麻省理工学院以及日本的东京大学等。随后美国、日本、法国和德国等国的各大公司迅速跟进，申请遍布光纤陀螺的各个方面。

到 21 世纪初，中国的高校和研究所开始加入了光纤陀螺研究的队伍，其中北京航空航天大学和浙江大学表现尤为突出，但国产的光纤陀螺的性能和国外同类型产品相比仍差距较大。

研究发现，干涉式光纤陀螺的重点专利主要集中在美国、日本的大公司手中，而且技术成熟，生产线完善。中国对干涉式光纤陀螺的研究起步较晚，在短时间内很难赶超美日的技术。谐振式光纤陀螺和受激布里渊散射环形光纤陀螺处于实验室研究阶段，技术还不够完善，各国都没有实现工业化应用，目前相关企业已经进行了初步的专利布局，尤其是技术比较先进的企业如美国的霍尼韦尔公司。近年来中国在谐振式光纤陀螺和受激布里渊散射环形光纤陀螺技术上的发展也很迅速，已经占据了一席之地。但谐振式光纤陀螺和受激布里渊散射环形光纤陀螺技术还有一些关键技术没有解决，中国应以此为契机，着重进行研究，实现光纤陀螺技术的快速发展和突破。

参考文献

[1] 王萌．干涉式光纤陀螺光路系统仿真及误差分析［D］．哈尔滨：哈尔滨工程大学，2010：47－48.

[2] 杨志怀．谐振式光纤陀螺光学噪声分析与信号检测技术研究［D］．杭州：浙江大学，2010：5－6.

[3] 许振龙．谐振式光子晶体光纤陀螺关键技术研究［D］．哈尔滨：哈尔滨工程大学，2017.

[4] 俞旭辉．谐振式光纤陀螺关键器件研究［D］．杭州：浙江大学，2013.

用于汽车智能驾驶的线控转向专利技术综述*

林业伟　贾贺帅**　谢检生**　王德方**　刘慧媛**

摘　要　汽车转向系统是影响汽车操纵稳定性和主动安全性的关键总成，如何设计汽车转向特性，始终是各汽车生产厂家和科研机构的重要研究课题。本文以中外专利申请为样本，从专利的视角对线控转向技术进行统计和分析，通过对专利申请发展趋势、分布区域、申请人以及技术主题等多方面的统计和分析，展示线控转向技术的发展现状，理清该领域的发展脉络和专利分布情况，为国内企业以及该领域技术人员了解行业现状和技术发展趋势提供参考。

关键词　线控转向　智能驾驶　路感

一、概述

（一）研究背景

20 世纪 90 年代以来，各国竞相致力于智能驾驶的研究。现今，它已成为世界众多国家重点发展对象，也是世界汽车产业创新推进的新动力。实现智能驾驶功能的智能汽车在网络环境下搭载了先进的车载传感器、控制器、执行器等装置，融合了现代通信与网络技术，具备了复杂环境的感知、智能化决策和自动化控制的功能。而发展比较成熟的汽车线控转向技术成为智能驾驶的智能化中的一项重要应用。

汽车线控转向系统主要由转向盘模块、转向执行模块和电控单元（以下简称“ECU”）三个部分组成。如图 1－1 所示，在汽车线控转向系统中，转向盘转角传感器将检测到的转向数据信号以及汽车运动中的各种信息通过数据总线传递给电控单元，电控单元对这些信息综合分析，根据自身的内部控制策略，向转向执行系统发出指令，进行转向操作。与此同时，电控单元通过分析转向盘转角、车轮转角等信号，控制转向盘回正电机，从而模拟出相应的“路感”。

---

* 作者单位：国家知识产权局专利局专利审查协作广东中心。
** 等同第一作者。

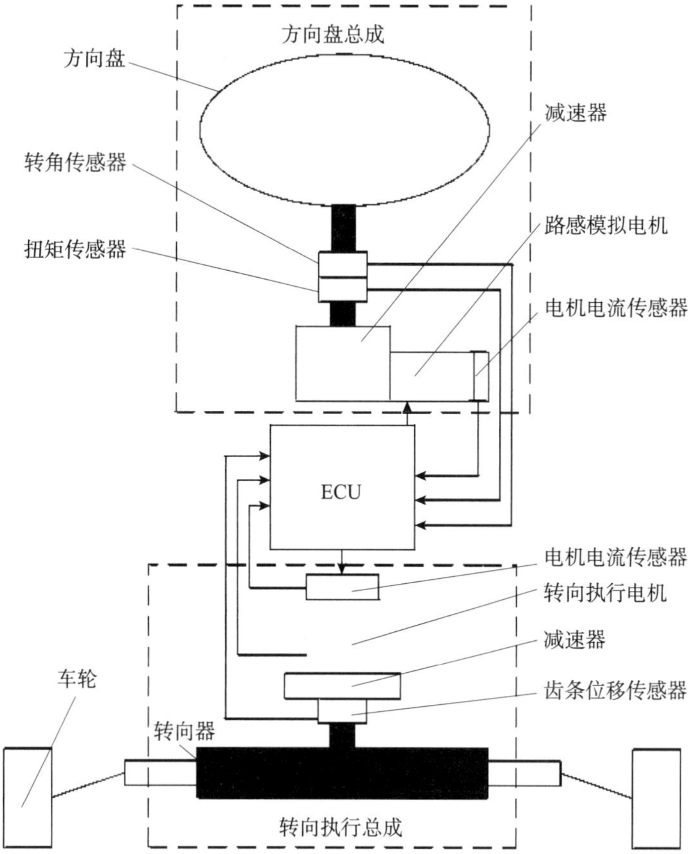

图 1-1　线控转向系统组成示意图

这种采用线控转向技术的智能驾驶汽车是典型的高新技术综合体，能和人一样会思考、判断、行走。以发展的观念，智能驾驶将经历两个阶段。第一阶段是智能驾驶的初级阶段，即辅助驾驶；第二阶段是智能驾驶发展的终极阶段，即完全替代人的无人驾驶，这两个智能驾驶阶段的实现都离不开线控转向技术。因此，相关线控转向技术研发投入大量增长，相关研究成为未来智能驾驶汽车的研究重点。

（二）研究对象

本文选择线控转向技术领域的国内外专利申请作为对象进行研究。通过对其进行详细统计，发现线控转向技术在全球及国内的专利技术发展态势，分析各国家或地区的专利布局情况，挖掘线控转向技术的重要申请人以及代表性的专利技术。

通过对线控转向相关专利及文献进行细致梳理，线控转向技术在智能驾驶领域具有以下三方面的应用，可按如下应用对该领域进行技术分解。

1. 路感模拟

路感是指汽车行驶过程中，驾驶员从方向盘上感知轮胎受力状况、整车的运动状态等信息，准确的路感对驾驶员掌握汽车动态和路况环境、实现汽车操纵稳定性具有重要作用。在线控转向系统中，反馈给驾驶员的路感是通过 ECU 控制方向盘总成电子模拟生成，设计路感模拟控制策略可以从汽车各种信号中提取最能反映真实路感的汽车行驶状态和路面条件的信息作为路感模拟控制变量，为驾驶员提供良好的路感。路感可以自由设计，匹配线控转向系统的汽车可以预先设置多种不同类型的路感供驾驶员选择。

2. 改善驾驶特性

由于线控转向系统去除了机械连接的限制，理论上，可以自由设计转向系统的力传递特性和角传递特性。驾驶员可以在施加轻操纵力的情况下，使汽车车轮获得准确的转向。而在汽车行驶过程中，转向盘转角和车轮转角的比值会一直不断地变化。当车速相对较高时，该比值较大，采用线控转向系统可以获得更好的直线行驶条件；当车速相对较低时，该比值较小，采用线控转向系统可以减少转弯或停车时转向盘的转动角度。也就是说，采用线控转向系统能够改善汽车的驾驶特性，增强汽车的操纵性和稳定性，降低驾驶员的转向负荷。

3. 提高安全性

相对于传统的机械转向系统，线控转向系统中采用了大量的电子部件，例如 ECU、电机以及各类传感器，涉及多种控制信号以及传感器信号的采集和传输。电子元件失效或者控制系统环境发生变化时均可能导致线控转向系统失效，为了提高安全性，需要充分考虑转向执行系统的容错能力。此外，传统转向系统的传动比无法调节，线控转向系统的出现为转向系统的主动控制提供了条件，也为汽车主动安全控制开辟了一个新领域。线控转向技术中，智能化的 ECU 能判别紧急状态、准确识别驾驶员意图，从而实现提前预判紧急工况、规划道路动态安全边界、辅助驾驶员进行自动紧急转向等。因此，采用线控转向技术非常有利于行车安全性的设计。

（三）专利技术研究方法

本文专利文献数据主要来源于专利检索与服务系统（简称“S 系统”）中的中国专利文摘数据库（简称“CNABS”）和外文数据库（简称“VEN”），检索文献涵盖了公开日或公告日在 2018 年 8 月 9 日之前的全球发明和实用新型专利申请。

检索过程以“线控转向”作为进行基本检索要素，具体使用的检索策略有：对使用关键词检索获得的文献进行分类号统计分析，确定分类号；阅读使用分类号检索获得的文献，从中扩展关键词；采用分类号与关键词相结合的方式进行检索，使用的分类号包括 IPC、CPC 及 FT 分类号。

对获得的检索数据进行梳理，通过分析字段、数据标引、数据筛选等获得线控转向的专利数据集。截至 2018 年 8 月 9 日，检索到涉及线控转向技术的全球专利申请共计 7822 项。通过检索得到有关线控转向技术在中国进行申请的专利申请量为 802 件。

从全球及国内专利申请趋势、地域分布、主要申请人等多个维度对线控转向领域的全球专利和中国专利总体情况进行分析，得到线控转向领域的专利技术现状和发展趋势。

二、专利申请概况

（一）全球专利申请分析

本节将从专利申请的发展趋势、分布区域、重要申请人、技术主题等方面对线控转向技术的全球专利状况进行分析。

1. 发展趋势分析

图 2-1 示出了线控转向技术全球专利申请量趋势。其中，年份以专利申请的申请日为准，所有数据均以 2018 年 8 月 9 日已经公开的专利文献为基础统计得到。从图中可以看出，在全球范围内，20 世纪 70 年代开始出现线控转向技术相关的专利申请，2001 年开始相关专利申请在全球范围内迅速增加。

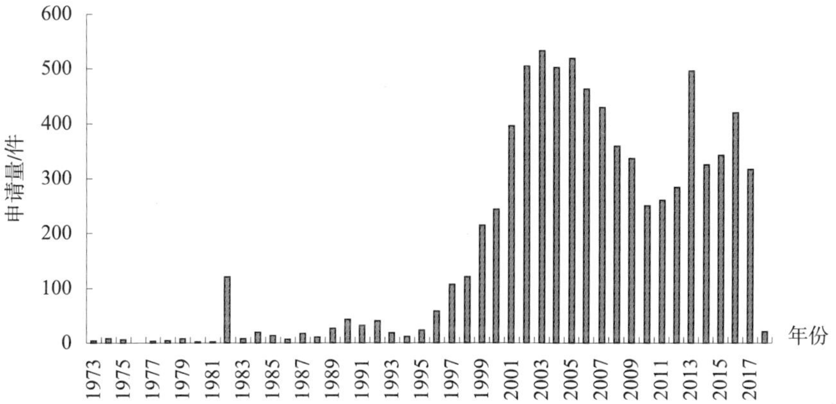

图 2-1　线控转向技术全球专利申请量趋势

由图 2-1 可以看出，线控技术的发展大致经历了以下三个主要阶段。

（1）缓慢发展期（1973～2000 年）

自 20 世纪 70 年代，线控转向技术的概念在专利申请中开始逐渐出现。在这一时期，欧洲、日本、美国是线控转向技术的先行者，尤其以该时期的德国戴姆勒-奔驰、美国克莱斯勒为主导申请人，其申请量较多，布局较广，二者以企业合作的方式，在欧洲、美国、德国、韩国、日本等地进行了一定的专利布局。此外，日本的本田、丰田、日产和德国大众在该时期也具有一定量的申请。但总体而言，该阶段属于线控转向技术的发展初期，每年申请量维持在一个较低的水准，而且发展速度较慢，未形成规模效应。

（2）高速发展期（2001～2008 年）

随着汽车的普及以及微电子技术的快速发展，汽车不再简单地定义为一种交通工具。随着用户体验要求的不断提高，各种新兴技术逐渐投入汽车产业中，使其更加的系统化、智能化。在此期间，关于线控转向技术的专利申请出现快速增长，申请量与申请人的数量都呈快速增加态势，并从2001年开始，每年的申请量超过300件。以丰田、日产、本田为主体的日本公司的专利申请量在全球占比最大，其次是以博世、戴姆勒－克莱斯勒等为主体的欧洲公司，以及伟世通、德尔福为主体的美国公司和以现代为主体的韩国公司。

在此期间，国内线控转向技术的研究仍旧处于萌芽阶段，以奇瑞为代表的企业、以吉林大学为代表的高校对相关技术进行了研究，并申请了少量的专利。

（3）成熟发展期（2009年至今）

这一阶段的专利申请数量有所回落，申请人数量基本保持稳定。在该时期，日本的专利申请量仍旧占据了全球总量的一半，其次是中国、欧洲、韩国、美国。国内申请人的数量以及申请量在该时期出现了较快增长，吉林大学、青岛科技大学、同济大学等高校以及奇瑞、吉利等国内汽车企业就线控转向技术进行了一定量的专利申请。

2. 专利申请区域分布分析

从图2－2所示的线控转向技术全球专利申请量区域分布情况来看（数据以各国家或组织公开的专利申请为准），在全球范围内，日本的专利申请量遥遥领先于其他各国家或地区，占总申请量的33%；位居第二名的是美国，占总申请量的17%；其后依次为德国、中国，分别占总申请量的12%、11%。

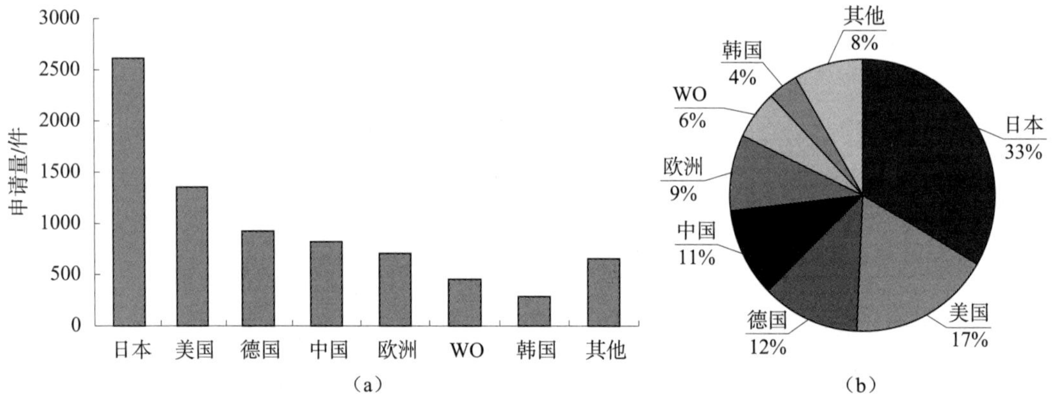

图2－2　线控转向技术全球专利申请量分布及占比

日本、美国、德国的汽车技术水平长期居于世界前列，三国的专利申请占到全球总量的62%，作为汽车技术方面的前沿国家，其专利申请以及布局远远领先于全球其他国家或地区。此外，作为汽车消费大国，中国的专利申请数量近年出现了较快的增长。但经过分析可知，中国的专利申请中，有超过一半的申请来自于国外汽车企业，说明中国作为重要的海外汽车消费市场，其专利布局日益受到各个汽车企业的重视。中国的线控转向相关技术仍旧处于发展初期，与国外相比，存在较大差距。

图 2－3 展示了全球四个主要国家关于线控转向技术的专利申请趋势情况。由图 2－4 可知，日本自始至终在该领域保持较高的活跃度，具有明显的技术优势，其次为德国、美国。随着线控转向技术发展日趋成熟，从 2003 年开始，日本、德国、美国三个国家的专利申请逐渐呈现下降趋势。而中国作为日益扩大的汽车消费市场，受到各个汽车行业公司的重视，国内有关线控转向的专利数量呈现增长态势，说明国内市场的竞争日益激烈。

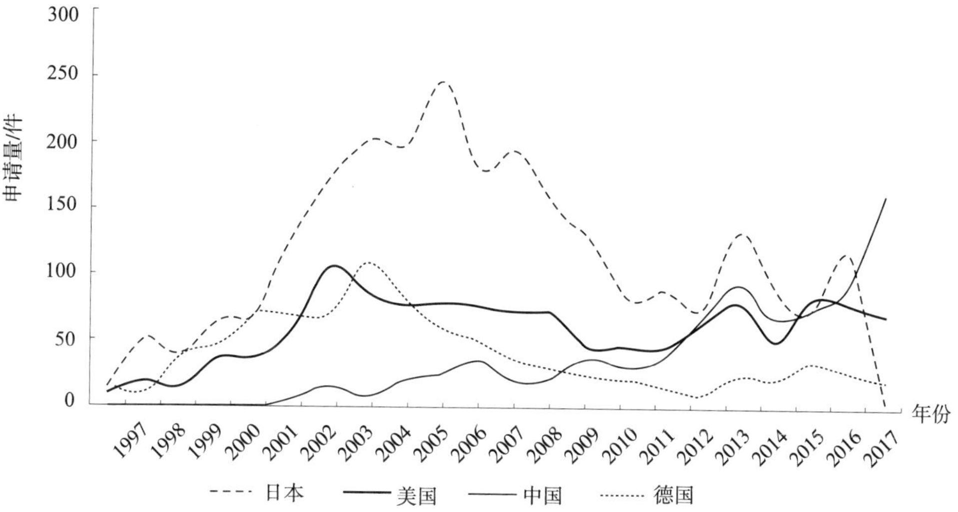

图 2－3　线控转向技术全球主要国家专利申请量趋势

3. 申请人申请量排名分析

图 2－4 展示了全球关于线控转向技术的主要申请人及其申请量排名。从图 2－4 可以看出，排名前五的公司均来自于日本。其中，丰田、日产、本田是日本乃至全球知名的汽车制造商，就线控转向技术的研发和专利储备方面，分别排在第一、第二、第五位，远远高于全球其他汽车产业制造商。捷太格特和光洋精工依序排在第三、第四位。其中，捷泰格特是原光洋精工和原丰田工机在 2006 年合并后成立的新公司，通过二者合并，新公司捷太格特拥有了世界第一的转向系统行业市场份额，目前是全球各种类的转向系统的主要供应商；光洋精工创建于 1921 年，曾于 1983 年开发出世界上第一台电子控制式动力转向器。来自于德国的戴姆勒和博世，全球相关申请量排在第六、第七位。其中戴姆勒是全球最大的商用车制造商，博世是全球知名的汽车技术服务供应商，以其创新尖端的产品及系统解决方案闻名于世，二者关于线控转向技术的申请量均超过 200 件。来自于韩国的汽车制造商现代，来自于美国的通用、德尔福（原为通用汽车的零部件子公司，1999 年从通用分离）、伟世通关于线控转向技术的申请量均超过 100 件，分别排在第九、第 11～13 位。

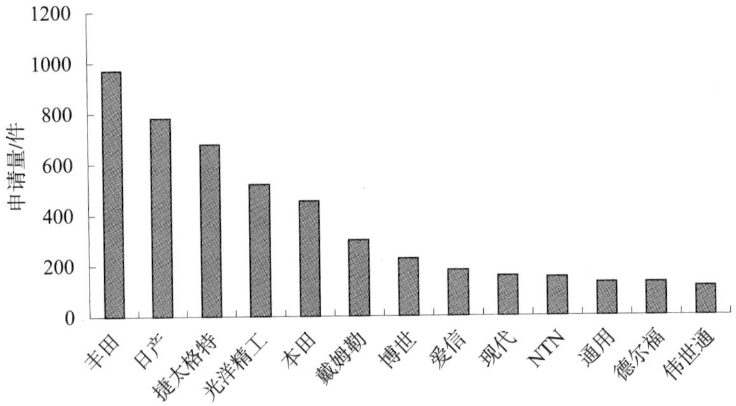

图2-4　线控转向技术全球主要申请人申请量排名

（二）国内专利申请分析

中国有关线控转向技术的研究起步较晚，专利申请量以及发展趋势明显滞后于该技术全球范围内的发展进程。如图2-5所示，中国有关线控转向技术的专利申请在20世纪90年代开始出现，至今仍呈现增长态势。

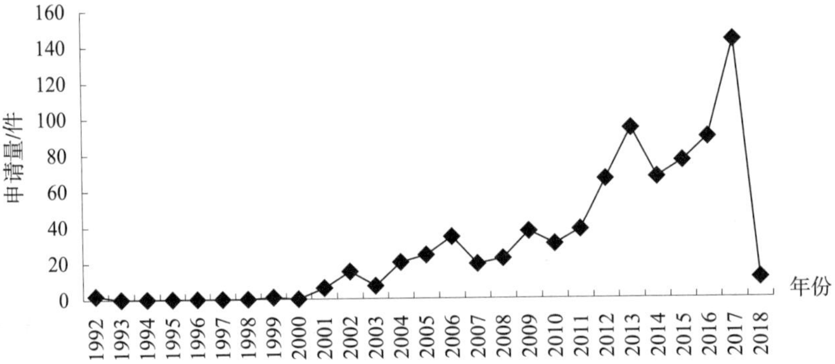

图2-5　线控转向技术中国专利申请量趋势

在中国的专利申请中，各国家或地区申请人申请量占比如图2-6所示。中国申请人的申请量占到了申请总量的46%，申请量约为370件。其次为日本、美国、德国，分别占到了申请总量的37%、6%、4%。一方面可以看出，就线控转向技术而言，中国的申请人已经进行了一定程度的技术研究并进行了一定数量的专利申请布局；另一方面可以看出，日本作为该领域中的技术强国，不仅重视本国专利申请布局，同样重视海外市场拓展，在中国已经进行了大量的专利布局。

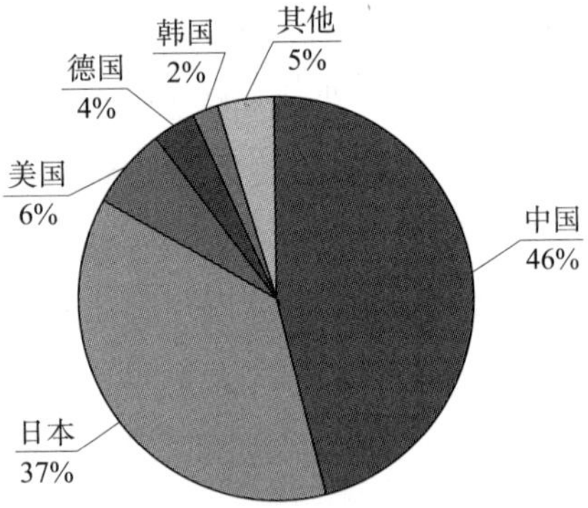

图2-6　线控转向技术中国各国家或地区专利申请人申请量占比

而就中国申请人而言，有超过一半的专利申请来源于高校，例如吉林大学、青岛科技大学、同济大学。就日本申请人而言，日本的捷太格特、日产、丰田在中国具有最多的专利申请，分别位于第一至第二位（见图2－7）。总体而言，中国申请人的专利申请量依旧较少，在专利布局方面，远远落后于日本企业。

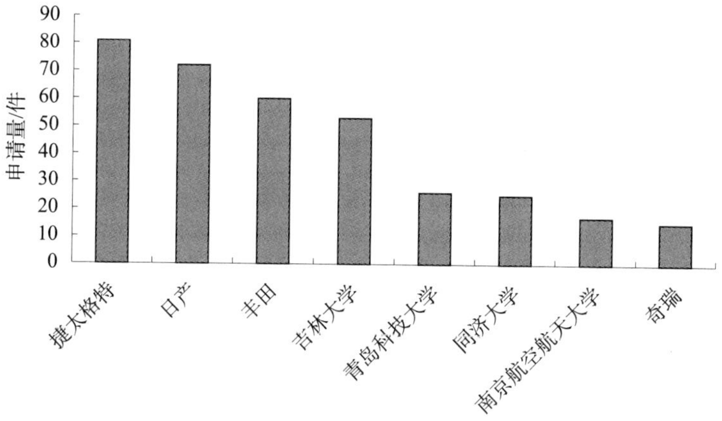

图2－7　线控转向技术中国专利申请主要申请人排名

（三）技术发展路线分析

路感模拟、改善驾驶特性、提高安全性是线控转向发展过程中一直寻求解决和完善的三个重要技术方向。将涉及上述三个技术方向的同族专利数相对较多或者被引用次数较多的专利申请作为重要专利进行详细阅读，分析各时期上述三个技术方向的不同思路和技术手段，从而获得相应的三条技术发展路线。

图2－8展示了以路感模拟为方向的技术发展路线。路感模拟作为线控转向技术应用中重要的技术分支，是20世纪90年代线控转向领域中的研发重点。

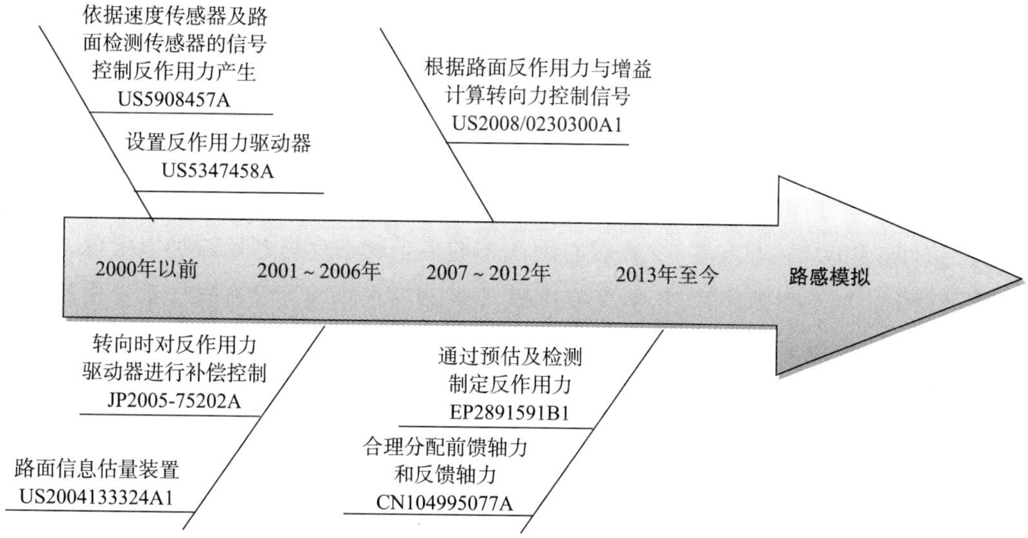

图2－8　线控转向路感模拟技术发展路线

第一时期（2000 年以前）：早在 1994 年的专利文献 US5347458A 提出了采用在转向盘上连接反作用力驱动器的技术方案，其采用反作用力驱动器在驾驶者操作转向盘时提供反作用力，以使得驾驶者能在汽车转向时感受到阻力。之后专利文献 US5908457A 还提出了，可以通过控制器收集速度传感器、路面信息传感器收集到的信息，优化对反作用力驱动器的控制。

第二时期（2001～2006 年）：对于如何优化对反作用力驱动器的控制来给驾驶者提供更加真实的转向感觉的研究不断加强。专利文献 JP2005－75202A 中披露了在转向时对反作用力驱动器进行补偿控制；专利文献 US2004133324A1 中提出，根据车轮状态、反作用力驱动器状态等来估量地面条件从而有利于反馈控制。

第三时期（2007～2012 年）：由于对于路感模拟方面的研究发展相对较早，在该时期路感模拟技术已经发展初步成熟，此时研究重点集中在优化对于反作用力驱动器的控制算法，如专利文献 US2008/0230300A1 中公开了一种反作用力校正方法，其根据路面反作用力与增益计算转向力控制信号。

第四时期（2013 年至今）：路感模拟技术发展至今已较为成熟，近些年的研究主要在于加强路感模拟与驾车稳定性相结合的整体优化。如专利文献 EP2891591B1 中提出一种反作用力控制装置，其具有估算反作用力的估算单元、检测实际反作用力的检测单元以及比较单元，根据预定条件比较并选择反作用力的估算值或检测值来生成转向反作用力，从而保证良好的转向感觉。专利文献 CN104995077A 公开了一种转轮控制装置，其基于轴力差、横向加速度、车速、转轮角以及转轮角速度的分配比率来分配前馈轴力和反馈轴力，能够更适当地施加转轮反作用力。

图 2－9 展示了以改善驾驶特性为方向的技术发展路线。改善汽车驾驶特性能够提升线控转向系统的稳定性和操作性，保持较高的驾驶舒适度。对于该方向的研究一直保持较高的热度。

第一时期（2000 年以前）：为保证汽车转向的稳定性，早期主要通过利用偏航率检测器和横向加速度检测器的反馈信息，来产生控制器的转向控制信号，抑制转向电机不合适的驱动，如专利文献 US5828972A。

第二时期（2001～2006 年）：在该时期汽车的多个状态变量开始被加以考虑，实现更稳定的转向，如专利文献 US2004/064229A1 中控制器根据速度及车轮转角提供相应的角传动比。专利文献 US2004/0200661A1 提出了一种整体反馈控制方法，将汽车本身、驾驶者、路面所涉及变量在整体控制中均加以考虑。专利文献 WO03059680A1 提出将控制系统指令分为考虑车辆动态特性的上级指令及不考虑车辆动态特性的下级指令，分工况下达相应指令。

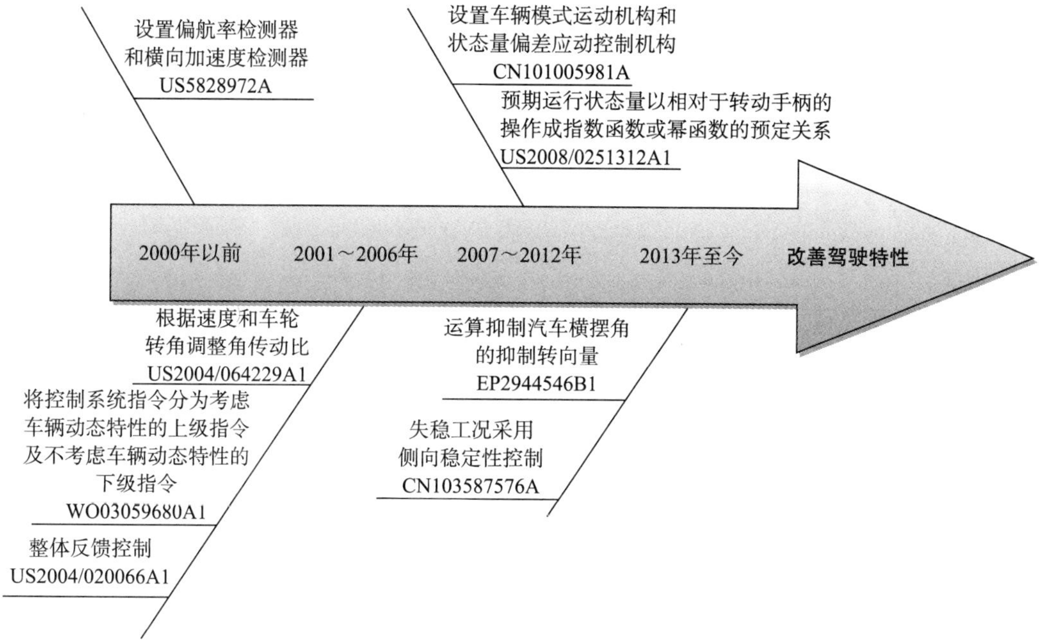

图2-9　线控转向改善驾驶特性技术发展路线

第三时期（2007～2012年）：对于目标转向角的计算方法一步步被优化，汽车转向的控制策略不断改善。专利文献US2008/0251312A1中提出，将预期运行状态量以相对于转动手柄的操作成指数函数或幂函数的预定关系，转向过程中的汽车操纵性得到提升。专利文献CN101005981A中提出设置车辆模式运动机构和状态量偏差应动控制机构，完善控制装置所进行的反馈控制。

第四时期（2013年至今）：至今，对于改善装载有线控转向系统的汽车的驾驶特性的研究依旧保持高热度，目前的研究多集中在减小外界干扰性因素对于汽车转向稳定性控制的影响。如专利文献EP2944546B1中提出一种稳定性控制装置，抑制由于横风、路面凹凸等干扰所引起的横摆角变化。此外，还有研究关于如何提高转向系统的响应以保证转向的稳定性。专利文献CN103587576A提出了一种电动汽车线控转向系统的侧向稳定性模糊PID控制算法，实现较好的侧向稳定性控制效果，针对转向系统非线性严重应用模糊自整定PID控制器，系统响应变快。专利文献US2015/0291210A1公开了一种转向操纵控制装置，检测车辆的制动状态或加速状态，利用制动器抑制制动或加速前后的偏航角偏差，提高使车辆动作稳定化的响应特性。

图2-10展示了以提升安全性为方向的技术发展路线。由于线控转向系统去除了机械连接而只采用电气连接，因此对于该系统的可靠运行及应急处理的研究是线控转向技术发展进程中的重中之重。

第一时期（2000年以前）：与机械系统相比，电子系统相对缺乏稳定。因此，在提

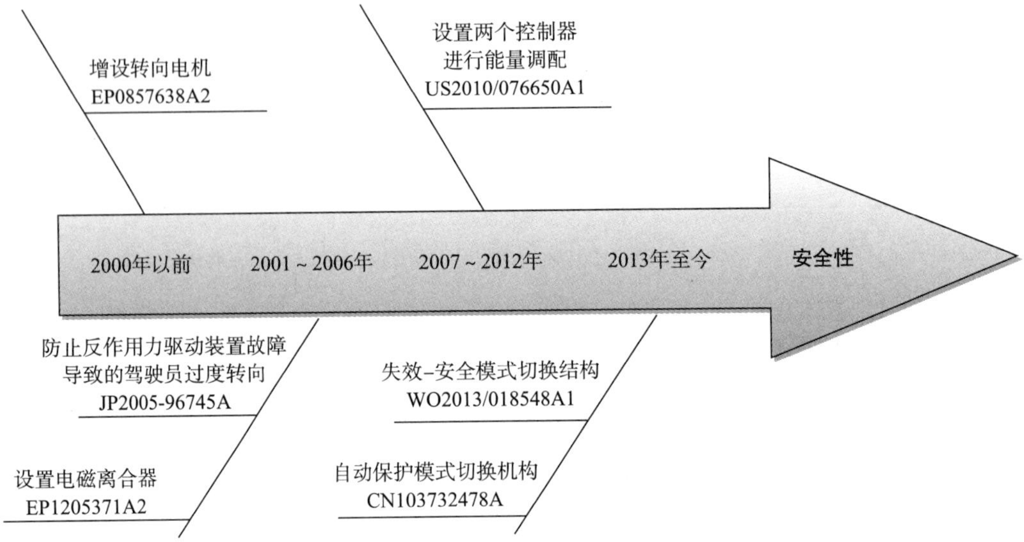

图2－10　线控转向提升安全性技术发展路线

升安全性方面，早期的线控转向技术主要着眼于设置冗余结构提高应急处理能力。例如专利文献EP0857638A2中提出的方法是采用两个转向电机进行车轮驱动，当其中一个电机发生故障，则仍然能有另一个提供驱动力，保证安全转向。

第二时期（2001～2006年）：该时期引入了电磁离合器作为应急装置，如专利文献EP1205371A2，能让机械转向系统作为线控转向系统的备用，极大地提高了安全性。这也迎合了各国政府对于驾驶安全的政策要求。此外，防止反作用力驱动装置故障而导致的驾驶员过度转向的方法也在该时期被提出，如专利文献JP2005－96745A。

第三时期（2007～2012年）：机械转向和线控转向两套系统的存在必然会造成空间及成本的需求过高。对于安全性能提升的研究，该时期开始集中在控制系统备用切换的完善，以确保故障不影响整体的运行，如专利文献US2010/0076650A1提出可以采用两个控制器进行应急时期能量调配，保障转向系统运行。

第四时期（2013年至今）：该时期进一步研究了为保障系统可靠而设置的系统切换机构。如专利文献WO2013/018548A1提出一种失效－安全模式的系统切换机构，专利文献CN103732478A则公开了一种自动保护模式切换机构。由于驾驶安全性是汽车领域最为重要的一个部分，如何基于全面保障线控转向技术应用过程中的安全性再优化汽车架构，目前仍然处于研究热潮之中。

三、重点申请人分析

为了更清晰地了解各个企业的线控转向技术的发展情况，下面选取线控转向技术专利申请量最多的几个申请人作为重点申请人，对其进行重点专利分析。在国外方面，选取日产、丰田，在国内方面，选取奇瑞和吉林大学进行分析。

本文将含有6个及以上专利文献构成的同族专利称为主要专利，被引次数达到25次以上的专利文献构成的专利称为重要专利。

（一）日产重点专利分析

1. 公司基本状况

日产是日本的一家汽车制造商，于1933年在神奈川县横滨市成立，目前在20个国家和地区（包括日本）设有汽车制造基地，并在全球160多个国家和地区提供产品和服务。

日产较早致力于线控转向技术研究，早在1973年，日产就将相关技术设想提交了专利申请，如专利申请JP特愿昭48－34133的申请日为1973年3月27日，涉及动力转向的操舵力的驱动控制装置。2000年，日产开始对线控转向技术进行了较为深入的研究，并逐步开始了工业化应用的尝试。在2013年1月，日产首次在其豪华品牌英菲尼迪的新产品Q50中使用了线控转向技术，产生了较大的影响。

2. 专利申请状况分析

根据申请人、线控转向技术相关的分类号和关键词检索，得到日产在世界范围内的线控转向技术相关的专利申请为781件，涉及384项专利技术。

（1）专利申请年度趋势分析

日产线控转向技术的专利申请和公开趋势如图3－1所示，可以看出2005年和2013年为申请量的高峰年。从整体上看，日产的专利申请活动大致可分为三个阶段。

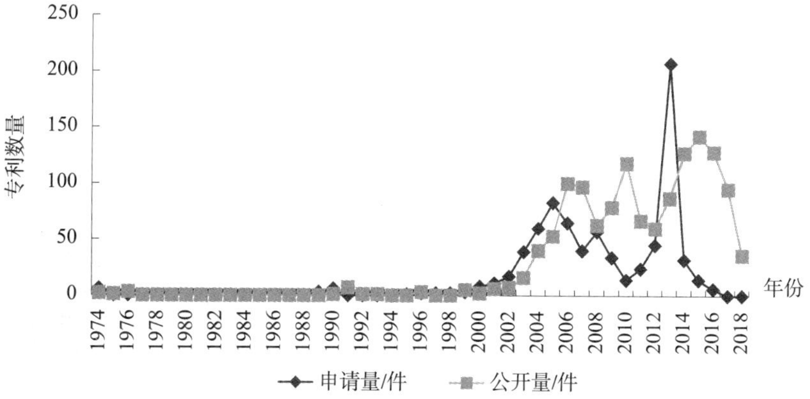

图3－1　日产线控转向专利申请量和公开量趋势

第一阶段（1974～1999年）为起步期，这段时间内的专利申请数量非常少，在长达26年的时间里，仅申请了12件相关专利。然而，日产在1974年就将相关技术设想提交了专利申请，说明该公司研究线控转向技术的起步时间很早。

第二阶段（2000~2005 年）为发展期，从 2000 年开始，日产的专利申请量迅速增加，申请量和公开量保持着较高的增长率，这段时间也是线控转向技术发展最为迅速的时期。

第三阶段（2006 年以后）为稳定期，该时期专利申请量未持续的增长，呈振荡发展的态势，可能受经济状况和技术发展的影响，该时期内日产的线控转向技术研发活动相对不太稳定，其依托于英菲尼迪 Q50 的研发，2013 年日产的申请量达到一个巅峰，而 2007 年、2010 年以及 2014 年的申请量则相对处于低谷。

（2）在中国申请状况分析

图 3－2 为日产在中国申请线控转向专利申请和公开趋势。从图中可以看出，从 2003 年开始在中国申请相关专利以来，日产在中国的专利申请量增长并不快，也是呈振荡发展的态势。

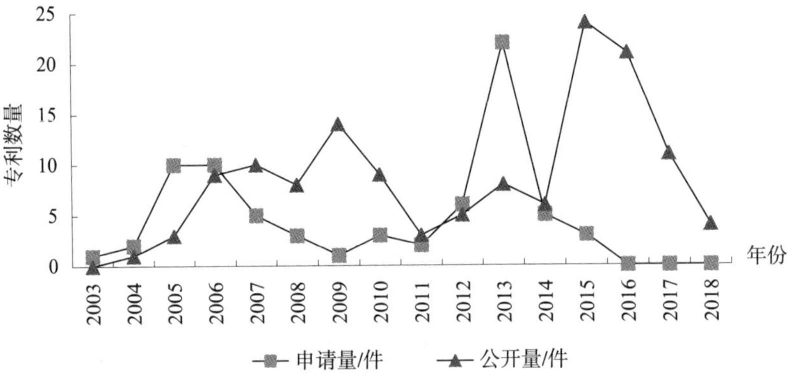

图 3－2　日产在中国申请线控转向专利申请量和公开量趋势

（3）专利申请国家或地区分布状况

图 3－3 说明了日产线控转向专利申请国家或地区分布情况，可以判断出日产汽车的研发战略以及市场战略信息。

从图 3－3 可以看出，日本申请最多，占比达到了 50.06%，超过了总申请量的一半，这说明该公司比较重视专利技术的国内保护，很重视国内市场。其次美国申请也占到了 11.4%，欧洲和中国申请则分别占到了 10.12% 和 9.35%，说明该公司也具有较强的全球战略性。

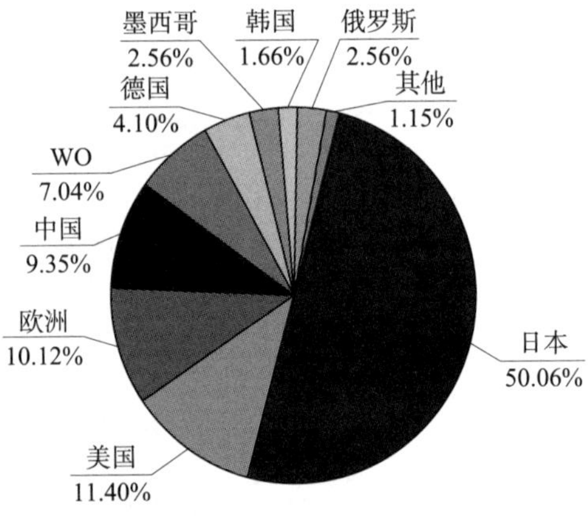

图 3－3　日产线控转向专利申请国家或地区分布

此外，日产也较为重视专利技术的全球布局，在 781 件的专利申请中，就包括了 55 件的 PCT 申请，占比达到了 7.04%。当然，随着汽车工业的全球化发展，线控转向技术寻求全球保护已经是一种趋势，不难预测，日产汽车将更加注重技术的全球化保护。

3. 线控转向专利族分析

日产有关线控转向技术的专利申请涉及384项专利技术，其中85项专利技术进行了多国申请，占比达到22.1%，由此可见，日产比较重视专利技术的多国保护。日产汽车在线控转向技术方面共有13个主要专利，其中专利申请WO2012/073469A1在11个国家或地区共包括23个同族专利。日产的主要专利族如表3－1所示：

表3－1 线控转向技术日产主要专利

专利申请公开号	专利申请名称	同族专利数/件	同族专利所在国家/地区代码
WO2012/073469A1	车辆及其转向操纵控制方法	23	WO，US，EP，JP，CN，CA，BR，RU，MX，IN，ID
WO2009/110151A1	车道保持辅助装置和车道保持辅助方法	11	WO，US，EP，KR，JP，CN
JP2010－221994A	车辆驾驶操作支持设备和方法以及车辆	11	US，JP，EP，CN，AT
US2005/0072621A1	车辆转向装置	9	US，JP，EP，CN，DE，KR
JP2006－182302A	车辆用转向操纵装置	7	US，KR，JP，DE，EP，CN
WO2006/059214A2	转向控制装置及方法	7	WO，US，EP，KR，JP，CN
US2006/0272882A1	车辆用转向操纵装置	7	JP，DE，EP，CN，US
WO2014/108968A1	车辆用行驶控制装置、车辆用行驶控制方法	7	WO，CN，EP，MX，US，JP，RU
WO2014/054625A1	转轮控制装置	7	WO，US，RU，MX，JP，CN，EP
JP2006－111099A	用于车辆的转向装置	6	US，KR，JP，CN，DE
WO2006/064343A2	转向控制装置与方法	6	WO，US，CN，JP，EP，KR
WO2009/017199A1	车辆转向控制装置和方法	6	JP，US，EP，CN，WO
WO2014/108967A1	转向控制装置、转向控制方法	6	WO，CN，EP，MX，US，JP

4. 线控转向专利引用情况分析

日产有许多线控转向专利技术被高频引用，从表3－2中可以看出，日产的重要专利中被引次数达到25次以上的专利申请达到19项，最多的专利申请共被引用61次。

表3-2　线控转向日产重要专利被引用情况

专利申请公开号	申请年份	专利申请名称	被引用次数/次
US2005/0072621A1	2003	车辆转向装置	61
US2002/0038171A1	2000	车辆转向装置和方法	56
WO2009/110151A1	2008	车道保持辅助装置和车道保持辅助方法	51
US2006/0086560A1	2004	车辆转向装置	48
JP2003-182622A	2001	转向角变化率控制系统和方法	46
JP2006-1417A	2004	可转向车辆的转向装置	45
US3939938A	1973	自动转向系统	45
JP2010-221994A	2009	车辆驾驶操作支持设备和方法以及车辆	44
JP2005-96745A	2003	车辆转向系统	44
JP2006-111099A	2004	用于车辆的转向装置	43
US2005/0082107A1	2003	线控转向系统驱动接口系统	35
JP2004-352111A	2003	用于自动车辆的转向装置和方法	31
JP2006-240399A	2005	转向控制装置	30
JP2003-81111A	2001	车辆的转向控制系统	30
WO2012/073469A1	2011	车辆及其转向操纵控制方法	29
WO2006/064343A2	2004	转向控制装置与方法	29
JP2010-188976A	2009	汽车驾驶操作辅助装置及驱动操作支持方法	29
WO2009/017199A1	2008	车辆转向控制装置和方法	25
JP2006-182302A	2004	车辆转向控制装置	25

5. 线控转向重点专利技术分析

日产较早致力于线控转向技术的研究，其专利主要包括以下方面的技术。

（1）路感模拟

由于线控转向系统中，可以从传感器的信号中提取出最能够反映汽车实际行驶状态和路面状况的信息，因此可以作为方向盘回正力矩的控制变量，使方向盘能为驾驶员提供更为真实的“路感”。2001年提交申请的专利文献JP2003-81111A公开的转向控制系统（见图3-4），通过设置道路表面粗糙度模拟单元14以及转向反作用力致动器2，可以精确的反馈路面的粗糙度信息。申请年份为2005年的专利文献US2006/0086560A1也公开了一种转向系统，通过设置转向轮侧扭矩估测模块，用于基于检测转向扭矩和转向角估测施加到转向轮上的转向轮侧扭矩，转向模块通过输入该估测的转向轮侧扭矩，得到目标转向角，从而提升驾驶员转向感受。

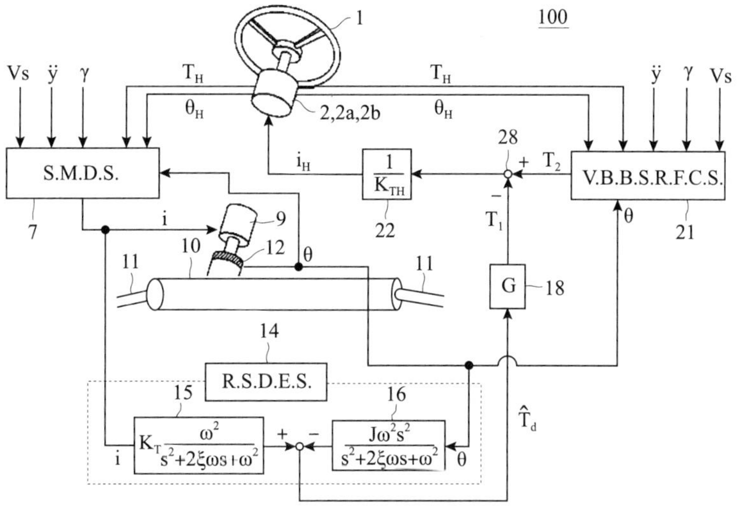

图 3－4　专利文献 JP2003－81111A 技术方案

此外，由于方向盘和转向车轮之间无机械连接，驾驶员“路感”通过模拟生成，因此，甚至可以模拟潜在的风险路况信息传递给驾驶员，2009 年申请的专利文献 JP2010－221994A 公开了一种车辆驾驶操作支持设备，能根据车辆状态和周围状况，通过控制部计算障碍物的潜在风险，提供对驾驶操作的反作用力，并进行辅助控制，从而根据潜在风险，通过控制动作调节部，产生模拟响应于增加潜在风险的驾驶操作而发生的车辆运行状况的伪运行状况。

（2）改善驾驶特性

在车速、牵引力控制以及其他相关数据的基础上，主动控制转向比率，可以改善驾驶特性和增强操控性。如 2004 年申请的专利文献 JP2006－111099A 公开了一种线控转向装置（见图 3－5），车辆的转向控制器根据转向输入设定转向输出，根据转向输出设定转向力指令，根据干扰指示值调整转向力指令，并且向转向致动器输出调整后的转向力指令，能够解决现有线控转向装置的转向刚性高、车辆在弯道上倾向于过度转向，造成偏离角过度增大，影响行驶稳定性和舒适性的问题。而 2008 年提交申请的专利文献 WO2009/017199A 则提供一种车辆转向控制装置，其能够防止驾驶员在自动转轮控制期间感觉到对方向盘的约束。另外，2011 年提交申请的专利文献 WO2012/073469A1 公开的车轮转向控制装置，能提高悬架装置的操纵性和稳定性。

2005 年提交申请的专利文献 WO2006/059214A2 公开的车辆转向控制装置，由反作用力装置响应控制信号向方向盘施加转向反作用力，控制器根据方向盘的运动与路面反作用力产生控制信号，方向盘在回正过程中，路面反作用力的反馈增益比方向盘转向时小，因此在转向时可消除来自路面反作用力的影响。

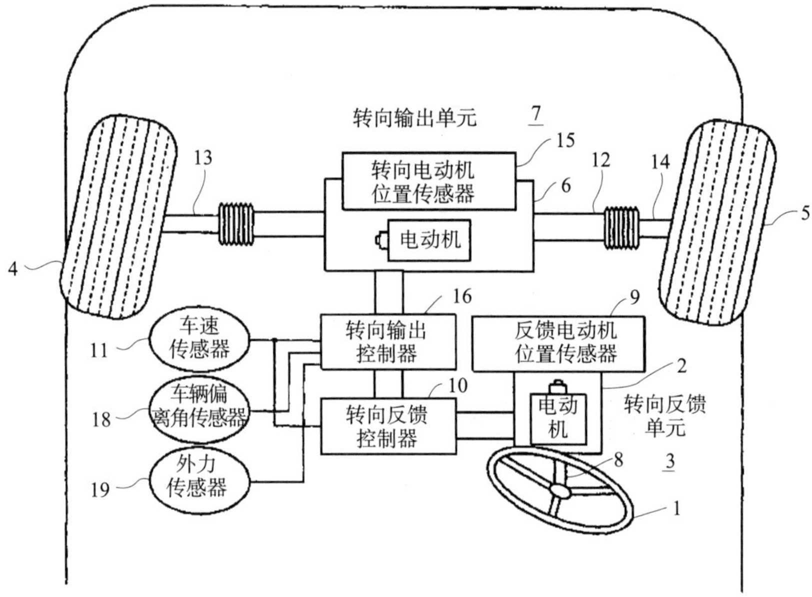

图 3－5　专利文献 JP2006－111099A 技术方案

由于线控转向系统消除了机械结构连接，地面和转向轮的不平衡不会传递到转向轴上，可以减缓驾驶员的疲劳。2005 年申请的专利文献 JP2007－160946A 公开的转向装置（见图 3－6），其备用机构可选择机械连接驾驶者操作单元与转向单元，车轮转向致动器将车轮转向扭矩施加于转向单元，控制器基于车轮转向致动器的操作参数控制转向反作用致动器，可允许施加到方向盘的转向反作用扭矩减小或基本消失，降低给驾驶者带来的不适感，还可起到最佳转向反作用控制的效果。

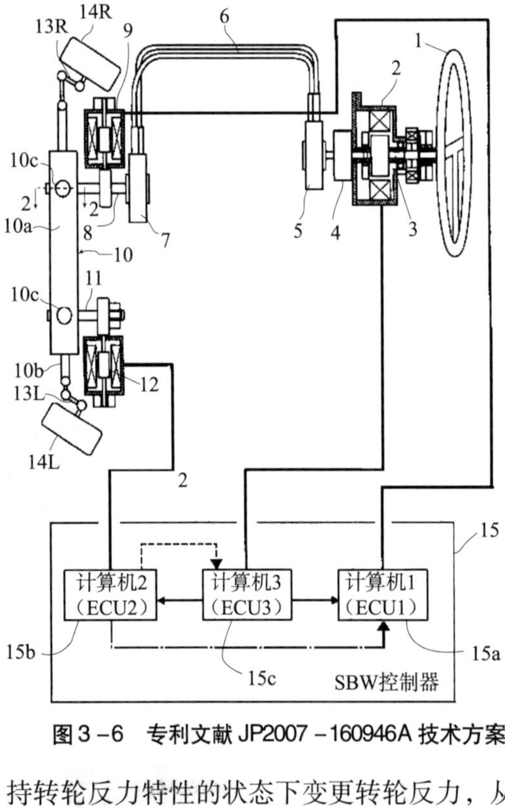

图 3－6　专利文献 JP2007－160946A 技术方案

此外，2013 年申请的专利文献 WO2014/054625A1 公开的转轮控制装置，具有转轮部、转轮反力控制单元、曲率检测单元、偏移单元、横向加速度检测单元和偏移抑制单元。检测出的横向加速度的绝对值越大则偏移抑制单元越抑制偏移量的增加，能够在维持转轮反力特性的状态下变更转轮反力，从而减轻给驾驶员带来的不适感觉。

（3）提高安全性

线控转向技术中，智能化的 ECU 能根据汽车的行驶状态判断驾驶员的操作是否合理，并作出相应的调整，进而提高驾驶汽车的安全性。如申请年份为 2005 年的专利文献 WO2006/064343A2 公开的转向控制装置（见图 3－7），其利用控制器根据放手检测传感器的信号而改变控制信号，从而可减少处于放手状态时所施加的转向反作用力，解决了现有技术中当驾驶员的手从方向盘上拿开时，方向盘可能超过中立位置从而出现超调的问题。而申请年份为 2013 年的专利文献 WO2013/172026A1 提供一种车辆的转向控制装置，可避免在发动机启动时转向操作器的转向状态违背驾驶员的意图的情况发生。

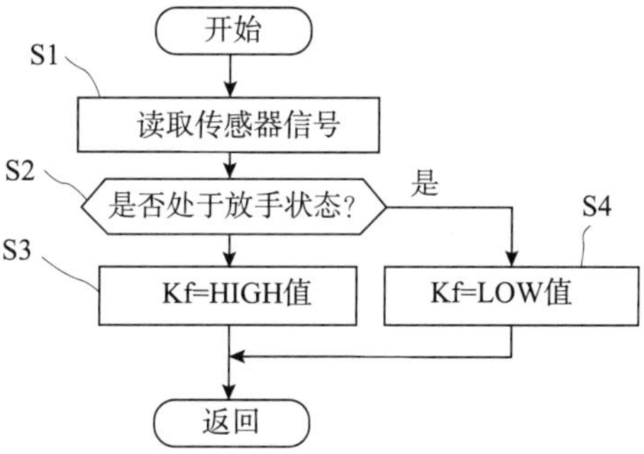

图 3－7　专利文献 WO2006/064343A2 技术方案

当汽车处于极限工况时，线控转向系统能够自动对汽车进行稳定控制。其中，2008 年提交申请的专利文献 WO2009/110151A1 公开的车道保持辅助装置，是当车辆从行车道中央侧穿过横向位移阈值时，对车辆进行反馈控制，以使角度偏差减小，且对车辆进行反馈控制，以使得在相对于横向位移阈值的行车道宽度方向上的外侧，至少横向位移偏差减小，能够防止行车道偏离。

2004 年申请的专利文献 JP2005－96745A 提供了一种使车辆转向轮的位移变小并防止车辆车辙不重合的车辆转向系，其克服了现有的车辆转向系从检测到转向反作用力传动装置有故障起到离合器完成接合为止，驾驶员可能过度转向车辆的缺陷。

（二）丰田重点专利分析

1. 公司基本状况

丰田是一家总部设置在日本爱知县丰田市和东京都的著名汽车制造公司，从 2008 年起丰田逐渐取代了美国通用成为世界排名第一的汽车生产厂商，旗下品牌包括雷克萨斯、丰田等系列高中低端车型等。

丰田作为世界领先的汽车制造商，同样早早地开始进行智能驾驶技术的研究。但丰田一直强调“以人为本”，对于相关的新技术难免保守，因此一定程度上造成了慢人一步。不过对于智能驾驶技术中的分支之一——线控转向技术，丰田从 20 世纪 80 年代初便已经开始涉足该技术的研究，在进入 21 世纪以后，丰田在线控转向领域的发展更加迅猛。此外丰田也相当注重与这项技术相关的专利布局，不仅在日本本国，在欧洲、美国、中国等地都提交了大量的专利申请。这不仅为丰田本身提供保护，也为其带来良好的战略优势。

2. 专利申请状况分析

截至 2018 年 8 月，丰田在全球范围内共提出 970 件关于线控转向技术的专利申请，属于行业领军者之一。以下对其专利申请的申请量年度趋势、国家或地区分布、专利族情况及被引用情况作分析。

（1）专利申请年度趋势分析

丰田最早于 1985 年提出了第一件关于线控转向技术的专利申请，在这之后至 1997 年只提出了 5 件申请，可以看出丰田的该项技术在 20 世纪 90 年代早期发展较为缓慢。而从 1997 年开始，除了 1999 年和 2000 年之外，丰田关于该项技术的专利申请量一直保持在 19 件以上；尤其在 2002 ~ 2009 年，年均申请量为 82 件，说明这段时间为丰田在该项技术上的高速发展时期，创新成果显著。而到了 2010 年以后，丰田在该领域的申请量又下降至 38 件以下，这表明丰田对该项技术的掌握已趋于成熟（见图 3 - 8）。

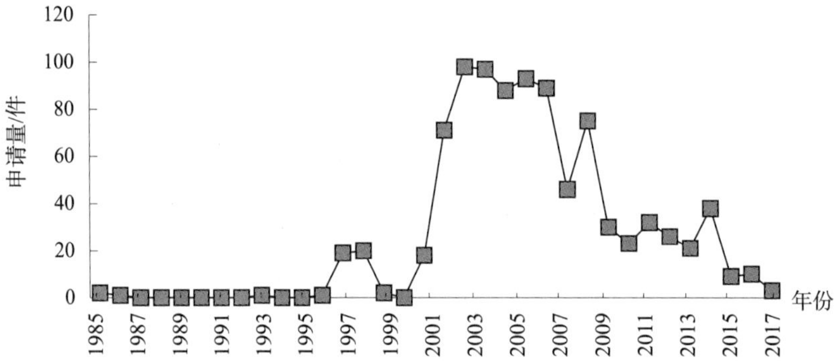

图 3 - 8　丰田线控转向技术专利全球申请量年度分布及增长趋势

（2）在中国申请专利状况分析

丰田在中国申请的线控转向技术方面的专利数量为 60 件。由图 3 - 9 可以看出，丰田从 2002 年才开始在中国布局线控转向技术方面的专利，而丰田也是在 2002 年才对中国这个新兴汽车市场开始重视，并进入中国进行战略投资。除 2016 年外，丰田每年均在中国提交了关于线控转向技术方面的专利申请，这也为丰田具有智能驾驶功能的汽车在中国的推出提供了专利战略方面的保障。

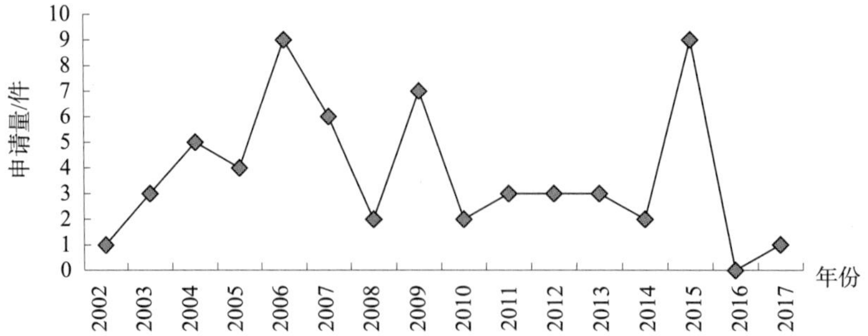

图 3 - 9　丰田线控转向技术专利在中国申请量年度分布

（3）专利申请国家或地区分布状况

在提出关于线控转向技术的专利申请的国家或地区当中，丰田在日本本国申请了最多的专利，之后则依次为美国、德国、中国、韩国；此外，丰田还向欧洲专利局提交了72件专利申请，向WIPO提交了50件PCT国际申请。由此可以看出丰田非常重视在除日本本国外的其他国家或地区做专利布局，也很看重这些国家或地区的市场资源。

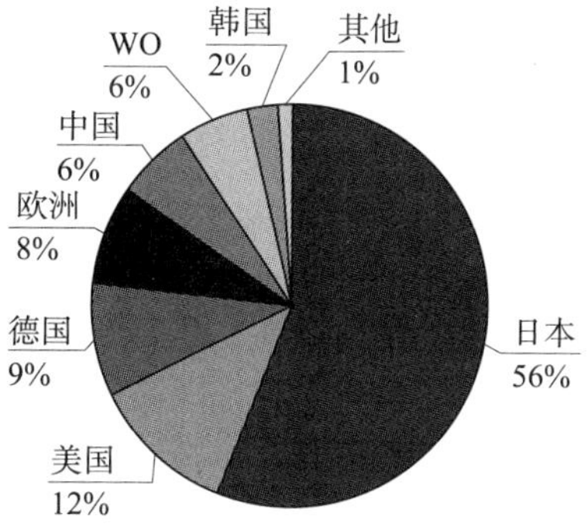

图3-10　丰田线控转向技术专利国家/组织分布

3. 线控转向专利族分析

通过对丰田线控转向技术专利族进行分析，从而确定丰田的主要专利技术。丰田共有103项专利技术存在同族申请，占比约为20.7%。以下为包含6件及其以上的同族的专利文献的主要专利族（见表3-3）。

表3-3　丰田公司线控转向技术主要专利

专利文献公开号	专利申请名称	同族专利数/件	同族专利所在国家/地区代码
WO2010/116518A1	车辆控制装置	11	WO，KR，US，EP，CN
CA2396349A1	转向装置中的方向盘位置补偿装置	11	WO，DE，EP，KR，US，JP，CA，AU
JP2005-255107A	车辆稳定性控制装置	10	US，WO，JP，CN，KR，EP
JP2003-327146A	车辆操纵装置	9	WO，DE，EP，KR，US，JP，CN
JP2003-191774A	集成式车辆运行控制系统	9	WO，DE，EP，KR，US，JP，CN，AU
WO2006/123215A2	车辆的行驶控制设备	8	WO，DE，EP，KR，US，CN，JP
CA2394496A1	车辆中的转向设备和工业车辆	8	DE，EP，KR，US，JP，CA，AU
WO2007-102307A1	用于车辆的转向系统	7	WO，DE，EP，KR，US，CN，JP
WO2004/078560A1	车辆转向控制装置	7	WO，DE，EP，US，JP，CN
US2003/0098196A1	车辆操纵装置和方法	7	WO，DE，EP，KR，US，JP
WO2006/134789A1	车辆转向装置	7	WO，EP，US，JP，CN，KR
CN1958373A	车辆转向控制设备及其控制方法	6	DE，US，JP，CN
WO2011/161535A1	用于车辆的控制装置和控制方法	6	WO，EP，US，JP，BR
JP2005-193783A	车辆转向设备	6	WO，EP，KR，US，JP，CN
WO2009/125265A2	用于车辆的电源设备和控制用于车辆的电源设备的方法	6	WO，DE，US，JP，CN
WO2007/144753A1	转向系统电机	6	WO，DE，EP，US，JP，CN

4. 线控转向专利引用情况分析

表3－4说明了丰田线控转向技术专利中被引用的主要专利申请及被引用的次数。被引用的次数越多，说明丰田的该项专利技术在行业中的影响力越大，丰田本身或其竞争对手以该项技术为基础作了多次改进。表3－4中显示多篇1998年提交的专利申请被多次引用，可推知丰田在该时间点上线控转向技术得到重大进展。

表3－4　丰田线控转向技术重要专利被引情况

专利文献公开号	申请年份	专利申请名称	被引用次数/次
JP2003－191774A	2001	集成式车辆运动控制系统	156
DE19805383A1	1998	车辆转向控制装置	132
EP0857638A2	1998	汽车的转向控制装置	62
DE19806458A1	1998	车辆转向装置	54
JP2000－108914A	1998	转向控制驱动	52
US2010/0168998A1	2009	运动辅助装置及其运动辅助方法	33
JP2005－349845A	2004	线控转向系统	28
DE19804821A1	1998	转向控制装置	26

5. 线控转向重点专利技术分析

线控转向技术是实现智能驾驶中自动驾驶、主动避撞、自动泊车等功能的重要技术之一，线控转向系统奠定了汽车智能化研究的硬件和软件基础。丰田对于该项技术布局了多项重点专利。

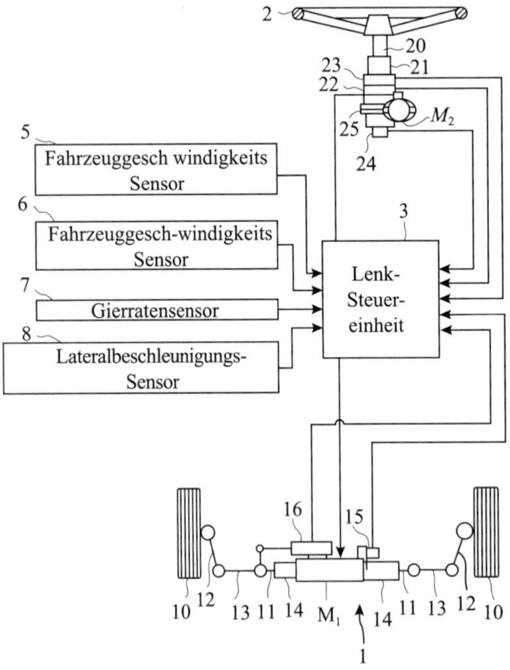

图3－11　专利文献DE19805383A1技术方案

（1）路感模拟

通过检测实际的转向设置与预定的根据车速所设计的转向设置来计算模拟路感，如1998年提交申请的专利文献DE19805383A1提供了一种车辆转向装置（见图3－11），通过检测实际的转向设置与预定的根据车速所设计的转向设置，来计算得到一个反向力，通过伺服电机提供至转向盘，使驾驶者得到一种真实的转向感觉，从而针对不同的路面条件提高转向控制。

（2）改善驾驶特性

通过控制转向轮实际位置与被转向角

的偏差来改善驾驶特性，如申请年份为 2002 年的专利文献 CA2396349A1 提供了一种转向装置（见图 3-12），该装置可以确保在执行转向轮位置补偿的过程中依然存在对转向轮的保持力，当传感器检测到实际的转向轮位置与被转向轮角度存在偏差时，该转向装置能控制电驱动器的输出进行补偿，从而减小该偏差，使转向更加稳定。

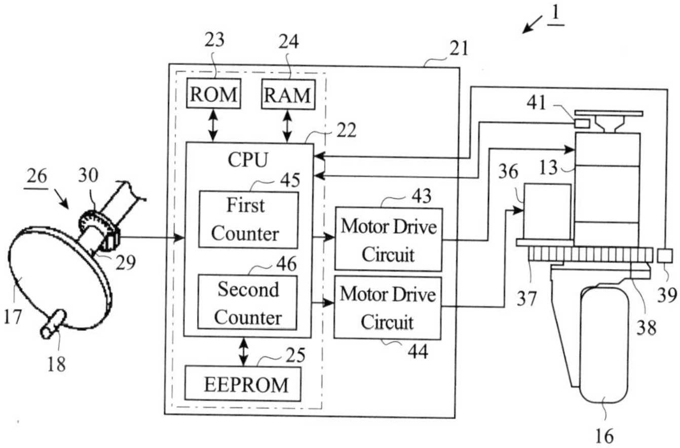

图 3-12　专利文献 CA2396349A1 技术方案

如 2005 年申请的专利文献 JP2005-255107A 提供了一种车辆稳定性控制装置（见图 3-13），用于通过控制车辆的转向角而抑制过度转向和不足转向趋势。所述控制装置基于驾驶员的操作量和预定转向特性计算车轮的暂定目标转向角；计算转弯状态参数的目标值；计算车轮的目标转向角，用以在实际转弯状态参数与其目标值的偏差的大小达到或超过一基准值时减低该偏差的大小，从而基于目标转向角控制转向角。在基于目标转向角执行对转向角的控制期间，基于暂定目标转向角计算转弯状态参数的目标值，从而进行相应操作实现更加稳定的转向。

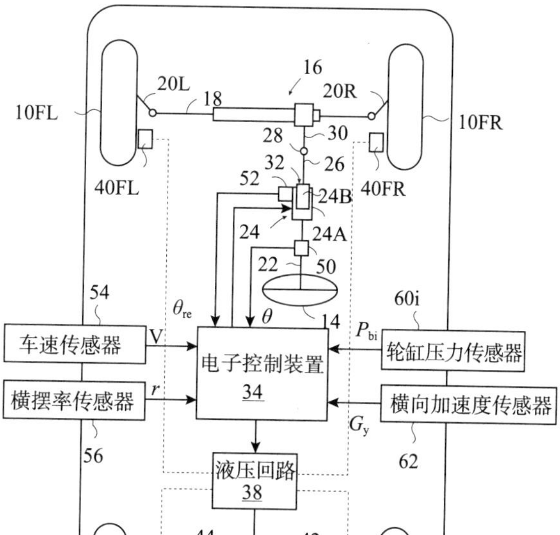

图 3-13　专利文献 JP2005-255107A 技术方案

2005 年申请的专利文献 DE19806458A1 提供了一种车辆转向装置（见图 3-14），其具有驾驶者手部自由状态检测器，用于检测当转向操作装置返回至中间位置时驾驶者的手是否处于自由状态；还具有反向力停止装置，其根据驾驶者手部自由状态检测器的信号来决定是否停止反向力电机产生反向力，当反向力停止产生时，转向操作角度控制器根据转向角度检测器的信号，控制转向控制装置的转向操作角度。

（3）提高安全性

通过故障时的操作控制来提高汽车的安全性，如1998年提交申请的专利文献EP0857638A2提供了一种车辆转向装置（见图3－15），其转向操作装置与转向机构不机械连接，具有分布在不同位置的一对转向电机，转向控制单元基于转向操作装置的操作位置与转向机构的实际操作位置之间的偏差对转向电机进行转向力的分配，从而执行转向，当判断到其中一个转向电机故障时，通过改变分配比例来防止故障转向电机的输出，增加非故障的转向电机的输出，从而只通过一个非故障的转向电机来实现转向。

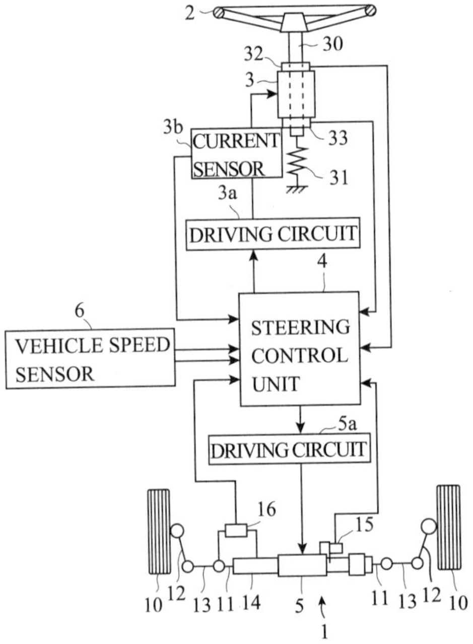

图3－14　专利文献DE19806458A1技术方案

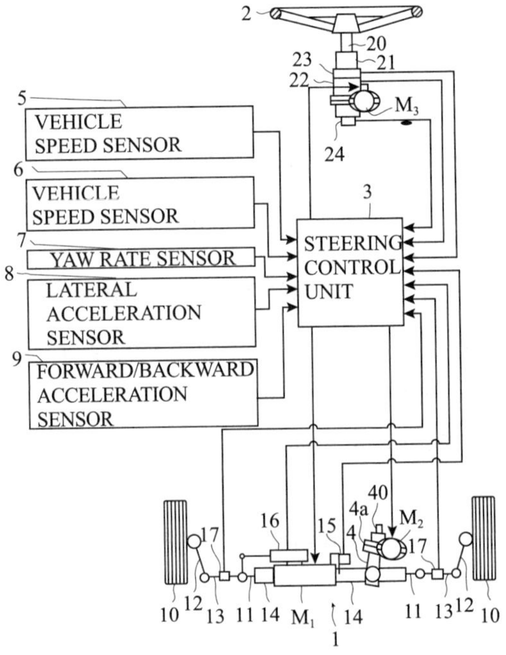

图3－15　专利文献EP0857638A2技术方案

（三）奇瑞重点专利分析

奇瑞是一家从事汽车生产的国有控股企业，成立于1997年，经过19年的创新发展，现已成为国内最大的集汽车整车、动力总成和关键零部件的研发、试制、生产和销售为一体的自主品牌汽车制造企业以及国内最大的乘用车出口企业。截至2018年8月，奇瑞累计提交国内外专利申请1.6659万件，发明专利申请6055件，其中已授权发明专利2873件。在线控转向领域，其专利申请量排在国内汽车生产商的首位，达到15件，其中发明专利8件，大部分集中在2009年。

从数量和申请时间上来看，奇瑞在相关领域的专利申请尚未形成一定规模，且申请时间较为集中，从2009年开始专利申请数量较多。早期偏重于线控转向系统的电机控制、控制方法的研究，例如：2009 年申请的专利文献 CN101565055B 提供了一种基于汽车线控转向系统的路感电机控制方法。其中，在相关专利申请中，2009 年申请的专利文献 CN101596915A 涉及一种基于线控的汽车转向系统被引用 17 次，且该专利申请在 2011 年 1 月获得授权，该专利公开了一种取消转向和执行机构之间的机械连接，使得各部件成为模块化产品，以便于系统的升级和装配，提高了安全系数的转向系统。

奇瑞在后续提交的专利申请中陆续引入了电机控制方法以及容错机制，例如 2010 年申请的专利文献 CN101860305A 涉及一种线控转向系统的路感电机控制方法，提供一种控制算法简单、能够对线控转向系统的路感电机进行良好控制技术方案。此外，2009 年申请的专利文献 CN101549707A 公开了一种汽车线控转向的冗余及容错系统及控制方法，其公开的技术方案结合了具体的硬件冗余和软件冗余设计，通过加入容错机制，使得线控转向系统可靠性、安全性、实时通信性能都得到提高和优化。

由以上可知，奇瑞的线控转向技术主要偏重在线控转向系统以及相应容错机制失效防护策略上，并引入了具体的硬件冗余和软件冗余设计提高线控转向系统的性能，与传统的转向系统相比，大大提高了汽车的操纵稳定性、安全性和舒适性，是未来汽车转向系统的发展趋势。

（四）吉林大学重点专利分析

在线控转向技术领域的国内申请人中，高校类申请人的专利申请量占据一定比例。主要高校申请人情况如下：吉林大学的专利申请量为 53 件，青岛科技大学的专利申请量为 26 件，同济大学的专利申请量为 25 件，可知高校对线控转向技术的科研投入较多且有一定的成果产出。

根据专利申请量的情况，选择吉林大学作为高校重要申请人代表，深入分析其在线控转向技术的专利申请情况。

吉林大学作为教育部直属的全国重点大学，是国家首批“985 工程”“211 工程”“2011 计划”重点建设高校，其重点学科车辆工程是国内汽车专业领域最早的重点学科，具有雄厚的科研基础和优秀的科研团队。线控转向作为车辆工程学科的重要技术领域之一，吉林大学取得一定科研成果，并申请了一定量的专利申请。

吉林大学的线控转向技术相关的专利申请为 53 件。从数量和申请时间上来看，吉林大学在相关领域的研究较为深入，其中，发明专利达到 32 件，实用新型专利 14 件，专利布局也初具规模。从 2008 年起步，早期吉林大学的相关申请主要偏重线控转向系统的研究，例如 2008 年提交的专利申请，其专利文献号为 CN101229819A，涉及一种用于汽车上的线控转向系统，被引用 3 次，该专利文献公开了一种用于克服现有技术结构复杂、成本高或安全性存在极大隐患的技术问题的汽车上的线控转向系统；2015 年申请的专利文献 CN105235738A 公开了一种汽车线控转向系统的双电机同步驱动转向执行机构，旨在提高线控转向系统的转向执行的响应特性、寿命以及转向执行系统的结构冗余安全性和结构紧凑性。

吉林大学的线控转向技术主要偏重在线控转向中操纵杆操纵装置、转向系统以及相应预警机制防碰撞策略、辅助驾驶。在操纵杆操纵装置方面，通过改进操纵杆的控制实现性能提升，例如2012年申请的专利文献CN102874308A涉及一种基于操纵杆的线控转向系统角传动比控制方法，2015年申请的专利文献CN105235518A涉及一种具有多重驾驶模式的操纵杆线控汽车控制结构。在转向系统方面，通过改进线控装置的结构来提升性能，例如2014年申请的专利文献CN104015781A涉及一种具有柔性冗余机构的车用线控转向装置。在防碰撞方面，例如2016年申请的专利文献CN106114501A涉及一种具有多模式的基于线控转向的换道避撞控制方法，2015年申请的专利文献CN105416298A涉及一种基于线控转向系统的路面不平度预警与主动避障装置。在辅助驾驶方面，通过引入多模式转向系统设计提高线控转向系统的性能，实现在有限空间的停车位实现泊车，例如2012年申请的专利文献CN102874304A涉及一种具有多转向模式的四轮独立线控转向系统，2016年申请的专利文献CN106184352A涉及一种可实现多种转向模式切换的转向系统。

总之，吉林大学的线控转向技术应用于智能汽车上可以提高汽车适应城市复杂路况的能力，并为在有限停车空间中的停车问题提供了良好解决方案。

四、总结与建议

本文以CNABS和VEN数据库收录的专利文献为样本，通过对全球线控转向领域的相关专利文献进行检索与梳理，对全球的专利技术的发展趋势、地域分布进行了分析总结。通过选取在汽车领域中具有代表性的日本丰田、日产，以及国内的奇瑞、吉林大学进行了重点申请人分析，尤其对丰田、日产在该领域中的申请趋势、重要同族专利、引用情况进行了细致梳理，并将线控转向技术中的路感模拟、改善驾驶特性、提高安全性作为三个重要技术方向进行了技术发展路线分析，以简明扼要地展示线控转向全球技术的发展演进、专利布局以及市场竞争现状。

经过分析研究可知，自20世纪70年代线控转向技术开始出现以来，日本、美国和德国三个国家掌握该技术的发展优势，在全球范围内进行了较多的专利布局。目前，日本有关线控转向技术的专利申请量排名全球第一，并优先将该技术成熟应用于汽车产业中。日本的日产、丰田，美国的戴姆勒－克莱斯勒，德国的博世等几个大的企业，均已形成较为成熟的技术积累，并引领整个行业的发展。中国在该领域投入研究较晚，无论在专利申请的数量、质量、技术覆盖的全面性上都还存在着较大的差距，申请人以高校为主，车企的实际研发应用还有待进一步增强。因此，建议：①国内车企可以参照国外领先企业的技术发展路线，在此研究基础上吸取经验，一步步提高对线控转向技术的掌握，并开发出能为己所用的技术方案，并不断跟踪国外竞争对手在本领域的专利动态，做好相应的专利分析及布局，规避产业发展中的知识产权风险；②企业应抓住机遇，积极创新，加强校企合作，充分发挥高校研发实力及人才配置的优势，逐步缩短与国外领先企业之间的差距；③当前，国内车企尚需在线控转向技术中所应用到的传感器技术研究上加大投入，研究出灵敏度、准确性更优良的传感器，转向控制算法方面也需要进一步优化，不断改善汽车驾驶特性、降低驾驶员的转向负荷；④此外，国内车企也需要配合相关的国家政策进行研发，在线控转向技术使用的成本及安全性的考量中，务必以后者为优先，逐步实现兼顾。

参考文献

[1] 于蕾艳，林逸，李玉芳．汽车线控转向系统综述［J］．农业装备与车辆工程．2006（1）：31－36.

[2] 贾和平，钟绍华．汽车线控转向系统的研究［J］．技术导向，2006：39－43.

[3] MASAYA S，KATSUTOSHI N，et al. A Study of Vehicle Stability Control By Steer by Wire System［C］//AVEC. Proceedings of the 5th International Symposium on Advanced Vehicle Control. Ann Arbor：AVEC，2000：233－240.

[4] 宗长富，刘凯．汽车线控驱动技术的发展［J］．汽车技术，2006（3）：1－5.

[5] 苗立冬，何仁，徐建平，等．汽车电动转向技术发展综述［J］：长安大学学报（自然科学版），2004，24（1）：79－84.

[6] CESIEL D，GAUNT M C.，Daugherty B. Development of a Steer－by－Wire System for the GM Seque［J］. SAE Technical Paper Series，2006（1）：1173.

智能车辆车道保持专利技术综述*

焦文　徐峰**　陈纯**　方晖**　方赟**　陈蓬

摘　要　车道保持辅助系统是通过识别行驶车道的标识线，从而将车辆保持在车道上提供支持的一种系统。车道保持辅助系统是驾驶辅助系统的核心组成之一，通过报警（震动、声音等形式）、干预等辅助驾驶员，减少汽车因车道偏离而发生的道路交通事故。本综述对车道保持辅助系统技术的专利资源状况进行了全面的阐述，并对车道保持技术总体专利申请趋势、重要申请人及其在各分支的重点研究方向进行了系统的分析。

关键词　车道保持　车道识别　偏离预警　主动控制　专利

一、车道保持技术概述

（一）车道保持产业技术现状及发展趋势

1. 产业的发展历程

车辆智能化如今受到了广泛关注，并且汽车智能化将是汽车未来发展的重要方向。车辆保持系统作为车辆智能化的重要技术，吸引了越来越多的企业对其进行开发研究。20世纪八九十年代，很多国家的车辆研究学者对车道保持技术进行广泛研究，其间该项技术的研究也取得了重大发展。此后，车道保持技术广泛运用于车辆产业，如车道偏离预警最早应用在奔驰的Actros货车上。从2000年至今，欧洲绝大多数的卡车都配备了车道偏离预警系统。货运卡车通常行驶在高速公路上，行驶中司机容易出现驾驶疲劳，车道偏离预警技术的发展和应用较好地提高了卡车驾驶的安全性。2001年，日产旗下的Cima车型配备了车道偏离预警系统，成为第一辆配备车道偏离预警系统的民用轿车，而日本的丰田也在阿尔法初代车型上配备了车道偏离预警系统，各大企业对车辆车道偏离预警技术越来越重视。目前，车道保持系统开始呈现由豪华车向中档轿车渗透的产业趋势。

---

* 作者单位：国家知识产权局专利局专利审查协作湖北中心。

** 等同第一作者。

2. 技术发展历程

车道保持技术在发展初期是基于车道偏离预警技术的，车道偏离预警系统在识别车道偏离后发出报警提醒，但不主动控制车辆的行驶方向。随着主动控制技术在汽车应用中越来越广泛，汽车也朝着智能化进一步发展。汽车车道保持系统是在车道偏离识别预警功能的基础上提供了主动控制，使车辆持续行驶在自己的道路上。当车辆偏离行驶车道时，偏离预警系统向驾驶员发出警报，若驾驶员在预定时间内未作出对应措施，车道保持系统会通过控制单元主动执行转向控制，保障车辆安全行驶。

专利申请数量是技术投入的直接体现，根据专利数量和申请时间的数据结构，可以呈现出不同阶段的发展情况和趋势，根据图 1－1 的车道保持技术专利申请的发展趋势，可以看出车道保持技术源于 20 世纪 80 年代，直到 2003 年才进入高速发展阶段。由于在中国申请的专利一般需要在申请日 18 个月后公开，2017～2018 年公开的数据不全，因此图 1－1 中2017～2018 年的数据并不作为分析依据。

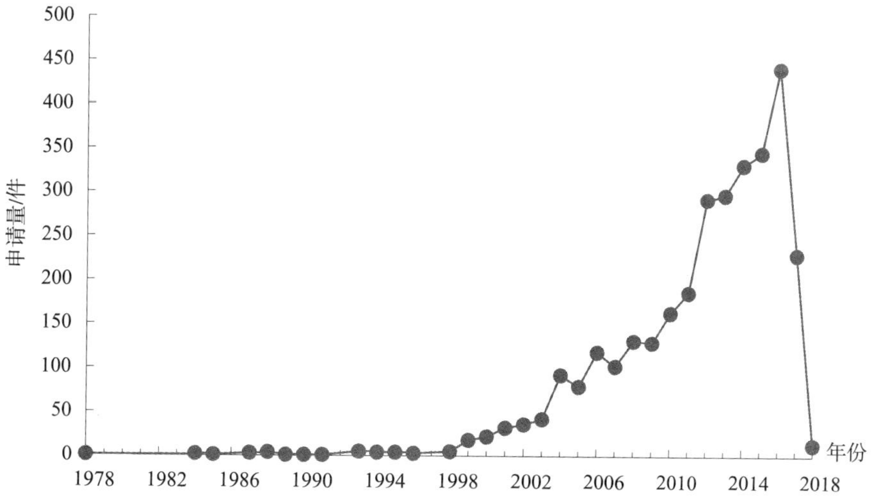

图 1－1　车道保持技术全球专利申请发展趋势

日本车企在车道保持系统方面的开发较早。1990 年，三菱研发出除了视觉和听觉外，还采用触觉的车道偏离预警装置，当车辆偏离自身车道时，采用转向盘振动发出警告信息；同时车道保持系统除提供警告外，如在预定时间内未检测到驾驶员的纠偏反馈，车道保持系统将主动控制车辆。三菱的车道保持系统研究推动了日本智能驾驶技术的发展，也为全球车道保持系统发展提供较大助力。

欧美车企在车道保持系统方面的研究晚于日本。2012 年，福特在探险者、Fusion、林肯 MKS 上都装配了车道保持辅助系统，该系统在图像识别方面有所突破，不仅能够进行图像处理和车道线识别，还能识别障碍物（其他车辆及行人等），进一步提高了行车的安全性。

对于车道保持技术，我国的研究及应用较晚。2013 年，我国金龙客车推出了一种车载计算机信息系统 KL-988，包括车道偏移预警系统。车载计算机信息系统接受车辆状态信号例如车速、转向盘转角、转矩、制动踏板开度和制动力等，进而判断是否存在偏离车道的情况。该车道保持技术实现了我国智能车辆研究的突破，为我国在车道保持技术上的研发打开了大门。

3. 技术链的构成

车道保持技术链大体分为：识别系统、分析决策系统和控制执行系统（参见图1-2）。其中，识别系统包括车道线的识别、障碍物的识别以及车辆的识别；分析决策系统包括车道偏离预警分析、驾驶员状态分析及行驶状态分析；控制执行系统包括车道保持主动控制——转向控制、制动控制及减速控制。而识别系统、分析决策系统、控制执行系统中的关键技术分别是车道线的识别、车道偏离预警分析、车道保持主动控制。

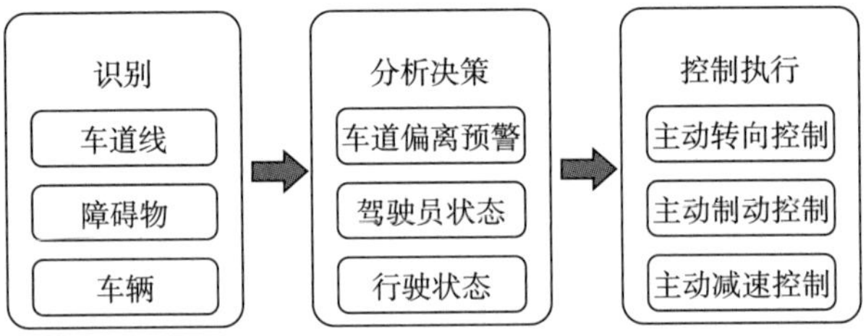

图1-2 车道保持技术链

（1）识别系统

识别系统根据图像传感器和车辆运动状态传感器收集的数据信息来获得车道线、车速、车辆转向状态等车辆运动状态参数。现阶段，研究者将道路视觉感知算法运用到车道标识线识别算法中，根据接收的道路图像，经过计算机建模、特征匹配等构建车道边缘几何形状；对于有障碍物遮挡的道路或光线模糊造成的道路标记线不清晰的情况，现大多采用模式识别技术，如模式识别 Hough 变换法、模板匹配法等。

（2）分析决策系统

根据识别系统获取的参数，分析计算出当前车辆相对车道线的位置、偏离的方向和速度，并提供控制策略。目前，国内外的车道保持分析决策系统主要利用机器视觉来识别车道，然后再利用偏离决策算法来确定是否发生车道偏离。其中偏离决策算法有两类：基于道路模型与图像信息结合的方法和仅基于图像信息的方法。[2]

（3）控制执行

接收分析决策系统的控制策略后，由 ESP 系统或电机等输出转向助力，使得车辆回到自己行驶的车道内。

4. 技术链各环节关键技术

（1）车道线识别

早在 1991 年，美国 Carnegie Mellon University 机器人学院就已经开发出了 AURORA

系统，它是车道线识别系统开发的原始代表，主要由一个带广角镜头的彩色摄像机、数字转换器和一个便携 Sun Spark 工作站等组成。[3] 现阶段，通常在车辆前方安装摄像头，根据摄像头的信息利用计算机计算，判断车辆是否在自己车道内。

（2）车道偏离预警

目前，全球很多国家就车道偏离问题，研究车道偏离预警系统，如 LDW 系统、AWS 系统、AutoVue 系统等。车道偏离预警系统能够有效防止驾驶员疏忽造成的车道偏离事故发生，因此车道偏离预警不仅为车道保持系统提供了技术支撑，更提高了车辆行驶的安全性。

（3）车道保持主动控制

2002 年，丰田推出配置车道保持系统的 Cardinal 与 Alphard 车型，本田也在同年推出配置 HiDS 系统的日规七代雅阁，它们能够通过转向控制自动将车辆导回到正确的车道上。如今，越来越多的企业基于车道偏离预警系统开发了转向控制，使得车辆主动控制安全性不断提高。

（二）车道保持技术研究内容和重点

本综述全面分析了车道保持技术的相关专利，从全球、全国、在华外国申请三个角度来对该产业的专利发展现状、未来发展形势进行分析，依据车道保持的关键技术、技术热点、难度等，制作技术分解图（参见图 1－3）。

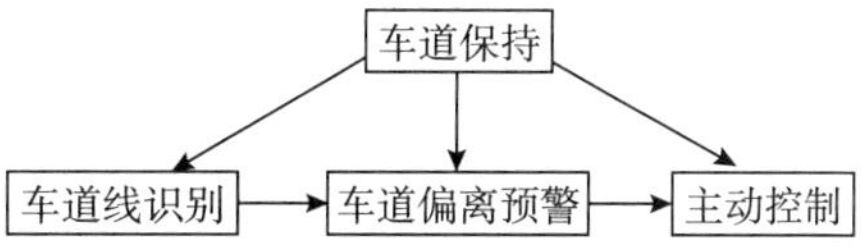

图 1－3　车道保持系统关键技术分解

本文将对车道保持系统技术的专利资源状况进行全面系统的分析。首先对车道保持系统进行了整体分析研究，然后对车道线识别、车道偏离预警和主动控制三个关键技术进行详细分析。分析内容主要从以下四个方面来开展：第一，通过历年宏观分析，了解整个产业或各分支的全球、全国专利资源的发展趋势；第二，通过区域分析，对比国内外专利分布、国内区域的专利状况变化；第三，通过技术分析，了解各技术分支的专利分布情况、发展趋势以及创新热点；第四，通过申请人分析，了解整个产业的国内外创新主体及其专利资源状况。

（三）专利数据检索及处理

1. 专利数据范围

由于中国专利的公开通常需要 18 个月，因此 2017～2018 年公开的数据不全，无法完全体现数据趋势。因此，虽然本综述中部分图表列出了 2017～2018 年的数据，但不作为分析依据。

2. 专利数据的清洗和筛选

（1）数据清洗去噪。采用批量去噪和人工阅读去噪方式对检索数据进行去噪处理，例如在车道保持方面，有些车辆碰撞相关的文献会与视觉识别联系在一起，易将车辆碰撞技术分在车道保持系统中，在检索阅读过程中采用去掉碰撞相应关键词进行批量去噪。

（2）对申请人字段进行清洗处理。专利申请人字段往往出现不一致情况，例如申请人字段“×××集团公司”、“×××（集团）公司”（英文）、“×××（集团）公司”（中文），将这些申请人公司名称统一；另外对前后使用不同名称，而实际是同一家企业的申请人统一成现用名；对于部分主要企业的全资子公司的少量申请全部合并到母公司。

表1－1列出了本综述采用的最终专利数据。

表1－1　数据筛选结果列表

	中国数据量	全球数据量
专利文献量	1221件	3285件

*特别说明：属于一个专利族的多件同族专利文献仅以一条数据记录。

二、车道保持技术总体专利分析

（一）全球专利分析

1. 全球技术创新态势

图2－1给出了车道保持系统全球专利申请趋势，车道保持系统的申请数量整体保持上升趋势，但是发展过程存在一定波动。1985年出现了第一件车道保持系统的专利申请，之后车道保持系统的发展经历了三个阶段。

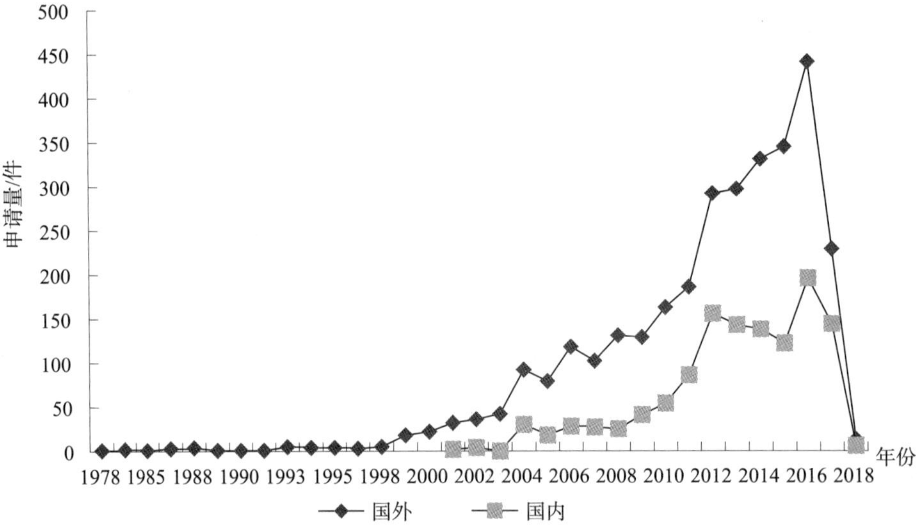

图2－1　车道保持系统全球专利申请趋势

（1）萌芽期（1980～1998 年）

在 1980～1998 年，车道保持系统的相关技术发展缓慢，人们对于车辆的发展还集中在如何降低成本、如何提高发动机效率等有关车辆行驶性能的研究上，对于车道保持这种有关安全性、舒适性的研究还处于萌芽期。

（2）缓慢发展期（1999～2004 年）

在 1999～2004 年，车道保持技术进入缓慢发展期。相对于萌芽期，申请量有了较大的提升，该阶段人们对于舒适性、安全性有了一定的需求。在该阶段，中国也逐渐出现了车道保持技术的专利申请。

（3）快速发展期（2005 年至今）

2005 年至今，车道保持技术进入快速发展期。随着汽车的普及，消费者安全意识的不断提升，对汽车主动安全性的要求越来越高，汽车智能化越来越受到重视，各大厂家投入了大量的人力物力进行车道保持系统的研发，他们也对车道保持系统进行了大量的专利布局，专利申请数量呈快速增长态势。

2. 全球技术创新区域

图 2－2 示出了车道保持系统专利申请全球布局，排名靠前的布局国家依次为：中国、日本、韩国、德国、美国，其中中国、日本、韩国布局总量占比达到了 73%，远超其他国家和地区的总量。中国作为全球最大的汽车市场，具有广阔的市场前景，自 2001 年加入 WTO 后，市场前景更加广阔，各国都抓紧在中国进行专利布局。随着国家政策导向，国内的汽车产业处在快速的发展阶段，技术水平稳步提升，国内创新主体逐渐注重专利布局，这也加快了车道保持系统专利申请在国内申请量的提升。

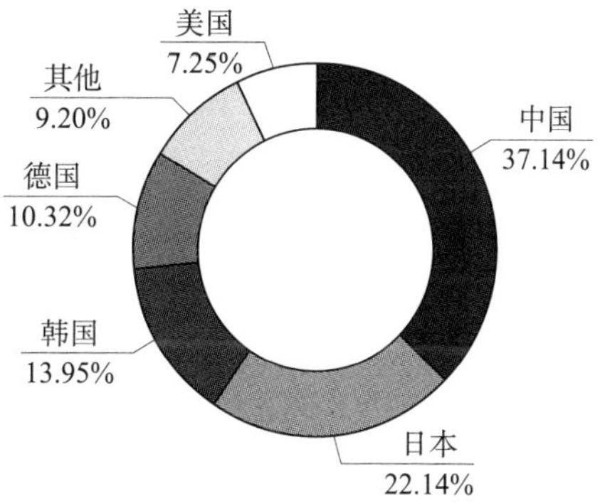

图 2－2　车道保持系统专利申请全球布局

图 2－3 示出了车道保持系统的全球主要申请国家（中国、日本、韩国、美国、德国）的技术流向。日本为最主要的原创国，除了在日本本土进行大量专利布局外，还在中国进行了大量的专利布局，中国成为日本的第二大专利技术输出目标；同时，德国、韩国、美国等其他主要原创国，除在本国进行专利布局外，中国也均是它们的第二大专利布局国，这一定程度上反映了各国对于车道保持系统前景的关注程度和中国巨大市场的重视。反观国内创新主体，中国作为原创国，其专利布局均在国内，并未向其他主要申请国家布局，海外布局意识较淡。这与我国在车道保持技术起步晚、技术相对不成熟有关。

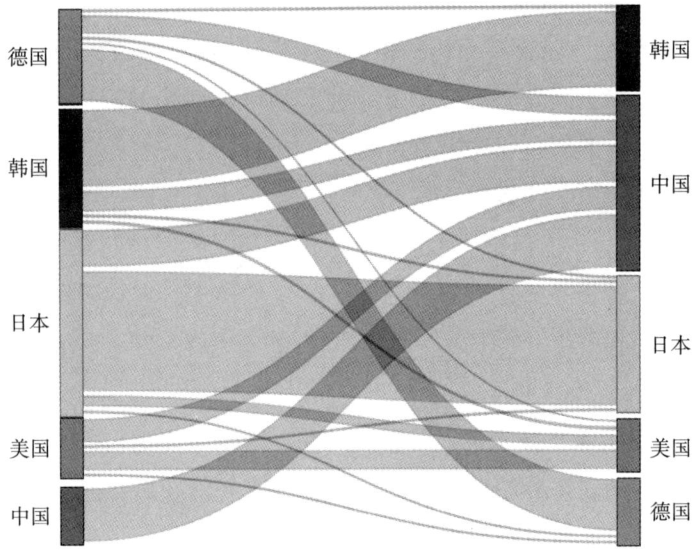

图2-3 车道保持系统技术流向

图2-4为车道保持系统全球主要申请国家的专利申请趋势，日本最先提出车道保持技术的相关专利，中国于2001年才开始出现车道保持系统的专利申请，随后专利申请量快速增长，至2013年，中国的专利申请量远超其他国家，体现了中国国内创新主体整体技术水平的提升以及对专利布局的重视。综上分析可知，中国在车道保持技术方面起步较晚，技术水平相对较低，但是整体技术水平逐年提升，对专利布局方面的重视程度逐渐加强，在车道保持技术方面中国仍然具有较大的发展前景。

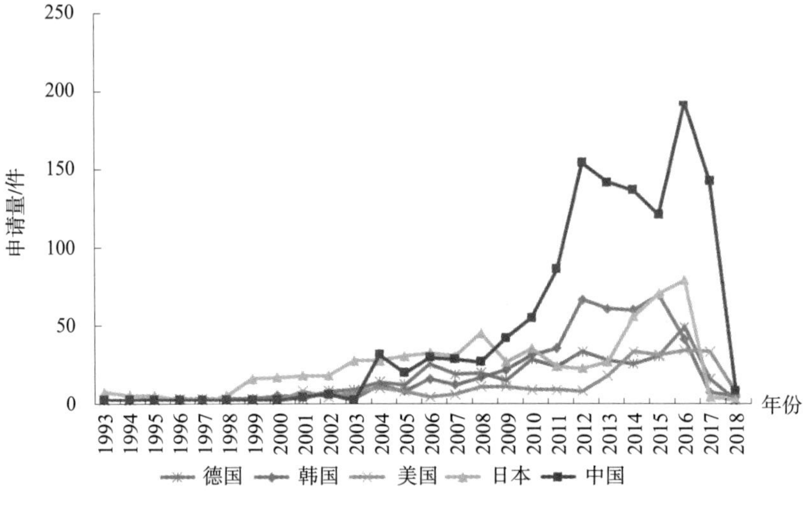

图2-4 车道保持系统全球主要申请国家专利申请趋势

3. 全球主要创新主体

图2-5给出了车道保持系统全球专利申请量排名前十的申请人。由图中可以看出，

车道保持系统全球专利申请量排名前十的申请人中日本企业达到了5家，其中丰田和日产的专利申请量明显高于其他排名靠后的申请人，这与前文中论述的日本为最主要的原创国相关。韩国的现代总申请量位于全球第二位，成为另一个主要技术来源。

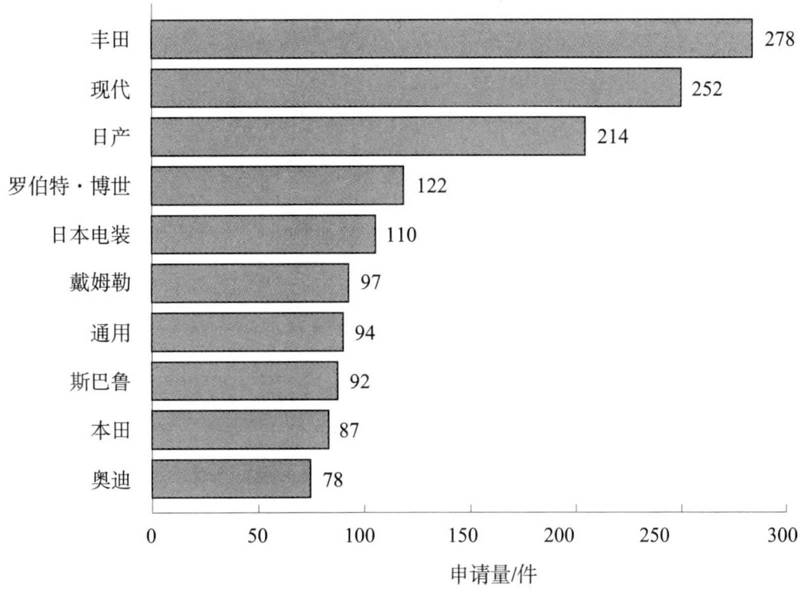

图2-5　车道保持系统全球专利申请量排名前十的申请人

4. 全球技术创新重点

图2-6为车道保持系统主要分支全球专利申请趋势。从图中可以看出，车道保持主动控制技术分支的申请量排名第一，其次是偏离预警和车道识别，其中车道保持的主动控制技术涉及主动安全，是车道保持系统的关键技术，关乎整个系统的稳定性与安全性。目前对于车道保持系统的主动控制的研究最为广泛，涉及自动转向、自动制动等技术环节，同时也会对驾驶舒适性产生影响；控制精度是车道保持系统的关键，但是受限于传感技术的发展，该分支的发展较为缓慢；而车道保持的偏离预警技术能够很好地给予驾

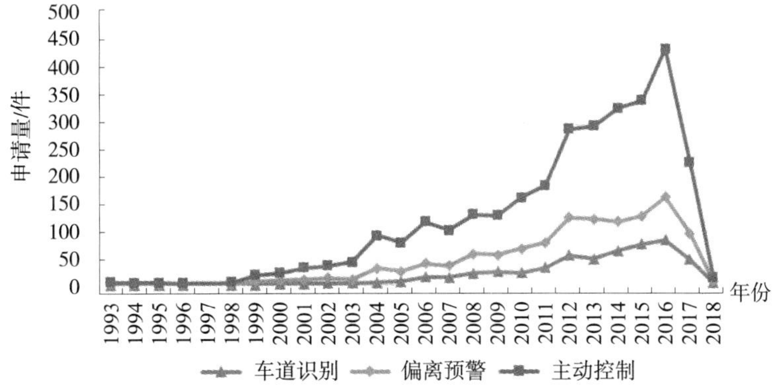

图2-6　车道保持系统主要分支全球专利申请趋势

驶员辅助，一定程度上能够避免危险的发生，目前该分支的发展已经基本进入了稳定期。

表 2-1 为全球申请量前十的申请人在各分支的布局情况，由表可知，各大企业均着重布局于主动控制技术，因为主动控制技术是汽车产业公认的保证车道保持系统的稳定性、安全性的关键技术。在车道保持技术的其他两个分支中，丰田、现代、日本电装、斯巴鲁、本田更加关注车道识别技术，而其他的五个企业更加关注偏离预警技术。整体而言，各大企业在车道识别技术、偏离预警技术这两个分支的专利布局相对薄弱，并且就车道识别技术而言，随着传感器技术的不断发展，车道识别技术也会相应完善。

表 2-1　全球专利申请量排名前十申请人各分支的布局情况　　单位：件

标准化申请人	车道识别	偏离预警	主动控制
丰田	40	35	212
现代	60	50	155
日产	12	20	191
罗伯特·博世	17	22	88
日本电装	32	7	73
戴姆勒	13	24	60
通用	10	16	82
斯巴鲁	10	6	78
本田	23	7	63
奥迪	8	13	58

（二）中国专利分析

中国作为目前车道保持技术相关专利申请数量全球第一的国家，截至 2018 年共有相关专利申请 1221 件，其中国内申请 450 件，来华申请 771 件。中国的专利申请一般从提交申请到公开需要 18 个月，因此在近两年申请的专利由于没有公开，没有统计在所有数据内，下面的图中 2017～2018 年的数据仅供参考。

1. 中国技术创新趋势

图 2-7 中显示了车道保持系统中国专利申请趋势以及中国专利申请构成。可以看出国内申请和来华申请总体上均呈现上升趋势，2001 年才出现了第一件国内申请人的专利申请。截至 2016 年，每年的国外来华申请量均高于国内申请量，国内申请在 2014 年、2015 年出现了申请量下降的情况；反观国外来华申请，2010 年以来，申请量逐年增加，发展势头良好。由此可见，车道保持系统的技术发展整体上由国外企业主导，国内企业仍然处于落后状态，并且 2017 年以来未出现明显的追赶趋势，这与国外来华的大量申请一定程度上压缩了本国的车道保持技术的发展有关。在车道保持系统的发展上，国内创新主体仍然任重道远。

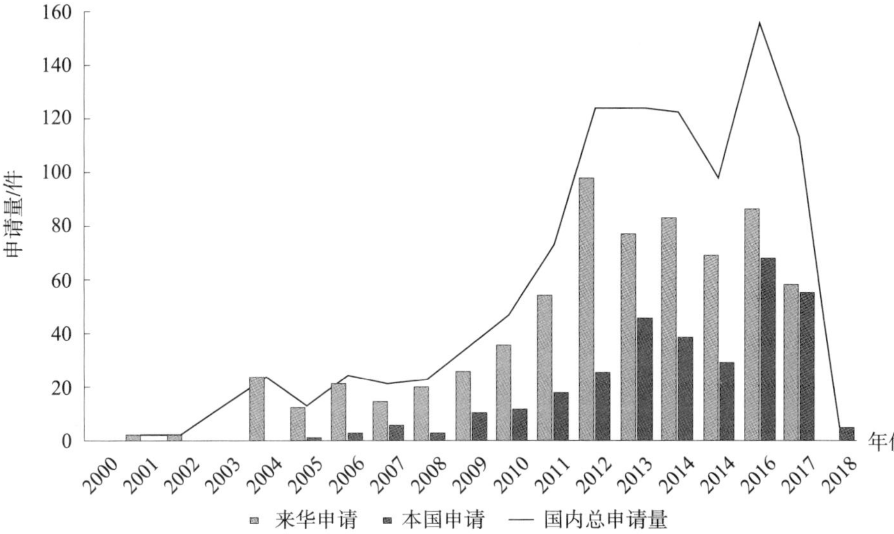

图2-7　车道保持系统中国专利申请趋势

2. 中国主要创新主体

图2-8为车道保持系统国内专利申请量排名前十的国内申请人，排名前十的申请人主要涉及高校、科研院所和车企。由申请量可知，各大国内创新主体的申请量均较少，未形成体系化的研究。其中排名第一的申请人长安大学申请量也只有16件，远远低于国外的申请人；在车企中奇瑞排名第一，其申请量也仅仅只有14件，申请量远远小于国外的车企，如丰田、日产。由此，可以明显了解，在车道保持技术领域，国内的技术远远落后于日本，无论是在专利的质量上还是数量上均与日本存在较大的差距；同时，车道保持系统国内专利申请量排名前十的申请人中有4个为高校或科研院所，其申请的专利

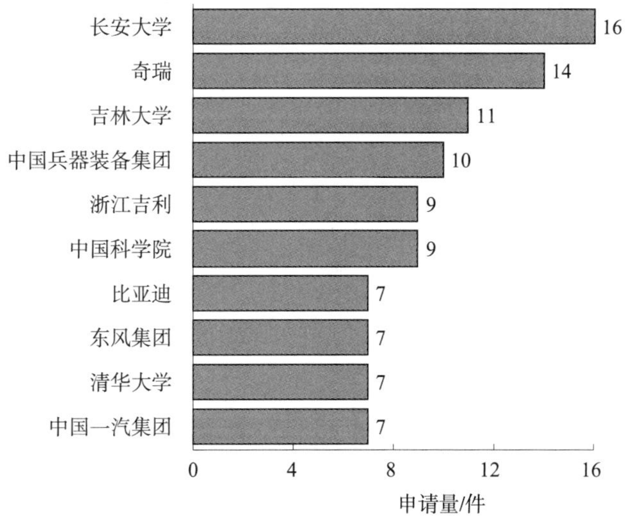

图2-8　车道保持系统国内专利申请量排名前十的国内申请人

有多少能够转化为产业成果仍然是需要深思的问题。未来，产学研协同开发车道保持技术，促进高校和科研院所的成果转化，加强对高校和科研院所知识产权的运用，仍然是国内车道保持技术的未来发展方向。

图 2-9 为车道保持系统国内专利申请量排名前十的国外来华申请人，其中丰田以 100 件的专利申请量排名第一，比第二名的现代多了 12 件专利申请，通用和日产紧随其后，万都以 24 件专利申请量排名第十。在排名前十的国外来华申请人之中，日本和韩国的企业多达 6 家，这充分证明了日本与韩国的企业在车道保持技术领域对于中国市场的重视，同时，传统的汽车强国美国和德国也在中国布局了大量专利。

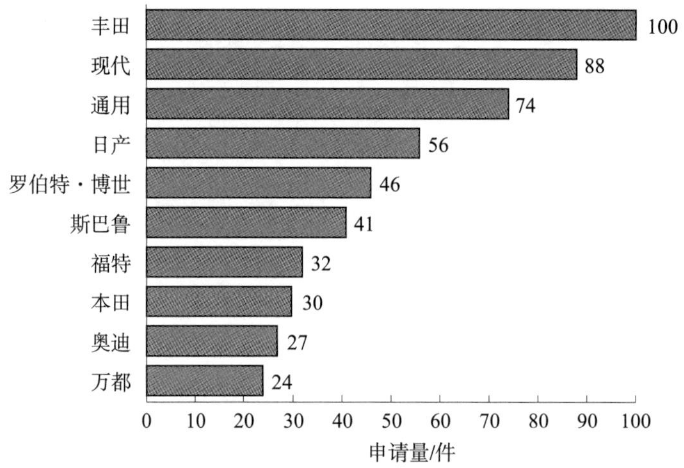

图 2-9　车道保持系统国内专利申请量排名前十的国外来华申请人

3. 中国技术创新区域

图 2-10 为车道保持系统国内部分地区申请量情况，北京和广东以 41 件专利申请排名首位，江苏以 37 件专利申请排名第三，其后为上海、浙江、安徽，可以看出，在车道保持系统领域，申请量排名靠前的地区均是中国经济发展较好、对外开放程度大的地区，同时这些地区也是车企较多的地区，一定程度上体现了中国技术发展的最先进水平。

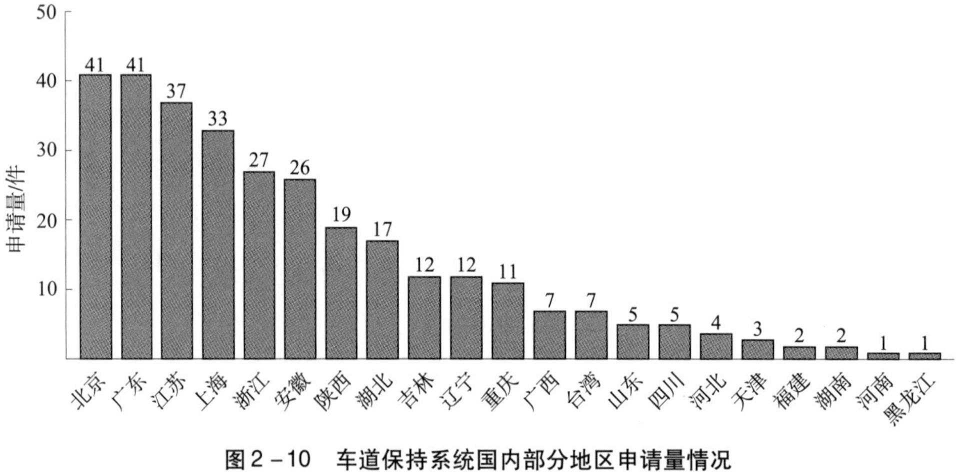

图 2-10　车道保持系统国内部分地区申请量情况

4. 中国技术创新重点

图2-11为车道保持系统主要分支国内专利申请趋势。可以看出，与全球的技术重点相似，国内车道保持系统申请的最主要分支是车道保持系统的主动控制技术，其次是偏离预警技术和车道识别技术。对于车道识别，国内到2005年之后才出现了相关的申请，整体发展平缓。对于主动控制技术，国内申请量在近年来趋于平稳。

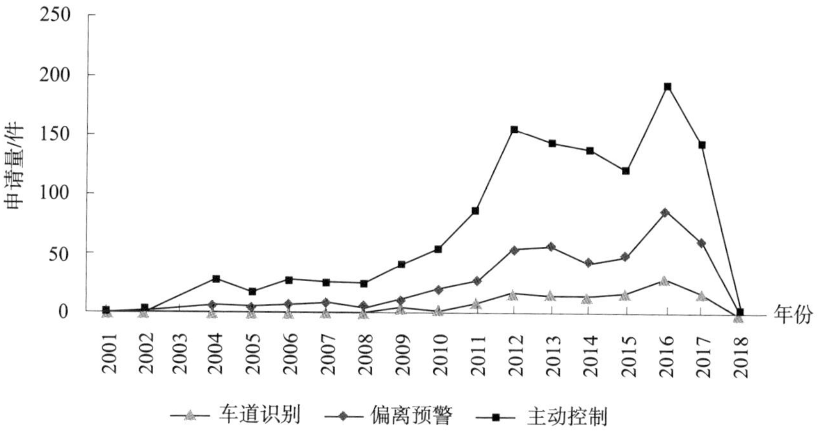

图2-11 车道保持系统主要分支国内专利申请趋势

表2-2为国内专利申请量排名前十的国内申请人在各个技术分支的布局情况，可以看出，与全球专利申请量排名前十申请人各个分支的布局情况不同，国内专利申请量排名前十申请人中有9个重点布局于偏离预警技术，仅有一个申请人着重布局于车道保持系统的主动控制技术分支，这也与国外已经大量布局主动控制技术有关，且中国在该方面的研究起步较晚、在主动控制技术中存在一定的技术壁垒。同时，国内专利申请量排名前十申请人中仅有6个是在各技术分支均有专利布局，其他4个申请人均未全面布局。由此可见，国内主要申请人的专利布局量少而不优，专利劣势明显。

表2-2 国内专利申请量排名前十国内申请人各个分支的布局情况 单位：件

标准化申请人	车道识别	偏离预警	主动控制
长安大学	1	11	4
奇瑞	0	10	4
吉林大学	0	11	0
中国兵器装备集团	1	7	2
浙江吉利	1	6	2
中国科学院	1	6	2
比亚迪股份	1	4	2
清华大学	0	4	3
东风股份	1	5	1
一汽集团	0	0	7

表2－3为国内专利申请量排名前十的国外来华申请人各分支的布局情况，由图中可以看出，与全球专利申请量排名前十的申请人各个分支的布局情况基本相同，申请量排名前十国外来华申请人均重点关注于车道保持系统的主动控制技术分支，其中现代等5个申请人次要关注的是车道识别技术分支，日产等5个申请人次要关注的是车道偏离预警技术分支。与国内申请人相比，国外来华申请人的专利布局更加合理，无论从量上还是质上均优于国内申请人。

表2－3　国内专利申请量排名前十国外来华申请人各分支的布局情况　单位：件

标准化申请人	车道识别	偏离预警	主动控制
丰田	7	8	94
现代	26	18	58
通用	7	10	71
日产	2	8	55
罗伯特·博世	4	6	41
斯巴鲁	6		37
福特	6	6	27
本田	8	3	25
奥迪		1	27
万都	9		20

表2－4为车道保持系统主要来华国家技术分支布局，来华申请人中申请量最多的为日本，达到223件，其主要关注技术分支为车道保持系统的主动控制，这与其具有实力雄厚的汽车跨国企业，如丰田、日产、本田等息息相关；其次，美国在华申请专利142件，韩国在华申请专利126件，德国在华申请专利114件，这三个国家同样将专利重点布局于车道保持系统的主动控制技术分支。

表2－4　车道保持系统主要来华国家技术分支布局　单位：件

优先权国家	车道识别	偏离预警	主动控制
日本	21	14	210
美国	15	27	128
韩国	39	18	89
德国	8	9	107

* 特别说明：同一件专利申请可能涉及多个技术分支，各分支技术总和大于总计数。

由此可见，国内在车道保持系统的发展空间被汽车强国严重压缩，国内申请人在车道保持的主动控制方面面临较强的专利壁垒。从国内专利申请量排名前十的申请人各个分支的布局情况也可以看出，国内申请人基本上绕过车道保持的主动控制，而在车道识别、偏离预警上进行了部分研究，在车道保持系统的发展上，国内创新主体处于不利的位置，发展车道保持技术也存在一定的专利侵权风险。

三、车道识别技术专利分析

（一）五大专利申请国专利申请趋势

图 3－1 显示了全球五大专利申请国在车道识别技术中的专利申请趋势。从中可以看出各国近 20 年的申请量变化趋势：德国的专利申请量在 2005 年开始逐渐增加，到 2014 年开始下降；美国从 2005 年开始申请相关专利后，一直保持较低的申请量，直至 2014 年，申请量开始逐渐增加；日本从 2005 年开始布局车道识别技术，2005～2014 年专利申请量阶段性增加和减少，从 2014 年开始，日本申请的专利呈现大幅上升趋势；韩国的相关技术起步晚于德国、美国以及日本，从 2004 年伊始韩国开始布局该技术，但从 2010 年开始，韩国的专利申请量才保持迅猛的增长态势并成为全球五大专利申请国之中专利申请量最大的国家；而中国在车道识别技术的专利申请起步较晚，从 2006 年开始申请相关专利，并且专利申请量增长缓慢，仅在 2017 年申请较多专利，但数量相对于韩国和日本仍存在很大差距。

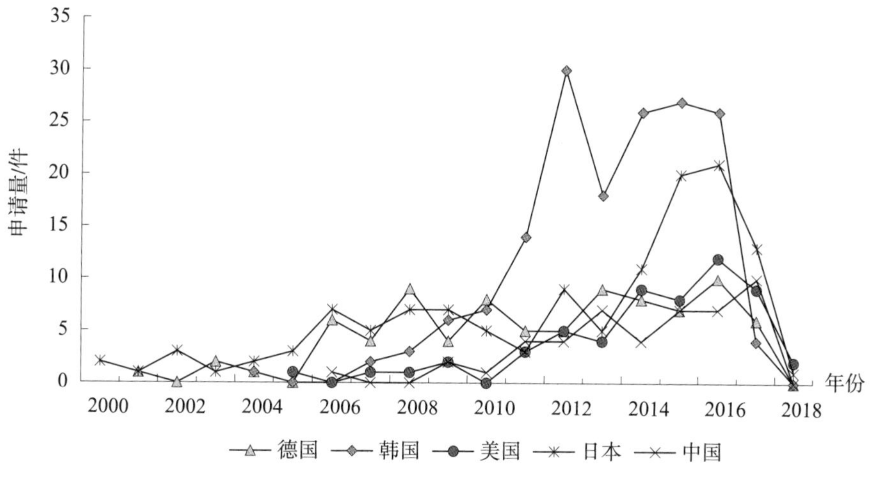

图 3－1　五大专利申请国车道识别技术专利申请趋势

图 3－2 显示了全球四大专利申请国在车道识别技术分支下在中国的专利申请趋势。从图中可以看到，2010 年前，四大专利申请国在中国均只申请了少量的相关专利，在 2011～2015 年的 5 年之间，德国每年在中国均保持少量专利申请，而美国、德国和韩国

在中国的车道识别技术的专利申请量呈现间断的增长和下降，其中韩国在中国的申请量最大，并超过其他三个国家的申请量总数。2016 年，日本在车道识别技术中的专利申请超过韩国，成为四大专利申请国中在中国布局最多的国家。

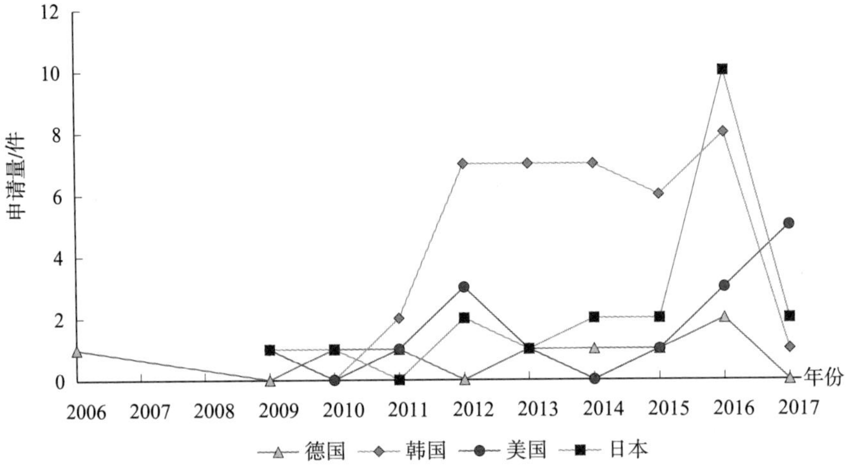

图 3－2　四大专利申请国车道识别技术在中国的专利申请趋势

（二）五大专利申请国技术流向

图 3－3 显示了五大专利申请国的车道识别技术的技术流向。从图中可以看到，韩国和日本是主要的车道识别技术来源国，中国的车道识别技术均在中国进行申请，并未在国外申请专利，还未进入在海外市场进行专利布局的阶段。日本、德国、韩国不仅重视在本国的专利布局，还在中国开展了相关的专利布局。

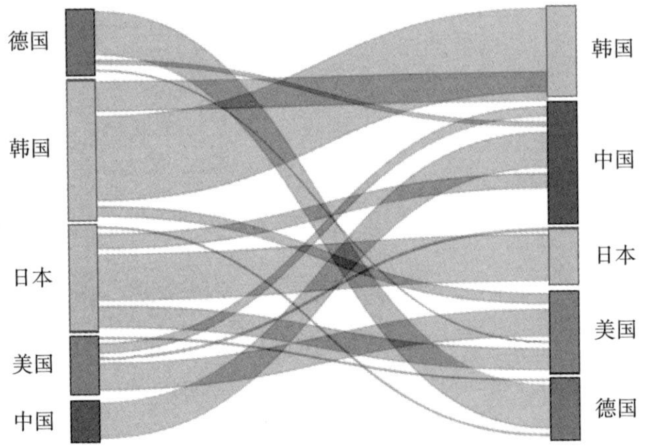

图 3－3　五大专利申请国在车道识别技术方面的技术流向

图 3－4 显示了五大专利申请国在车道识别技术上，在中国的申请量占比。从图中可以明显看到，中国本国的专利申请量仅占总量的 36. 15%，而韩国在中国的专利申请量就占总量的 30. 06%，远大于其他国家在中国的布局，日本、美国、德国次之。

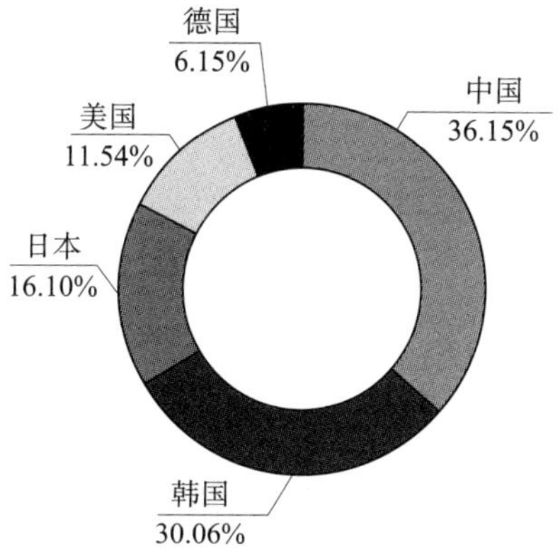

图3－4　五大专利申请国车道识别技术在中国的申请量占比

（三）主要申请人排名及技术流向

图3－5显示了全球范围内，在车道识别技术上，申请量排名前十的申请人。韩国的现代位于第一位，第二位是丰田，其余均是韩国、日本、德国、美国的著名公司，没有中国的企业或高校。可见国内企业和高校对车道识别技术的研发成果没有以专利申请体现，企业中对该技术专利布局重视度仍然需要加强。

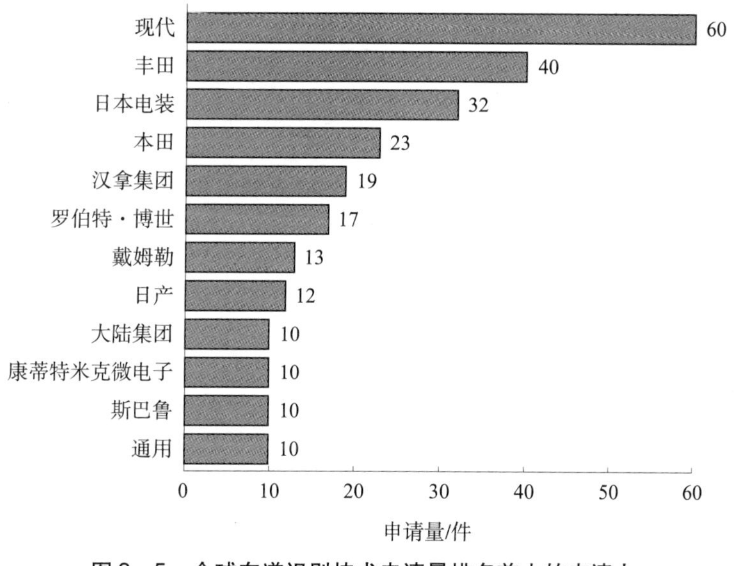

图3－5　全球车道识别技术申请量排名前十的申请人

图3－6显示了在中国申请车道识别技术的主要申请人。可见，现代在中国申请车道识别技术的总量排在第一位，且前两名均为韩国车企。前十名中，中国申请人仅占1位，即惠州华阳通用电子。可见，国内企业和高校对车道识别技术的研发较少，企业对该技术重视度仍然不够。

图3－7示出了全球主要申请人在车道识别技术上的技术流向。可见韩国的现代、日本的丰田和日本电装作为主要技术来源国，除重视在本国的专利申请以外，还重视在中国的专利布局，且都在美国进行了专利布局。

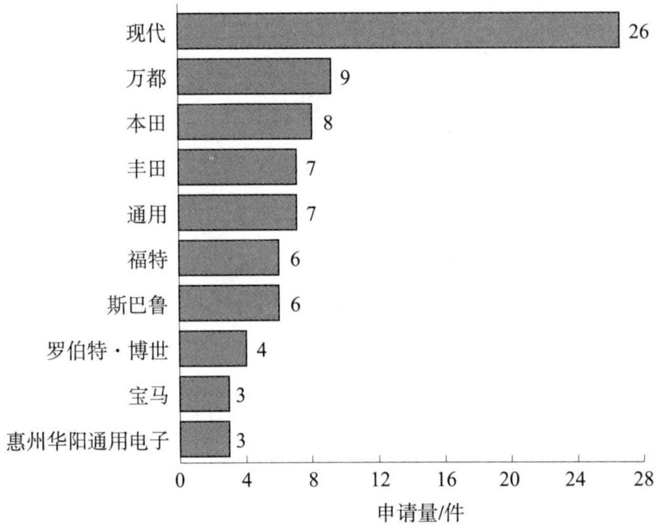

图3-6　车道识别技术在中国的主要申请人

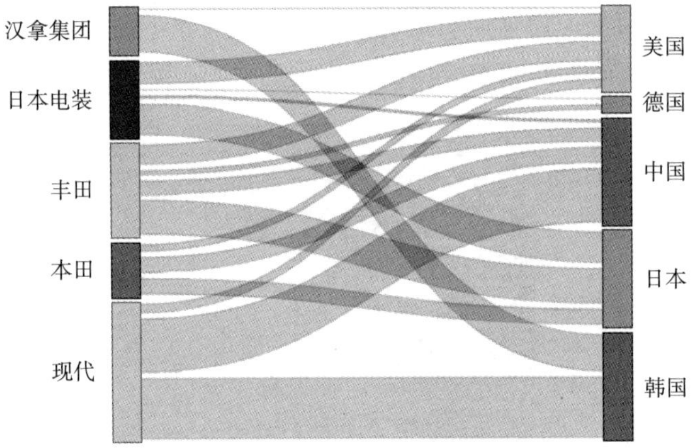

图3-7　主要申请人车道识别技术流向

图3-8示出了全球主要申请人在车道识别技术上在中国的专利申请量占比。可见现代占总申请量的45.61%，万都、本田均占比约15%，丰田和通用均占比约12%，国外技术成为该技术分支在中国申请的主要技术来源。

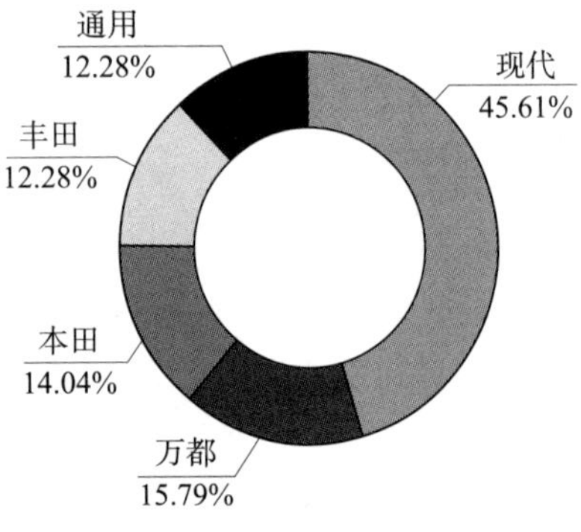

图3-8　全球主要专利申请人车道识别技术专利申请占比

（四）主要申请人专利技术简介

由于专利申请的同族国家数越多，则申请人对该专利的全球布局更为重视；引用本专利申请的公司数目越多，则认为所属技术领域中普遍认可该专利的价值并以该专利作为改进基础，也可证明该专利的重要性。因此，根据被引证公司数和同族国家数，确定车道识别技术领域的重要专利，其主要技术内容参见表3－1。

表3－1 车道识别技术主要申请人重要专利技术简介

申请人	公开号	申请日	主要技术
丰田	JP5316713B2	2011－06－08	一种防止车道脱离的辅助装置，基于图像识别结果显示车道线
	JP4434234B2	2007－05－30	利用成像装置的车道保持系统，成像装置包括将红外光和红外线都转换成电信号的成像元件
	JP4811025B2	2006－01－06	当检测到驾驶员注意力不集中时，通过疏忽检测装置和由疏忽检测装置检测到的行驶车道和检测到的行驶车道的位置关系确定结果进行控制的装置
	JP5136314B2	2008－05－27	一种车道识别装置，采取摄像机中的容错等级来确定车道，即使在自己的车辆前面无法检测到车道时也能继续行驶
	JP4622001B2	2008－05－27	道路车道边界检测将道路图像中的特定区域设定为用于检测道路车道边界的目标检测区域由检测区域设定单元设定的区域，以检测道路车道边界
日本电装	JP5233696B2	2009－01－21	车道边界检测装置检测车道边界线，根据设置阈值等排除错误检测的车道线
	JP5204144B2	2010－03－16	车道线识别装置包括用于捕获车辆图像的车载相机，目标车道线提取车载摄像头，用于通过图像处理识别白线，提高精确度
	JP2017013606A	2015－06－30	车道识别的偏差避免装置，检测边界限定在一个宽度内，用于避免车辆的偏差到别的行驶路径
现代	KR101502510B1	2013－11－26	根据车辆的行驶状态而开始或解除车道线保持功能的

四、偏离预警技术专利分析

（一）五大专利申请国专利申请趋势

图4－1显示了全球五大专利申请国在偏离预警技术分支下的专利申请趋势。从图中可以看到，从2000年开始，偏离预警技术专利申请量逐年呈上涨趋势，2012、2013年达到小高峰，2014、2015年虽有所回落，但在2016年再次到达申请量高峰。2000～2005年，日本作为偏离预警的主要技术输出国，其专利年申请量基本处于五大专利申请国第一位。2008年、2010年的年申请量虽然仍占据在第一位，但从2011年开始，日本在偏

离预警方面的年申请量开始下降，2015 年虽呈上扬走势，但是总量并不大，可见日本在 2010 年之后将重心从偏离预警方向转移。德国、韩国、美国的整体年专利申请量不大，后期申请量回落，德国、韩国、美国对偏离预警技术的重视程度降低。相反，中国的专利申请起始于 2005 年，经过了 4 年的萌芽期，在 2009 年开始年申请量以强劲势头上升，2011 年位居年申请量首位，并仍然大幅度上升，带动整个偏离预警技术的申请量呈上升趋势。2013 ~2016 年，中国在偏离预警技术方面的年申请量甚至大于其他四国的年申请量总和，可见在 2009 年之后，中国较为重视偏离预警技术，研发热情较高。在 2017 年已公开的专利文献中，2017 年中国的年申请量仍居首位。

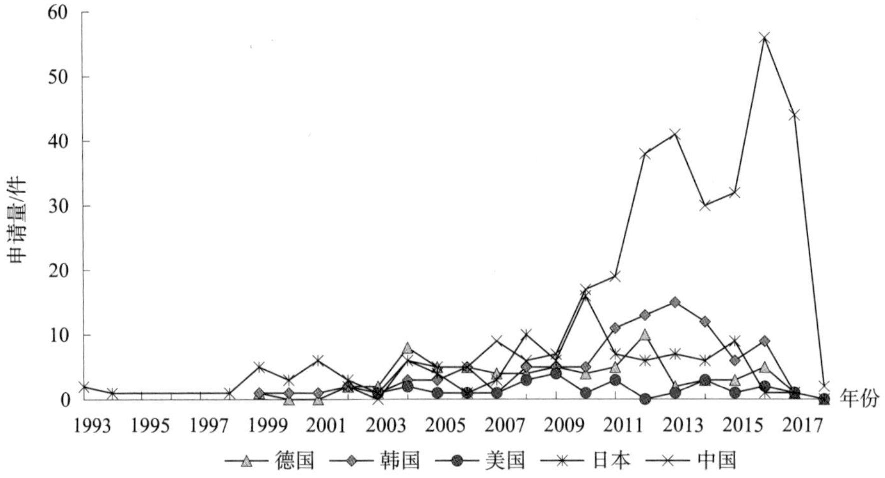

图 4 -1　五大专利申请国在偏离预警技术专利申请趋势

图 4 -2 显示了全球四大专利申请国在偏离预警技术分支下在中国的专利申请趋势。

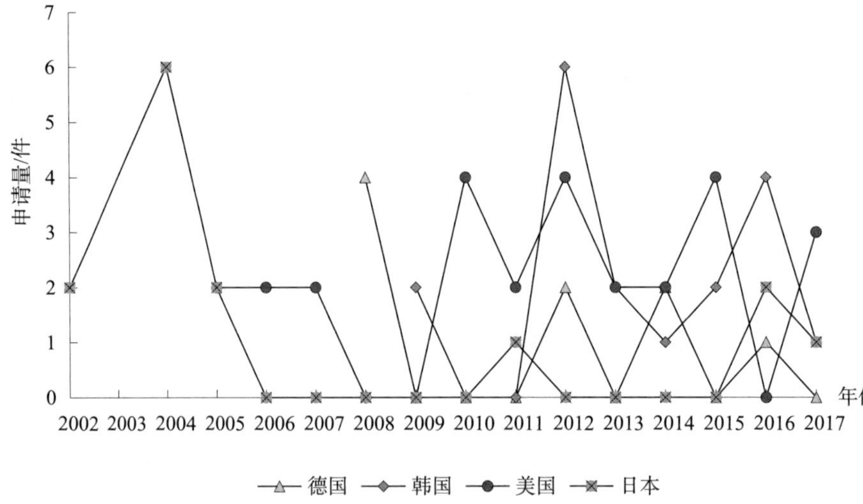

图 4 -2　四大专利申请国主动控制技术在中国的专利申请趋势

从图中可以看到，2005 年以前，日本注重在中国进行偏离预警方面的专利申请，在 2006～2015年的10 年之间，日本很少在中国申请专利。2016 年开始，重新在中国开始布局偏离预警技术。美国、德国和韩国在中国的偏离预警技术专利申请量也呈间断式，重心较小。2010 年开始，美国再次在中国申请偏离预警技术专利，年申请量偏于稳定。韩国在 2012 年的年申请量较高，在偏离预警方面作了较为全面的布局，随后年申请量呈下降趋势。

（二）五大专利申请国技术流向

图 4 –3 显示了五大专利申请国在偏离预警技术方面的技术流向。从图中可以看到，中国是主要的偏离预警技术来源国，中国的偏离预警技术均在中国申请，并未在国外申请专利，并不重视在海外市场的专利布局。日本、德国、韩国不仅重视在本国的专利布局，还在中国开展了相关的专利布局。美国在中国的专利布局量大于其在本国的布局量，相较国内市场，更看重中国市场。

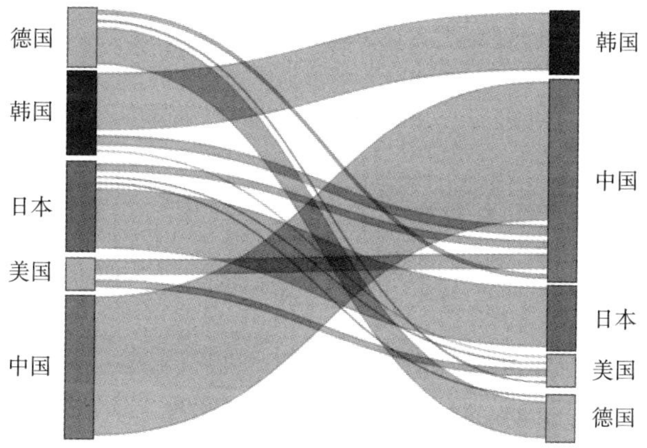

图 4 –3　五大专利申请国在偏离预警技术方面的技术流向

图 4 –4 显示了五大专利申请国偏离预警技术在中国的申请量占比。从图中可以明显看到，中国本国的专利申请量占总量的 78. 06%，远大于其他国家在中国的布局。美国、韩国、日本、德国次之。

（三）主要申请人排名及技术流向

图 4 –5 显示了全球范围内，在偏离预警技术上，申请量前十名的申请人。韩国的现代位于第一位，第二至四位是丰田、戴姆勒和罗伯特 · 博世。其中中国申请人长安大学与日本车企五十铃位于并列第九位，可见国内高校对偏离预警技术的研发较多，企业中对该技术重视度仍然不够。

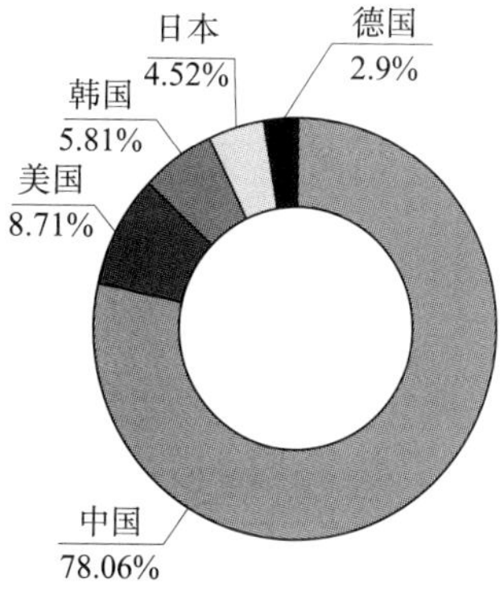

图 4 –4　五大专利申请国偏离预警技术在中国的申请量占比

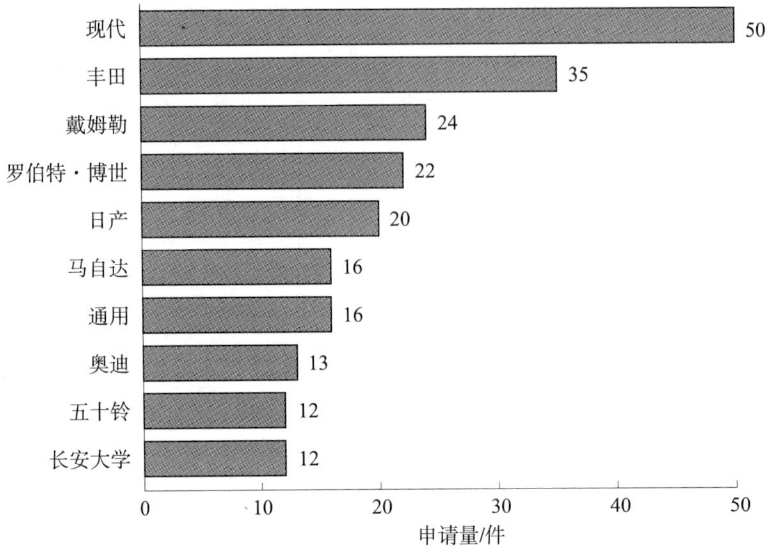

图4－5　全球偏离预警技术主要申请人

图4－6显示了全球范围内，在中国申请偏离预警技术的主要申请人。可见，现代在中国申请偏离预警技术的总量排在第一位。第二至第四位均为国内申请人长安大学、吉林大学、奇瑞。前十名中，中国申请人占6位；其中4个申请人为高校和研究所，仅两个是汽车企业。同样可以看出，偏离预警技术是国内高校和研究所的研究重点。

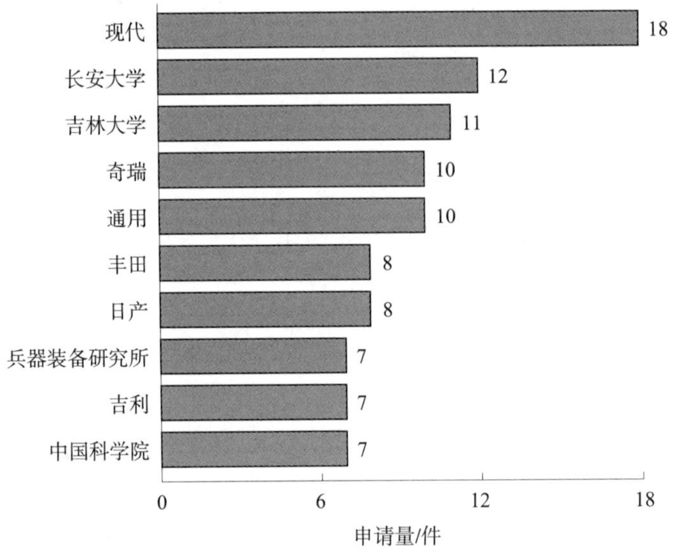

图4－6　全球偏离预警技术在中国的主要申请人

图4－7示出了全球主要申请人在偏离预警技术上的技术流向可见现代作为主要技术来源国，除重视在本国的专利申请以外，还重视在中国的专利申请布局，小部分布局在美国，不在日本布局。同样地，日产和丰田除布局中国和美国市场以外，专利也不在韩

国进行布局。

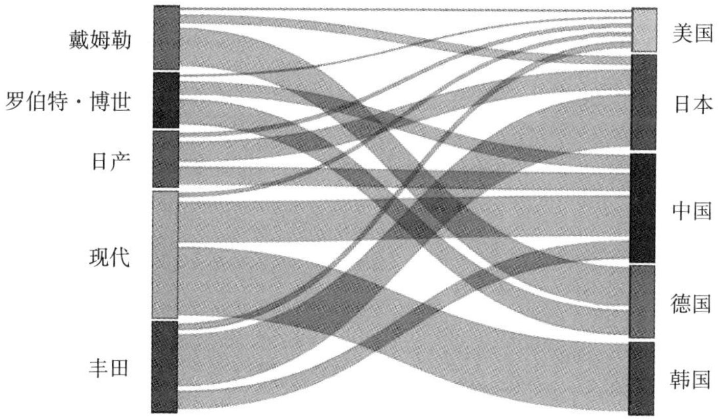

图4-7　主要申请人偏离预警技术流向

图4-8示出了全球主要申请人在偏离预警技术上在中国的专利申请量占比。可见现代占总申请量的近1/3，长安大学、吉林大学和奇瑞总量占比过半，国内技术成为该技术分支在中国申请的主要技术来源。

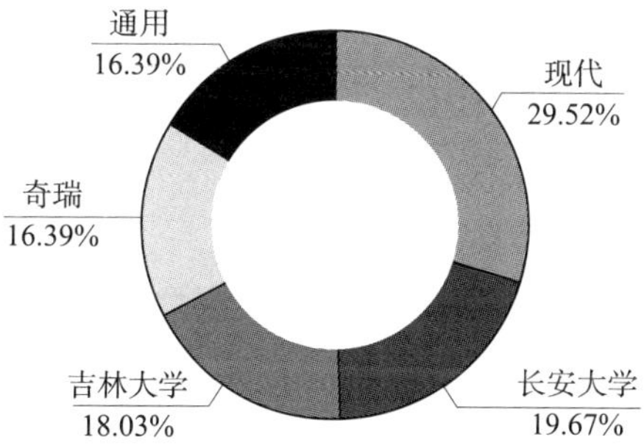

图4-8　五大专利申请国在偏离预警技术专利申请量占比

（四）主要申请人专利技术简介

根据被引证公司数和同族国家数，确定偏离预警技术的重要专利其主要技术内容参见表4-1。

表4-1　主要申请人重要专利技术简介

申请人	公开号	申请日	主要技术
现代	KR101163446B1	2009-03-18	使用车道宽度信息产生的虚拟车道划分线，当难以检测到车道划分线路时，结合车辆行驶期间存在的天气、照度、路面状况等创建虚拟车道分割线向驾驶员提供车道偏离警告
	KR101502510B1	2013-11-26	车道保持控制单元被配置为在车道保持控制开始之后取消车道保持控制之前每隔预定时间检测到的车道信息和状态信息来计算用于控制车辆的控制量

续表

申请人	公开号	申请日	主要技术
丰田	JP4161938B2	2004－06－01	与巡航控制装置启动和关闭或行驶道路维持装置的工作条件联动而选择执行车道偏离报警功能与车道维持支持功能，即使任一功能的工作自动停止，也可通过另一功能防止车辆从车道偏离
	JP5396873B2	2009－01－20	基于方向盘转角准确预测偏航角速度，基于预测的偏航角速度进行预警控制
	JP4291741B2	2004－06－02	在偏航角度出现错误时也能够避免频繁过度的偏离预警的发生
戴姆勒	DE102005025387A1	2004－09－30	检测车道标志，设定距离车道的安全距离，当实际距离低于安全距离时，评定车辆运动过程中存在偏离车道的风险，在该种情况下，进行报警及干预

五、主动控制技术专利分析

（一）五大专利申请国专利申请趋势

图5－1显示了全球五大专利申请国在主动控制技术分支下的专利申请趋势。从图中可以看到，从2000年开始，主动控制技术专利申请量呈逐年上涨趋势，2016年达到顶峰。日本作为主要的技术输出国，其专利申请量整体占据主导地位。直到2008年，日本

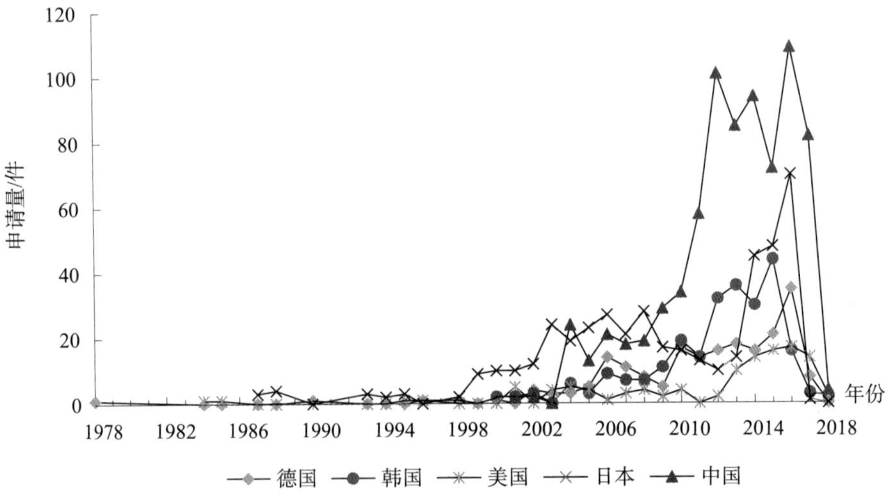

图5－1　五大专利申请国在主动控制技术专利申请趋势

一直是年专利申请量最大的国家，从2017年已经公开的数据来看，日本是年申请量仅次于中国。2002年，德国开始申请主动控制技术专利，2006年以后，德国的主动控制技术有小幅下跌，居五大专利申请国中年申请量第三位，2009被韩国反超，成为年申请量第四位。直到2016年，德国和韩国的年申请量呈逐年追逐趋势。美国开始申请主动控制技术从1984年开始，年申请量一直不是很大，直到2013年年申请量达到两位数，然而直到2016年，美国的专利申请量都没有呈上扬趋势。中国2001年开始出现主动控制方面的专利申请，随后申请迅猛增长，并在2009年跃居第一。

图5－2示出了四大专利申请国在中国关于主动控制技术的专利申请趋势。图中可以看出，2001年开始日本在中国开始布局主动控制专利技术，直到2009年都是在中国专利申请量第一位的国家。2014年开始，日本在中国重新回归年申请量第一位，更注重在中国的布局数量。美国和韩国在2012～2014年加大了在中国的专利申请量，成为当年两大主动控制技术来源国。同时，德国也在逐步加大在中国的布局。可以看出，四大专利申请国都很看重中国的市场，注重在中国的主动控制技术专利布局。

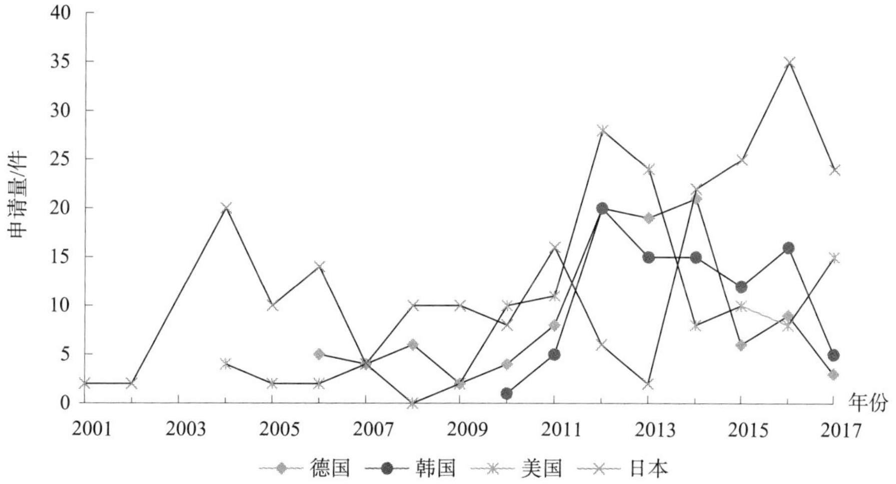

图5－2　四大专利申请国在中国的主动控制技术专利申请趋势

（二）五大专利申请国技术流向

图5－3示出了五大专利申请国技术流向情况。可以看出，日本是主动控制技术的主要技术来源国，其主要重视日本本国的布局，其次重视在中国的专利布局，在美国和德国的专利布局很少，未在韩国布局。而德国和韩国除了本国，其主要的技术目标国也都是中国。美国在中国的专利申请量甚至还大于其在本国的专利申请量。

四大专利申请国均看重中国的市场，纷纷大量在中国申请主动控制技术专利并充分布局，使得中国成为最大的技术输入国；相反，中国的专利主要在国内进行布局，并不重视国外市场。可以看出，中国的主动控制技术在全球范围内还不占据主动优势，海外布局意识稍显薄弱。日本借由其在本国的申请，技术输入量位于第二位。

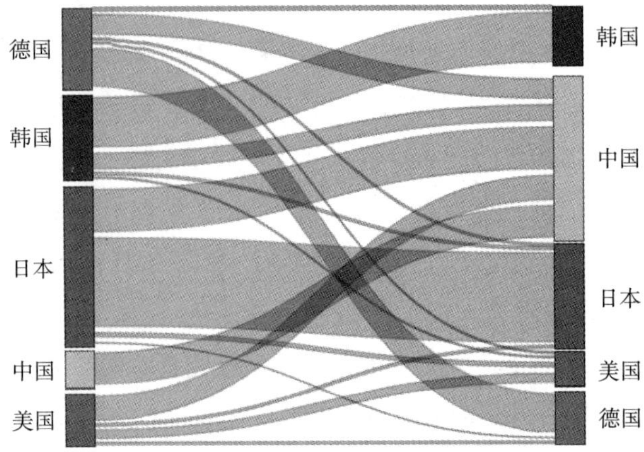

图5-3　五大专利申请国主动控制方面的技术流向

图5-4示出了五大专利申请国主动控制方面在中国的申请量占比。图中可以看出日本在中国布局的专利最多，中国、美国、德国、韩国占比依次减少。

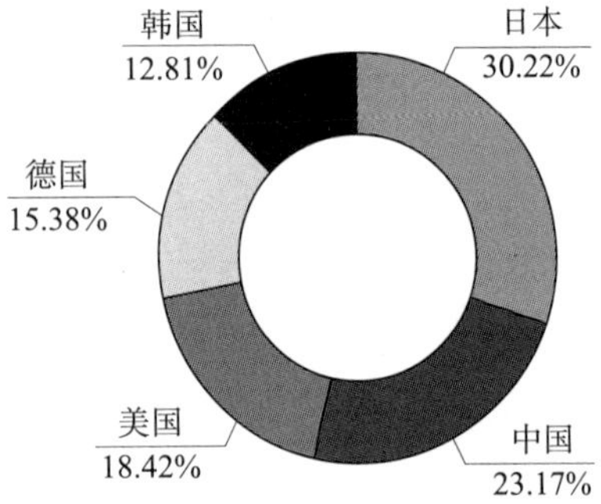

图5-4　五大专利申请国在主动控制方面中国专利申请量占比

（三）主要申请人排名及技术流向

图5-5示出了在主动控制技术领域，全球专利申请量前十名的申请人。其中，丰田位于全球主动控制技术专利申请量第一位。全球前十名的申请人中，主要由日本、德国的公司构成，美国、韩国的公司次之。可见日本的主动控制技术较为领先，其专利申请量也很大。

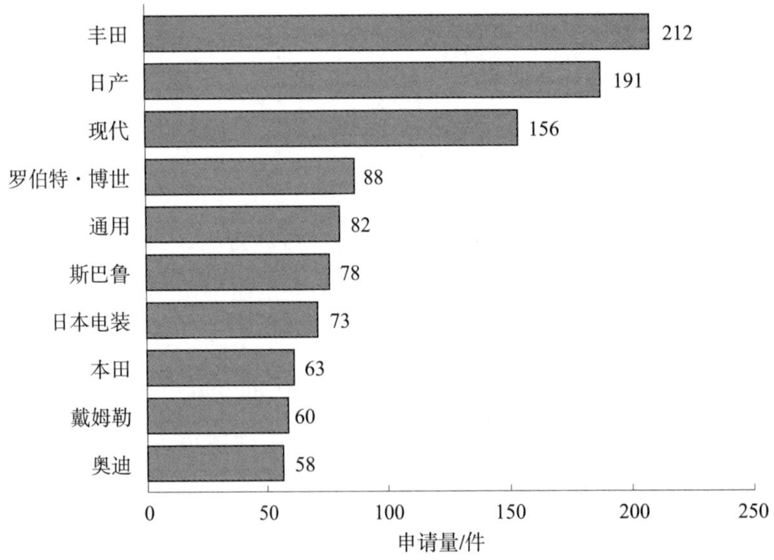

图5-5　主动控制专利技术全球排名前十的申请人

图5-6示出了在中国范围内，在主动控制技术方面来中国申请专利的申请人排名情况。丰田作为在中国申请主动控制技术的申请人，以94件专利申请位居第一。主动控制专利技术中国主要申请人排名前十位中，日本车企占据4席，可见日本在看重中国市场，重视在中国的专利布局。

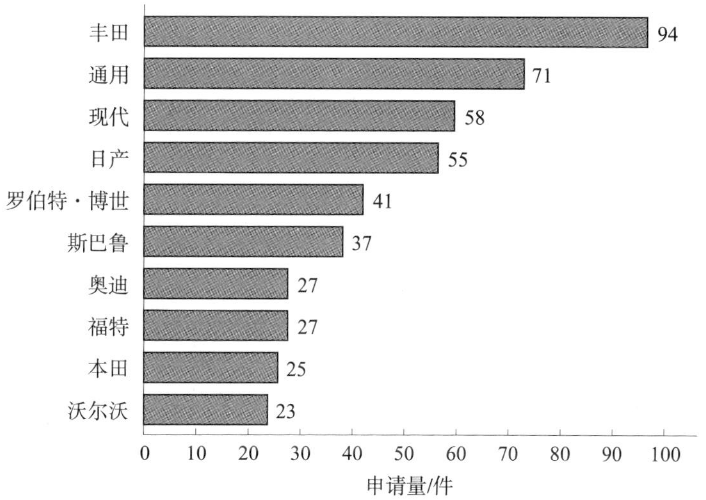

图5-6 主动控制专利技术中国主要申请人排名

图5-7示出了在主动控制领域，全球前五名申请人的技术输出情况。可见，日本车企丰田、日产主要重视日本市场和中国市场，在中国的专利申请量均较大。中国的技术来源除日本车企以外，通用、罗伯特·博世和现代也在中国进行了大量专利申请。

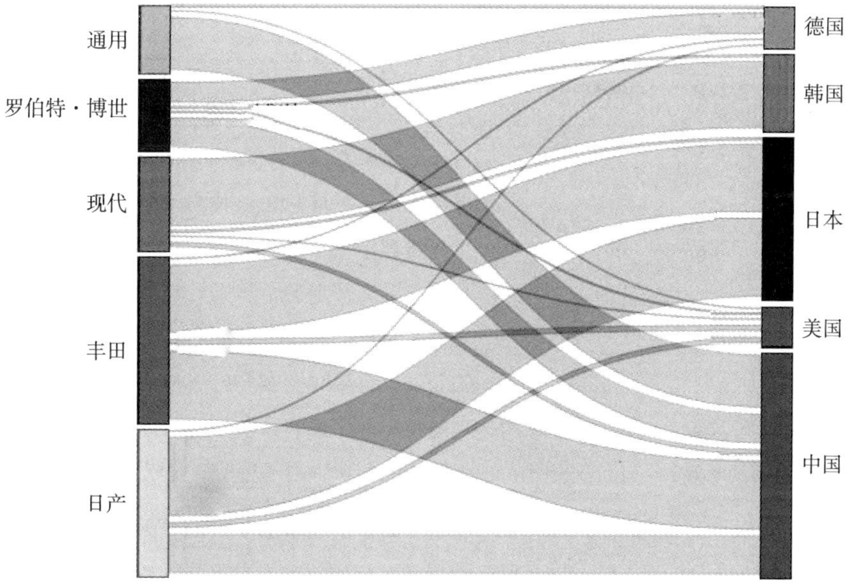

图5-7 主动控制领域主要申请人技术输出情况

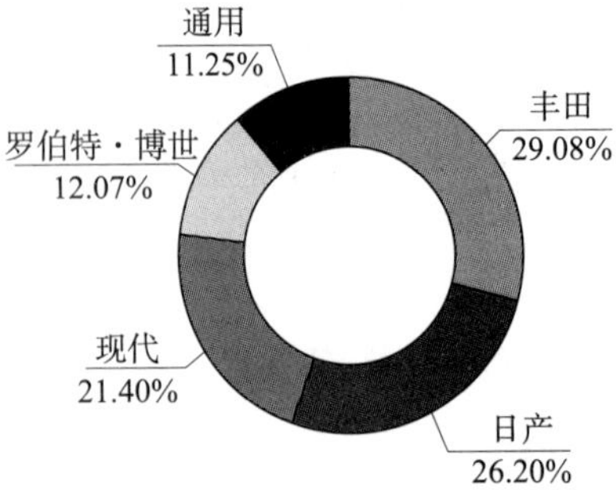

图5-8 主要控制领域主要申请人在中国的专利申请量占比

图5-8示出了在主动控制领域，在中国专利申请量排名前五位的申请人申请量占比情况。可见，日本车企丰田、日产作为主动控制领域中在中国的主要技术来源，两个公司申请量合计占比55.28%，超过总量的一半。

（四）主要申请人专利技术简介

根据被引证公司数和同族国家数，确定主动控制技术的重要专利其主要技术内容参见表5-1。

表5-1 主要申请人重要专利技术简介

申请人	公开号	申请日	主要技术
日产	JP3649119B2	2000-12-12	一种车道保持控制的方法，提供了行驶期间在车道保持控制模式下跟随车道目标线所需的转向扭矩辅助所需的转向扭矩辅助的电流指令
	JP3783562B2	2000-12-28	控制器通过检测到的车辆间距离控制车速和转向控制，以便将主车辆定位在主车辆行驶的车道内
	JP3617502B2	2002-04-11	用于配备有自适应巡航控制系统的车辆的避免车道偏离的系统，当主车辆的车道偏离行驶车道时，控制单元通过主动控制驱动主车辆避免车辆偏离
	JP3606276B2	2002-12-26	在一个方向上产生横摆力矩，以避免车辆行驶状态中偏离车道
	JP3823924B2	2003-01-31	平衡车辆动态控制和车辆偏离防止控制，可靠地防止车道偏离
	JP2004322787A	2003-04-23	汽车车道偏离防止装置具有处理器，该处理器确定主车辆是否正在行驶在行驶车道的左侧车道标记线和右侧车道标记线中的任一个上或附近的不规则处行驶。当主车辆在预定的不规则处行驶时，主车辆通过该车辆偏航运动控制返回到行驶车道的中心位置
	JP4496758B2	2003-10-29	控制器组合偏航控制和减速控制以进行偏离防止控制以避免车道偏离。如果与转向方向相反的方向与车道偏离方向一致，则不启动偏航控制
	JP4380301B2	2003-11-14	车道偏离避免控制部分被配置为基于主车辆的行驶方向以及由行驶道路检测部分检测到的道路坡度方向和道路弯道方向中的至少一个来启动车道偏离避免控制

续表

申请人	公开号	申请日	主要技术
戴姆勒	EP2234864B1	2008-01-25	在车道保持过程中辅助驾驶员，提供不干扰驾驶员的侧向辅助控制，防止侧向碰撞
日本电装	JP5543501B2	2012-01-27	车道检测装置检测行驶车道及障碍物，计算行驶轨迹，自动转向装置计算转向角，使得主车辆根据行驶轨迹行驶并执行控制，减少驾驶员行驶压力
丰田	JP5673748B2	2013-07-16	转向机构能够在不受驾驶员转向输入影响的情况下使转向盘的转角变化，基于方向指示器的操作状态和转向机构的控制状态结束车道维持控制

六、车道保持技术脉络

车道保持技术的专利技术脉络如图 6-1 所示。

（一）车道保持技术发展路线

在车道识别技术发展过程中，1991 年 3 月，意大利的发明人 NATI NEVIO 向欧洲专利局提交了一份专利申请（专利 EP0451117A2），指出在车辆上设置两个同等规格的视觉传感器和一个光源，模拟人类的双眼，对车道线进行识别。

2004 年 12 月，日产公司提出一项对车辆行驶道路的道路线进行识别的方法（专利 JP3603768B2），使得车辆在画有车道线的路上行驶时，可以以车道线为基础进行车道识别。2006 年 5 月，日产提出通过消除错误的车道识别候选点来防止车道误识别，并获得了相应的专利权（专利 JP3780848B2）。2008 年 6 月，通用提出基于数据融合的车道识别方法（专利 US7388475B2）。

2011 年 6 月，日本电气公司提出在车辆上设置图像传感器或感测器，并通过使用原始图像或者由原始图像创建的鸟瞰图像以及合成鸟瞰图像的信息来检测候选车道线（专利 JP4697480B2）。2012 年 7 月，现代提出使用虚拟分车道线的车道偏离报警方法和系统（专利 KR101163446B1），进一步提高了车道识别技术。2016 年 1 月，现代提出一种识别自主车辆的车道的方法（专利 KR20170085752A），基于从安装在车辆上的摄像机获得的图像信息识别车道的第一位置，计算通过安装在车辆上的摄像机和传感器中的至少一个获得的周边车辆信息，确定车道的概率分布并根据概率分布输出车道的第一位置或第二位置。2018 年 1 月，通用提出由处理器确定即将行驶的车道，并对即将经过的转弯进行识别判定，当确定左转弯或右转弯中的至少一个未被实施弯道保护时，则由处理器修改车道边界，并且基于修改的车道边界控制车辆（专利 US2018129209A1）。

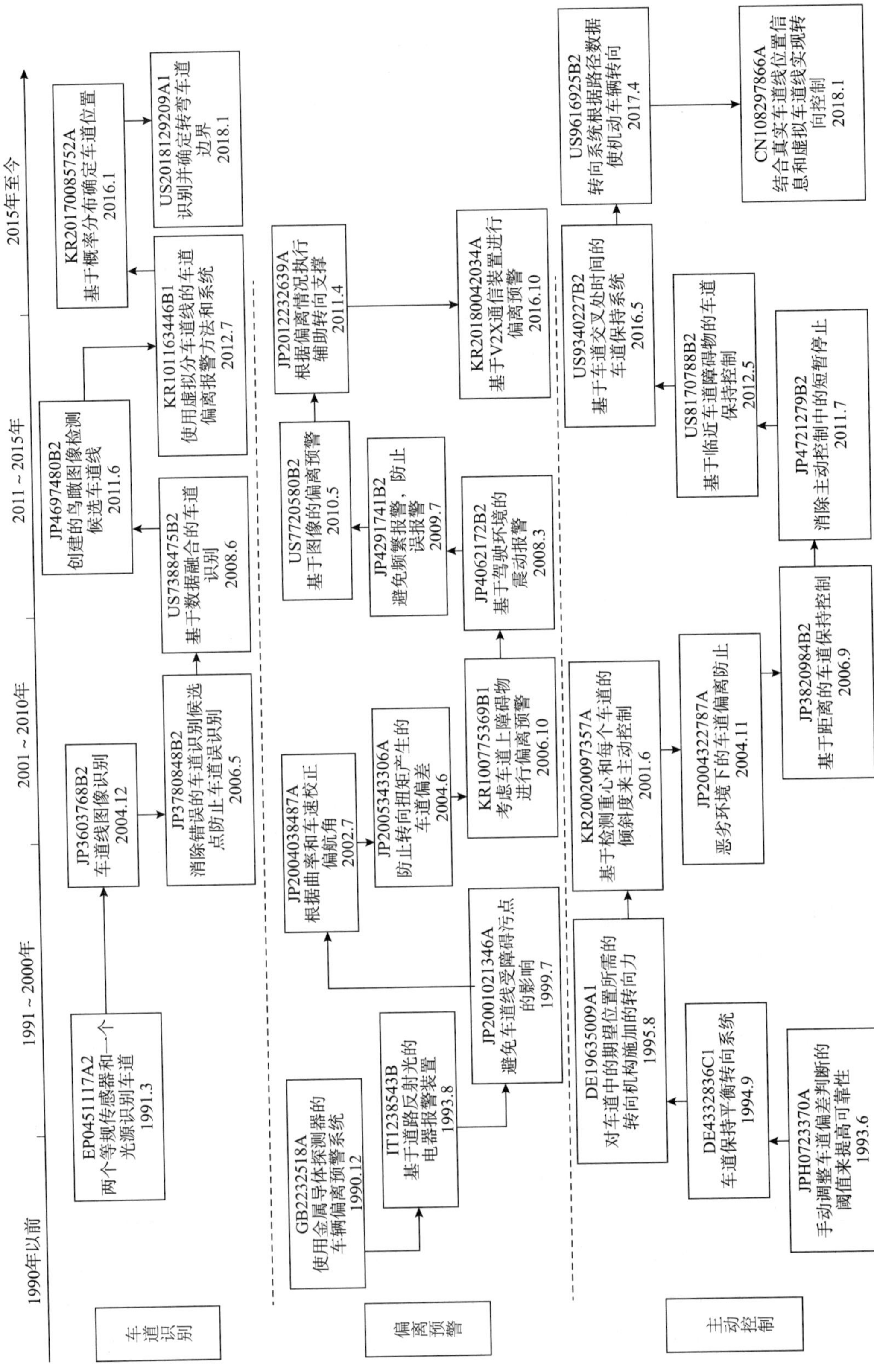

图6-1 车道保持技术的专利技术脉络

（二）偏离预警技术发展路线

在偏离预警技术发展过程中，1990 年 12 月 12 日，英国的 PARISH NICHOLAS CHRISTOPHER 公司申请的专利被公开（专利 GB2232518A），该专利申请文件提出使用金属导体探测器来探测车辆是否存在偏离航线的情况，并根据探测结果预警系统。1993 年，意大利的 NATI NEVIO 公司申请了一项偏离预警专利，并于 1993 年 8 月被意大利专利局授权（专利 IT1238543B），该项专利技术提出在车辆上设置光线识别分析系统，并利用光线识别分析系统对道路发射的光线进行获取和分析，将分析结果发送给处理器后与存储的光线进行比对，进而判断是否向驾驶员发出偏离预警。1999 年 7 月，日产通过在车辆上设置图像拾取装置以使得能够确定地检测道路上的车道线（专利 JP2001021346A），而避免车道线受污点的影响变为水平线，影响车道偏离判断。

2002 年 7 月，丰田提供了一种车道偏差警告装置（专利 JP2004038487A），根据曲率和车速校正偏航角以确保预测车道偏差的高精度。2004 年 6 月，丰田提供一种能够防止转向扭矩产生的车道偏差防止装置（专利 JP2005343306A），减少给予驾驶员的不协调感，并防止产生错误警告。2006 年 10 月，现代提出一种用于车道偏离和侧面障碍物的整体警告装置（专利 KR100775369B1），具有对车道偏离和侧面障碍物的监视功能，通过同时处理前方图像和盲点图像来降低成本。日产是车道保持的主要技术来源，其于 2008 年 3 月获得一项基于震动检测车辆是否偏离航道的专利权（专利 JP4062172B2），基于驾驶环境的震动感测值来决定是否向驾驶员提供报警，进而提醒车辆是否在预期行驶路线上。2009 年 7 月，丰田发现现有技术中的车道识别技术存在误报的情况，而且这种误报的情况频繁发生，丰田为了解决车道识别系统频繁报警的问题，提出一种识别警报误报的装置和系统（专利 JP4291741B2），该技术提高了车道识别报警的准确率，该项技术已被授予专利权。2010 年 5 月，美国唐纳利公司获得一项专利申请授权（专利 US7720580B2），该技术方案提出在车辆上设置图像探测器，并通过车载控制器对图像探测器获取的图像进行识别和跟踪，判断车辆是否出现轨道偏离并进行报警。

2011 年 4 月，丰田提出一种当车辆偏离车辆行驶跑道时执行警告或辅助支持以在跑道中继续驾驶车辆的偏离预警装置（专利 JP2012232639A）。2016 年 10 月，现代提出一种结合 V2X 通信装置的车道偏离预警及主动控制的装置和方法（专利 KR20180042034A）。

（三）主动控制技术发展路线

在主动控制技术发展过程中，1993 年 6 月，日本车企五十铃提出在识别到车辆偏离轨道并预警后，通过手动调整车道偏差判断的阈值来提高驾驶可靠性（专利 JPH0723370A）。1994 年 9 月，戴姆勒公司提出一种基于车道的识别信息对车道保持平衡的转向系统（专利 DE4332836C1）。1995 年，本田提出在车辆上安装道路状态检测装置（专利 DE19635009A1），以检测车辆行驶的至少一个车道的前方道路状态，转向力检测装置计算车道中的期望位置所需的转向力，进而驱动转向机构产生所需的转向力。

2001 年 6 月，现代通过检测重心和每个车道的倾斜度，从中间值减去参考值来计算模量进而实现主动控制（专利 KR20020097357A）。2004～2006 年，日产先后提出当检测到在恶劣环境下车道发生偏离时采取主动控制进而防止车辆进一步偏离车道的技术（专利 JP2004322787A）、基于距离传感器的车辆数据判断车辆安全系数并根据结构保持车辆行驶距离（专利 JP3820984B2）等技术。

2011 年 7 月，斯巴鲁发现现有主动控制中存在短暂停止现象，为车辆的主动控制和行车安全带来极大安全隐患，提出解决车辆主动控制中出现短暂停止的技术方案，并获得专利权（专利 JP4721279B2）。2012 年 5 月，沃尔沃提出一种能够基于临近车道障碍物的车道保持控制（专利 US8170788B2），该控制方法能够检测车辆行驶路线上的障碍物并根据障碍物的位置和车辆行驶速度来对车辆进行控制进而实现车道保持。2016 年 5 月，麦格纳电子公司提出基于车道交叉处时间（time－to－lane crossing，TLC）的车道保持系统（专利 US9340227B2），进一步实现车辆的主动控制。2017 年 4 月，福特提出在车辆上设置控制器，依靠该控制器接收周围车辆的位置数据和当前车道的识别数据，基于上述两项数据生成预计路径数据，根据预计行驶路径数据来控制转向系统转向，进而控制机动车辆转向实现车辆的主动控制（专利 US9616925B2）。2018 年 1 月，西安交通大学提出了“虚拟车道线”和“真实车道线”两个概念，结合真实车道线位置信息和虚拟车道线位置信息计算车辆偏离车道的角度和偏离程度，最后根据偏离量计算转向控制量，实现车道保持（专利 CN108297866A）。

七、小结

近年来，日本、美国、韩国和德国等发达国家的专利申请量占据了全球汽车车道保持技术专利申请总量的绝大部分。以创新重点和活跃度为视角，无论是专利布局国家还是专利来源国家，中国专利申请在全球申请中还未呈现出与市场相匹配的技术储备量，这表明国内创新主体虽已有意识地进行专利的申请和保护，但是还未开始对车道保持技术进行相关产业的专利布局。

在车道保持技术中，日本、美国、韩国和德国等发达国家在主动控制技术中布局了大量技术，而在车道识别和偏离预警这两方面的专利申请相对较少，一定程度上反映出车道识别和偏离预警这两方面的技术已较为成熟，而主动控制技术依旧存在更大的改进空间，但是随着识别技术的日渐成熟，以及对于不同天气情况下车道识别的精准度要求的逐步提高，该技术分支潜力巨大。相对于西方发达国家，国内创新主体则在偏离预警技术上申请了相对车道识别和主动控制技术较多的专利申请，这在一定程度上反映出国内创新主体更加关注汽车行驶过程中的偏离问题，而在主动控制技术缺乏足够的技术研究储备和相关人才储备。

总体而言，车道保持领域内的龙头企业以日本企业居多，尤其以丰田、日产和日本电装等为代表，其相对申请量较大，专利布局区域广；国内创新主体暂时与其存在较大的差距，这些国外企业尤其是日本的相关企业在车道保持技术方面的专利已经有一定的积累。随着汽车自动驾驶技术的不断进步，虽然车道保持技术的专利申请、专利布局等方面也开始受到国内创新主体的广泛重视，但就单个创新主体而言，申请量均较少，多仅在国内布局，研究内容也较为单一，没有形成相应的技术网络，也未出现垄断的态势。同时，在车道保持技术的专利申请中，高校占申请量的近一半，未看到形成有效的技术转化和技术应用方向，高校的研究成果亟须更好地转化运用。

因此，在车道保持技术中，产学研协同仍然是国内车道保持技术的主要抓手。车企与高校和研究所联动，在促进高校和研究所技术转化的同时，高校和研究所更容易了解产业和市场中的主要需求和亟需技术，便于企业利用高校和研究所的研发资源，开发出更适合产业和市场发展的技术产品，形成体系化的研究和布局，助力国内车企开拓市场，进而布局海外。对国外车企在中国布局的专利进行细化分析，找到关键或核心技术以及即将过期失效的专利，结合实际需求进行专利包绕或技术引进，或对领域内的优势企业和技术人才进行分析评议，根据产业发展现状和发展目标，引进车道保持领域合适的研发企业和技术人才，助力中国车道保持技术稳步高效发展。

参考文献

[1] 周菊．中、美道路交通安全监管体系比较研究 [D]．北京：北京交通大学，2012.

[2] 罗强，袁杰，胡三根等．车道偏离预警系统研究综述 [J]．自动化技术与应用，2015，34 (3)：1-6，12.

[3] 高智勇，霍伟汉，高建民，等．化工系统海量数据的扩散映射和异常辨识 [J]．计算机集成制造系统，2014，12 (20)：3092-3096.

智能车辆高精度地图技术专利技术综述*

李阁　邢靖华**　王伟伟**　师长义**　刘东旭**　杨钊　刘丽娟

摘　要　本文从全球及中国两个角度对智能车辆高精度地图技术的总体专利态势进行分析，并分别从全球专利申请趋势与分布、中国专利申请趋势、国内外主要申请人等方面对高精度地图相关技术的专利申请总体情况进行探讨。针对高精度地图领域国内外主要申请人的关键技术进行分析，并针对高精度地图制作过程中的数据采集、数据处理以及高精度地图的应用等关键技术分支的技术发展路线、技术发展趋势、重要专利节点技术等方面进行了深入的研究。通过研究分析找出国外研发主体与国内研发主体的技术发展和专利保护的差异，给出智能车辆高精度地图技术专利分析的主要结论，并从多个方面给出技术发展的建议。

关键词　智能车辆　高精度地图　地图制作

一、概述

（一）研究背景

自动驾驶汽车（Self－driving car），又称无人驾驶汽车、电脑驾驶汽车，是一种通过电脑系统实现自动驾驶的智能汽车。自动驾驶汽车依靠人工智能、视觉计算、雷达、监控装置和全球定位系统协同合作，让电脑可以在没有任何人类主动操作的情况下，自动安全地操作机动车辆。随着近年来自动驾驶汽车研究的兴起，相关技术行业都纷纷投入资源开展相关领域的研究。自动驾驶汽车参见

图1－1　自动驾驶汽车

* 作者单位：国家知识产权局专利局专利审查协作天津中心。

** 等同第一作者。

图 1－1。

随着对自动驾驶汽车智能化要求的提高，导航的精度也在不断提高，从道路级地图到车道级/厘米级实时地图，从整体路径规划到局部实时路径规划，对于导航的速度和精度都提出了更高的要求。高精度地图作为自动驾驶汽车发展的重要支撑，在横向/纵向精确定位、基于车辆模型的驾驶决策辅助、障碍物检测和避让、智能调速和转向等方面发挥着重要作用，是自动驾驶的核心技术之一。高精度地图和普通导航电子地图的一大区别在于，普通的导航电子地图是面向驾驶员、供驾驶员使用的地图数据而高精度地图是面向机器，供自动驾驶汽车使用的地图数据，需要具备辅助完成高精度的定位、道路级和车道级的规划能力及引导能力，其地图数据内容要求更为丰富、精度更高。[1]因此，高精度地图的制作尤为重要。用于自动驾驶汽车的高精度地图包括三方面：①车道及道路网，即车道中心线构成的拓扑网络，记录其类型、宽度、坡度、曲率等信息；②路面标线，即各种路面标线、箭头、文字、立面标记、突起路标和道路边线轮廓标等构成的交通安全设施等信息；③道路周边设施，如交通标志牌、交通信号灯、防护栏等信息。

（二）研究对象

高精度地图的制作过程涉及多种传感器的数据采集，由于产生的数据量很大，通常会使用数据采集车收集数据，然后通过数据处理把各种数据融合，并通过矢量化提取高精度地图的要素。图 1－2 为高精度地图的制作过程，[2]可以看出数据的采集和处理是高精度地图制作的重中之重，只有对数据采集准确、处理精确才能保证高精度地图的精度。

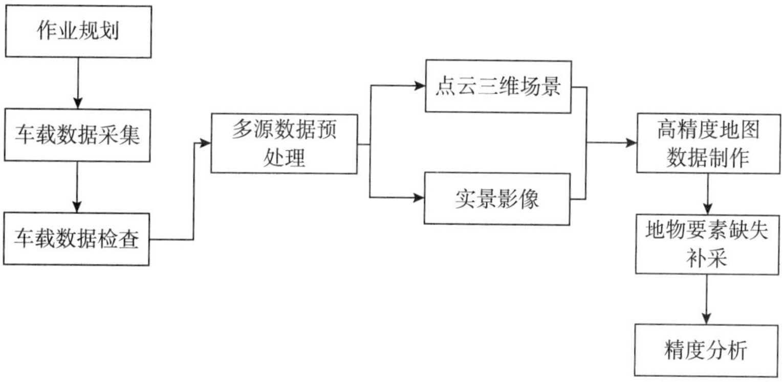

图 1－2　高精度地图制作过程

因此，根据上述分析，可以将高精度地图技术的关键技术划分为：高精度地图的数据采集和高精度地图的数据处理。[3]高精度地图技术的具体技术分支划分如表 1－1 所示。

表 1－1　高精度地图技术分支

一级分支	二级分支
高精度地图数据采集	车定位数据采集技术
	车道数据采集技术
	周边障碍物数据采集技术
高精度地图数据处理	点云数据处理技术
	地理信息标注技术
	道路曲率计算技术
	异常轨迹点修正技术
	地图切换技术

1. 高精度地图数据采集

高精度地图技术作为导航的重点技术、重要的信息库，其应用对象是各类电子系统。从应用角度出发，高精度地图不仅需要数据上的高精度，更要包含内容详细、条理清晰的道路信息，因此数据采集和数据处理是高精度地图建立的基础。数据采集方面主要包括车定位数据的采集技术、车道数据的采集技术以及周边障碍物数据的采集技术。

（1）车定位数据采集技术

车定位数据采集技术主要涉及两部分，一是在高精度地图制作过程中，在数据采集的过程中采集当前定位数据，获得当前采集点精确位置，从而可以精确地生成高精度地图；二是智能车辆采集当前行驶过程中当前环境、位置等数据，并结合高精度全局地图，从而实现车辆的准确定位。位置信息是地图制作过程中非常重要的数据之一，如何对其进行有效准确的采集是本领域技术人员的关键技术问题之一。

（2）车道数据采集技术

传统汽车行驶过程中，由驾驶员判断车道。而智能车辆由于进行自主驾驶，车道的自动识别则成为智能车辆的安全行驶的必要基础，车道数据同样是高精度地图中的重要数据。因此，对于车道数据的采集是高精度地图采集领域申请的重点，需要将车道数量、车道宽度、车道线、道路曲率、坡度等重要车道信息进行采集。

（3）周边障碍物数据采集技术

道路周边信息同样是驾驶过程中的重要信息，其包括障碍物、建筑物、道路交通标志、交通信号装置以及路侧设置。为了行驶安全，需要获取上述周边信息，因此在高精度地图的制作过程中，采集周边数据，并将其融入高精度地图中，使得智能车辆能够通过高精度地图自动获取周边数据。

2. 高精度地图数据处理

高精度地图数据处理进一步细分为点云数据处理技术、地理信息标注技术、道路曲率计算技术、异常轨迹点修正技术以及地图切换技术等。

（1）点云数据处理技术

在高精地图绘制和自动驾驶车辆等领域中，点云一般是指在道路以及周边环境中存在的、具有表面特性的海量点的集合，可以用来表示诸如道路、隔离带、广告牌等物体的表面形状。点云数据一般通过三维扫描设备对采集环境进行扫描来获得，这些设备可以用自动化的方式测量在物体表面的大量的点的信息，然后用某种数据文件格式的形式输出点云数据。点云数据处理主要包括特征匹配和三维重建。

（2）地理信息标注技术

地理信息标注，是指在生成的地图底图上标注一系列道路信息数据，包括：道路边沿、车道线、路面标志、交通标志、路口点信息、特殊区域等信息中的一种或多种，也可根据实际需要添加新信息类型，数据精度可达厘米级。标注好的数据生成高精度地图，可用于先进驾驶辅助系统和无人驾驶车辆。

（3）道路曲率计算技术

路网数据包括路宽、曲率、坡度及转换的集合形状等基本属性，其中，曲率用于表示道路的弯曲程度。传统的导航电子地图一般都是根据低精度 GPS 数据拟合计算得到的，与实际道路存在一定的差距。而高精度地图中的道路曲线更加符合实际道路的形状，能够在车辆行驶时，辅助车辆行驶系统获取相应坐标位置的曲率值，提前给出相应的提示或者在将要经过该位置时对车辆转弯的速度、车灯的方向进行控制，以提高车辆驾驶的安全性。

（4）异常轨迹点修正技术

在复杂环境下测绘时，车载移动测量系统采集的车载激光点云的绝对定位精度可能较低，需要对车载激光点云进行修正，提高点云的绝对精度、可视化效果以及电子地图的制作精度，从而为高级辅助驾驶和无人驾驶等应用服务。

（5）地图切换技术

导航技术中所使用的电子地图主要分为两种：高精度地图和标准地图。高精度地图主要用于在导航的过程中帮助用户实现辅助驾驶或自动驾驶，而标准地图主要用于在导航的过程中为用户提供路线规划以及常规导航。当用户想要进行自动驾驶时，需要使用高精度地图进行路线规划并进行导航，而当用户只是想要进行常规导航时，则需要使用标准地图进行路线规划并进行导航。二者相互独立，为用户提供导航服务。也就是说，无法在使用高精度地图进行导航的过程中直接切换到使用标准地图进行导航，也无法在使用标准地图进行导航的过程中直接切换到使用高精度地图进行导航。

（三）研究方法

1. 数据来源

本文采用的专利文献数据来源如下。

国家知识产权局专利检索与服务系统：中国专利文摘库（CNABS）、中国专利全文文本代码化数据库（CNTXT）、世界专利文摘数据库（SIPOABS）、德温特世界专利索引数据库（DWPI）、美国专利全文数据库（USTXT）、欧洲专利全文文本数据库（EPTXT）、国际专利全文文本数据库（WOTXT）、日本全文专利数据库（JPTXT）；INCOPAT 专利数据库。

本文采用的非专利文献数据主要来自中国知识资源总库（CNKI）系列数据库、百度搜索引擎。

检索数据截止时间：2018 年 8 月 9 日。

2. 检索过程

初步检索的主题中文关键词为“高精、精细、地图、车道级、采集、制作、绘制、生成”，英文关键词主要为“high 1w precision、map、collect +、gather +、mak +、produc +、draw +、generat +”。检索的应用中文关键词为“无人车、（无人 or 自动 or 智能 or 自主）2w 驾驶”，英文关键词为“auto、unmanned、unpiloted、intelligent ”。

经过初步检索，发现与高精度地图相关的 IPC 分类号包括：G01C 21（导航）、G08G 1（道路车辆的交通控制系统）、G01S 19（卫星无线电信标定位系统，利用这种系统传输的信号确定位置、速度或姿态）、G05 D1（陆地、水上、空中或太空中的运载工具的位置、航道、高度或姿态的控制，例如自动驾驶仪）、G06F 17（复杂数学运算）、G06K 9（用于阅读或识别印刷或书写字符或者用于识别图形）和 B60W 30（不与某一特定子系统的控制相关联的道路车辆驾驶控制系统的使用）。将上述关键词与分类号联合使用并构建检索式进行检索，共获得 1654 篇相关专利技术文献。

二、高精度地图专利申请趋势分析

（一）专利申请情况分析

1. 专利申请概况

对高精度地图的专利申请进行统计，得到高精度地图技术的全球及中国专利申请趋势，如图 2－1 所示。从图 2－1 中可以看出，高精度地图技术发展主要分为三个时期（2017 年申请的部分专利文献因尚未公开，因此对结果数据产生影响）。[4]

萌芽期（2008 年之前）：高精度地图的起步比较晚，在 2008 年之前，由于技术条件的限制，相应的研究比较缓慢，整个市场对高精度地图的需求较少，专利申请量缓慢增长，总申请量相对较少。

平稳发展期（2009～2013 年）：从 2009 年开始，高精度地图进入平稳发展期，每年的专利申请量虽有增长，但增长幅度并不大。由于技术的发展以及市场对无人驾驶汽车技术特别是辅助驾驶技术需求的提升，高精度地图的申请量逐渐增长。

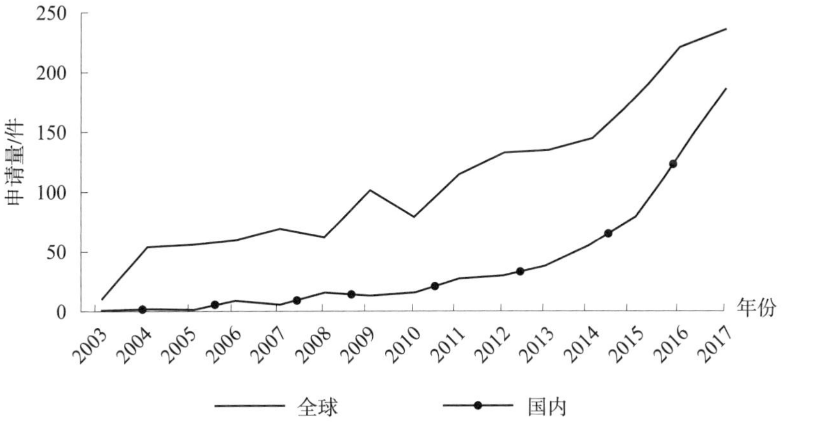

图2－1　高精度地图国内外专利申请趋势

快速发展期（2014年至今）：2014年以后，高精度地图进入快速发展期。随着高精度地图技术趋于成熟，并且无人驾驶技术开始进行上路测试，市场对高精度地图技术的需求大幅度提升，高精度地图技术进入了黄金时代，各大制作厂商以及研究机构纷纷加大在该领域的研发投入并大力进行专利布局。

由图2－1可以看出，高精度地图相关的国内专利申请趋势与全球申请趋势一致，保持一个逐步增长的态势。相比于国外，国内高精度地图方面的专利申请量起初较少，主要在于国内的技术起步较晚，而且由于地图绘制的特殊性，国外申请人在国内的申请量也较少。由图2－2可以看出，自2006年以后，国内专利申请量占全球申请量的比重逐渐增大，并一直保持高增长的态势，2017年所占比重高达78.7%。

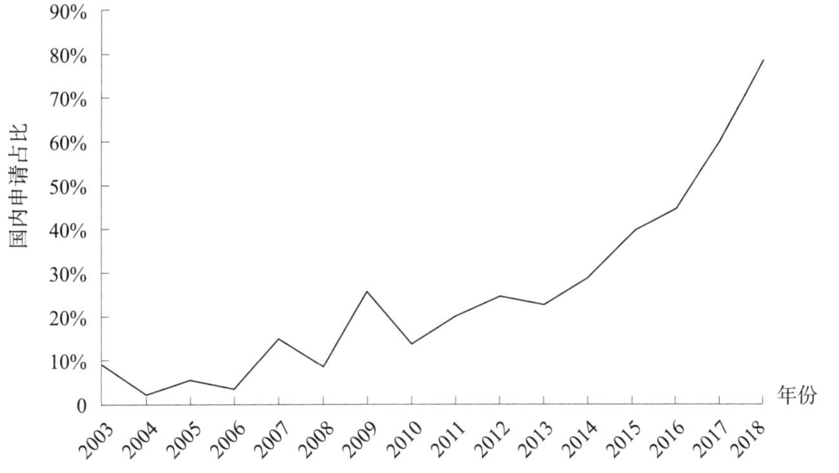

图2－2　高精度地图国内专利申请量占全球专利申请量比例变化趋势

2. 各国家/地区/组织专利申请量

由图2－3可以看出高精度地图制作的相关专利申请量排名前四位的国家是中国、美

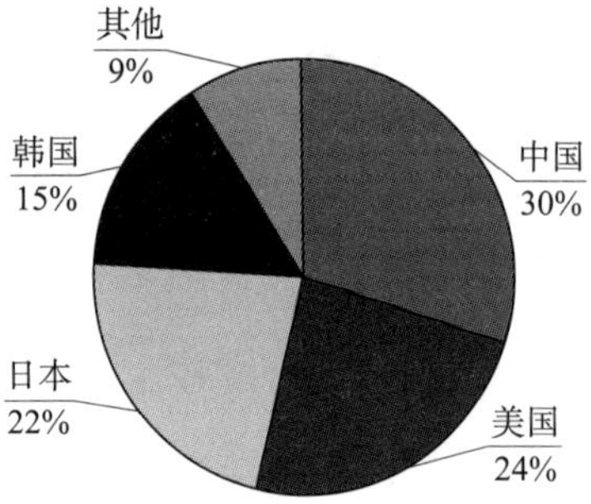

图2-3　高精度地图各国专利申请量分布

国、日本及韩国，所占比重分别为30%、24%、22%、15%。由此可见，中国、美国、日本及韩国属于高精度地图制作的重要申请国家，其中，中国是创新活跃度最高的国家，而传统的科技强国美国以及新兴的科技强国日本、韩国的创新优势也很突出。

3. 在华专利申请分析

（1）高精度地图数据采集技术

通过分析中国历年专利申请量和申请国情况，可以看出关于高精度地图数据采集技术起步较晚，如图2-4所示，2014~2016年，涉及高精度地图数据采集方面的专利申请量快速增长，中国市场需求逐步打开。2012年之前，申请人主要分布在中国、日本和美国。德国在2015~2016年之间申请量呈快速上升趋势。我国自2014年起专利申请量开始增长，2016年开始呈现飞速增长的现象。从图2-5可以看出高精度地图数据采集技术在华专利申请人主要集中在中国，其次为日本和德国，其他国家地区在我国的申请量相对较少，说明日本和德国对于中国市场的认可以及国内申请人对该领域的重视程度逐渐加大。

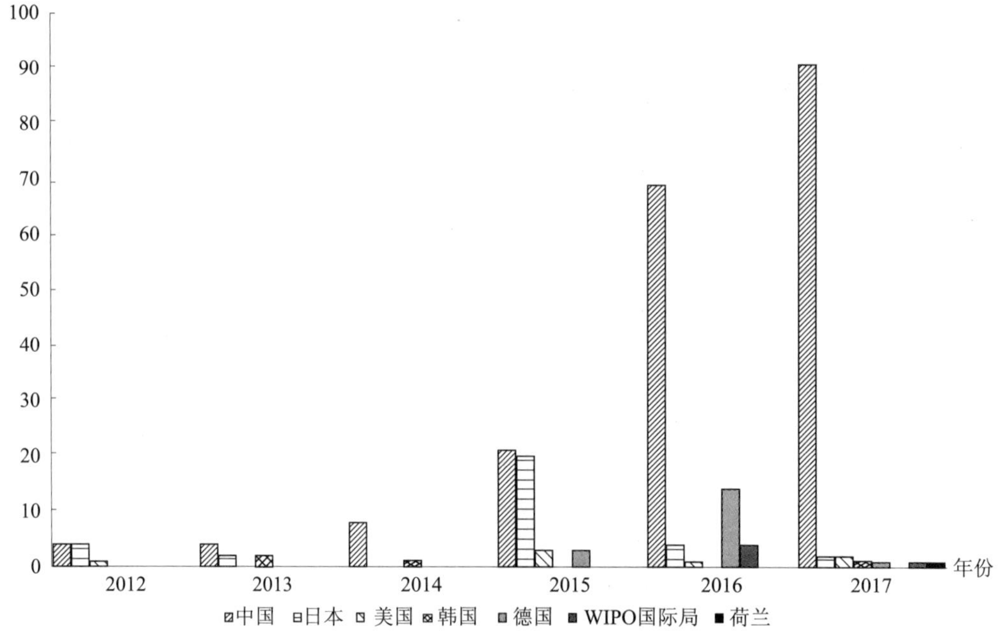

图2-4　高精度地图数据采集技术国内历年专利申请量和受理局情况

对基于高精度地图进行数据采集的专利申请进行统计分析，得到国内主要申请人的分布情况和主要申请人的专利申请份额，如图2-6所示。从图2-6中可以看出，企业申请人申请量在该领域占主导位置，高校和研究所以及其他申请人申请量不多，从而证明，高精度地图领域的商业价值比科研价值更大，使得各企业的研发势头不断上涨。从

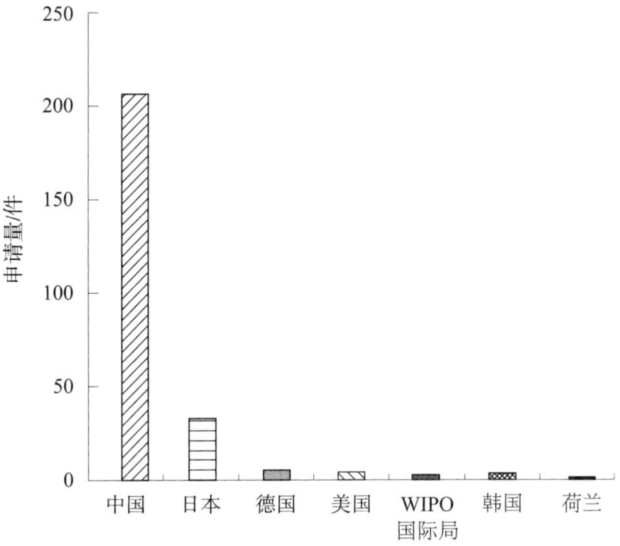

图2-5　高精度地图数据采集技术主要受理局专利申请量

申请份额上来看，百度、武汉光庭、腾讯和四维图新分别占据国内申请量前四位，高德和华鹰重工紧随其后。但是该领域的各企业申请人比较分散，并没有某个申请人对该领域形成垄断，从中可以推测出该领域的竞争比较激烈，市场上并没有人处于主导地位；国内申请人在该领域的专利申请众多，说明国内市场对高精度地图领域的足够重视。

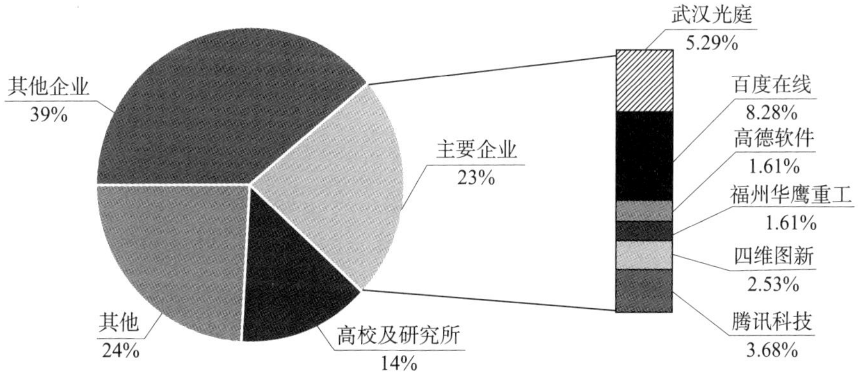

图2-6　高精度地图数据采集方面国内申请人分布

对基于高精度地图进行数据采集的专利申请的主分类号进行分析，得到专利申请的主要技术领域分布，如图2-7所示。从图2-7中可以看出，在涉及高精度地图的数据采集领域，国内专利申请的分类号主要集中在G01C 21、G06K 9、G05D 1、G08G 1等IPC分类大组下，其中G01C 21的技术主题为导航，位于该大组下的专利申请占总申请的31%。因此，在对涉及高精度地图的数据采集进行改进时，大多数改进点涉及导航的研发改进。

另外，根据采集分析对象对专利申请进行分析，得到各数据采集技术分支专利分布，如图2-8所示。高精度地图专利申请数据采集对象主要集中于车定位数据、车道数据以及周边障碍物数据中。目前国内申请人对于车定位数据采集技术和车道数据采集技术的关注度较高，体现了目前技术研发的重点依旧着眼于车辆定位与道路行进方面。

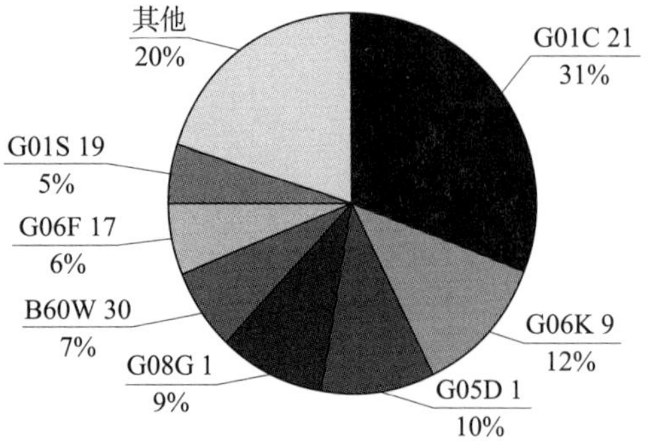

图2－7　高精度地图数据采集技术 IPC 分布

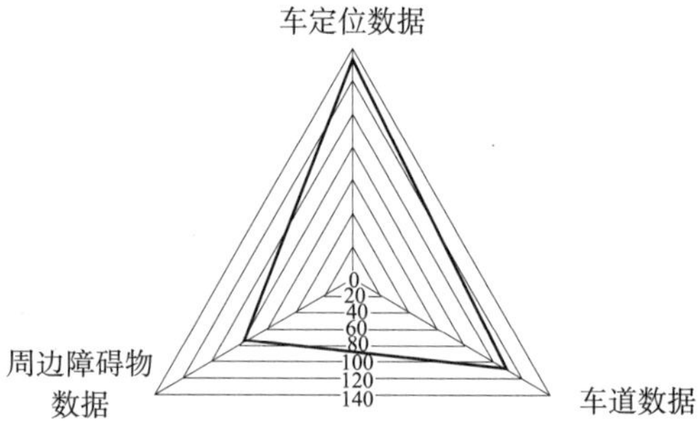

图2－8　高精度地图数据采集对象技术分支专利分布

注：图中数字表示申请量，单位为件。

根据采集方式对专利申请进行分析，得到了数据采集方式分布，如图2－9所示。在进行数据采集方式的选择时，根据采集对象的不同，采集方式具有明显的差异。

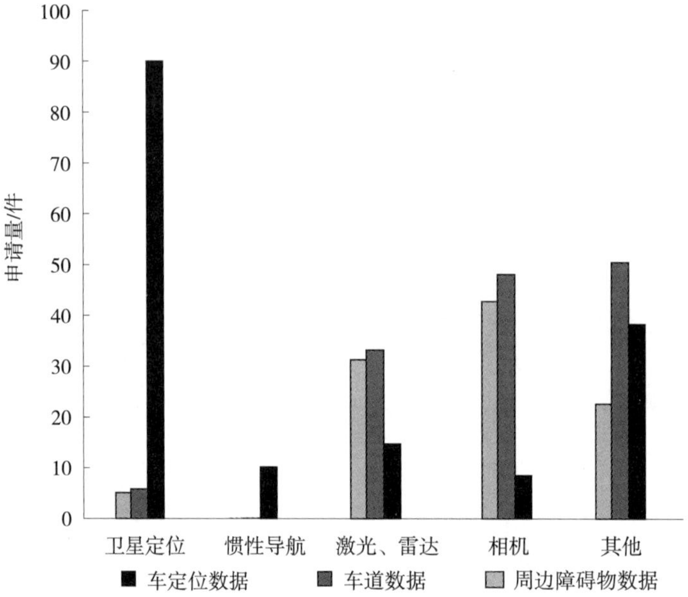

图2－9　高精度地图数据采集方式分布

在进行车定位数据采集时，主要采用的采集方式为卫星定位，惯性导航模块同样是常用的采集方式。例如，采用陀螺仪和速度计使其更加准确地采集当前位置变化状态信息。并且在车定位信息采集时，还会采用激光、雷达或相机等方式采集周围环境信息，从而更好地进行位置的判断。而在车道以及周边障碍物信息采集时，相机均是最常用的采集方式，可采用车载相机、工业相机、摄像机、双目相机、单目相机等对车道、周边障碍物进行图像和/或视频的采集，并进一步识别图像和/或视频，从其中分析出待识别物体。激光、雷达同样是对车道以及周边障碍物信息进行采集时常用的数据采集方式，可以密集地大量获取目标对象的数据点，采集数据速度快，采集数据丰富，能够快速地复建出被测物体。

（2）高精度地图数据处理技术

与传统地图相比，高精度地图包含有大量的行车辅助信息以及丰富的语义信息，如车道线信息、交通信号灯信息等，使得它具有庞大的信息量，传统的数据处理方式无法满足其计算需求，必然需要对其处理方式进行改进来满足处理需要。根据检索结果，对在华申请中高精度地图制作过程的数据处理方式进行分析；首先对相关申请人进行统计，得到26个申请人；然后通过对专利申请量的统计，确定主要的申请人如图2－11所示。四维图新、武汉光庭作为多年深耕于汽车导航方面的公司，在无人驾驶智能汽车出现后，针对其关键部件——高精度地图投入巨大的研发费用，如四维图新在2013年开始进行高精度地图的研发，并于2014年达到10～20cm的水平。由于高精度地图数据的采集、处理具有的复杂、庞杂的特点，武汉光庭于2016年与广州中海达成立合资公司“中海庭”，负责高精度地图的所有相关业务。百度作为一家互联网公司，通过对研发的大量投入，已经居于无人驾驶领域的领先地位，并已实现了无人车的量产。

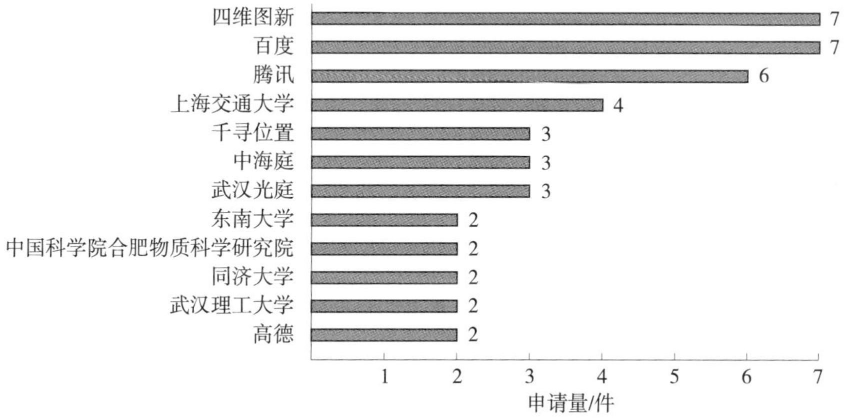

图2－10 高精度地图数据处理方面国内申请人申请量分布

从专利申请的IPC分类号角度对上述专利申请进行统计，如图2－11所示，专利申请主要集中在G01C、G06K、G06F这三小类中，分别占27%、27%、15%。G01C的技术主题为测量距离、导航，G06K的技术主题为数据识别、表示，G06F的技术主题为电数字数据处理。

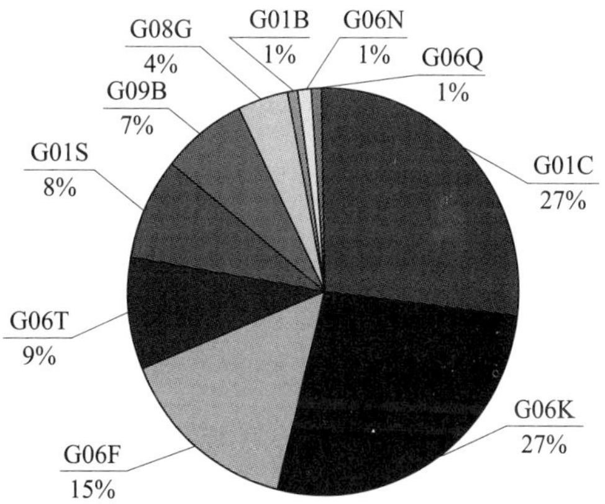

图2－11 高精度地图数据处理技术申请量IPC分布

高精度地图数据处理技术主要包括五个方面：点云数据处理、地理信息标注、道路曲率计算、异常轨迹点修正以及地图切换，相应的专利申请量分别为 22 件、6 件、8 件、2 件、2 件，相应的占比如图 2－12 所示。

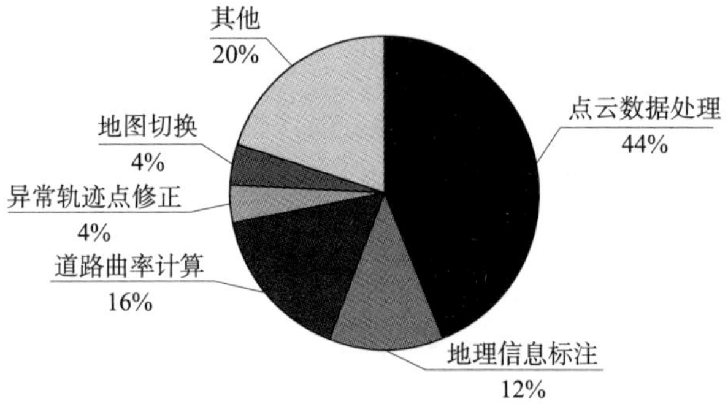

图 2－12　高精度地图数据处理各技术分支申请量占比

（二）技术演进

通过对高精度地图的专利申请情况的分析，发现目前申请人最关注的技术为数据采集技术和数据处理技术，针对这两个关键技术进行技术发展脉络梳理，找到未来技术发展的趋势。

1. 高精度地图数据采集技术演进

针对各采集对象技术分支重点专利进行分析，对智能车辆数据采集技术进行技术发展脉络梳理，得到技术演进路线，如图 2－13 所示。

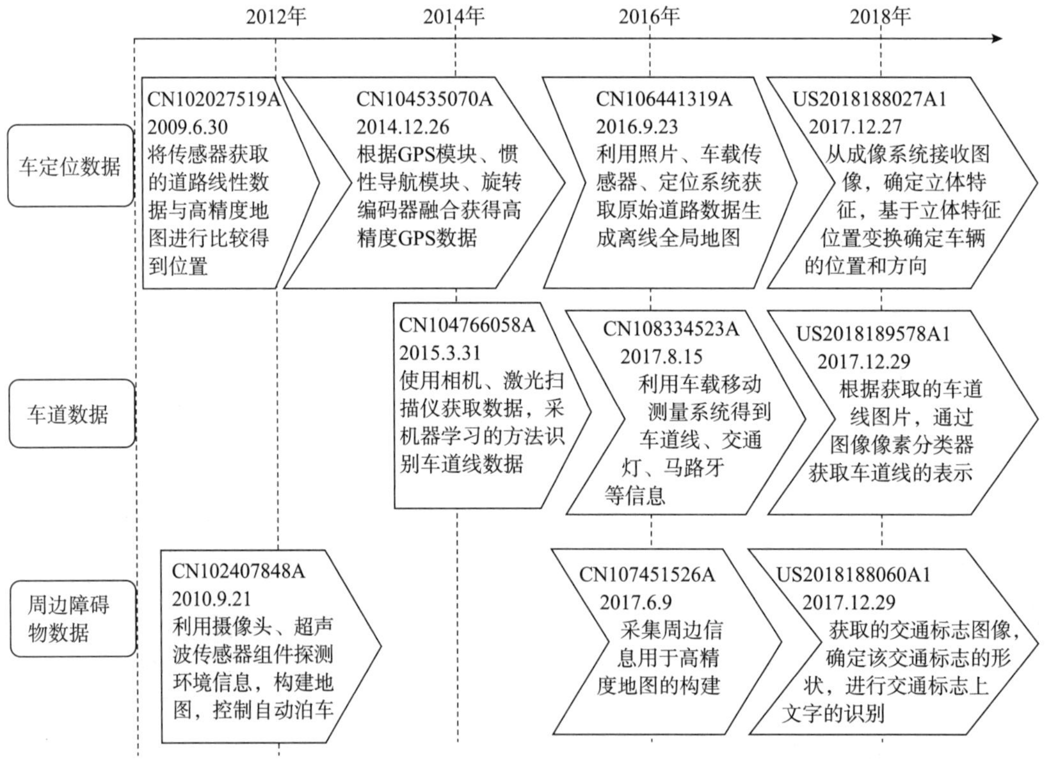

图 2－13　数据采集技术演进路线

车定位数据采集：2009 年三菱电机提出了一种队列行驶辅助装置（公开号：CN102027519A,❶），利用传感器获取路面上的地物的道路线性数据；处理器根据获取到的道路线性数据和预先所具有的高精度地图中的基准数据进行比较，求出行驶控制用数据。2014 年上海交通大学提出了一种高精细地图数据结构、采集和处理系统及方法（CN104535070A），采用全景图像拍摄处理模块，获取俯视投影图和前视投影图；采用 GPS 处理模块、惯性导航模块、旋转编码器，将数据融合，获得高精度 GPS 数据，生成高精度地图。2016 年中国科学院合肥物质科学研究院提出一种无人驾驶车辆车道级导航地图的生成系统及方法（CN106441319A），利用卫星照片、车载传感器和高精度组合定位系统获取原始道路数据，提取出多种道路信息，融合生成离线全局地图。2017 年 DEEPMAP 提出一种车辆定位方法（US2018188027A1），从车载成像系统接收多个图像，根据多个图像中的每个图像帧，确定与局部区域内的特征相对应的一组立体特征，基于立体特征的位置之间的变换来确定车辆的位置和方向。

车道数据采集：2015 年百度提出了一种获取车道线的方法和装置（CN104766058A），采集至少包括二维图像数据和三维激光点云数据的道路数据，采用机器学习方法对图像中的车道线进行识别，从而准确、高效地获取车道线。2017 年腾讯提出一种道路场景地图的构建方法和装置（CN108334523A），利用车载移动测量系统扫描得到的沿街道路及两侧建筑物的表面点的集合，提取矢量地图数据，获取车道线、交通灯、马路牙、坡度等信息，生成高精度道路场景地图。DEEPMAP 在 2017 年提出了关于高精度地图中车道线识别的具体方法（US2018189578A1），根据获取的车道线图片，通过图像像素分类器，基于图像中每个 2D 点沿着车道中心线的概率进行分类，将其中高概率的 2D 点映射到 3D 平面来表示车道线。

周边障碍物数据采集：2010 年高强提出一种具有自动泊车与智能驾驶功能的控制器系统（CN102407848A），利用摄像头、超声波传感器组件探测环境信息，生成地图信息，控制自动泊车和自动驾驶。2017 年蔚来汽车提出了一种地图的构建及其应用（CN107451526A），多辆车辆先后采集道路图像信息，从道路图像信息中提取道路信息，多辆车辆分别上传其获得的所述道路信息和相应的定位信息，生成或更新该道路的道路地图信息。2017 年 DEEPMAP 提出了关于在高精度地图中进行交通标志识别的方法（US2018188060A1），获取交通标志图像，通过确定交通标志的几个顶点来确定该交通标志的形状，通过卷积神经网络模型识别交通标志上的文字。

2. 高精度地图数据处理技术演进

针对高精度地图数据处理中的点云数据处理技术、地理信息标注技术、道路曲率计算技术、异常轨迹点修正技术以及地图切换技术进行技术发展脉络梳理，如图 2－14所示。

---

❶ 注：本文中出现的专利文献号均为公开号。

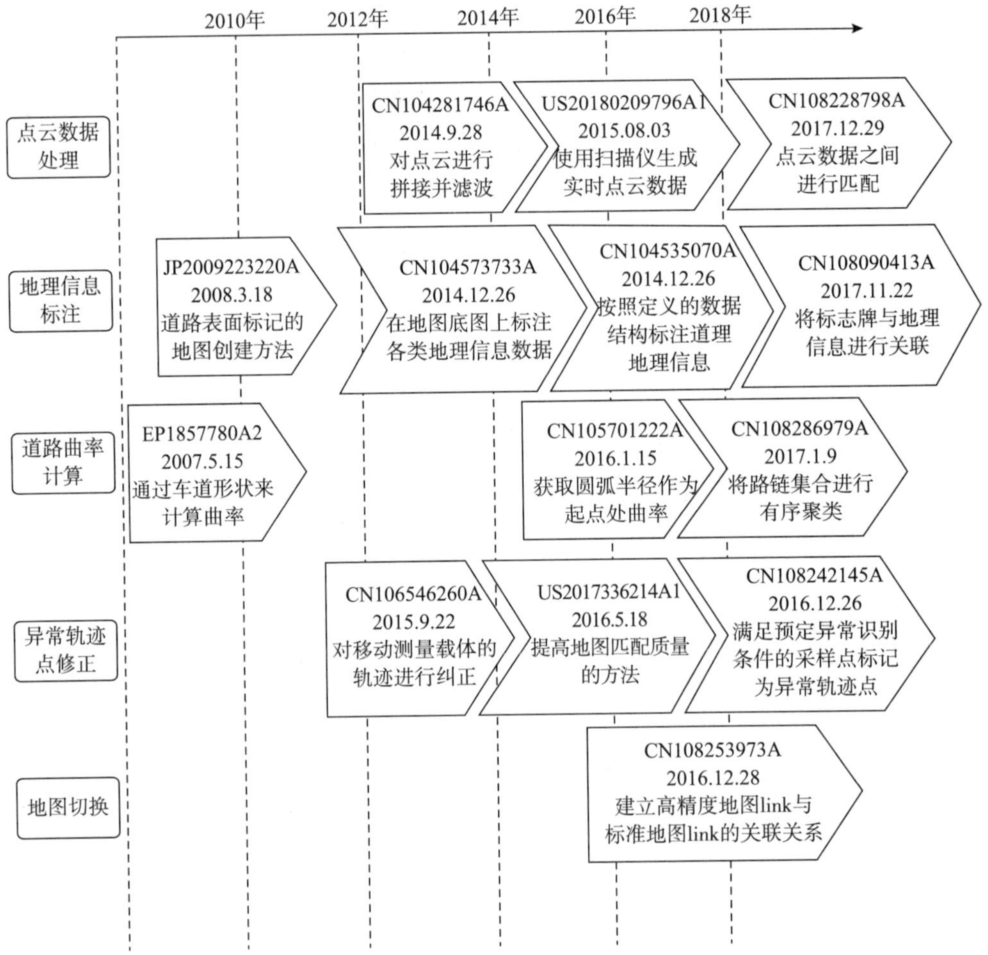

图2-14 数据处理技术演进路线

点云数据处理技术：2014年同济大学提出了一种点云数据的预处理方法（CN104281746A），对获取的多幅画面的点云进行上色拼接，对拼接后的点云数据进行高程滤波，区分道路交通特征点集，根据道路法规以及滤波后点云数据确定所区分的道路交通特征点集的颜色。2015年TomTom提出一种用于产生和使用定位参考数据的方法和系统（US20180209796A1），使用激光或雷达或相机扫描3D环境生成实时点云数据，将实时点云数据与和数字地图相关联的定位参考点云数据比较，确定两点云数据之间的对准偏移，调整当前位置确定车辆在数字地图上的位置。2017年百度提出了一种确定点云数据之间的匹配关系的方法（CN108228798A），提取与第一点云数据相关联的第一特征以及与第二点云数据相关联的第二特征，对第一特征与第二特征进行特征匹配，确定第一点云数据和第二点云数据之间的匹配关系。

地理信息标注技术：2009年善邻（ZENRIN）公司提出道路表面标记的地图创建方法（JP2009223220A），由摄像机在行进过程中拍摄道路路面，在每个拍摄点获取GPS坐标，用以创建高精度地图。2014 年上海交通大学提出了一种基于高清正射影像图的高精细地图生成系统及方法（CN104573733A），通过图像拍摄模块获取道路图像，同时采集 GPS 等数据，在地理信息处理软件中生成高精度的全局地图底图并标注道路地理信息，满足无人驾驶车辆对高精细地图的需求。2015 年上海交通大学又提出了一种高精细地图数据结构、采集和处理系统及方法（CN104535070A），其在获取道路的全景图像的同时采集 GPS、导航、编码器相关信息，并按照定义的数据结构对道理地理信息数据进行标注。2017 年中海庭提出一种交通标志关联方法及装置（CN108090413A），采集道路两侧及道路上方的标志牌并提取所述标志牌的特征信息，将标志牌与高精度电子地图中的道路或车道进行关联。

道路曲率计算技术：2007 年纳夫特克有限公司（NAVTEQ）提出一种车道级的几何形状来计算车道航向和曲率（EP1857780A2），应用于自动驾驶等先进驾驶辅助系统。2016 年武汉光庭提出了一种基于圆弧缓冲带算法提取道路曲率的计算方法（CN105701222A），通过该方法可以有效提取弯曲道路上的曲率半径信息。2017 年四维图新提出了一种获取高精度路径的方法（CN108286979A），拟合得到路径中每个形状点的曲率值；根据对应的路链数据将路链集合进行有序聚类，从而得到每条道路的分段曲率值并保存到对应的路径数据上。

异常轨迹点修正技术：2015 年腾讯提出了一种移动测量数据的纠正方法（CN106546260A），根据移动测量载体的任意两个轨迹点分别对应的点云之间的偏移值，与任意两个轨迹点的纠正点之间的对应关系，分别确定一个纠正点集中的多个轨迹点的纠正值，从而对移动测量载体的轨迹进行纠正，进而获取纠正后的点云数据。2016 年赫尔环球有限公司（HERE）提出了一种提高地图匹配质量的方法（US2017336214A1），避免误差或不精确的测量数据可能导致不正确的地图匹配位置。2016 年高德提出了一种异常轨迹点检测方法（CN108242145A），获取各采样点的真实曲率与行驶曲率的差值；将差值与预设的曲率差值阈值进行比较，若满足预定异常识别条件，则将采样点标记为异常轨迹点。

地图切换技术：2016 年四维图新提出了一种高精度地图和标准地图关联的方法（CN108253973A），当用户需要将标准地图切换到高精度地图，或者将高精度地图切换到标准地图时，可以直接根据高精度 link 的标识与标准 link 的标识的对应关系，查找到高精度地图中的 link 或者标准地图中的 link，实现标准地图与高精度地图之间的自由切换。

（三）主要国外申请人分析

对国外申请人进行统计，得出了国外申请人排名，如图 2－15 所示。由于地图领域的封闭性和资质的垄断性，高精度地图数据的采集和制作一般由传统地图厂商完成，例如：NAVTEQ、HERE、TomTom、DEEPMAP、谷歌、ZENRIN。

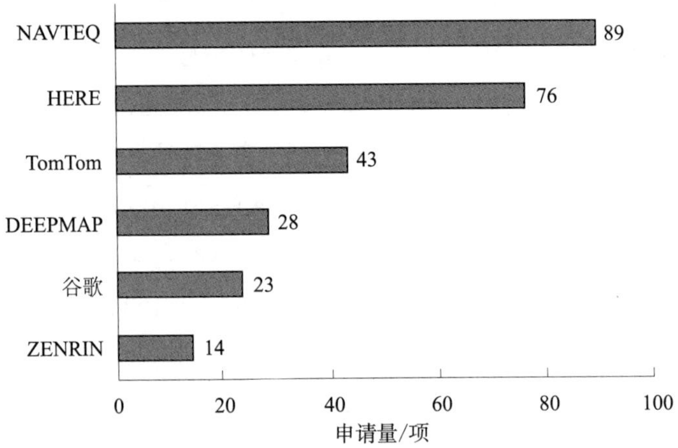

图 2－15　高精度地图主要国外申请人

1. NAVTEQ

NAVTEQ 成立于 1985 年，总部设在美国芝加哥，NAVTEQ 是一家导航数字地图制作公司，是电子导航地图和地理信息系统的主要供应商。该公司于 2008 年被诺基亚收购，其申请的大部分专利也随之转让给诺基亚的 HERE。其中，NAVTEQ 涉及高精度地图方面的专利申请量总计 89 项，其专利申请趋势如图 2－16 所示。

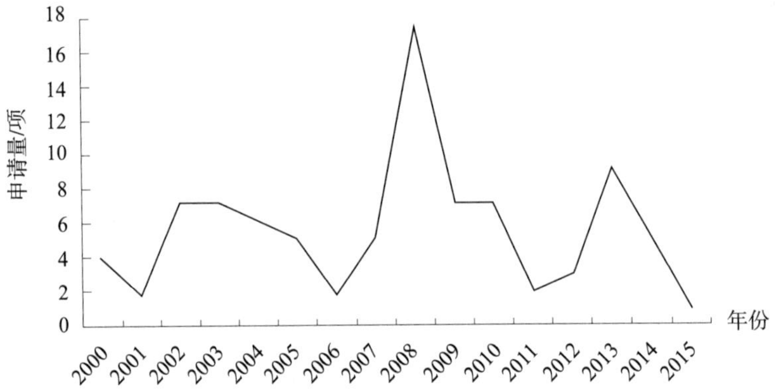

图 2－16　NAVTEQ 专利申请量趋势

NAVTEQ 在全球的专利申请主要集中在美国和欧洲，这些专利主要涵盖的内容包括高精度数据采集、点云数据处理、道路信息标注、车道宽度、道路曲率、道路标志识别、地图更新以及路径规划导航等方面。

NAVTEQ 关于高精度地图的专利申请 US6850841B1，提出了一种采集车道属性信息的方法及系统，将地图定位技术提高到车道级，利用探测车辆收集道路相关的属性信息，数据收集设施处理数据从探测车采集的数据中识别车道数、车道宽度、车道中心线、车道边界线等数据，然后对地理数据库中的数据进行更新并形成车辆高精度定位系统。该专利及其同族专利在全球被引用 99 次，是 NAVTEQ 公司在高精度地图领域的一件基础专利。NAVTEQ 在高精度地图方面的专利布局涵盖的范围很广泛，如专利 US2005149259A1 和专利 JP2010191433A 涉及地理信息数据库的更新，专利 US2003156049A1 和 US2009191901A1 涉及一种电子导航系统，应用于自主路径引导。

2. HERE

HERE 是诺基亚的地图业务部门，HERE 地图软件提供免费 turn - by - turn 语音导航、公共交通信息以及丰富的道路交通信息等，HERE 地图功能强大，记录了大量的有效信息，而且对 POI（Point of Interest）作出了详细的标注。HERE 涉及高精度地图方面的专利申请总计 76 项，申请量在 2014 ~2017 年快速增长，其专利申请趋势如图 2 - 17 所示。

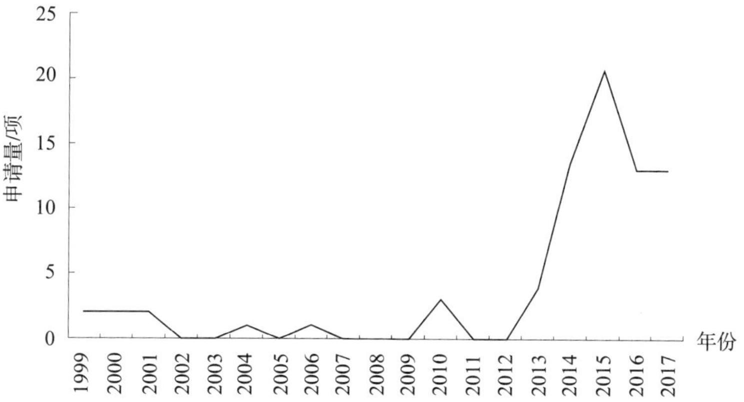

图 2 - 17　HERE 高精度地图专利申请量趋势

HERE 全球专利申请主要集中在美国和欧洲，主要面向应用于未来的自动驾驶车辆。例如：专利 US2017138743A1、US2015141056A1 和 US2016209221A1 涉及实现导航地图数据更新的方法；专利 US2017059328A1 和 US9646203B2 涉及收集地图数据生成数字地图的方法和设备，提高数字地图的精度；专利 US2016335923A1 和 US2017248431A1 涉及利用摄像头数据识别道路结构的方法和设备。可见，目前 HERE 在高精度地图方面所掌握的技术是非常全面的。

3. TomTom

TomTom 是一家荷兰的地图厂商，其成立于 1991 年，是全球少数拥有数字地图资产的公司之一。TomTom 是 Facebook、苹果等公司最重要的地图数据提供商，可见其在地图制作领域处于领先地位。为了转型，TomTom 已经开始将重点放在无人驾驶所需要的高精度地图上，为此，其组建了一支无人驾驶汽车车队，配备了摄像头、雷达、激光定位器，对于汽车位置的定位功能能够精确到 1 英寸以内。

截至目前，TomTom 在高精度地图方面的专利申请量约为 43 项，其申请量趋势如图 2 - 18所示。

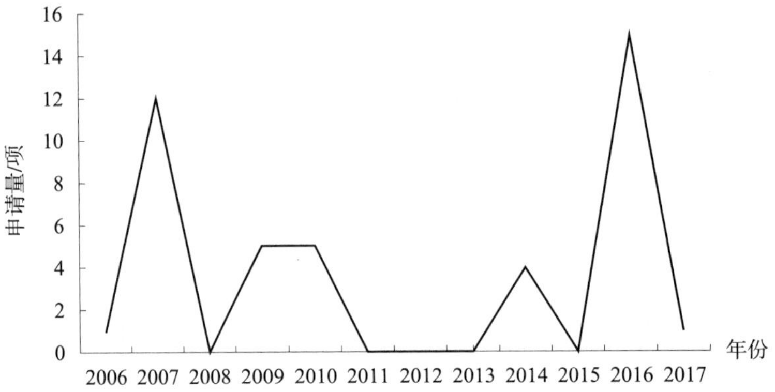

图2－18　TomTom 高精度地图专利申请量趋势

从图2－18中可以看出，TomTom 从2006年开始申请有关高精度地图方面的专利，并在2016年有了迅猛的增长。由此可见，经过11年的潜心研究，TomTom 在高精度地图上已经取得了很好的技术成就。

TomTom 在2006年申请的第一件有关高精度地图的专利为用于导航装置中改进地图数据的方法，使用导航装置中的路线计算模块在第一地图上计算到目的地的路线，存储器中存储地图变更数据，将地图变更数据与第一地图组合成第二地图。如果地图变更是沿着到目的地的路线的，则路线计算模块使用第二地图重新计算到目的地的路线。

2006年之后，TomTom 专利申请量大幅上升，如专利 WO2014111537A1 公开了用于创建地图数据的方法和设备，其将对应于网络的个别事件的点位置应用于地图，根据选定分布函数产生表示事件集中度的热地图，将阈值计算应用于热地图以识别网络上的具有高事件集中度的一个或多个地带，使每一个地带与数字地图中的至少一个分段相关联。

TomTom 在数据采集和数据处理方面专利申请量分别为21项和22项，由此可见，TomTom 在这两个技术路线上的专利分布还是比较平均的。而在高精度地图方面，数据采集和数据处理是基础，其关乎着能否得到符合精度要求的地图。因此，TomTom 必然会增强对数据采集和数据处理的重视程度，加大研发投入。

综上所述，在高精度地图技术上，TomTom 首先致力于通过矫正地图实现高精度，然后转成从源头实现高精度地图的制作，这样可进一步提高地图的精度，实现其在高精度地图上的霸王地位，其也瞄准了无人驾驶汽车的广阔前景，在未来的无人驾驶汽车上必会大量的出现 TomTom 的身影。

4. DEEPMAP

DEEPMAP 是由华人创办的硅谷自动驾驶领域的技术公司，2016年4月在美国硅谷帕洛阿尔托成立，专注于高精度地图解决方案的研发。DEEPMAP 在2017年才开始进行专利布局，围绕高精度地图技术共申请了28项专利，该公司的专利申请在数据采集和数据处理方面均有涉猎，其中关于数据采集技术的专利占比为61%，数据处理方面的专利布局为39%。

专利 US2018188027A1 提出从安装在车辆上的成像系统接收多个图像。对于多个图像中的每个图像帧，确定与局部区域内的特征相对应的一组立体特征，基于立体特征的位置之间的变换来确定车辆的位置和方向。

专利 US2018188060A1 介绍了在高精度地图中进行交通标志识别的方法，如图 2－19 所示。通过获取的交通标志图像，通过确定交通标志的几个顶点来确定该交通标志的形状，通过卷积神经网络模型来进行交通标志上文字的识别。

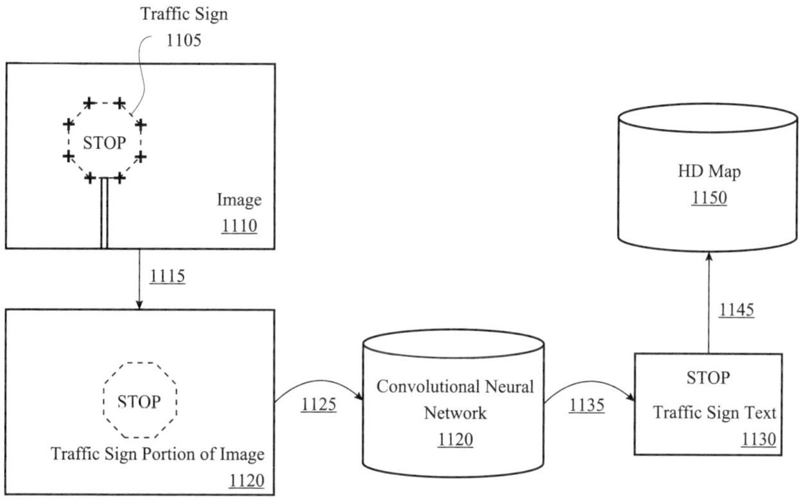

图 2－19　专利 US2018188060A1 申请中关于识别交通标志的流程

专利 US2018189578A1 介绍了在高精度地图中识别车道线的方法，如图 2－20 所示。根据获取的车道线图片，通过图像像素分类器基于图像中每个 2D 点沿着车道中心线的概率来进行分类，将其中高概率的 2D 点映射到 3D 平面来进行车道线的表示。

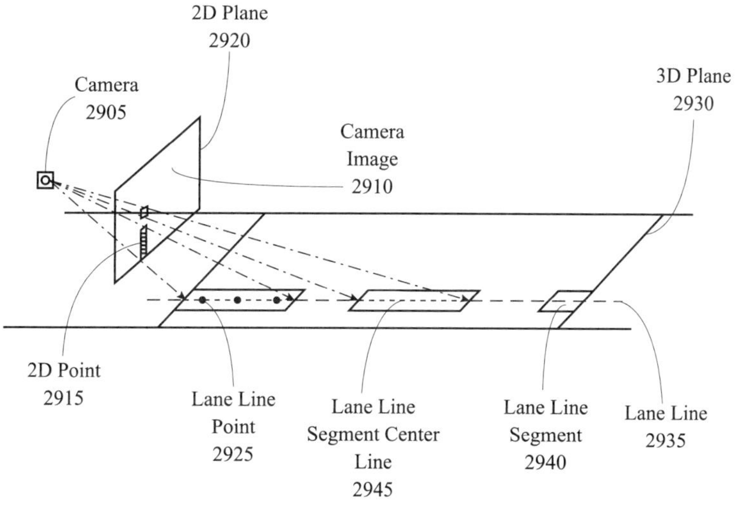

图 2－20　专利 US2018189578A1 的相关附图信息

专利 US2018188038A1 公开了一种点云数据技术，基于雷达传感器采集的点云数据来生成 3D 三角形，并过滤掉 3D 三角形以识别接近地面的 3D 三角形的子集。

结合 DEEPMAP 的专利申请情况，可以看出，该公司在高精度地图的重点技术中均有一定的研究，可见该公司虽然成立时间不长，但具有很强的研发能力。

5. 谷歌

谷歌无人驾驶汽车项目在 2009 年正式启动，目标是 2020 年发布一款商用化的无人驾驶汽车，2016 年谷歌母公司 ALPHABET 将自动驾驶汽车项目单独拆分，成立了一个名为 WAYMO 的公司。目前为止，该项目测试车队已经累计上路行驶了 400 万英里，在无人驾驶汽车的实际行驶英里数方面保持领先。WAYMO 和谷歌均在高精度地图制作方面开始了相关的研究，谷歌地图项目专注于所谓的驾驶辅助系统，以使得汽车能够实现部分驾驶功能的自动化，并帮助它们看清前方道路或者转角处的情况。

谷歌关于高精度地图共有 23 项专利申请，均是针对数据采集技术，第一项专利申请是在 2010 年 6 月 21 日提出的，公开号为 US2011182475A1，发明名称为“System and method provides maps identifying the 3D location of traffic lights”；其公开了一种对交通信号灯位置的识别方法，基于摄像机采集的图像识别红色、黄色、绿色三种颜色，基于地理位置和所识别的颜色信息，确定信号灯的三维位置。

随后的几年中，该公司在车道检测、道路交叉口检测、道路上施工区域检测方面也相继申请了相关的专利，其中专利 JP2016520902A 关于道路上施工区域检测，专利 US8948958B1、US9395192B1 关于车道相关信息的检测，专利 US8880272B1、US2015134233A1 关于道路交叉口的检测，结合谷歌专利申请状况可知，该公司对高精度地图的前沿技术均有涉及，具有很强的研究能力。

6. ZENRIN

ZENRIN 是一家日本地图公司，其主要业务为道路地图和导航地图。在构建高精度地图时，最重要的属性是车道，其次是路面标志和交通标志，ZENRIN 致力于研究车道信息和路面信息，这对高精度地图的构建至关重要。ZENRIN 关于道路信息和路面标志信息的真正专利出现在 2008 年，专利 JP2009223220A 公开了道路表面标记的地图创建方法，由摄像机在行进过程中拍摄道路路面，在每个拍摄点获取 GPS 坐标；正投影像合成的连接位置图像平行移动，使得所述路径的对应点的图像拍摄位置精度下侧配合相应的位置精度的路径点较高的一侧；路面图像与高位置精度，可以用来创建高精度地图。专利 JP2009258651A 和专利 JP2010175756A 公开了为获得路面标记和道路信息来创建高精度地图的方法。

（四）主要国内申请人分析

1. 百度

百度在高精度地图方面，除了传统的全球定位系统和多种不同传感器组合外，其主要研究了一种通过周围信息反推自动驾驶汽车位置的方法和确定偏航角的方法。如专利CN107328411A基于外部环境信息、位置信息和高精地图，确定当前时刻自动驾驶车辆的绝对定位信息；基于外部环境信息和姿态信息进行运动补偿，得到当前时刻自动驾驶车辆的相对定位信息；融合绝对定位信息和相对定位信息，得到当前时刻自动驾驶车辆的自定位信息。

2. 武汉光庭

武汉光庭对于车定位数据和车道线数据采集都有研究，如专利CN107167826A提供了一种自动驾驶中基于可变网格的图像特征检测的车辆纵向定位方法，根据高精度导航系统输出的数据获取到的前方目标及高精度导航中道路计算的目标距离，根据这一距离以及双目系统在车辆中的安装位置，即可与高精度导航中的车辆轨迹进行校正，提高自动驾驶中的车辆纵向定位精度。如专利CN105783936A提供一种用于自动驾驶中的道路标识制图及车辆定位方法及系统，其通过双目摄像机和激光雷达的配合使用，半自动生成高精度路面特征高精度地图。专利CN105675000A提供一种基于高精度地图的车道级路径规划方法，将整体路径沿与车道线垂直方向进行切割，从而形成高度细化的车道线合集，将每一个车道合集中的最优车道线进行组合，最终得到最优路线。

3. 四维图新

四维图新，是中国领先的数字地图内容、车联网和动态交通信息服务、基于位置的大数据垂直应用服务提供商之一，在高精度地图制作方面公司已经能够实现厘米级的精度，且逐步建立起该领域的绝对领先优势，拥有国家导航电子地图甲级资质，深耕导航电子地图多年，数据积累丰富、客户资源强大。

四维图新的专利申请最早始于2008年，其早期专注于传统电子地图的制作。随着智能车辆技术的飞速发展，该公司也将目光聚焦于高精度地图的制作上。其从2010年起开始研发并生产用于高级驾驶辅助系统（ADAS）的地图，2012年正式发布ADAS地图数据，2014年其高精度地图的精度已经能达到19～20cm的水平。公司一直维持较高的研发投入，研发费用/收入比达50%，促使研发进程迅速、高效。2017年8月，四维图新推出FASTMAP新一代的地图在线生产和发展平台，以人工+自动化技术实现地图实时更新，实现了“Anytime、Anywhere、Anyone”的灵活在线采集模式。

四维图新于2012年申请了第一件有关高精度地图的专利（CN103310699A），提出了一种提取道路的线形参数的方法，通过获取道路中心线的初步道路线形单元，对初步道路线形单元进行平差等处理以得出线形参数；找到线形参数的各个符合预定条件的分界点，对所有的道路线形单元进行整体平差，得到优化线形参数，使得电子地图更精细化。

从2016年开始，四维图新逐渐加强对高精度地图的开发力度，其于2016年提出一种车辆定位方法（专利CN107643086A），其通过获取所述车辆所在道路的第一车道线信息与数字地图信息进行匹配，获取当前车道信息，还获取所述车辆距所在车道的车道线的距离，从而结合电子地图获得准确的横向位置信息。

四维图新对高精度地图的申请主要集中在2017年，分别涉及高精度地图数据的采集和制作，如专利CN108279014A公开了一种自动驾驶地图数据采集装置及系统、地图智能生产系统，传感采集系统通过控制系统的触发进行地理信息数据的测绘和状态信息采集；数据处理模块对时空同步信息和接收的传感采集系统采集的数据进行融合处理并存储。

三、总结与建议

（一）结论

通过对高精度地图技术现状及其全球专利和中国专利状况的分析，对于当前高精度地图技术的发展态势有了宏观认识，并对其发展脉络进行了梳理。[5]

1. 数据采集和数据处理是技术持续改进的重点

在高精度地图的发展过程中，数据采集是制作高精度地图的基础。为了得到高精度地图，数据采集的方式和精度都是需要改进和提高的。为了获取更多的信息，数据采集量骤增，目前企业主要针对数据量以及处理方式进行改进，以期获得更快的处理速度以及更高的准确度。因此，在高精度地图的制作过程中，数据采集和数据处理是研究人员所重点关注并一直努力改进的技术分支。

2. 高精度地图是未来研发的热点

全自动驾驶已经成为未来的发展趋势，高精度地图作为其实现的根本，也在朝着多元化、实时更新、轻量化的方向发展，获得多级精度的数据融合体，给出所需区域实时、详细的地理信息，实现驾驶的自动化、个性化，为用户带来更佳的体验感。

3. 美国和荷兰申请占据全球专利的主要地位

涉及高精度地图制作的大公司主要集中在美国和荷兰，包括DEEPMAP、谷歌、HERE和TomTom，这些公司技术研发力量强，掌握的核心专利技术多，专利申请覆盖的技术分支全面。在市场竞争的促进和国内巨大市场的吸引下，美国和荷兰也越发重视在中国的专利申请，抢占技术优势地位，尤其在数据采集和数据处理等技术分支占比最高。而中国的高精度地图技术研发开始较晚，专利布局主要在国内进行，并未积极进行海外布局。可见，美国和荷兰在全球内的专利垄断地位优势明显。

（二）建议

由于国内企业起步较晚，在传统技术分支上追赶国外商业巨头的同时必须在新兴技术分支中寻求突破，来实现企业的快速发展。根据我国的发展现状，对涉及高精度地图的企业提出以下建议。

1. 持续关注数据采集和数据处理的改进方向

对于高精度地图而言，数据采集的准确性和数据处理的及时性是实现自动驾驶汽车导航的关键。为了实现数据采集的准确性，单独的采集方式已经不能满足要求，可以采用全球定位系统与车载摄像机、照相机、加速度传感器等相结合的方式或者通过周围信息反推来确定自动驾驶汽车位置，这样一来就导致数据采集量骤增。因此，还应对数据处理的方式进行改进，未来企业可以从点云数据处理、地理信息标注、道路曲率计算、异常轨迹点修正以及地图切换这几个方面着手，减少数据的处理量，提高数据处理速度，提升高精度地图的准确度。

2. 充分把握高精度地图的未来发展机遇

由于高精度地图发展的多元化、实时化、个性化趋势，数据的获取将是极为重要的一点。未来国内企业可通过众包数据采集方式实时获取信息，对高精度地图进行更新，提高整个地图数据的新鲜性，为用户带来更好的体验，获取更大的市场。

3. 扩宽技术分支提高竞争力

虽然近些年我国高精度地图制作企业技术发展迅速，但核心专利较少。因此，需进一步扩宽技术分支，尤其对数据采集方式和数据处理等核心技术加强研发，尽快缩短与技术发达国家的差距。此外，在追赶国际巨头发展脚步的同时，应重视专利的全球布局，在一些以后潜在的目标国家市场提前进行专利布局，保证市场竞争力，实现产业可持续发展。

参考文献

[1] 陈颖．浅谈高精度地图在自动驾驶中的应用［C］//中国卫星导航定位协会．卫星导航定位与北斗系统应用2017——深化北斗应用开创中国导航新局面．北京：测绘出版社，2017：134－137.

[2] 陈根．移动测量技术在高精度地图数据生产方面的应用分析［J］．城市建设理论研究，2018（15）：104.

[3] 马天旗．专利分析方法、图表解读与情报挖掘［M］．北京：知识产权出版社，2015：26－55.

[4] 杨铁军．产业专利分析报告（第58册）——自动驾驶［M］．北京：知识产权出版社，2017：69－104.

[5] 杨铁军．专利分析实务手册［M］．北京：知识产权出版社，2012：138－154.

智能车辆领域机器视觉专利技术综述*

郝霏霏　吴艳苹**　冉小燕**　向薇**　刘博洋**

摘　要　机器视觉所提供的视觉信息，是智能车辆实现自动驾驶的关键环节。本文从全球及中国角度，对智能车辆领域机器视觉技术的总体专利申请态势、重点申请人的技术发展及其关键技术进行分析，并针对车辆行为检测、障碍物检测、道路检测以及多信息融合等主要关键技术分支的技术发展路线、技术发展趋势、重要专利节点技术等方面进行了深入研究。通过研究分析得出国内外研发主体的技术发展和专利保护的差异，针对智能车辆领域机器视觉技术进行整体和全面总结，结合技术发展对该领域今后的技术发展方向和产业发展趋势给出建议和评价。

关键词　智能车辆　自动驾驶　机器视觉　图像传感器

一、绪论

（一）研究背景

智能车辆的机器视觉技术，就是用计算机来模拟驾驶员的视觉功能，实现对于车辆状态、道路情况以及周边环境的观察、监视以及分析工作。在智能车辆以及无人驾驶车辆中，依托于视觉传感器的机器视觉技术在城市道路以及无路地带的道路选择方面起着重要作用、其硬件设备简单、价格低廉，关键零部件的技术很成熟，多种研制成功的智能车辆都配有机器视觉导航系统。

智能车辆机器视觉技术在智能交通、汽车安全驾驶、车辆的自动或遥控驾驶等方面有着广泛的应用前景。因此，对于智能车辆机器视觉技术的专利技术综述研究，具有重要的理论意义和广泛的实用价值。

（二）研究对象

1. 智能车辆的机器视觉技术

智能车辆是轮式移动机器人的一个分支，是一个可以感知环境信息、进行智能分析

---

* 作者单位：国家知识产权局专利局专利审查协作北京中心。

** 等同第一作者。

决策进而实现自主驾驶的综合系统。其中，环境信息通过传感器来进行感知和采集，包括感知车辆自身的状态信息和车辆行驶的周围环境信息，为车辆的安全行驶提供及时、准确、可靠的决策依据。因此，传感器相当于智能车辆的感知器官，可以快速、精确地获取信息，是实现自动驾驶的基础和前提条件。[1]

智能车辆需要的传感器主要包括：视觉传感器、激光雷达、毫米波雷达等。其中，智能车辆通过视觉传感器所实现的机器视觉技术，就是用计算机来模拟驾驶员的视觉功能，实现对于车辆状态、道路情况以及周边环境的观察、监视以及分析工作。通过机器视觉所提供的视觉信息，具有其他信息无法比拟的优势：①视觉图像的信息含量极为丰富；②视觉信息的获取是非接触的，不会破坏路面和周围环境，而且也不需要对现有道路设施进行大的改变；③可同时实现道路检测、交通标志检测和障碍物识别，信息获取面积大；④在多台智能车辆同时工作时，由于视觉信息获取是被动的，因此不会出现相互之间干扰的现象；⑤视觉信号获取的是实时的场景图像，提供的导航信息不依赖于先验知识。在实际的驾驶过程中，驾驶员获取的绝大部分信息来自视觉，例如路面状况，交通标志、标线和信号，障碍物等，研究表明大约有90%的环境信息来自视觉。[2]

机器视觉对于环境信息感知的对象包括：①行驶路径：包括结构化道路，如车道线、道路边缘、恶劣路况等；还包括非结构化道路，如车辆行驶前方路面状况的识别和行驶路径的确认；②周边物体：包括车辆、行人等，以及交通标志和光源。

机器视觉技术所要解决的主要技术问题包括：①实时性：要求在规定的时间范围内能完成对环境场景图像的处理以及信息提取和理解。②鲁棒性：要求系统对不同的道路环境、复杂的道路情况以及变化的光线条件具有良好的适应性。③实用性：要求系统在性能与成本等方面能够为普通用户所接受。

2. 技术分解

基于前期的技术调研，本文综合本领域的重点技术以及专利文献的特点，最终将智能车辆的机器视觉从技术的角度进行了分解，技术分解如表1-1所示。

表1-1 机器视觉技术分解

根级	一级分支	二级分支
机器视觉	车辆行为检测	无
	障碍物检测	行人
		车辆
		碰撞时间
		其他

续表

根级	一级分支	二级分支
机器视觉	道路检测	车道线
		道路架构
		护栏
		垂直轮廓
		道路边沿
	交通标志检测	信号灯
		标志
	光源检测	路灯
		车灯
	多目标检测	无
	多信息融合	视觉/雷达
		视觉/红外
	硬件处理	系统架构
		相机改进
	数据处理	图像数据
		非图像数据

（三）研究方法

1. 数据检索来源

本文采用的检索工具主要为专利检索与服务系统（以下简称“S 系统”），数据检索的截止时间为 2018 年 8 月 1 日，表 1－2 列举了主要来源数据库以及专利数据所涉及的范围。

表 1－2　主要来源数据库

	中文	外文
专利数据	中国知识资源总库（CNABS）	德温特世界专利索引数据库（WPI）
非专利数据	中国知识资源总库（CNKI） 百度搜索引擎	IEEE/IET Electronic Library Elsevier Science ISI_Web of Science
法律状态及引用频次查询	Incopat 专利数据库	
国家/地区	中国	美国、日本、欧洲、德国、韩国、WIPO 国际局

2. 检索过程和结果

本文首先通过选取合适的分类号以及关键词，分别在中、外文数据库中进行初步检索，通过对检索策略的不断调整，对检索到的文献以人工方式进行浏览、去噪和标引，作为下一步分析的基础。表 1－3 列出了中、英文的检索要素。

表 1－3　检索要素表

	检索要素		
	智能	车辆	机器视觉
	关键词	分类号	关键词
中文	自动驾驶、无人驾驶、自主驾驶、自主车辆、智能车辆、无人车、自主汽车	B60R 21、G01C 21、G05D 1、B60W、G01C 11	相机、摄像头、镜头、图像、视频、单目、多目、双目、视觉、CCD
英文	driverless、autonomous、Automotive、unmanned、smart、robot、car、vehicle、driver free、self driving、intelligent	B60R 21、G01C 21、G05D 1、B60W、G01C 11	Image、camera、visual、video、monocular、binocular、ccd、vision

截至 2018 年 8 月 1 日，在智能车辆的机器视觉领域，全球申请专利共计 1447 件。

关于专利申请量统计的“项”与“件”的说明如下。

项：同一发明可能在多个国家或地区提出多件申请，WPI 数据库将这些相关的多件申请作为一条记录进行收录和显示。在进行专利申请数量统计时，对于数据库中以一族数据形式出现的一系列专利文献，计算为“1 项”。

件：在进行专利申请数量统计时，如为了分析申请人在不同国家、地区或组织所提出的专利申请的分布情况，将同族专利申请分开进行统计，所得到的结果对应于申请的件数。一项专利申请可能对应于一件或者多件专利申请。

二、专利申请趋势分析

（一）全球及中国专利申请趋势分析

1. 全球申请量趋势

从图 2－1 中可以看出，智能车辆的机器视觉技术的发展经历了萌芽期、发展期和高速发展期。

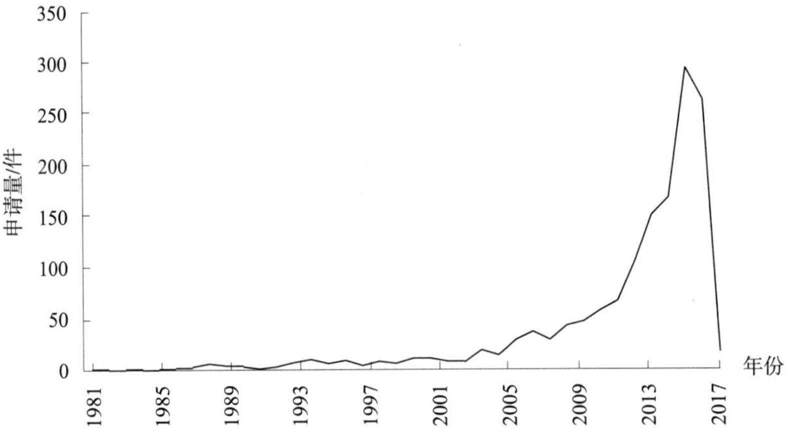

图2-1　智能车辆机器视觉技术全球专利申请量趋势

（1）萌芽期（1981～2001年）

从20世纪80年代初到2001年，智能车辆的机器视觉技术的专利申请数量增长非常缓慢，这是因为在这一时期，硬件和算法的发展还不够健全，技术储备严重不足，技术未发展到那个阶段，支撑技术广大消费群体都以传统的燃油汽车为主，所以专利申请量很低。

（2）发展期（2002～2008年）

从2002年到2008年，智能车辆的机器视觉技术开始进入发展期，这一时期的专利申请，整体较萌芽期呈明显上升趋势，但增幅不大。之所以从2002年开始，是因为随着硬件和软件技术的发展以及市场对智能车辆需求的逐渐增强，智能车辆的机器视觉技术开始受到越来越多的创新主体的关注，这一时期的关注度主要在于通过检测障碍物来给出碰撞提醒。

（3）快速发展期（2009年至今）

从2009年开始，智能车辆的机器视觉技术进入了快速发展时期，这是因为，2008年Google推出了无人驾驶汽车以来，无人驾驶技术迅速被广大消费者所知晓，并逐渐开始被接受，这也促使了广大创新主体纷纷涌入该行业，开始紧锣密鼓地进行专利布局，以期占领这项技术的先机，且关注点也呈现出多样化的态势：以障碍物检测为主，逐渐扩大到车辆行为检测、多信息融合、道路检测等各个方面。

2. 中国申请量趋势

截至2018年8月1日，中国范围内的智能车辆机器视觉的专利申请总量为477件，占据全球申请总量的33%，可以说，我国为全球智能车辆机器视觉技术的发展贡献了一份不小的力量。

从图2-2可知，智能车辆的机器视觉技术在我国也经历了萌芽期、发展期和快速发展期，但与全球发展相比，起步明显晚于其他国家。

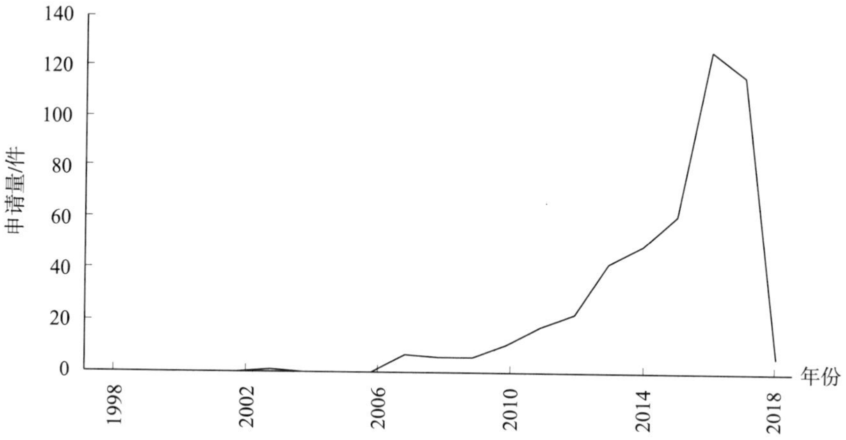

图 2-2　智能车辆机器视觉技术中国专利申请量趋势

（1）萌芽期（2003~2006 年）

这一时期的特点是：涉及智能车辆机器视觉技术的专利申请开始出现，但每年也仅有零星的专利申请出现。2003~2006 年，涉及智能车辆机器视觉技术的中国专利申请量仅 10 件左右，申请人主要以高校为主。可见，这一时期，国内汽车制造企业的研发能力和专利布局意识都还比较薄弱。

（2）发展期（2007~2012 年）

从 2007 年开始，我国的智能车辆机器视觉技术开始发展，申请量较上一时期有明显增长，但增幅仍然较为缓慢，技术关注度主要集中在障碍物检测和多信息融合。这一时期，申请人仍然是以高校为主，占据了总申请量的 67.6%，同时，国内企业也开始在该领域进行专业布局。

（3）快速发展期（2013 年至今）

从 2013 年开始，智能车辆机器视觉技术开始受到国内各创新主体的高度关注，申请量逐年攀升，2016 年的申请量更是达到了 127 件。可见，国内创新主体于这一时期开始了专利布局的提升，这也促进了智能车辆机器视觉技术在我国的快速发展。同时，国内企业的专利申请量稳步上升，以 2016 年为例，企业的专利申请量已超过科研院所，占全年总申请量的 55.6%。在所解决的技术问题中，鲁棒性（要求系统对不同的道路环境、复杂的道路情况以及变化的光线条件具有良好的适应性）占比 62.7%，可见，国内创新主体对算法较为关注。

3. 全球技术分支发展趋势分析

从图 2-3 中可以看出，在智能车辆视觉技术领域，障碍物检测一直备受国内外创新主体的关注。自 2009 年以来，道路检测也开始受到关注，而多信息融合、交通标志检测以及车辆行为检测分别紧随其后。之所以会形成这种态势分布，是因为交通安全是智能车辆考虑的主要因素，因此，科研人员一直致力于实现帮助司机成功避障这一首要目的。随着研发的不断投入以及人工智能技术的不断发展，创新主体逐渐将关注度扩大到能够有助于完全实现无人驾驶的技术分支，因而道路检测、交通标志检测等受到创新主体越来越多的重视。

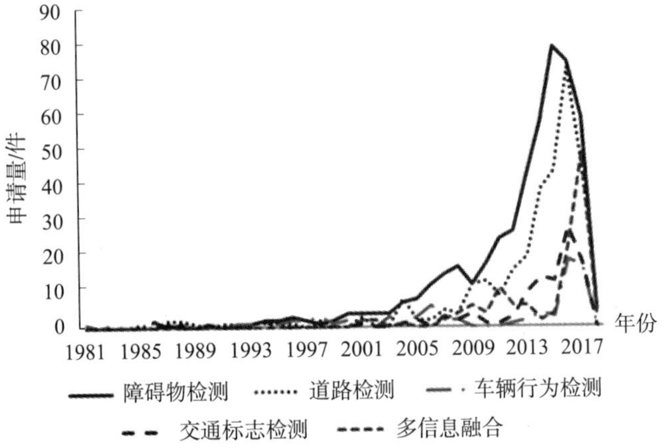

图2－3 智能车辆机器视觉各技术分支专利申请量发展趋势

（二）专利申请量来源地与目标地分布

1. 专利申请来源地分析

从图2－4可知，专利申请的来源地主要集中在中国、美国、日本、韩国、德国这5个国家，这些国家占据了全球智能车辆机器视觉技术专利申请的91%。其中，中国以41%的占比成为全球最大的智能车辆机器视觉技术来源国，美国以20%位居第二。虽然中国的占比最大，但其向国外申请的数量却是少之又少。

2. 专利申请目标地分析

如图2－5所示，专利申请目标地主要集中在中国、美国、欧洲、日本、韩国这5个国家和地区，它们共占据了全球智能车辆机器视觉技术专利申请的89%。其中，中国占比最大，达到了34%；美国次之，为25%。虽然中国的占比最大，但其中有43.8%都是本国申请。

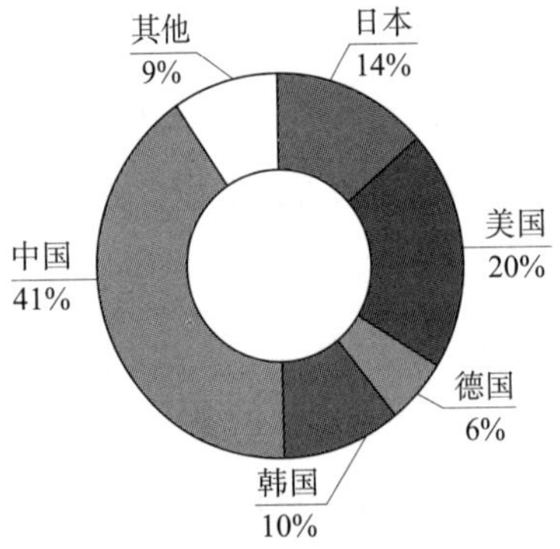

图2－4 智能车辆机器视觉技术专利申请来源地分布

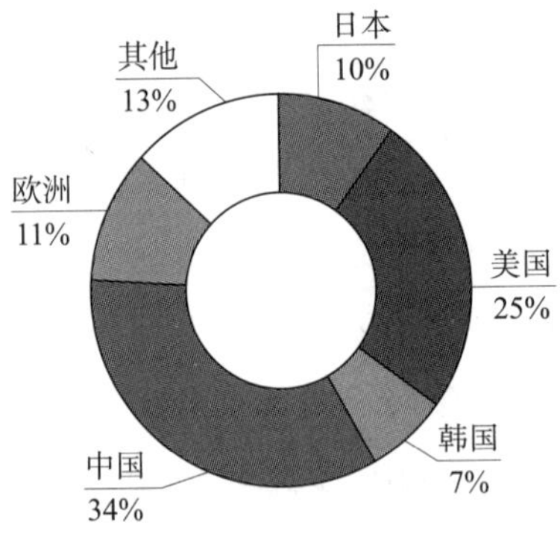

图2－5 智能车辆机器视觉技术专利申请目标地分布

（三）重要申请人分析

1. 全球重要申请人

图2－6示出了智能车辆领域机器视觉全球重要申请人专利申请量排名。从中可以看出，韩国的现代在机器视觉专利申请占据了第一位，现代是韩国的最大汽车公司，它对机器视觉领域的专利布局十分积极；同时，日本的车企如丰田、三菱电机、日立等公司也占据了机器视觉大部分的申请量，这也说明了日本在机器视觉这一方面的申请量具有一定的优势，其也是智能车辆机器视觉技术的主要来源地；Mobileye 的专利申请占据第二名的位置，Mobileye 并非传统的车企，其能够占据如此重要的位置说明该公司是机器视觉领域的重要申请人。

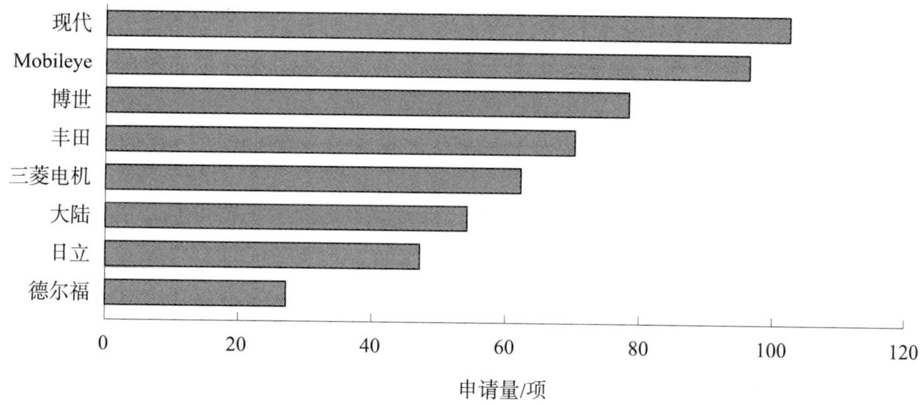

图2－6　智能车辆机器视觉全球重要申请人专利申请量排名

2. 全球重要申请人被引用次数

专利申请的被引用度同样能够说明申请人在该领域地位的重要性，从图2－7中可以看出，作为重要申请人的 Mobileye 在该领域内专利申请被引用的次数最多，达到了906次，从这个方面来说，Mobileye 拥有大量的基础专利，该公司对机器视觉技术的发展作出了很大的贡献。在 Mobileye 申请的专利中，公开号为 US6704621B1 的专利被引用次数

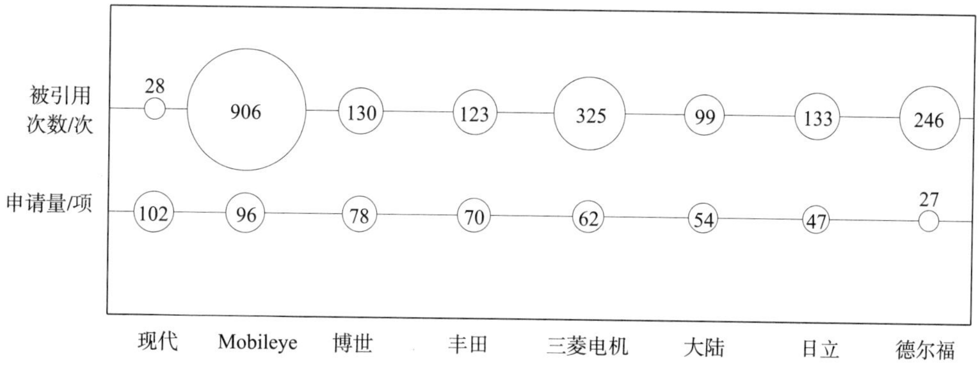

图2－7　智能车辆机器视觉全球重要申请人被引用次数及专利申请量

多达136次，该专利申请日较早，是其公司技术发展的基础专利。同时，韩国和日本的公司在机器视觉领域的专利申请的被引用次数也比较多，例如：日本公司中，三菱电机的专利申请的被引用数量最大，达到325次；其次是日立和丰田，分别达到了133次和123次。这说明日本公司在机器视觉方面也同样存在的大量的基础专利，这也是由于日本车企具备比较雄厚的研发能力。

三、技术发展脉络

（一）技术发展路线分析

如图3－1所示，针对障碍物检测、道路检测、交通标志检测、多信息融合、多目标检测等5个技术分支作了发展路线的梳理，其中，箭头表示相关专利申请所涉及的技术有较大的关联性。

1. 障碍物检测

针对障碍物检测，最初的检测技术的研究重点集中在硬件结构上，主要基于双目立体视觉的视差原理，通过检测车辆与障碍物的距离来确定碰撞时间，例如1995年的日本专利申请JPH8278126A。限于当时硬件处理器的图像处理能力和算法水平，对于图像中障碍物本身的提取、识别，主要依靠左右两幅图像的简单匹配算法，图像处理过程较为简单。然而在实际应用中，在车辆所处的开放环境下，并不能保证这样就能准确地确定障碍物。因此，在之后的发展过程中，对于图像处理算法的研究成为主要方向。具体而言，相关的检测和识别的研究主要集中在行人和车辆这两大障碍物类型上，其各自具有相应的图像处理算法发展历程。

（1）在行人检测方面，总体的检测方法一般可以分为基于表观的表示方法和基于人体模型的表示方法，例如2015年提出的中国专利申请CN105046197A即公开了一种基于多个模型的行人检测方法。其中，基于表观的表示方法侧重于寻找特定的行人特征描述，并基于特征进行分类，因此相关的研究集中于特征描述方式和分类器的设计上，例如2004年的美国专利申请US2005196047A1。而相关的特征描述方式一般又可分为三种，即底层特征、基于学习的特征和混合特征。

其中，底层特征从图像纹理、梯度等方向描述行人，可以是单纯的图像颜色信息、灰度信息，也可以是行人轮廓或区域，对于运动的人体信息，还可以通过光流、轨迹等表现，例如2007年提出的美国专利申请US2008278584A1即公开了一种基于光流法的运动行人检测方法。而基于学习的特征是利用机器学习技术，从大量样本学习判别能力较强的特征，并进行训练，例如分别于2011年和2014年提出的中国专利申请CN102147869A和CN104268503A。

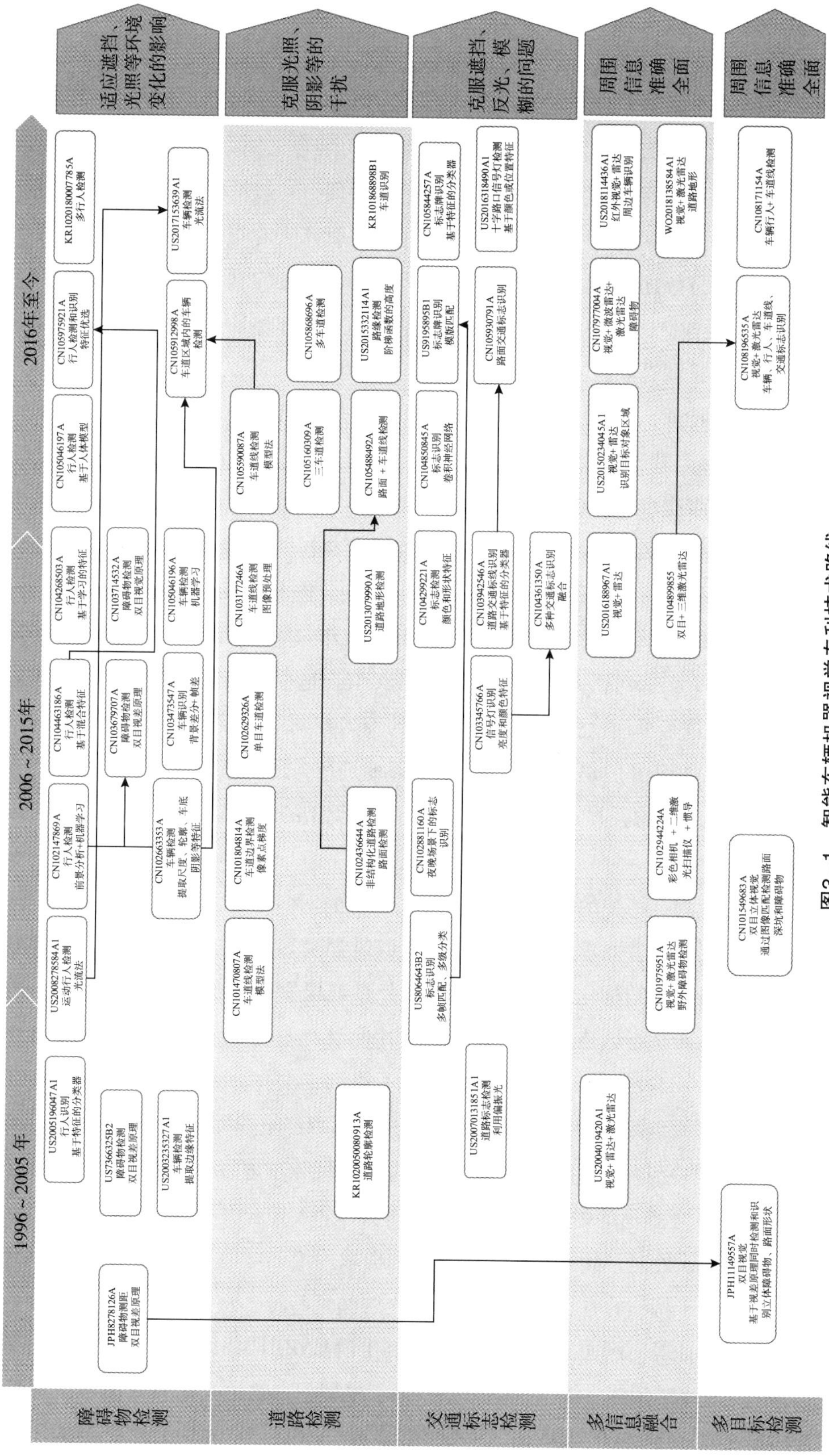

图3-1 智能车辆机器视觉专利技术路线

在上述两种特征描述方式中，底层特征计算速度较快，但判别能力较弱，鲁棒性不够；而对于基于学习的特征，其训练使用的正样本是否具有代表性直接决定了最终生成特征的判别能力，因此会影响训练时间。由此可见，上述两种特征描述方式各有优劣，于是出现了混合特征的特征描述方式，其多为多个底层特征的融合，例如2013年的中国专利申请CN104463186A。有时也会添加学习特征的高阶统计特征，一般情况下其准确率更高。但随着特征维数的增加，计算复杂度也会提高，不利于实现算法的实时性。因此针对多类海量特征相应地出现了特征优选算法的研究，例如2016年的中国专利申请CN105975921A。

（2）对于车辆检测，相关的图像处理方法主要是提取车辆特征，然后根据提取到的特征进行识别。关于特征提取，主要是提取车体的对称性、纹理、边缘、颜色、阴影等具有一定的可识别性的特征，并利用这些特征训练分类器来实现检测，例如2012年的中国专利申请CN102663353A。基于这些特征的提取方法对环境、光照以及图像的拍摄质量要求较高，因此相关的前景提取方法在车辆检测和识别中尤为重要，常用的前景提取方法主要有边缘检测法、差分法、区域生长算法等，例如2002年提出的美国专利申请US2003235327A1即公开了一种基于边缘检测法的前景提取方法。其中，差分法又包括帧差法和背景差法，例如2013年提出的中国专利申请CN103473547A所公开的车辆目标物识别算法即是基于帧差法实现的。另外，与针对行人的图像处理方法类似，也存在光流法检测运动车辆以及基于机器学习的方法进行车辆检测，例如2016年的美国专利申请US2017153639A1和2015年的中国专利申请CN105046196A。因此，无论障碍物是行人还是车辆，基本的图像处理方法实际上是存在相通之处的，并不一定受到障碍物对象类型的限制。

2. 道路检测

对于道路的检测，相关的图像处理算法所针对的对象也包括两种，一种是车道线，另一种是路面特征。前者要求所检测的道路本身包含明显的分道线标志或具有规则的边界形状，因此一般用于结构化道路，例如高速公路或级别较高的公路。后者则一般用于非结构化道路，主要是指城市非主干车道以及其他没有明显分道线标志的道路类型，例如校园、居民小区、乡村道路等，其具有形状不规则、没有分道线标志、路面容易存在破损和裂痕、局部颜色或纹理特征不均匀以及光影影响严重等问题。

（1）在车道线检测方面，其一般需经过图像预处理、车道线分割提取和车道线识别三个阶段，例如2013年提出的中国专利申请CN103177246A即公开了在车道线识别方法的开始阶段需进行图像预处理。其中，在车道线分割提取阶段，可以分为基于特征和基于模型两种处理方法。基于特征的方法一般采用车道线的颜色特征、灰度特征、宽度特征、边缘特征、梯度方向特征等，例如2010年的中国专利申请CN101804814A，该类方法具备算法简单的优点，但是对噪声敏感，抗干扰能力差。基于模型的方法可采用直线模型、曲线模型、反透视变换模型等，例如2007年提出的中国专利申请CN101470807A中采用了直线模型，2015

年提出的中国专利申请 CN105590087A 中采用了混合高斯模型，虽然检测效果较好，但都基于特定的模型假设，往往不能完全满足实际情况，同时有的模型复杂，算法复杂度较高。

从机器视觉的硬件结构来看，目前应用于智能车辆的机器视觉系统通常采用双目或多目结构，该结构虽然对于恢复深度信息及确定景物距离比较容易，且测量精度高，但计算速度较慢，成本较高，同时存在图像特征点匹配和协同性的难题，而与之相对的单目视觉系统结构简单，具有更快的图像处理速度和更好的控制实时性，且在设备成本上具有优势。随着图像处理算法以及硬件处理器日益先进，采用单目视觉的方法也成为智能车辆中的机器视觉技术的研究重点，例如 2012 年提出的中国专利申请 CN102629326A 即公开了一种单目视觉下的车道检测方法。

此外，通过基于模型或特征的检测方法得到车辆所在车道的左右两条标识线信息，一般是针对单一车道的检测。然而，城市道路一般都是较为复杂的多车道行车环境，因此，对于单一车道检测的研究具有局限性，不能适应实际道路环境的要求。在此基础上，部分学者展开了对于多车道检测的研究。其中，三车道模型由于可随车辆位置变化扩展到整个路面范围而最具代表性，例如 CN105160309A 就是在此背景下于 2015 年提出的一项发明专利申请，并且其后又出现了应用范围更广的多车道检测技术，例如 2016 年的中国专利申请 CN105868696A。而随着车道检测技术的不断提高，车道检测和障碍物检测相结合，例如 2016 年提出的中国专利申请 CN105912998A 即公开了对车道区域内的车辆进行检测的方法，这样对可使得作为障碍物的车辆的检测更有针对性，更符合实际行车环境中对前方车辆检测的需要，即更具有实用价值。

（2）对于路面特征，相关的视觉检测方法主要分为基于特征的方法、基于模型的方法、基于神经网络的方法和基于支持向量机的方法等。其中，基于特征的方法主要通过提取和定位道路的某些特征如道路的颜色、灰度、纹理、边缘或频域特征等来检测道路，例如 2004 年的韩国专利申请 KR1020050080913A，并用特征分类实现对道路区域和非道路区域的分割。2011 年的中国专利申请 CN102436644A 的主要优点是对道路形状不敏感，需要的先验知识少；缺点则是对光影、水迹、裂痕等较为敏感，处理计算量较大。此类方法可归结为机器视觉的图像分割问题，目前相关的方法有很多，例如阈值法。

基于模型的方法主要是事先建立道路的参数模型，如直线模型、曲线模型和统计模型等，通过图像分析确定模型参数，从而得到关于道路的全部信息，例如 2015 年提出的美国专利申请 US2015332114A1 公开了一种基于模型的道路路缘检测方法。该类方法检测出的道路区域较为完整，但是对于复杂的路面形状无法建立准确的模型。这与车道线检测中基于模型的方法有相通之处，即相关技术方案可能也不会受到检测对象的限制。

基于神经网络的方法和基于支持向量机的方法则是利用机器学习特性，不需要道路的先验知识，例如 2012 年的美国专利申请 US2013079990A1，但是道路识别的结果依赖于训练时采用的样本，需要大量的训练集。

随着相关道路检测方法的不断完善，对于车道线和路面检测的综合运用，可以提高道路检测的准确性、鲁棒性，例如2015年提出的中国专利申请CN105488492A的相关技术方案即可实现较好的抗阴影效果。

3. 交通标志检测针对交通标志的检测

早期的相关机器视觉技术主要依赖于检测手段本身，例如2005年提出的美国专利申请US2007131851A1即利用了视觉成像的光信号本身的特性。与障碍物的检测、识别技术发展路线类似，交通标志检测之后的研究重点也集中到了图像处理算法上。从检测对象的角度来看，主要分为标志和信号灯两个方面，其中标志不仅包括道路旁的交通标志牌，后期也涉及路面上的交通标线，例如分别于2014年和2016年提出的中国专利申请CN103942546A和CN105930791A即涉及左转线、直行线等路面交通标线的识别。

（1）对于标志的检测，相关的标志检测方法主要分为基于标志特征的检测方法和基于模板匹配的检测方法，例如2015年提出的美国专利申请US9195895B1即公开了一种基于模板匹配的标志检测方法。而基于标志特征的检测方法所需要提取的特征一般是标志的形状或颜色，也有将形状特征和颜色特征结合，一起用于标志的检测，以提高检测性能，例如2014年的中国专利申请CN104299221A。

基于模板匹配的检测方法，则存在算法处理时间较长，识别率很低，得不到预期理想结果等缺点。具体的检测方法，例如2016年提出的中国专利申请CN105844257A中涉及的分类方法、模板匹配中常用的Hough变换法；又如2015年提出的中国专利申请CN104850845A中涉及的神经网络以及数学形态学的方法等，与障碍物、道路检测中的类似，即算法本身具有通用性，不受检测对象的限制，在此不再赘述。

（2）对于信号灯的检测，其一般是在颜色分割和形状检测的基础上实现的，例如2013年的中国专利申请CN103345766A。其中，利用颜色分割法将图像中符合预定义颜色的区域选择出来，作为信号灯候选区，利用形状检测法从多个信号灯候选区中识别出信号灯，包括识别出信号灯所处的位置以及信号灯表示的含义，这一过程可通过基于圆形度的形状检测、基于自适应模板的形状检测、基于机器学习的形状检测等方法实现。又如2016年的美国专利申请US2016318490A1，具体的算法不再赘述。

随着各种交通标志检测和识别算法的成熟，也出现了方法融合的发展趋势，例如2014年提出的中国专利申请CN104361350A即公开了一种实现多种类别的交通标志检测识别的融合方法，以提高交通标志信息获取的全面性。

4. 多信息融合和多目标检测

多信息融合和多目标检测这两个方面均涉及相关技术的综合运用，前者主要是在视觉检测装置的基础上辅以其他传感器，以实现优势互补，目前，在性能和成本均衡考虑的基础上，主流的传感器结合方式是视觉装置结合激光雷达和/或微波雷达。后者则是在针对前述各种目标对象的检测方法的不断发展的基础上，通过相关的图像处理算法的结合，实现对应多种目标的检测，并且多信息融合技术的发展也会推动其发展，例如2014年的中国专利申请CN104899855A。

多信息融合和多目标检测主要基于实际应用的需要，是对相关单项研究的综合，例如2017年的中国专利申请CN108196535A，其目的是保证可靠、准确、全面地获取车辆周围的环境信息，因此更具有现实意义。

（二）技术功效分析

适用于智能车辆的机器视觉技术领域中，相关专利申请涉及众多技术分支。基于当前技术发展水平和专利申请情况，同时为了便于对其进行技术功效的分析，对国内外全部相关专利申请进行如下技术分解，包括硬件、数据处理、障碍物检测、道路检测、交通标志检测、车辆行为检测、多信息融合以及多目标检测等方面。并且，根据智能车辆所采用的机器视觉技术必须具备实时性、鲁棒性、实用性三个特点的要求，[2]将这三个特点作为主要的技术效果，用于对各技术分支的技术功效进行分析。图3－2、图3－3分别列出了中国和外国申请中各技术分支的技术功效。

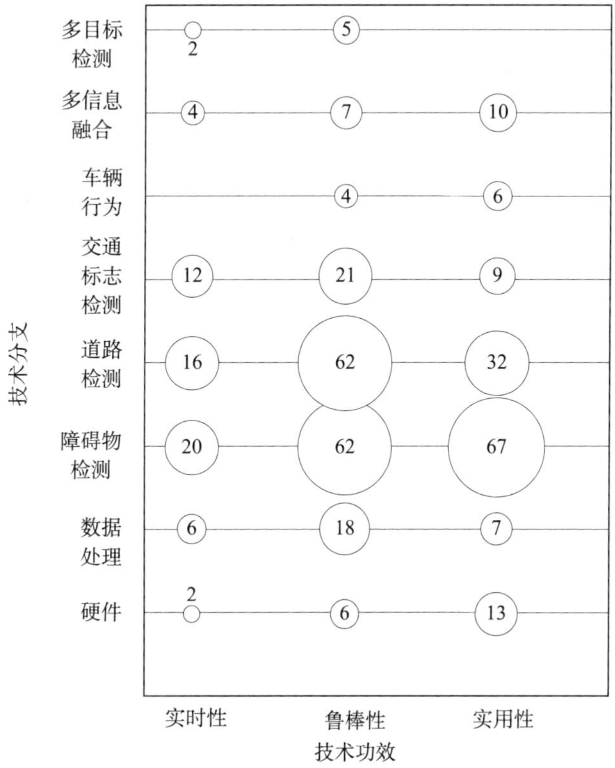

图3－2 中国申请中智能车辆机器视觉各技术分支的技术功效

注：图中数字表示申请量，单位为件。

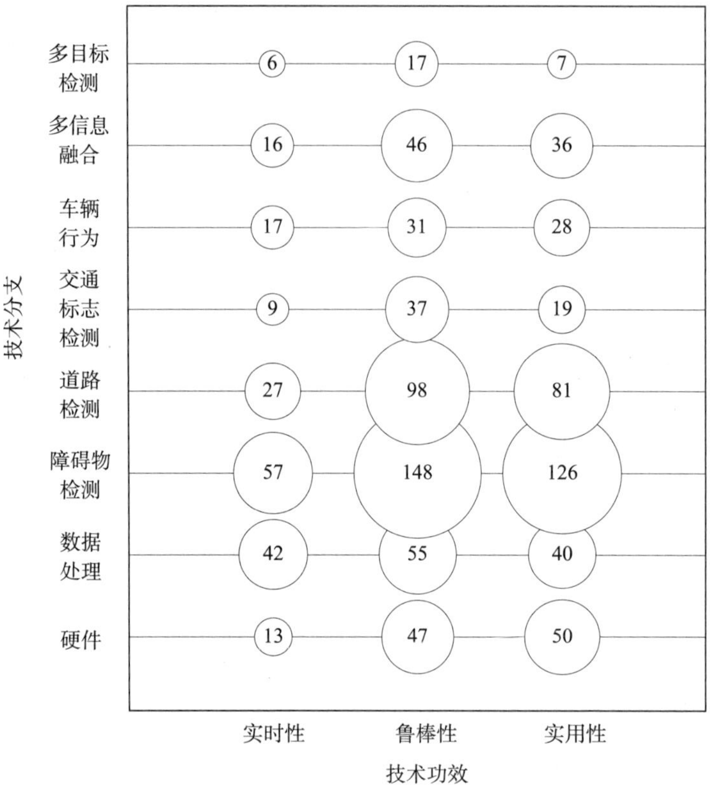

图3-3 外国申请中智能车辆机器视觉各技术分支的技术功效

注：图中数字表示申请量，单位为件。

从技术分支的角度来看，无论国内还是国外，在适用于智能车辆的机器视觉技术的各个分支均进行了专利布局，且其中的重点分布也相同，即国内外都将研究重点聚焦在道路检测和障碍物检测这两个技术分支。对于其余的技术分支，将国内外的分布情况进行对比可知，国外对其他技术分支的研发投入相对均衡，显示出国外既有较好的硬件技术和数据处理技术作支撑，又在大力研究对道路、障碍物、交通标志进行检测、识别等应用技术的基础上，进一步向前通过将所获取的信息用于车辆行为控制、与其他传感器结合进行多信息融合以及更符合实际场景应用需要的多目标检测，以深入到使基于机器视觉的智能车辆达到更接近实用的水平。

相比较而言，中国在这些技术分支方面的专利申请量较少，且分布不均衡，这一方面显示了中国目前对于智能车辆领域的机器视觉技术的研究实际上仍偏向于机器视觉技术本身，而没有很好地与车辆驾驶结合起来，所作的研发主要停留在理论层面，与实际应用差距较大；另一方面也表明在国外相关技术和专利布局均抢占先机的情况下，中国尚未实现具有完全自主知识产权的技术突破。

从技术功效的角度来看，对于国内外都重点关注的障碍物检测这一技术分支，与实时性相比，国内外都更为关注鲁棒性和实用性，且对这两个方面的要求都比较均衡。这既印证了该技术分支是实现基于机器视觉技术的智能车辆最为重要的技术方向，也是研发比较成熟的技术。

对于国内外都重点关注的道路检测这一技术分支，与实时性相比，虽然国内外也都更为关注鲁棒性和实用性，但明显地，国外对于这两个方面的要求更加均衡，即在努力改善相关技术的可靠性的同时，也在力求对成本进行控制，以使相关技术能够达到商用的要求。而中国则将更多的注意力放在相关技术的鲁棒性上，致力于更可靠的算法、更准确的结果。

对于其余的个别技术分支，中国在某些技术功效上还有缺失，例如对于车辆行为，中国的专利申请并未涉及有关处理速度、效率的实时性要求；对于多目标检测，中国的专利申请并未涉及有关保障成本的实用性要求。这也表明了中国在一些技术方向上还未真正达到实用、商用的水平，可能仅仅停留在理论阶段。

另外，无论国内还是国外，在全部的技术分支中，对实时性的改进均非相关技术研发的首要目的。这主要是因为目前对于处理速度的限制主要来自硬件的发展水平，尤其在算法日益复杂、对功能的要求越发多样化的情况下，通过软件的改善明显提高实时性较为困难。另一方面也表明，智能汽车未来是否能够实现商用化，当务之急在于解决相关技术的可靠性问题和成本问题。

四、重点专利技术解读

通过结合专利申请被引用次数、同族数量、重要申请人等信息，并结合所涉及的技术方案在相关技术发展过程中的地位，从各技术分支中筛选出了如下重点专利技术进行解读。

（一）车辆行为检测

专利申请 US7680569B2 是日产于 2004 年提出的，用于车辆的车道线偏离趋势检测的专利，其同族数量为 5 个，该专利及其同族被引用了 72 次，两者皆高于所处领域的平均数 2.2 个以及 8.3 次（见图 4－1）。

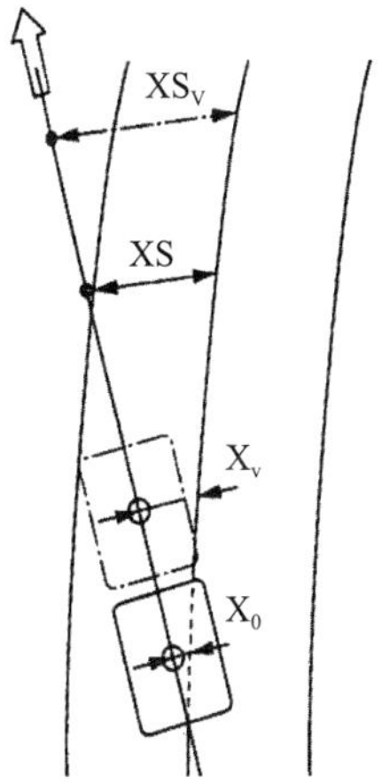

图 4－1　专利申请 US7680569B2 对于车辆的车道线偏离趋势检测的示意图

解决的技术问题：在当车道线处于车载摄像头的图像检测范围之外时，仍然能够对于车辆的车道线偏离趋势进行精确的检测。

技术方案：检测驾驶时的车道线上车辆行驶路线，基于车辆前方的拍摄图像，获取车道线的检测结果，通过判断车辆是否处于第一状态或者第二状态来确定是否执行防止车辆偏离车道线趋势的控制，在该第一状态中，车辆处于增加偏离车道线行驶趋势的状况，在该第二状态中，所述车辆偏离行驶车道线的倾向较小；当车辆处于第一状态时，进一步确定车辆是否处于第三状态，在该第三状态中，车辆在不规则的道路上行驶，或者车道线处于车载摄像头的图像检测范围之外；则结合第三状态下对于车道线的检测结果，对车辆进行避免偏离的自主控制，使得车辆返回到所行驶车道的中心位置。

（二）障碍物检测

专利申请 US7366325B2 是 2003 年提出的低光照图像增强的方法（见图 4－2）。其同族数量为 9 个，该专利及其同族被引用了 100 次。两者皆高于所处领域的平均数 2.2 个以及 8.3 次。

图 4－2　专利申请 US7366325B2 对于低光照情况下运动物体检测的示意图

解决的技术问题：在低光照的情况下，如何获得运动检测数据。

技术方案：采用平均场景视差来计算由移动平台引起的场景中的每个可能目标对象的估计位置偏移，并采用该视差对来自静止物体的运动物体进行分类，运动检测模块基于由所述视场估计的物体偏移和实际物体偏移的比较来检测运动物体。

该专利的申请人为日本本田，由于该技术方案能够较好地对运动物体进行检测，因此，本田也将其持续运用到了所生产的汽车中；而且从其被引用的情况也可以得知，该专利受到全球其他汽车生产厂商的重点关注并在此基础上开展了一系列的障碍物检测研发。

（三）交通标志检测

交通标志检测是自动驾驶视觉感知的重要技术分支之一，其又可细分为信号灯、动态标志和静态标志感知，其中静态标志以及信号灯占比较大。专利申请 US8064643B2 是机器视觉领域重要申请人 Mobileye 于 2007 年提出的用于检测静态标志的专利，该专利及其同族被引用了 89 次，被自引用了 6 次（见图 4－3）。

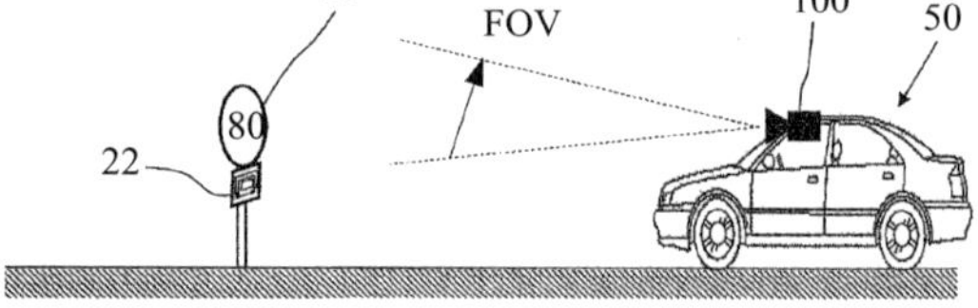

图 4－3　专利申请 US8064643B2 交通标志检测示意图

解决的技术问题：有效检测并识别出交通标志，从而提高自主驾驶的安全性和准确性。

技术方案为：安装在移动车辆上的摄像机实时捕获摄像机视野环境中的多个图像帧，并将图像帧传送到图像处理器；多个图像帧被分割成用于检测交通标志的第一部分，以及用于其他驾驶员辅助功能的第二部分；在检测到怀疑是第一部分的所述图像帧中的至少一个的交通标志的图像时，在第二部分的至少一个图像帧中跟踪所述图像，进而基于形状和颜色来识别不同交通标志。

（四）道路检测

当前基于机器视觉的车道线检测技术主要针对单一车道的检测，然而，城市道路一般都是较为复杂的多车道行车环境，因此，对于单一车道检测技术的研究具有局限性，不能适应实际道路环境的要求。在此基础上，部分学者展开了对于多车道检测的研究。其中，三车道模型由于可随车辆位置变化扩展到整个路面范围而最具代表性。专利申请 CN105160309A 就是申请人北京工业大学在此背景下于 2015 年提出的一项发明专利申请（见图 4-4）。

解决的技术问题：克服路面车辆、其他标识和周边环境对道路标识线的影响所造成的行车环境干扰以及多车道环境下车道标识线间难以界定所造成的车道标识线间干扰，从而有效识别三车道的车道标识线以符合实际城市道路为多车道的复杂环境的要求。

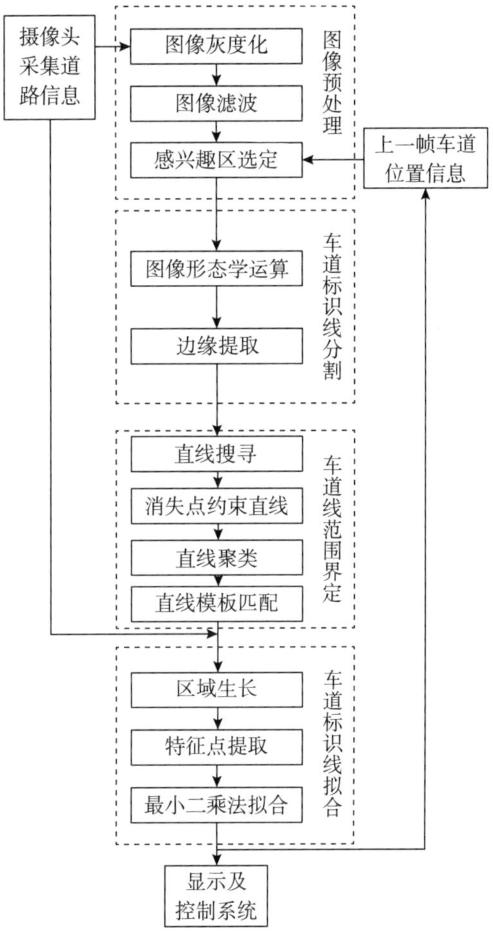

图 4-4　专利申请 CN105160309A 三车道检测方法的流程框图

技术方案为：步骤 1：图像预处理，包括图像灰度化，采用双边滤波器对图像滤波；划定感兴趣区域（ROI），以对车道范围进行初步划定。步骤 2：车道标识线分割，包括图像形态学变换，对经图像形态学变换而得到的图像进行 Canny 边缘提取，以得到整齐的车道标识线轮廓。步骤 3：车道标识线范围界定，包括采用投票的方法以直线为基础寻找车道标识线轮廓边缘以确定每条车道标识线边缘的大体位置，采用 Hough 变换在 Canny 边缘图像中搜寻呈直线特征的边缘；将 Hough 线以加权最小二乘法拟合交点作为道路消失点，以消失点为中心建立中心圆，以中心圆筛选 Hough 线；为了将由同一条车道标识线而产生的多条边缘线合并，且将相近的直线归为一类，通过 DBSCAN 在极坐标中对直线聚类；对分类后的直线以位置及极角进行分类，对应三车道模型的四条车道标识线，从而确定车道标识线的搜寻范围。步骤 4：车道标识线拟合，包括车道标识线区域生长，即对于近视景区以直线模板为基础建立单一矩形车道线 ROI 区域，对于远视景区以区域生长的方法建立若干相连通的矩形车道线 ROI 区域；在所得 ROI 区域内，以灰度值为特征寻找车道线点，并对多个目标点进行合并；以最小二乘法拟合车道线。

（五）多信息融合

随着机器视觉的发展，多信息融合领域中用于减少计算周期，提高运行效率的专利逐渐增多。多信息融合技术广泛用于自动驾驶及导航控制领域。2017 年，Navigant Research 最新发布的自动驾驶领域实力报告显示，福特排名第一。福特作为导航控制领域的领先企业，一直专注于自动驾驶领域中应用广泛的多信息融合技术的研究。例如，专利申请 US20180114436A1 是一项福特于 2016 年提出的融合红外、雷达技术用于周边车辆识别的专利申请（见图 4－5）。[4]

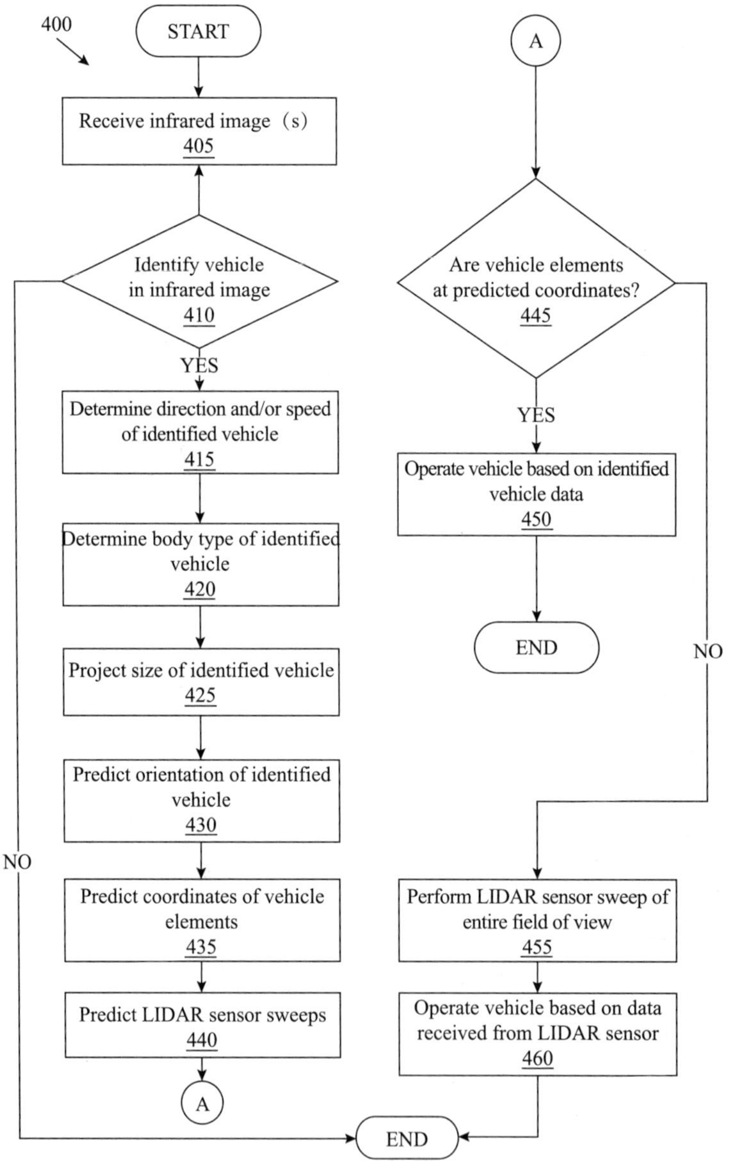

图 4－5　专利 US20180114436A1 融合雷达和视觉信息来检测周围车辆元件流程框图

解决的技术问题：自主车辆的雷达传感器仅需扫描视场中的有限区域，从而在自主车辆的计算机处花费较少的计算周期，提高碰撞判断效率。

技术方案：S1：自主车辆采用红外摄像机识别红外图像中的第二车辆；S2：基于红外图像来确定车辆的第二车辆车身类型；S3：基于所确定的车身类型来预测一个或多个第二车辆的车辆元件的坐标；S4：执行多个雷达传感器扫描和基于所述雷达传感器扫描，确定所述第二车辆的车辆元件是否处于所述预测坐标；S5：基于从雷达传感器所识别的车辆数据来操作车辆，例如用于避免碰撞。其中，S4 步骤中预测坐标可以包括车辆元件的尺寸、车辆元件之间的距离和/或相对于诸如矩形的拐角的参考点的车辆元件的坐标。

五、重要申请人 Mobileye 分析

（一）Mobileye 概况

如第二节所述，Mobileye 是智能车辆机器视觉领域的重要申请人。其是以色列一家基于视觉系统分析和数据处理研发高级驾驶辅助系统和自动驾驶解决方案的公司，始建于 1999 年。该公司在计算机视觉和机器学习、数据分析、定位和制图开发方面处于全球领先地位。Mobileye 提供的算法和 EyeQ® 芯片能够根据车上摄像头拍摄的图像来预测与其他车辆、行人、骑自行车的人、动物、碎片和其他障碍物可能发生的碰撞事故；Mobileye 提供的车道偏离预警系统使用单眼图形处理器来确定道路的车道标记，测量车辆相对于车道标记的位置；Mobileye 的产品还能够识别和辨认交通标志、方向标志和交通灯等。[5]

2017 年 3 月英特尔宣布以 153 亿美元收购 Mobileye，Mobileye 将与英特尔的自动驾驶事业部合并，形成新的自动驾驶部门。目前，该公司的最新系列产品，具有前防撞警告（FCW）、车道偏离警告（LDW）、行人及自行车警告（PCW）、前方车距监测与预警系统（HMW）、自动远光灯控制（IHC）以及限速警示等多种功能。

如图 5－1 所示，Mobileye 在 1999 年、2000 年、2004 年、2006 年、2015 年申请的专利被引用次数较多，均超过了 100 次，从被引用次数中能够看出，Mobileye 重要专利的申请年份为 1999 年、2000 年、2004 年、2006 年、2015 年，尤其是 1999 年和 2000 年，每年只有 2 件专利申请，被引用次数却分别高达 138 次和 153 次，体现了 Mobileye 在自动驾驶视觉感知领域的领先地位。

（二）Mobileye 技术分解

Mobileye 的专利主要涉及采用视觉检测障碍物、道路、交通标志、光源等目标，每一检测目标又可以分为多个子目标，例如障碍物检测又可细分为行人、车辆、碰撞时间、对陷阱的检测等，道路检测包括对于车道线、道路边沿、轮廓等的检测，对于轮廓的检测尤其集中在垂直轮廓的检测。

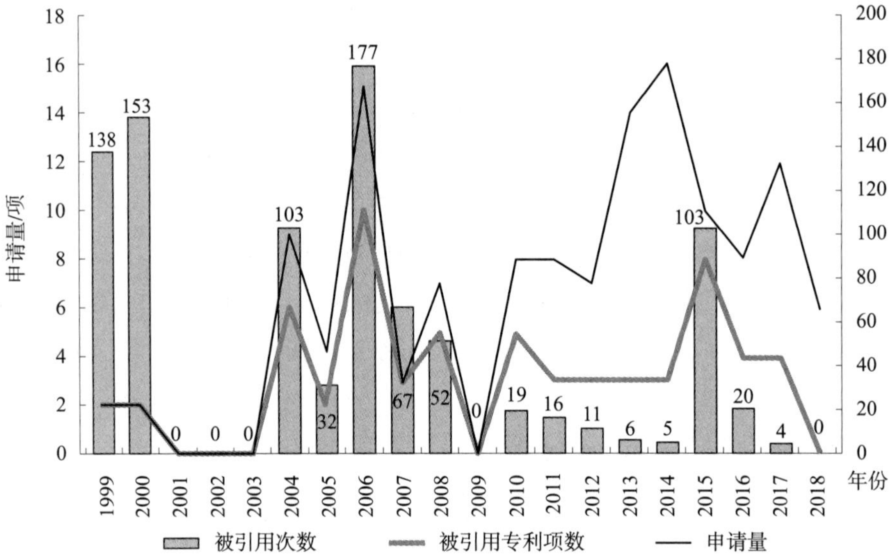

图5-1　Mobileye历年专利申请量、被引用专利项数及被引用次数分布

从图5-2可以看出，Mobileye自1999年公司成立以来，专利申请主要分布在障碍物检测和道路检测，其中障碍物检测的申请量最多，道路检测次之。对交通标志检测、多信息融合也有涉及。

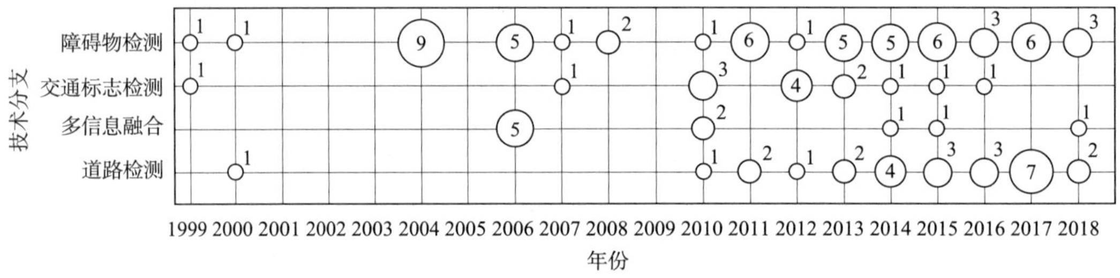

图5-2　1999~2018年Mobileye智能车辆视觉感知二级技术分支专利申请量分布

注：图中数字表示申请量，单位为项。

障碍物检测的申请量整体趋势比较平稳。2004年申请量出现了一个高峰，并在2006年、2011年、2013~2015年、2017年多次出现申请高峰，这是因为Mobileye研发的视觉处理器芯片属于核心技术，Mobileye专有的软件算法EyeQ®芯片通过对视野进行详细分析来预见与障碍物可能发生的碰撞。继2004年第一代芯片推出后，分别于2010年和2014年推出第二代芯片和第三代芯片[6]，而功能更强大的第四代芯片将很快面世。2017年，英特尔收购Mobileye，进一步加速了新一代芯片的研发和推广。

涉及道路检测的专利申请呈缓慢增长态势，以2010年第二代芯片的面世为分界点，2010年以前申请数量很少，2010年以后分布集中，且整体呈增加趋势。2014年出现了第一次申请量高峰，随着2017年英特尔收购Mobileye，专利申请量又一次出现历史新高。

交通标志的专利集中在2010年和2012年，这与公司于2016年推出的REM（路网采集管理）产品有关，而在2016年之后呈减少趋势。多信息融合的专利申请布局出现在2006年、2010年、2014年、2015年和2018年，分析原因在于2011年以前，Mobileye的产品实现各种预警功能需要融合雷达等感知设备，2011年开发出仅单个摄像头就可以实现预警功能的技术，因此该分支的专利量在减少。但第四代、第五代芯片将有能力处理来自传统雷达和激光雷达的数据，在未来还可与其他感知元件融合实现全自动驾驶，预计该分支的专利量未来会增加。

（三）Mobileye技术分支分布

由Mobileye的技术分解可知，Mobileye几乎涵盖了视觉感知的所有技术分支，在障碍物检测、道路检测、交通标志检测、多信息融合方面进行了重点研发和布局。图5－3、图5－4、图5－5、图5－6分别为上述各技术分支专利申请分布情况。

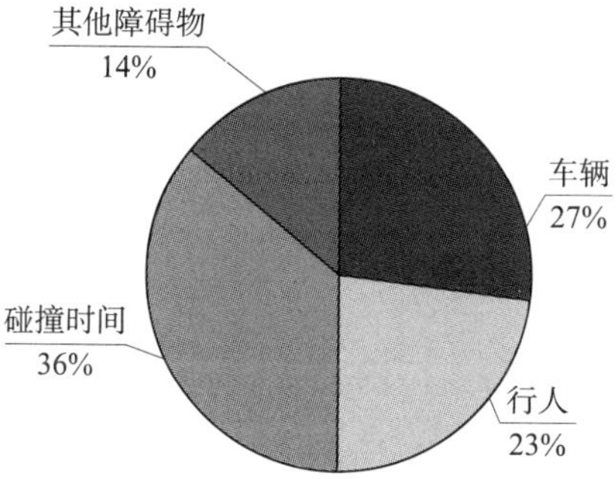

图5－3　Mobileye障碍物感知各技术分支申请量分布

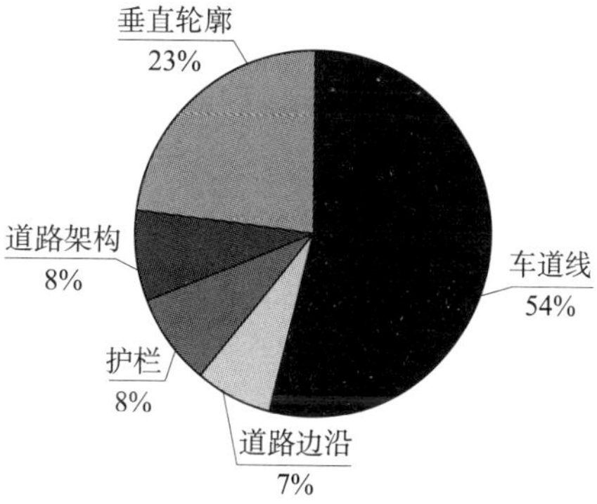

图5－4　Mobileye道路检测技术专利申请量分布

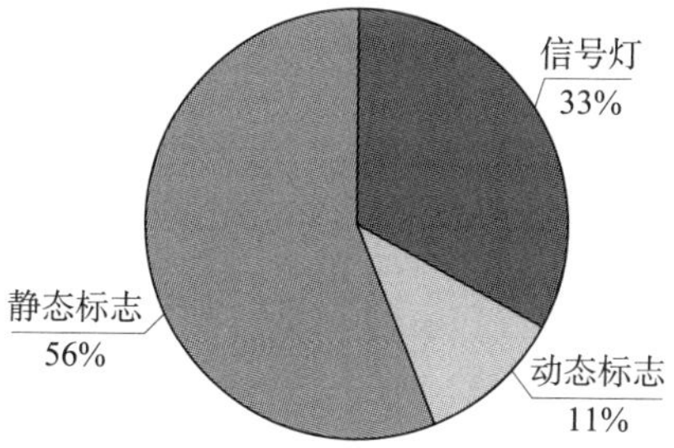

图5－5　Mobileye交通标志技术各分支申请量分布

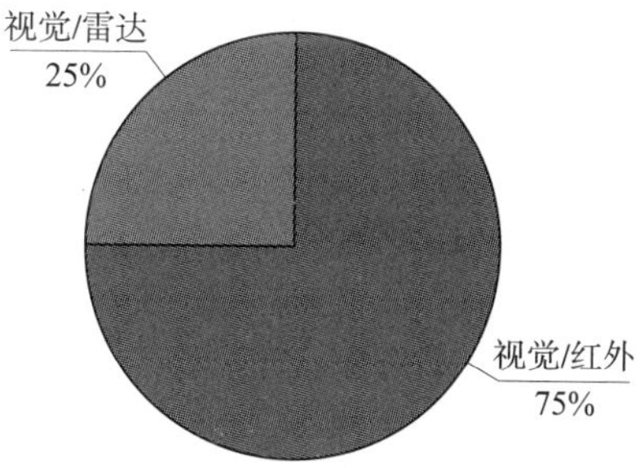

图5－6　Mobileye多信息融合技术各分支专利申请量分布

障碍物检测涵盖了车辆、行人、碰撞时间和陷阱等其他障碍物等分支，其中，碰撞时间检测占比最大，其次是车辆和行人检测。涉及碰撞时间检测的有专利EP2463843A2、

WO2005098782A1、CA2392578、US7113867B1 等。

道路检测又细分为车道线检测、垂直轮廓检测、道路边沿检测、护栏检测、道路架构检测。其中，车道线检测占比最大，其次是垂直轮廓检测。2016～2018 年，涉及车道线检测的专利申请较为集中，主要有专利申请 WO2018015811A1、US20180024562A1、US20180023961A1、US20180023961A1、US20170371344A1、BRPI1717121A2，涉及垂直轮廓检测的有专利申请 US20170270372A1、US20160253566A1。

多信息融合中的视觉/红外占比较多，视觉/雷达占比较少，视觉/红外主要提供夜视安全预警，视觉/雷达主要用于障碍物检测，随着多信息融合技术的专利量的大幅增加，第四、第五代芯片随即面试。

交通标志检测可细分为信号灯、动态标志和静态标志检测，其中静态标志检测以及信号灯检测占比较多，随着产品 REM 以及自主车辆导航的应用，交通标志方面的布局预计会持续增加。涉及信号灯检测的相关专利申请有 2016 年提出的专利申请 US20160318490A1 和 2015 年提出的专利申请 CN106462727A，涉及静态标志检测的相关专利申请有 2015 年提出的专利申请 US20150332104A1 和 2007 年提出的专利申请 US8064643B2 等，涉及动态标志检测的相关专利申请有 2010 年提出的专利申请 EP2172873A2。

（四）重要技术分析

Mobileye 的专利申请几乎涵盖了视觉传感器的所有技术分支，包括基础的障碍物检测、道路检测、交通标志检测，以及相关硬件、算法等。通过对 Mobileye 历年专利申请进行分析，综合考虑被引用专利个数、被引用次数、被自引用次数、同族个数、产品研发路线等，得出 Mobileye 的重要专利，如表 5－1 所示，并对其中的重点专利进行解读。

表 5－1　Mobileye 重要专利

公开/公告号	申请日	优先权日	技术分支
US6704621B1	2000－11－26	1999－11－26 2000－09－01	数据处理
US7113867B1	2000－11－26	2000－11－26	障碍物
US7151996B2	2001－04－14	2000－04－14	道路
US8064643B2	2007－12－06	2006－12－06	交通标志
EP3183688A1	2015－08－17	2014－08－18 2015－08－17	道路
US9664789B2	2015－02－20	2014－02－20	多信息融合

专利申请 US7113867B1 是 2000 年提出的采用单目摄像机实现前方障碍物碰撞时间预警的专利，该专利被引用 113 次（见图 5－7）。

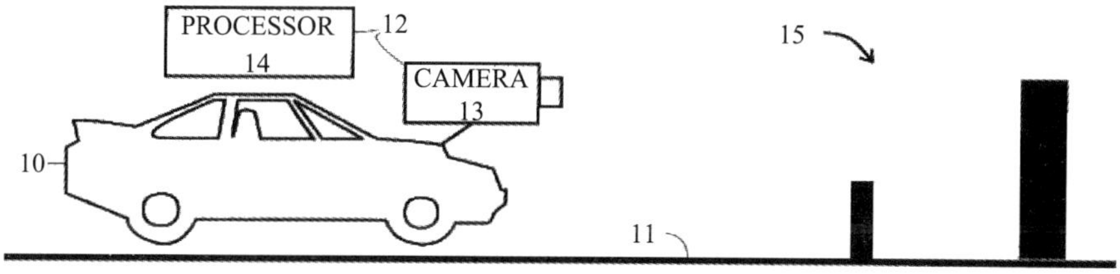

图 5-7　专利 US7113867B1 系统检测障碍物示意图

解决的技术问题：实现了利用视觉技术估计车辆与障碍物之间的接触时间，降低了布置和维护成本。

技术方案：利用安装在车辆上的摄像机 13，得到连续（至少两幅）的图像，从而得到与车辆的接触时间［根据长度（length）维度的两个特征的比例］。不需要机械传感器之间校准以及减少安装成本。

在 2014 年后多信息融合技术的申请重新增多，这是因为随着自动驾驶等级的提高，要求更多的传感器参与感知环节。专利申请 US9664789B2 是 Mobileye 于 2015 年提出的融合雷达和视觉信息来检测障碍物的专利（见图 5-8）。

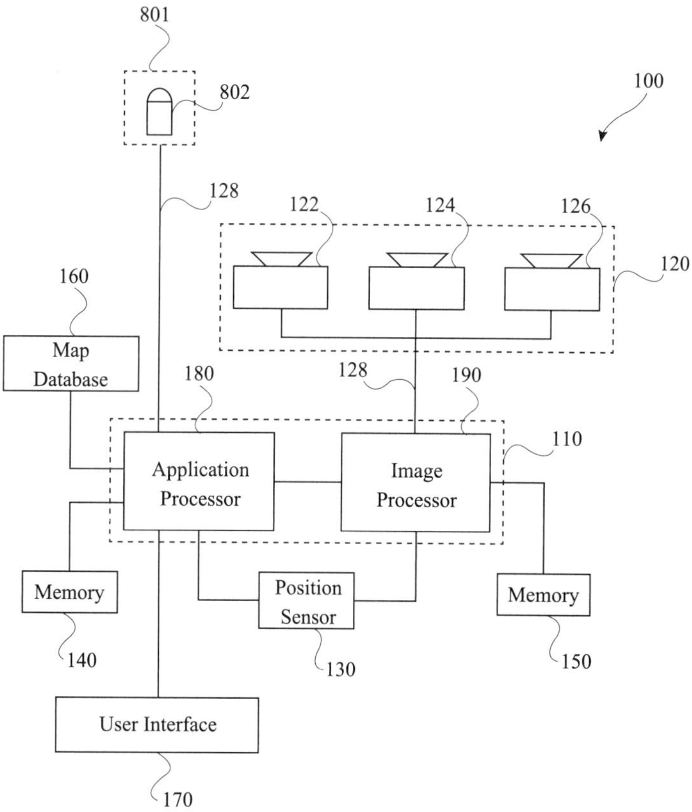

图 5-8　专利 US9664789B2 融合雷达和视觉信息来检测障碍物系统框图

解决的技术问题：能够在可视性较差的条件下有效识别车辆环境中的对象，并消除雷达检测中的误判，以最小化或减小碰撞的风险。

技术方案：该系统包括配置为获取车辆的环境的多个图像的至少一个图像捕捉装置120和检测车辆的环境中的对象并提供包括指示车辆和所述对象之间的范围或范围变化率中的至少一个的范围信息的输出的雷达传感器801；所述系统还包括至少一个处理装置110，其被配置为：从所述至少一个图像捕捉装置120接收所述多个图像；从所述雷达传感器801接收所述输出；对于来自所述多个图像之中第一图像中的多个图像片段的每个以及对于来自所述多个图像之中第二图像中的对应的图像片段，确定光流的指示符；使用基于所述雷达传感器801的输出来确定期望光膨胀（opticalinflation）值；使用期望光膨胀值和所确定的光流信息，在感兴趣的区域内可以分离出目标对象。

（五）技术功效分析

从图5-9可以看出，在技术发展初期，Mobileye技术研发的关注点核心在于实用性和鲁棒性，[7]其均在2006年、2011年、2014～2016年出现申请高峰，Mobileye继2004年第一代芯片推出后，分别于2010年、2014年推出第二、第三代芯片，随着英特尔2017年收购Mobileye，预计涉及实用性和鲁棒性的专利量会出现新高。

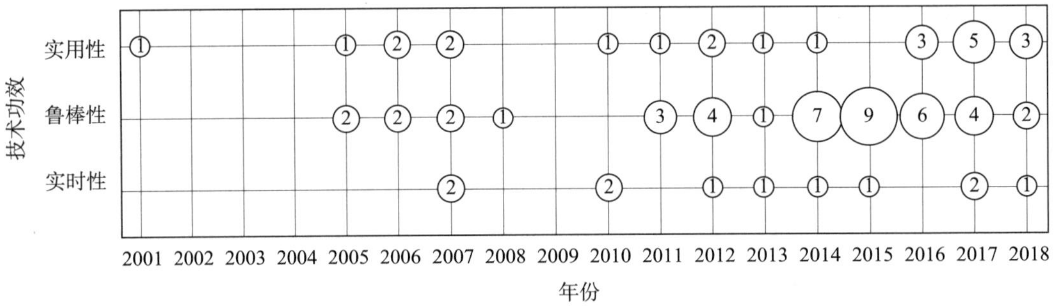

图5-9　2001～2018年Mobileye智能车辆机器视觉领域技术功效分布

注：图中数字表示申请量，单位为项。

对于实时性而言，可以看出分别在2010年和2017年出现申请高峰。同时，作为衡量处理器芯片性能的一个重要指标，实时性的优化会不断完善处理器芯片。2010年，Mobileye推出了第二代处理器芯片，其核心在于采用多线程技术大大提高了实时处理性能。2017年，英特尔收购Mobileye，随着全球最大的处理器制造商的加入，对于芯片处理器的实时性研发力度将不断加大，预测涉及实时性的专利申请也将不断涌现。

六、总结

本文基于目前公开的全球专利申请，分析了智能车辆机器视觉技术在全球、中国的专利申请态势，从专利申请整体发展趋势、申请人的国家/地区分布、重要申请人分析等角度，对智能车辆机器视觉技术的全球专利申请状况进行分析。同时，深入分析了多信息融合、交通标志检测、车辆行为检测以及车道线检测等技术分支的技术发展路线，并对其进行了技术功效分析。

通过分析可以得知，在智能车辆机器视觉技术方面，中国的专利申请趋势与全球相同，皆经历了萌芽期、发展期和高速发展期，且目前都处于高速发展期。虽然中国的起步明显晚于其他国家，但由于市场需求和国内创新主体的重视，申请量目前处于较为领先的地位。但国内创新主体向国外申请的数量却是少之又少，对核心技术的掌握还很匮乏这也表明中国创新主体的研发能力还存在明显的不足。同时，中国、美国、日本和韩国在专利申请的目标地和来源地的占比中均很靠前，这也说明了这几个国家的创新主体都很注重在智能车辆领域的机器视觉方面的研发。此外，通过对各技术分支进行分析可知，障碍物检测技术一直备受国内外创新主体的关注，伴随着人工智能技术的不断发展，创新主体的关注度也逐渐扩大到能够有助于完全实现无人驾驶的技术分支，如道路检测、车辆行为检测、交通标志检测以及多信息融合等。

通过技术功效分析可知，在适用于智能车辆的机器视觉技术的众多技术分支中，中国与国外相比，在障碍物检测方面发展水平相近，对相关技术的鲁棒性和实用性的关注程度较为均衡，显示出相关技术的发展已比较成熟，具备了一定的实用价值。但对于其他技术分支，中国与国外的差距仍然比较明显，尤其对于涉及成本控制的分支，中国的专利申请人关注较少，显示出中国在相关技术上距离商用化程度还比较远。为了在未来实现智能汽车的商用化，相关技术的可靠性和成本水平相较于实时性更适用于作为现阶段智能车辆机器视觉技术的发展重点，是相关研发主体目前应重点投入和努力实现技术突破的主要方向。

Mobileye 是自动驾驶视觉传感器领域的重要申请人，该公司拥有大量的基础专利，其专利申请被引用次数最多达到了 561 次。通过对 Mobileye 的专利申请进行分析可知，其专利申请几乎涵盖了视觉感知的所有技术分支，在障碍物检测、道路检测、交通标志检测、多信息融合方面进行了重点研发和专利布局。本文对 Mobileye 的所有专利申请进行了技术细分，并对其技术功效进行了深入分析。结果显示，Mobileye 在障碍物检测及道路检测方面申请了较多专利，可以预计这些技术分支的专利申请量在未来会持续增加，以保护其核心技术。同时，Mobileye 灵活运用专利申请策略，采用以多种专利申请为基础的辐射式申请策略，更好地实现了专利布局。国内企业在研发的过程中应注意保持对重要申请人研发动向的追踪，以借新技术更新变革之际有所突破，并且也应重视自身科研队伍的建设，着重培养重点科技人员，在重视技术研发的同时，还应及时进行专利布局，在申请专利时绕开相关技术的专利壁垒，保持技术的持续性发展。

参考文献

［1］闫富江，王东胜，王俊．机器视觉技术在交通领域的应用探讨［J］．黑龙江交通科技，2008（9）：109.

［2］黄干，徐学军．基于机器视觉的汽车智能驾驶系统研讨［J］．微计算机信息，2004，20（6）：4-6.

［3］“百度无人驾驶”中国专利布局分析［EB/OL］．［2018-03-19］. http://www.gaohangip.com/article/2828.html.

［4］刘健．基于三维激光雷达的无人驾驶车辆环境建模关键技术研究［D］．合肥：中国科学技术大学，2016.

［5］赵冉．Mobileye：商用车驾驶员的第3只眼［J］．专用车与零部件，2016（4）：27-28.

［6］孙永杰．英特尔并购Mobileye：智能汽车领域成“芯”战场［J］．通信世界，2017（8）：60.

［7］张国权．基于视觉导航的智能车辆目标检测关键技术研究［D］．兰州：兰州理工大学，2012.

智能车辆中激光雷达的专利技术综述*

张竞存　金政**

摘　要　激光雷达相比于传统图像传感器和毫米波雷达具有更高的分辨率和抗干扰能力，能够获得高分辨率的环境轮廓信息和目标深度信息，在智能车辆的自动驾驶功能中起着重要的作用。本文针对智能车辆中激光雷达的技术现状和国内外专利申请情况进行研究并进一步聚焦于汽车激光雷达设备本身，了解主要申请人的专利布局并梳理激光雷达的技术发展脉络。重点分析领域内重要申请人的专利布局，旨在掌握当前的专利布局情况以避免侵权风险，并预测未来专利申请的发展趋势。最后，针对相关企业在智能车辆领域中激光雷达的技术研发提出了措施和建议。

关键词　智能汽车　自动驾驶　激光雷达

一、概述

为解决能源、拥堵、交通事故等问题，满足人们对安全、舒适的驾驶体验的不断追求，智能车辆技术应运而生。智能车辆是一个集环境感知、规划决策、多等级辅助驾驶等功能于一体的综合系统，它集中运用了计算机、现代传感、信息融合、通信、人工智能及自动控制等技术，是典型的高新技术综合体。

自动驾驶汽车（Autonomous Vehicles，Self - piloting Automobile）又称无人驾驶汽车、电脑驾驶汽车或轮式移动机器人，是一种通过电脑系统实现无人驾驶的智能汽车。自动驾驶技术是智能车辆的核心技术。

目前的自动驾驶可分为两类。一类是无人驾驶，其强调的是车辆的自主驾驶以节省人力成本和减少交通事故，典型的例子包括百度和谷歌的无人车。另一类则是 ADAS（Advanced Driver Assistance System，即高级辅助驾驶系统），其发展历史已久，并在奔

* 作者单位：国家知识产权局专利局专利审查协作江苏中心。
** 等同第一作者。

驰、宝马、尼桑等各大车厂中广泛布局。但两者都是利用安装在车上的各类传感器收集数据，并结合地图数据进行系统计算，从而实现对车辆路线的规划并控制车辆到达预定目的地。而 ADAS 可以视为无人驾驶汽车的前提，只有 ADAS 实现功能的完善方可实现无人驾驶。根据美国国家公路安全管理局（HTHSA）的定义，汽车的自动驾驶可分为四个阶段，而目前技术发展处于自动化程度的第二阶段。[1]

如表 1－1 中所示，后期自动驾驶的主要区分就在于环境的区分，而要实现第三阶段或第四阶段的自动驾驶功能，关键在于利用传感器对车辆行驶环境进行准确探测。现有智能车辆探测传感器主要包括：照相机、微米/毫米波雷达、激光雷达等。其中，照相机用于对物体进行识别，微米/毫米波雷达用于在长距离下对位置和速度进行探测，激光雷达用于在短距离下对位置、速度和形状进行高分辨率探测。

表 1－1　汽车自动驾驶的四个阶段

Level 1 辅助驾驶	Level 2 高级辅助驾驶	Level 3 高度自动驾驶	Level 4 完全自动驾驶
单一功能辅助，如定速巡航、ABS、ESP	组合功能辅助，如自适应巡航、碰撞预警、紧急制动、车道偏离预警等	有限条件自动驾驶，在特定环境（如高速公路）下实现无人驾驶	完全无人驾驶，在所有环境下实现无人驾驶

最初，有人认为在无人驾驶中并不必需激光雷达。例如特斯拉创始人马斯克就曾认为不需要激光雷达即可实现无人驾驶，用被动视觉（摄像头）与一个前置的毫米波雷达就能解决问题。然而，发生在邯郸的 Model S 撞施工车、得克萨斯州的 Model S 撞白色卡车等一系列自动驾驶致死事故证明了激光雷达的必要性。随后，研发人员意识到，由于自动驾驶载人的特殊性，做到 99% 的准确度对于车辆驾驶而言并不够，其需要的是 99.99999% 的准确。而目前普遍认为，激光雷达就是实现小数点后几位的最强保障。

（一）激光雷达的工作原理

雷达是一种利用电磁波探测目标位置的电子设备。电磁波的功能包括搜索目标和发现目标，测量距离、速度、角位置等运动参数，测量目标反射率、散射截面和形状等特征参数。传统的雷达是以微米波段和毫米波段的电磁波作为载波的雷达。激光雷达则以激光载波，可以用振幅、频率、相位来搭载信息，作为信息载体。[2]

激光雷达是工作在光频波段的雷达，它由发射、接收和后置信号处理三部分以及使上述三部分协调工作的部件组成。首先利用光频波段的电磁波向目标发射探测信号，然后将其接收到的同波信号与发射信号相比较，从而获得目标的位置、运动状态等信息，实现对目标的探测、跟踪和识别（见图 1－1）。

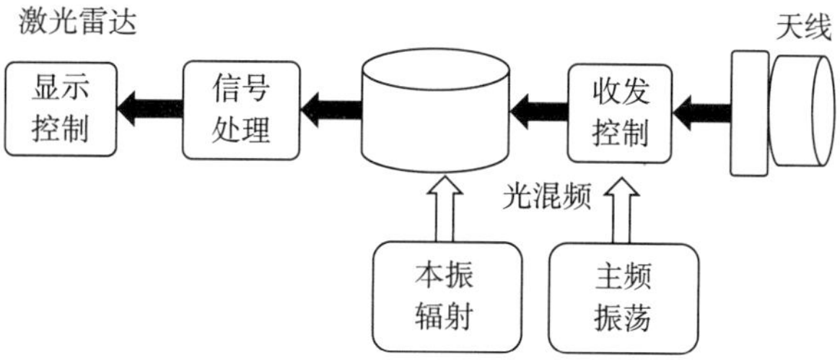

图1-1 激光雷达的工作原理

（二）激光雷达的发展历史

1930 年 EH Synge 首次提出了激光雷达的构思；1960 年 TH Maiman 制成了世界上第一台激光器；而 1960～1971 年激光雷达主要被应用在大气和宇宙空间探测中；直到 2000 年激光雷达才被应用于考古等学术领域；而在 2015～2020 年激光雷达才逐渐进入普通消费领域，例如工业机器人、自动驾驶汽车等（见图 1-2）。可见，激光雷达被应用在智能汽车中的时间尚短，仍然处于萌芽时期，但发展潜力不可小觑。[3]

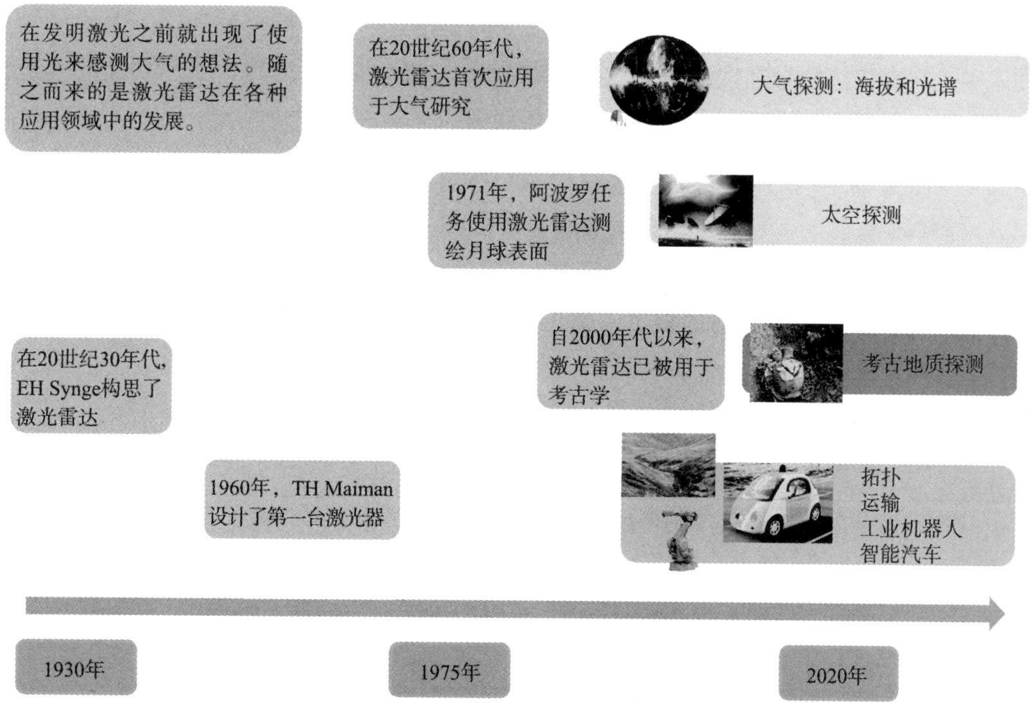

图1-2 激光雷达的发展历史

（三）激光雷达的技术分解

经过前期资料收集、业内人士交流等多种形式了解智能车用激光雷达领域技术与产业状况，并通过在专利检索系统中的初步检索，根据技术特点与产业习惯，兼顾检索得到的专利布局特点，对智能车辆用激光雷达技术进行如下分析。

为使激光雷达结构能够适应智能车辆中的应用需求，研发人员针对智能驾驶应用环境、技术需求以及法律法规对激光雷达结构作出了适应性的调整，形成了以激光雷达装置为核心向外围多传感器、多信息融合技术、决策系统与方法以及整车技术辐射的多层级技术生态系统（见图1-3）。

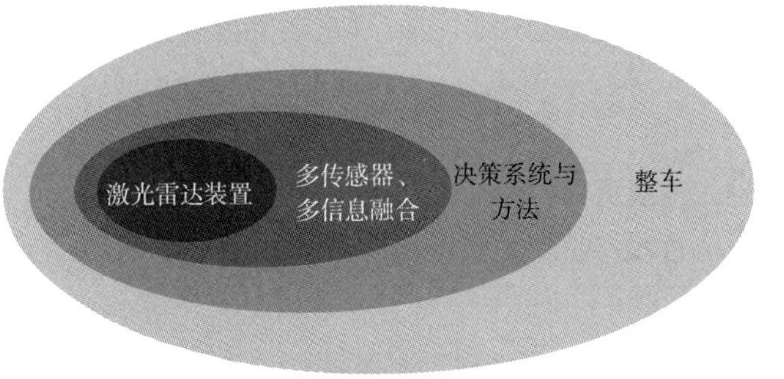

图1-3 以激光雷达装置技术为核心的整体技术布局态势

多传感器融合技术是融合毫米波雷达、视觉摄像头和激光雷达等多种传感器的技术。通过不同类型传感器互相补充互相支持，从而打破单一种类传感器的局限。多信息融合技术则是在多传感器融合技术的基础上，同时整合了GPS、地图等其他渠道的信息。融合技术的外围是决策系统与方法，其包括传感器、处理器和控制器三大部分，根据传感器环境感知、路径规划等信息，决定人车的形式策略，并对车辆实现转向、驱动、制动三方面的控制。

上述系统中，激光雷达装置是整个系统的核心，是实现智能驾驶无法规避的基础技术。因而本文将研究重点放在激光雷达装置领域，制作了激光雷达装置的技术分解表，具体如表1-2所示。

表1-2 智能车辆用激光雷达装置技术分解表

	一级分支	二级分支	三级分支	特点
激光雷达装置	固态激光雷达	扫描	微机械机电系统（MEMS）技术	低损耗、小型化、低成本化
			光学相控阵技术	扫描速度快、指向精度高、可控性好
		非扫描	3D Flash 技术	低损耗、小型化、低成本化
	非固态激光雷达	扫描	机械旋转部件扫描技术	扫描范围广

按照激光雷达装置是否具有机械旋转部件可将其分为固态激光雷达与非固态激光雷达两类。采用机械旋转部件的为非固态激光雷达，目前是车用激光雷达的主流技术。固态激光雷达主要存在三种技术：微机械机电系统（MEMS）技术、光学相控阵技术与3D Flash 技术。其中前两者采用MEMS技术与光学相控阵技术取代机械旋转部件，使得激光

雷达朝着小型化、低成本化的趋势发展。Flash 技术也叫快闪技术，属于非扫描式激光雷达，其在短时间内能够直接发射大片覆盖探测区域的激光，再以高度灵敏的接收器，完成周围环境图像的绘制。

（四）数据检索及处理

1. 数据来源

（1）专利数据来源

采用的专利数据主要来自中国专利文摘数据库（CNABS）、德温特世界专利索引数据库（DWPI）。

（2）法律状态查询

中国专利申请法律状态数据来自中国专利电子审批系统中案卷信息查询模块。

（3）引用频次查询

引用频次数据来自 DWPI。

本报告中涉及的专利文献检索截止日期为 2018 年 6 月。由于部分专利申请可能需要在 18 个月之后公布，某些 2017 年、2018 年提交的专利申请可能存在尚未公开的情况，在 DWPI、CNABS 等数据库中均不包括这部分尚未公开的专利申请，因此，本报告的专利分析仅基于已经公开的专利申请。

2. 数据检索

具体的检索过程主要分为三步：第一步，在摘要数据库中利用关键词和分类号来限定激光雷达的技术领域，然后进一步限定上述激光雷达的应用场景即智能汽车或无人驾驶；第二步，由于激光雷达的领域明确，通过关键词和分类号即可在摘要库中准确定位，但智能汽车或无人驾驶领域分类不明确，往往不在摘要中体现，因此通过对全文库的检索进行补充；第三步，通过对主要申请人的检索验证上述检索结果，并对激光雷达领域主要申请人的专利数据进行补充。通过以上三步，对检索结果进行多次验证和补充，避免漏检。通过机器去噪和人工去噪相结合的方式实现结果去噪，最终得到全球专利申请 1434 项。

3. 约定

将同族专利认定为 1 项专利，将单独的专利定义为 1 件专利。

二、全球及中国专利申请状况介绍

（一）智能车辆用激光雷达全球专利申请状况介绍

对全球的智能车辆用激光雷达专利申请状况以及重要申请人进行分析，从中得到该领域技术发展趋势以及专利申请人所属的国家分布和主要申请人。其中以每个同族中最早优先权日期视为该申请的申请日。

如图2-1所示，激光雷达在智能车辆领域中的申请人主要分为两类，即整车厂商和设备厂商。其中整车厂商按申请量依次包括：谷歌及其子公司Waymo、福特汽车、通用汽车、丰田、优步；设备厂商按申请量依次包括：Sick、Innoviz、德尔福、博世、三星电子。其中，整车厂商的申请集中在激光雷达的决策系统与方法以及多传感器的融合上；而设备厂商的专利申请则主要集中在激光雷达装置本身，例如Sick、Innoviz。

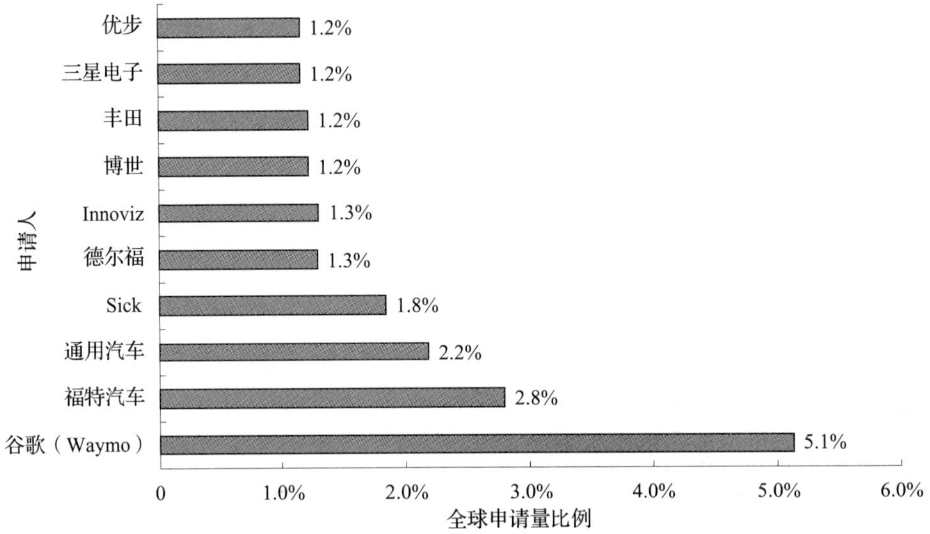

图2-1　智能车辆用激光雷达全球专利申请量排名前十位的申请人概况

1. 专利申请阶段分析

图2-2为全球智能车辆激光雷达的专利申请量趋势。从图中可以看出全球申请走势主要分为三个阶段，即萌芽阶段、平稳增长阶段、快速增长阶段。以下就对上述三个阶段一一进行分析。

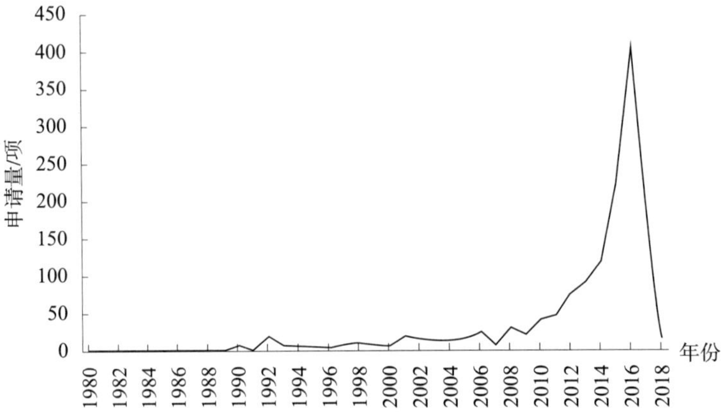

图2-2　智能车辆用激光雷达的全球专利申请量趋势

（1）萌芽阶段（2000年之前）

2000年以前是激光雷达技术应用在智能车辆上的萌芽阶段。该阶段申请量极少，是一个从无到有的过程，涉足该领域的申请人相对分散，主要是汽车厂商、传感器、光学仪器领域中的资深企业，具有代表性的公司有日本三菱、德国Sick和Schwartz Electro Optics等公司。

该时期的专利申请国与目标国均集中在美国、德国、日本等在汽车工业、激光、传感器技术领域较为发达的国家，中国在这一时期没有出现在申请国与目标国中。

（2）平稳增长阶段（2000～2013年）

从2000年开始至2013年，智能车辆中的激光雷达专利申请量以每年30%～50%的速度增长，申请量和申请人的发展趋于平稳增长。

在该阶段中，前述的早期申请人仍在智能车辆中的激光雷达领域继续输出技术，此外汽车厂商中亦增加了若干新的申请人，例如丰田、通用汽车、奔驰、日产等公司。值得关注的是，该阶段中互联网公司加入了激光雷达领域的角逐。其中，谷歌自2009年秘密研发无人驾驶技术，并于2012年开始申请智能车辆中激光雷达领域的专利，由于申请迅速，短短两年谷歌在智能车辆中激光雷达领域的申请量已经名列前茅。此外，这一时期内，中国的申请人也开始对智能车辆中激光雷达的专利进行布局；同时，国外申请人也正逐渐在中国市场进行该领域的专利布局。

（3）快速增长阶段（2014年至今）

从2014年至今，智能车辆中激光雷达的全球专利申请量呈现跨越式增长，成为该技术发展的黄金时期。伴随着大数据时代的来临、深度学习技术的突飞猛进以及人工智能在此期间的迅猛发展，相应地，智能车辆技术也迎来了发展的黄金时代，其间申请量飞跃式增长，且增长曲线急剧陡峭，呈现出快速增长阶段的初期姿态。

2. 专利申请区域分布

通常申请人会首先在本国家/地区提出专利申请，以谋求获得本国家/地区范围内的专利保护。将申请人首次提出专利申请的国家/地区定义为专利申请的产出地，产出地的申请量某种程度上反映了申请人所在地区的技术实力。另外申请人也可以向全球其他有关国家/地区提交专利申请以获得其他国家/地区范围内的专利保护，目的地的申请量反映了申请人向其他国家/地区进行专利布局的愿望和能力，体现了申请人对目的地市场的重视程度。图2－3为智能车辆用激光雷达全球专利首次申请国家/地区分布

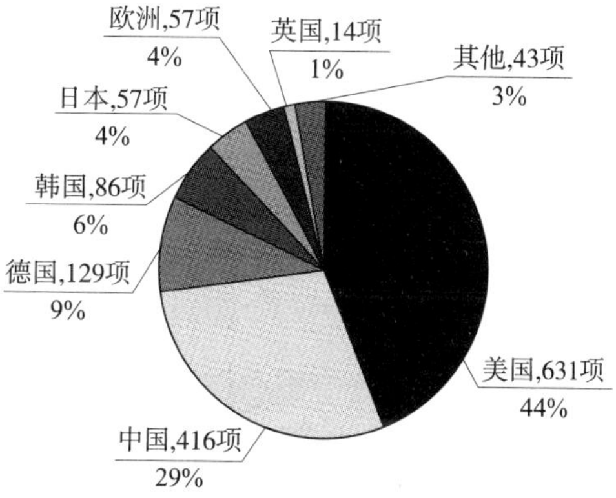

图2－3　智能车辆用激光雷达首次申请国家/地区分布

情况。

从图中可以看到美国、中国、德国、韩国和日本是最主要的首次申请国，其中以美国作为首次申请国的申请占到44%，接近一半。究其原因，美国的汽车行业、光学仪器产业以及人工智能行业均起步较早，因而在传统汽车向智能汽车转型过程中反应快，实力强。其作为智能汽车行业的领军国占据申请区域的绝对优势，这也正符合当下的汽车产业现状。而近几年来，伴随着我国企业对知识产权保护的逐步重视，中国申请正逐渐崛起。中国申请人对智能汽车这一新兴领域保持着高度关注，同时大量资金投入了智能汽车的研发。中国申请占比29%且呈现不断上升势态，正反映了国内智能汽车领域的热潮，“各路豪强”均希望能在这一新兴领域实现弯道超车。此外，德国、日本、韩国等老牌工业国家则相对稳健，其在汽车领域具有深厚的基础，在智能汽车这一新兴领域也正积极进行布局，申请量占比依次为9%、4%、6%。

图2－4显示了智能车辆用激光雷达领域专利申请主要目的地（包括中国、美国、德国、韩国、日本）的专利申请量趋势。

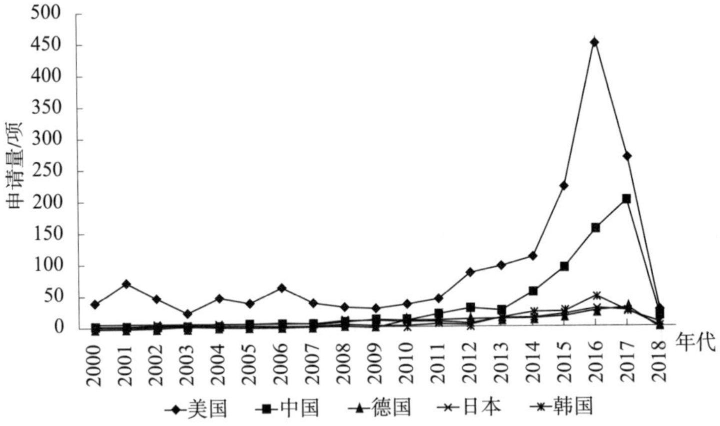

图2－4　智能车辆用激光雷达各申请目标国专利申请量趋势

可以看出，美国的申请量一直处于领先的地位，尤其是在2014年之前，全球申请量几乎由美国垄断。2014年之后，在各国的申请量都有不同程度的增长时，美国的申请量更呈现了爆发式的增长，仍然遥遥领先于其他国家。由此可见美国对智能车辆用激光雷达的重视，以及对智能车辆激光雷达未来市场的乐观预期。在这场以智能车辆为背景的角逐中，中国也不甘示弱，2014年后申请量迅猛增长，说明中国在智能车辆用激光雷达领域迅速崛起，中国申请人同样紧盯这一新兴市场，积极为未来布局。德国、日本、韩国的申请量在2014年之后也有了较大提升，但其申请量已被中国超越，上述三国近几年在智能车辆领域的反应速度稍逊于中国。

表2－1列出了智能车辆用激光雷达领域全球主要首次申请国家专利申请流向。由于专利族将多件专利捆绑，不适于目标国申请情况的研究，因此，关于首次申请国专利申

请流向的研究中将同族专利解绑，以件作为单位制定表 2－1。智能汽车用激光雷达在美国的申请量在各个国家/地区中占据首位，其中绝大部分是美国申请人的申请，其次则是德国申请人在美国的申请。此外，中国、日本、韩国也在美国具有可观的申请数量。综上可知，美国市场正被各国申请人所普遍重视。在中国的申请量位居第二，其中除了中国申请人拥有大部分申请以外，各主要国家均高度重视中国的市场，在中国都有一定数量的专利申请。德国的申请量位居第三，遥遥领先于韩国和日本，可见德国作为一个汽车、雷达产业闻名于世的工业大国，其市场也为各国普遍看重。值得注意的是，中国相比其他各国而言，多边申请的数量很少，专利布局局限于本国，即便在美国存在多边申请，其数量也非常有限。可见，中国申请人的全球布局意识或仍待提高。

表 2－1　智能车辆用激光雷达全球主要首次申请国家专利申请流向　　单位：件

首次申请国	目标申请国				
	美国	中国	德国	韩国	日本
美国	1951	121	76	48	76
中国	14	415	0	0	0
德国	63	44	306	15	16
韩国	44	17	4	94	0
日本	30	11	6	6	80

图 2－5 显示了美国、中国、德国、日本、韩国五个国家作为产出地的技术分布。可以看出，日本、中国、德国在激光雷达装置、融合技术、决策系统与方法、整车各个维度上的综合实力占据三甲。同时可见，除日本外其他四国，在以激光雷达装置为核心的专利生态的各个维度均进行了布局，且各国在激光雷达装置、融合技术、决策系统、整车四个维度上的分配策略也是大同小异。

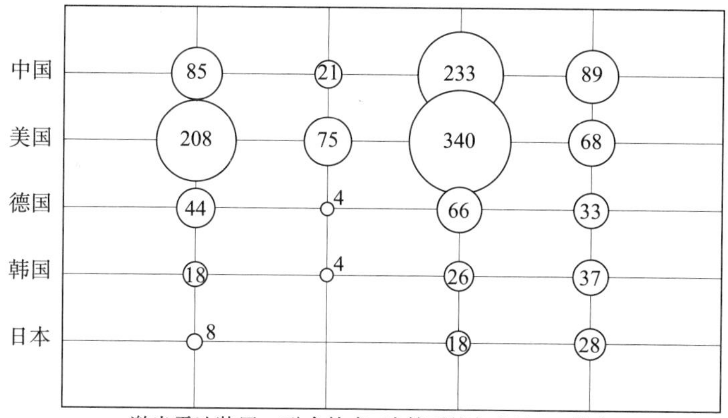

图 2－5　智能车辆用激光雷达技术主要产出地技术分布

注：图中数字表示申请量，单位为项。

图2－6显示了智能汽车用激光雷达技术主要目的地技术分布。可以看到，美国作为智能汽车技术的主要出口国，其本土市场也受到普遍重视。尤其是激光雷达装置方面的专利申请，在美国的布局与其他国家相比在数量上遥遥领先。中国的市场潜力巨大，国内和国外的资本都对中国的市场十分重视，资本未动，专利先行，以中国为目的地的专利申请数量位居第二，仅次于美国。以德、日、韩三国为目的地的专利数量与中美两国差距较大，这与德、日、韩和美、中市场体量的差距是相适应的。

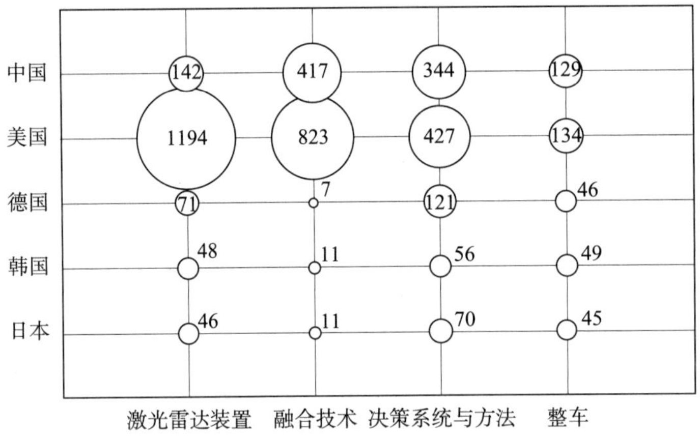

图2－6 智能车辆用激光雷达技术主要目的地技术分布

注：图中数字表示申请量，单位为件。

（二）激光雷达装置分领域专利状况分析

如前文所述，智能车辆中激光雷达的专利大致可以分为从中心到外围的四个部分：激光雷达装置、多传感器多信息融合、决策系统与方法以及整车应用。其中，激光雷达装置显然是上述各项技术的核心。

在专利布局上，作为核心的激光雷达装置方面的专利申请，是激光雷达厂商防御“外敌入侵”的基础性壁垒。因此，我们进一步聚焦激光雷达装置方面的研究。

在对激光雷达装置方面的申请人的全球申请量、申请量占全球申请总量的比例进行统计后，表2－2显示了激光雷达装置领域全球申请量排名前十位的申请人概况。

表2－2 全球激光雷达装置专利申请前十位申请人及其申请量

申请人	国别	申请量/项	占全球申请量比例
Innoviz	以色列	16	4.13%
Luminar	美国	14	3.62%
Velodyne	美国	10	2.58%
Quanergy	美国	10	2.32%
Automotive Technologies（ATI）	美国	9	2.32%

续表

申请人	国别	申请量/项	占全球申请量比例
通用汽车	美国	8	2.06%
Advanced Scientific Concept	美国	6	1.55%
谷歌（Waymo）	美国	5	1.29%
Aeye	美国	5	1.29%
三星	韩国	4	1.03%

涉及激光雷达装置的专利申请比较分散，尚未出现具有大量专利技术积累的企业。其中申请量最大的以色列 Innoviz 在激光雷达装置领域的申请量也只占全球申请量的 4.13%。第二至第十位申请人的申请量占有比例差别甚微，整体趋于平均。仅从专利数量上，无法体现出该领域的核心企业，因此下文将结合产业报告《汽车和工业应用的激光雷达 -2018 版》中领域内普遍公认的汽车激光雷达主要厂商，[3] 对重点申请人进行逆向分析。

车载激光雷达市场中的行业领军者公认为 Velodyne，其作为车用激光雷达的顶级供应商，产品几乎占据了全球各家科技巨头自动驾驶测试车的车顶，但该公司的专利申请量并不突出。与 Velodyne 类似，作为产业黑马而备受关注的 Quanergy 的申请量也同样较少。结合前文对汽车激光雷达的申请趋势分析，由此推断，智能车辆用激光雷达装置领域的专利申请呈现百花齐放的态势，其原因是车用激光雷达领域过于新兴，即使目前 Velodyne 几乎垄断了行业内车用激光雷达，也未能实现专利申请的全面性覆盖。汽车激光雷达行业起步不久，技术日新月异，新创公司的并购时常发生，进军该行业的申请人虽然众多但均还处于起步阶段，专利布局刚刚开始。这对于中国的申请人来说或许确是一个弯道超车的机会。

图 2 -7 示出了激光雷达装置领域主要申请人的技术分布。可以看出，各主要申请人在技术分支上的布局均相对单一。其中 Velodyne 的专利布局完全集中于机械式激光雷达分支上，Quanergy 则几乎完全聚焦在光学相控阵技术分支，Innoviz 和 Luminar 则对 MEMS 激光雷达技术的研发更为集中。ATI 重点布局了 Flash 技术。从上述分析可见：一方面，上述五大重要申请人的布局单一，呈现术业有专攻的状态；另一方面，未来自动驾驶技术将采用何种形式的汽车激光雷达尚不明确，在侧重技术上有着显著区别的五家公司必然将面临优胜劣汰局面。而为了在未来智能汽车中的激光雷达市场占有一席之地，对将来技术趋势的准确预判将显得尤为重要。下文将在技术路线分析部分对各主要技术分支进行阐述。

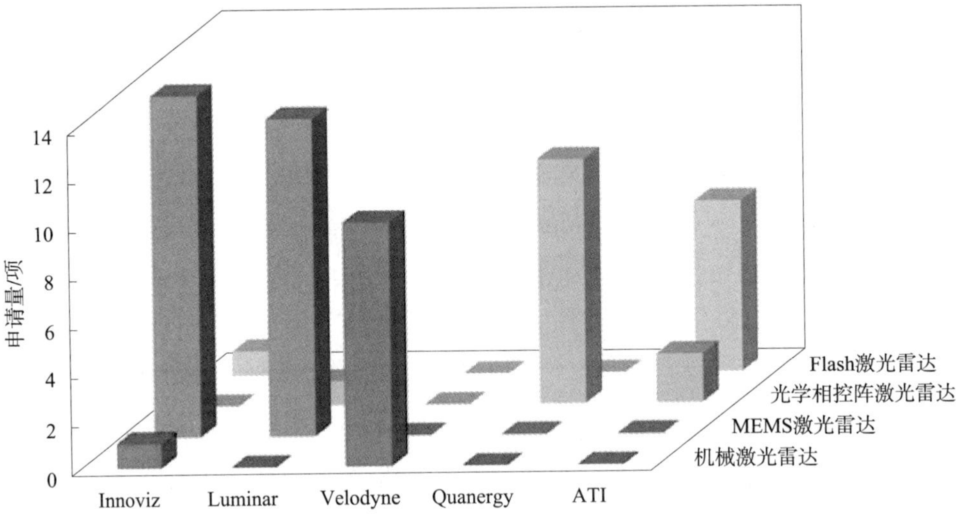

图2-7　智能车辆用激光雷达主要申请人的专利布局区域

（三）智能车辆用激光雷达中国专利申请状况介绍

下面分别从国内申请、国外来华申请两方面分析智能车辆用激光雷达技术领域的中国专利申请量和授权量的趋势情况。

图2-8示出了智能车辆用激光雷达中国专利申请量的年度变化。可以看出，在2010年之前的专利申请数量非常有限，且几乎都来自国外申请人。2010年之后，国内专利申请数量逐渐增加，并且从2014年开始快速增长，而国外来华专利申请数量相较于国内申请增长相对稳定。近年来，国内申请人的专利申请量已然超越了国外来华申请量，且所占比重越来越大，至2016年国内申请人的专利申请数量所占比重已高达68%。

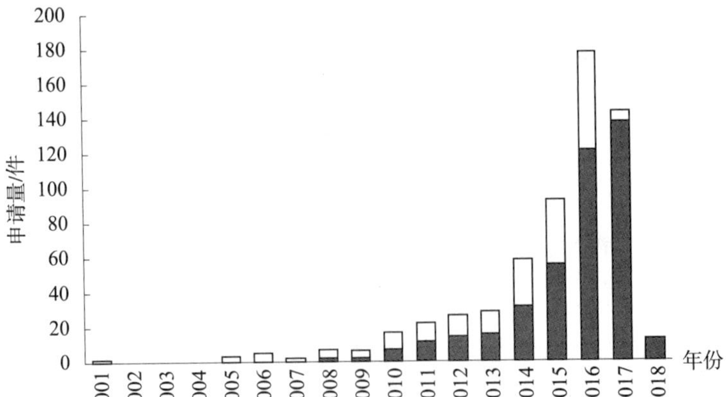

图2-8　智能车辆用激光雷达中国专利申请量年度变化

图2-9示出了智能车辆用激光雷达中国地区授权量年度变化。其中，2011年之前中

国授权专利量每年均小于10件，且被国外申请人垄断，这与2011年之前国外来华申请人占据绝对优势地位以及国内申请人专利质量相对较低有关。2011年之后国内申请人的专利授权数量开始增加，这主要来自于国内申请人于2009年以后提交的专利申请。从数据上看，近几年的国内申请人的申请增长迅猛，相信随着未来申请量的增大，授权量也会相应增加。另外，比较图2-8与图2-9，可以看到，每一年国外来华授权所占比重均大于国外来华申请所占比重，可见在授权率方面国外来华申请领先于国内申请。

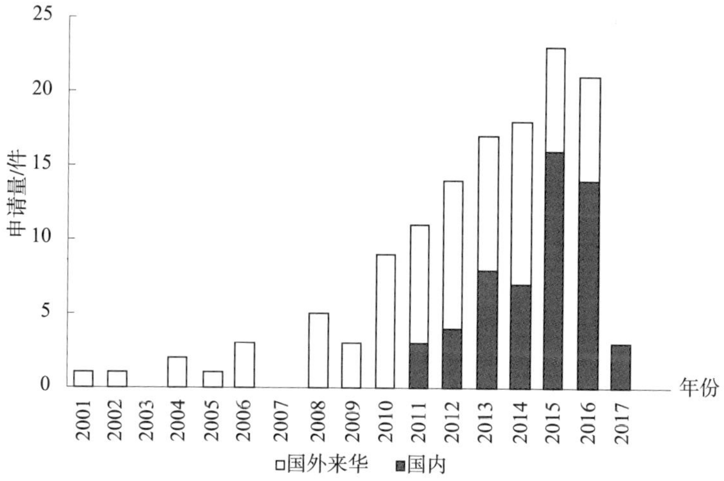

图2-9 智能车辆用激光雷达中国地区授权量年度变化

如表2-3所示，在国内申请人提交的413件专利申请中，发明专利申请为298件，其中授权专利为55件，授权率为18.5%。国外申请人提交了194件专利申请，其中发明专利申请为175件，授权量为77件，授权率为44%。综上分析，国内申请人的授权率明显低于国外申请人授权率。这说明，虽然国内申请量近几年迅猛增长，但专利申请的质量仍较低。

表2-3 智能车辆用激光雷达中国专利申请总体状况

	总申请量/件	发明专利申请量/件	发明专利授权量/件	发明专利授权率
国内申请人	413	298	55	18.5%
国外申请人	194	175	77	44.0%
合计	181	473	132	27.9%

图2-10示出了智能车辆用激光雷达国内主要区域申请量。可以看到，国内申请主要分布在东部沿海和中部工业相对发达的地方。其中申请量最大的是北京，共有77件申请，占中国申请总数的12.88%；其次为江苏、上海和广东，申请量分别为57件、38件、32件，占比分别为9.53%、6.35%和5.35%。四川、陕西、辽宁、安徽在智能车辆用激光雷达领域也表现不俗，申请量均为21件，占3.5%。

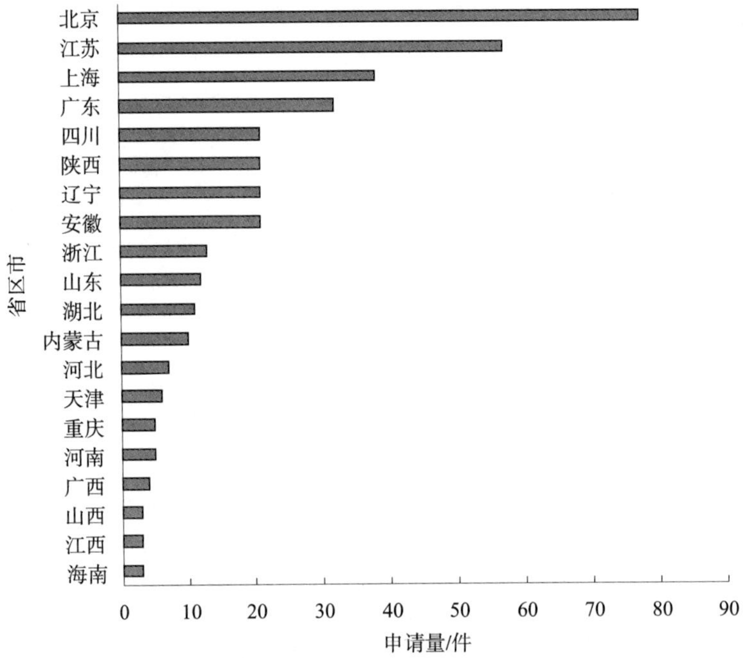

图 2-10　智能车辆用激光雷达中国专利申请国内主要区域申请量

图 2-11 示出了智能车辆用激光雷达中国专利申请排名前十位的申请人。可以看到整车企业福特汽车在中国的专利申请量最多的，具有 34 件。其次为中国的百度，申请量为 15 件，其作为中国首屈一指的科技公司在智能汽车领域的技术投入为世人公知。其次是国外通用汽车和博世，其在中国的申请分别为 14 和 10 件。其余申请人的申请量均为个位数。由上述分析可知，国外大公司在中国的申请数量可观，基本与中国申请人分庭抗礼，而中国申请人在单公司申请量上逊于国外公司。

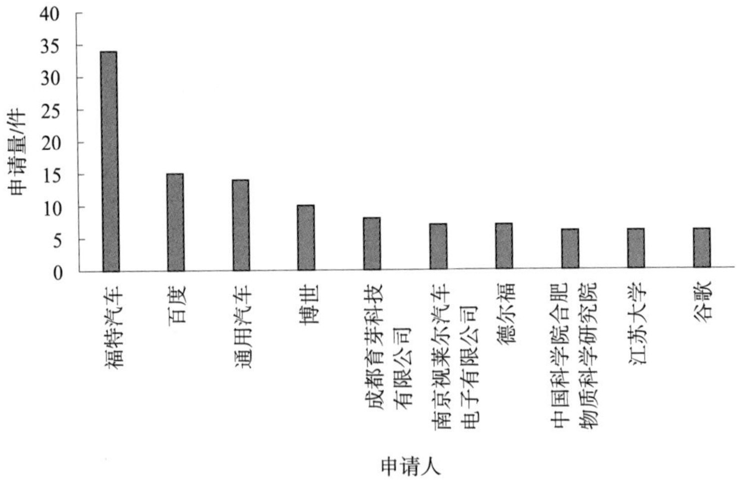

图 2-11　智能车辆用激光雷达中国专利申请前十位申请人

三、技术路线分析

虽然近几年激光雷达因智能汽车而变得火热，但激光雷达并不是一项新技术。20 世纪 60 年代，激光被发明不久，激光雷达就迎来了大规模的发展。激光雷达开始应用于测距、定位以及地球、地外物体的地图绘制。近年来，人工智能的突飞猛进让人们看到了实现无人驾驶、智能车辆的希望，被认为是 L3、L4 级别无人驾驶保障的无人驾驶之眼——激光雷达，开始被大规模应用于智能车辆之中，并为适应智能车辆进行了变形与调整。

图 3 -1 为智能车辆中激光雷达的技术路线，其主要分为机械式激光雷达和固态式激光雷达。顾名思义机械式激光雷达，是采用机械构件实现激光扫描探测。而固态式激光雷达则是舍弃机械构件，采用 MEMS、光学相控阵实现激光扫描探测，或者直接采用 Flash 技术实现激光非扫描探测。而无论是从体积大小、结构复杂程度以及扫描精度来说，固态激光雷达更能代表汽车激光雷达技术的发展方向。

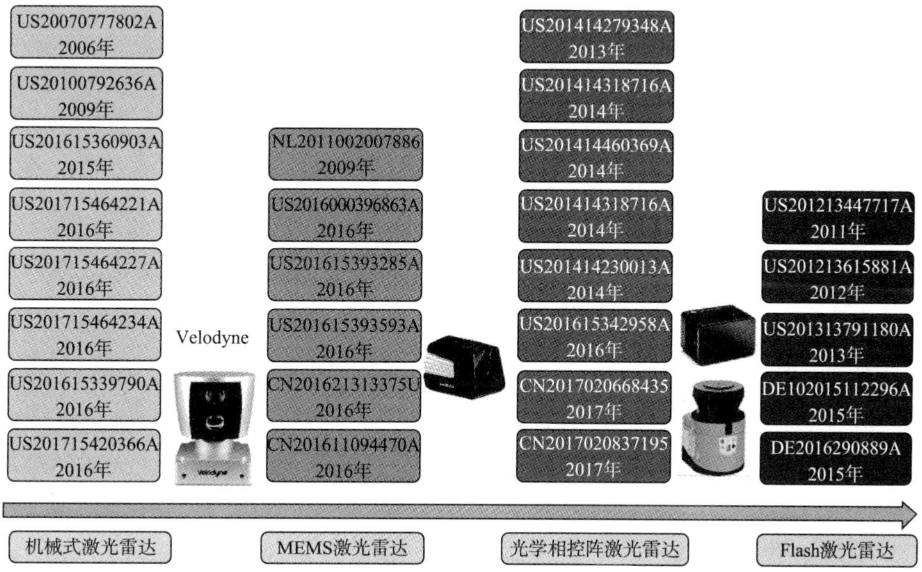

图 3 -1　智能车辆中激光雷达的技术路线

最先应用于智能车辆的激光雷达是机械式激光雷达。图 3 -2 为机械式激光雷达原理图。机械式激光雷达带有控制激光发射角度的机械旋转部件，通过机械旋转部件驱动发射系统和接收系统产生宏观意义上的转动，也就是通过不断旋转发射头，将速度更快、发射更准的激光从“线”扫描成“面”，并在竖直方向上排布多束激光（32 线或 64 线，目前 Velodyne 已实现 128 线），形成多个面，从而达到动态 3D 扫描并动态接收信息的目的。Velodyne 率先推出了机械扫描激光雷达结构——HDL -64E，并申请以下相关专利：

US20070777802A（最早申请日 2006 年）

US20100792636A（最早申请日 2009 年）

US201615360903A（最早申请日 2015 年）

US201715464221A（最早申请日 2016 年）

US201715464227A（最早申请日 2016 年）

US201715464234A（最早申请日 2016 年）

US201615339790A（最早申请日 2016 年）

US201715420366A（最早申请日 2016 年）

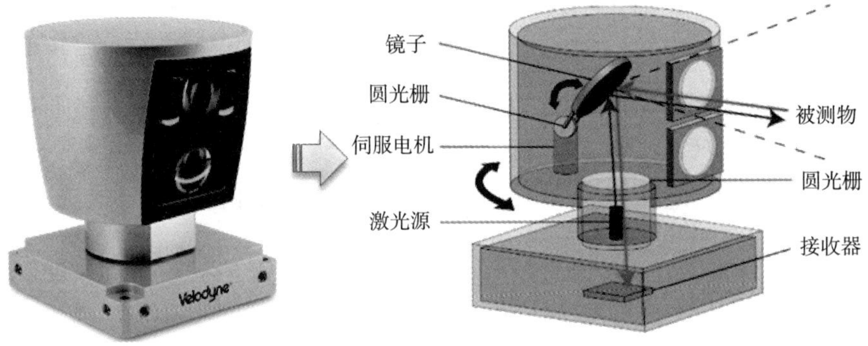

图 3-2　机械式激光雷达原理图

Velodyne 通过竖直排列的激光发射器呈不同角度向外发射，实现垂直角度覆盖，同时在高速旋转的马达带动下，实现水平角度 360°的全覆盖。

机械式激光雷达，具有扫描频率高、抗干扰能力强、信噪比高等优点。但机械式激光雷达结构笨重，机械旋转磨损严重，寿命短，且造价极高。目前 Velodyne 一台激光器价格甚至能够达到几十万美元，这对汽车企业来说是很难承受的成本负担，因而，廉价激光雷达的呼声四起。

为了取代昂贵、损耗大的机械式的旋转部件，人们开始从机械式激光雷达朝向固态激光雷达进军。荷兰的 Innoluce 率先推出了 MEMS 激光雷达。图 3-3 为 MEMS 激光雷达示意图，该结构将 MEMS 技术应用于激光雷达。其通过集成多个可旋转的微小微振镜，并由上述微振镜来控制反射激光器的光线角度，从而实现扫描。机械式的扫描结构被集成硅片替代，得以降低成本。除 Innoluce 之外，LeddarTech、Luminar、Innoviz 等公司也纷纷提出了 MEMS 激光雷达的结构，涉及的专利有：

NL2007886（最早申请日 2011 年）

US20160396863A（最早申请日 2016 年）

US201615393285A（最早申请日 2016 年）

US201615393593A（最早申请日 2016 年）

CN201621313375.4（最早申请日 2016 年）

CN201611094470.4（最早申请日 2016 年）

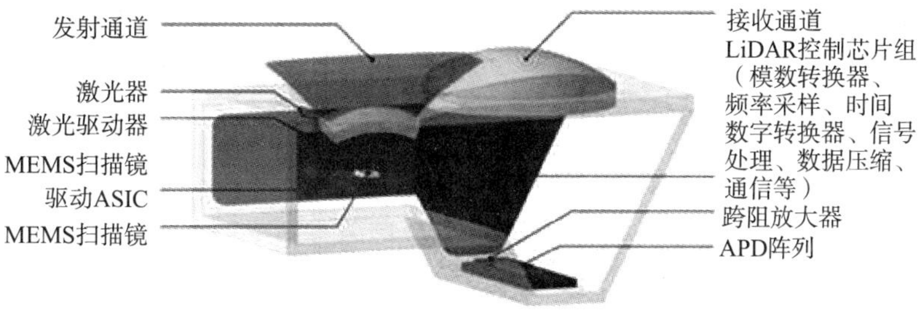

图 3－3　Innoluce MEMS 激光雷达示意图

除 MEMS 路线外，另外一个思路是光学相控阵技术。图 3－4 为相控阵激光雷达示意图，其运用相干原理，采用多个光源组成阵列，通过控制各光源发光时间差，合成具有特定方向的主光束。然后再加以控制，主光束便可以实现对不同方向的扫描。

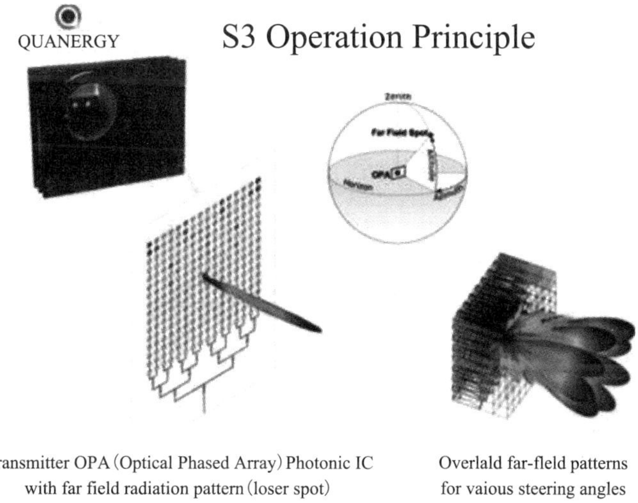

图 3－4　Quanergy 相控阵激光雷达示意图

Quanergy 率先提出了光学相控阵激光雷达，该结构中单面相控阵最大视角 120°。价格可以控制在 1000 美元左右。Quanergy 也由此获得了德尔福、三星电子等公司的战略投资，成为行业内一匹黑马，并引领了光学相控阵技术激光雷达的技术风潮。涉及的相关专利有：

US201414279348A（最早申请日 2013 年）

US201414318716A（最早申请日 2014 年）

US201414460369A（最早申请日 2014 年）

US201414318716A（最早申请日 2014 年）

US201414230013A（最早申请日 2014 年）

US201615342958A（最早申请日 2016 年）

CN201720668435.2（最早申请日 2017 年）

CN201720837195.4（最早申请日 2017 年）

采用相控阵原理实现的固态激光雷达，完全取消了机械结构，相较于传统的机械扫描激光雷达，具有扫描速度快、精度高、可控性好的优势，但也存在易形成旁瓣、影响光束作用距离和角分辨率，且生产难度高等劣势。

为了进一步提高激光的响应速度，2D/3D Flash 技术应运而生。Flash 技术是在短时间内直接发射一大片覆盖探测区域的激光，通过接收器进行接收，来完成对环境周围图像的绘制。Flash 技术能够快速记录整个场景，但难点在于接收信号的接收器。目前在性能上低于机械式、相控阵、MEMS 激光雷达。相关专利有：

US201213447717A（最早申请日 2011 年）

US201213615881A（最早申请日 2012 年）

US201313791180A（最早申请日 2013 年）

DE102015112296A（最早申请日 2015 年）

AU2016290889A（最早申请日 2015 年）

总结来说，由于内部完全没有移动部件，固态激光雷达的可靠性相比现有机械式激光雷达有很大提升。同时，因内部部件能够实现芯片化，固态激光雷达能够进行高度自动化的装配和调试，相比机械式激光雷达也更容易实现批量化生产，并大幅降低量产成本，因此固态激光雷达被公认为激光雷达实现大规模车载化的主流演进路线。

四、重要申请人核心专利分析

激光雷达的核心技术相对集中，几乎每一家设备企业都只研发自己的主流技术，公司与公司间较少存在核心技术的交叉。表 4－1 列出了国内外激光雷达领域中主要设备生产商的核心专利申请。

表 4－1　国内外激光雷达领域中重要申请人核心专利分析

分类	申请人	申请号	摘要	附图
机械式激光雷达	Velodyne（美国）	US20070777802A	基于激光雷达的三维点云测量系统，包括基部、壳体、包括在壳体内的多个光子发射器和光子探测器，围绕基部旋转壳体的旋转马达和将光子探测器产生的信号发射到外部部件的通信部件	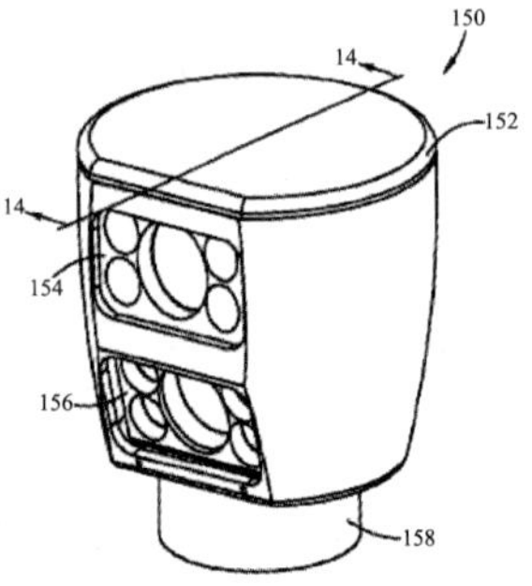

续表

分类	申请人	申请号	摘要	附图
机械式激光雷达	Velodyne（美国）	US20100792636A	一种彩色激光雷达扫描设备包括彩色激光二极管（红、绿、蓝）和雪崩二极管（红、绿、蓝），其用于照射和探测从目标物体反射回来的光强度	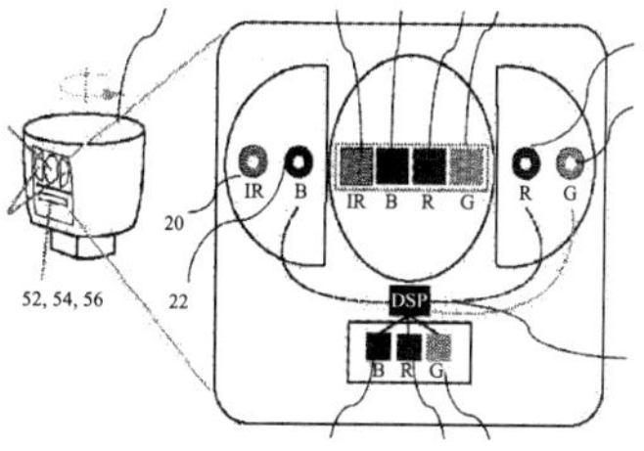
		US201615360903A	具有目标视场的三维激光雷达系统，多个照射光速在一角度范围内从激光雷达装置发射并围绕旋转轴扫描。中间电子板提供旋转电子板与光发射和收集引擎的各种元件之间的机械支撑和电连接	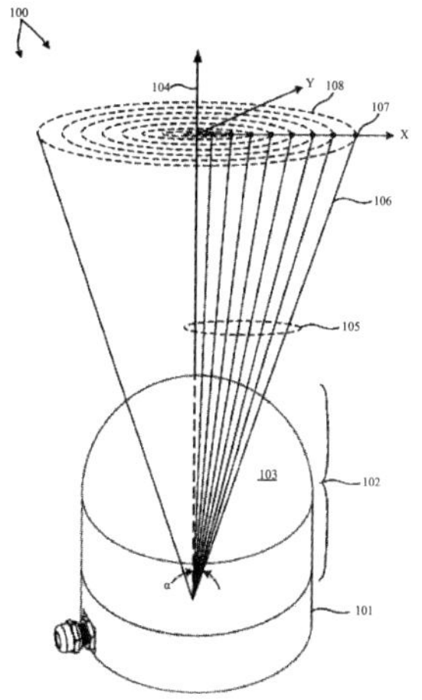
		US201715420366A	3D激光雷达系统用于测量同时被两束或多束光同时照射的远场。该系统在3D环境中从不同位置至少发射两束光。部分3D环境在至少5米的范围内被两束或多束光照射	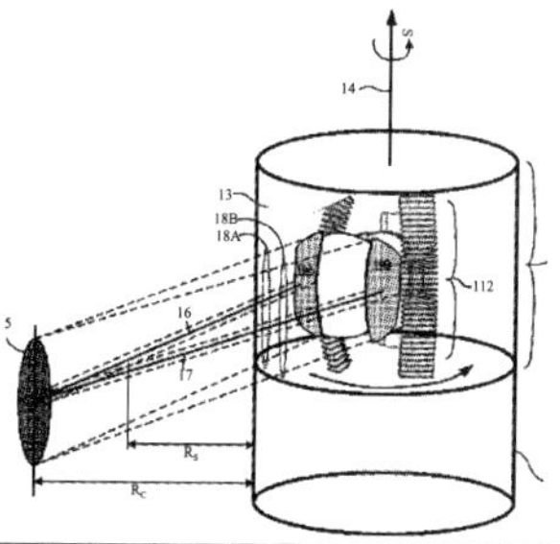
		US201615339790A	采用多脉冲激光雷达的测量方法。每一个激光雷达测量光束采用序列多脉冲光照射3D环境中的一个位置	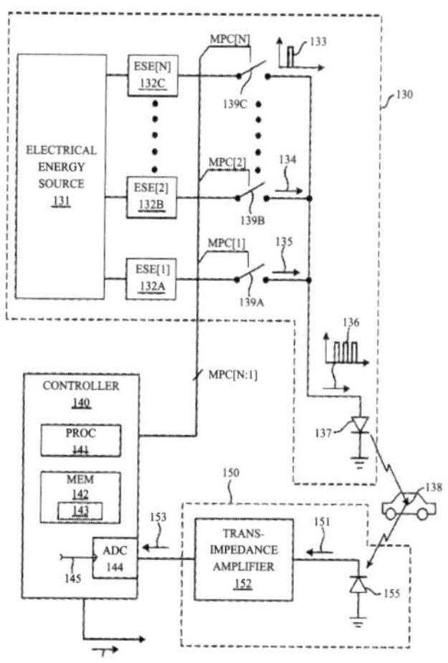

续表

<table>
<tr><th>分类</th><th>申请人</th><th>申请号</th><th>摘要</th><th>附图</th></tr>
<tr><td rowspan="3">MEMS激光雷达</td><td rowspan="3">Innoluce（荷兰）</td><td>US20100681622A</td><td>一种 MEMS 扫描微镜具有镜体50，该镜体 50 具有一旋转轴 58 和一对平行于旋转轴 58 的延伸栏 56，框架 60 通过凹槽边缘 64 形成镜体凹槽 62，框架 60 具有一对沿旋转轴 58 相对设置在凹槽边缘 64 中的框架栏 66。一对悬臂组件 70，该对悬臂组件 70 中的每一个被固定在一对框架栏 66 中的一个上并耦合到一对延伸栏 56 的一端</td><td>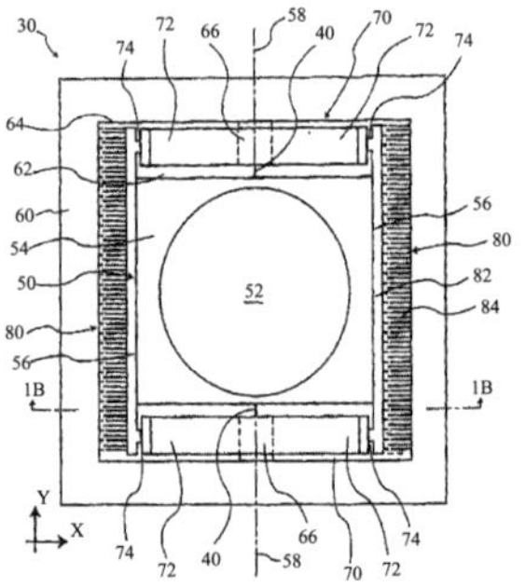</td></tr>
<tr><td>US201214361472A</td><td>一种 MEMS 微镜包括镜体 50，其可旋转的设置在镜框 60 中，镜框 60 沿着可旋转轴 58 在镜体所定义的平面内延伸。该旋转轴沿着镜体第一和第二相对端 51、53 延伸</td><td>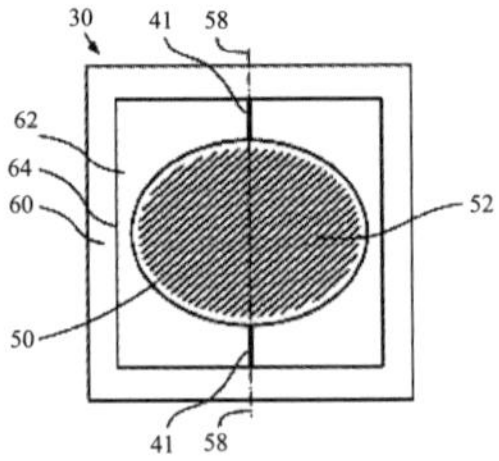</td></tr>
<tr><td>US20140349923A</td><td>一种 MEMS 微镜结构包括框架 60 和镜体 50。镜体 50 可沿着框架 60 所定义的平面 XY 中的转轴 58 转动。MEMS 微镜 30 进一步包括沿所述平面纵向延伸的悬臂组件 70。还包括垂直支撑梁 40，其沿旋转轴连接镜体 50 和框架 60</td><td>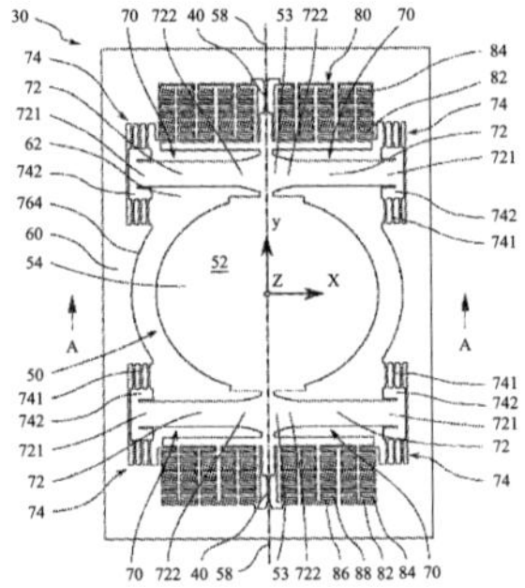</td></tr>
<tr><td>机械式激光雷达</td><td>Innoviz（以色列）</td><td>US201715851050A</td><td>一种激光雷达系统包括控制至少一个光源可使得光线流向一视野扫描范围内。对至少射向视野中具有第一距离的第一部分的一发射光控制投射以确定视野中的该第一部分中的物体是否缺失。当视野之内该物体确定缺失时，向视野中该第一部分控制投射第二发射光</td><td>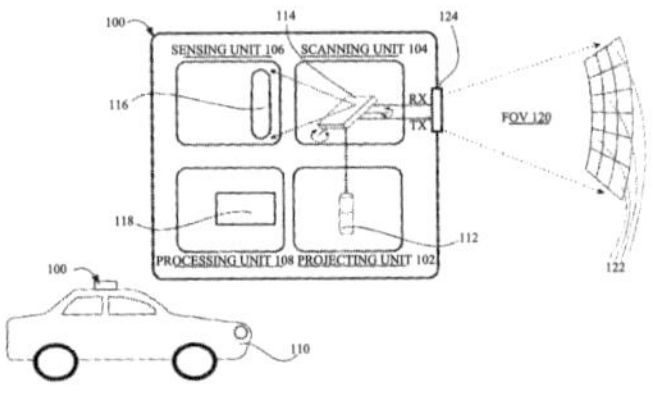</td></tr>
</table>

续表

分类	申请人	申请号	摘要	附图
光学相控阵激光雷达	镭神智能（中国）	CN201621313375.4	一种基于 MEMS 微镜扫描的激光雷达系统，采用 MEMS 微镜折射激光器发射的出射激光并根据预设制定旋转角度对目标区域进行激光扫描，接收探测器接收所述目标区域内目标反射物的反射激光并转化为脉冲波信号，信号处理模块接收并处理所述回波信号—获得所述目标反射物的位置信息	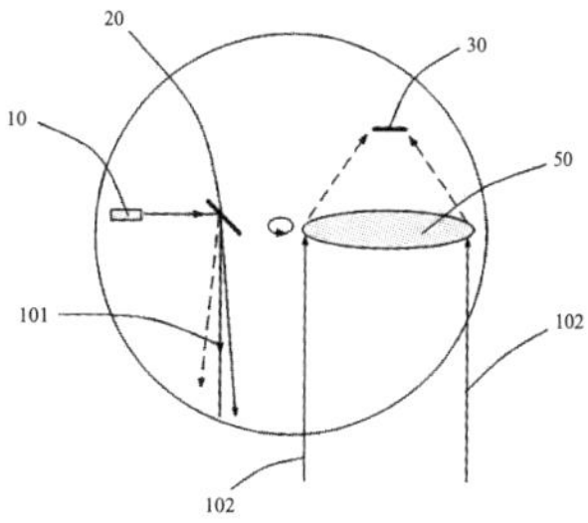
	Quanergy（美国）	US201414279348A	一种基于激光雷达的系统，利用光学相控阵光子集成电路实现激光的固态波束形成和定向，利用光电探测器实现激光束的检测。该系统中还包括收发电子器件、电源管理器件控制电子器件和进程处理器件。光脉冲波束形成光束波从物体视场中反射出来，并由探测器检测到	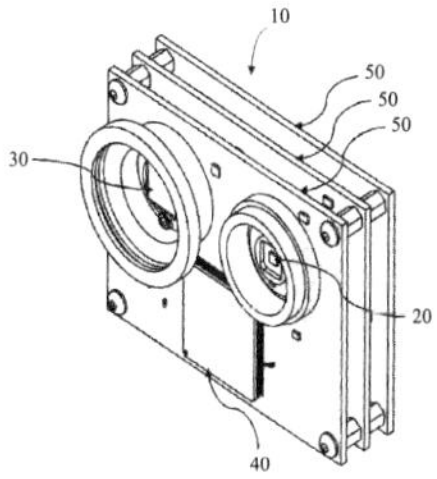
		US201414318716A	一维平面波束形成和操纵光学相控阵芯片是二维波束形成和操纵固态激光雷达的简单构件模块，使其能够通过使用多个所述芯片以高产量和低成本制造所述激光雷达	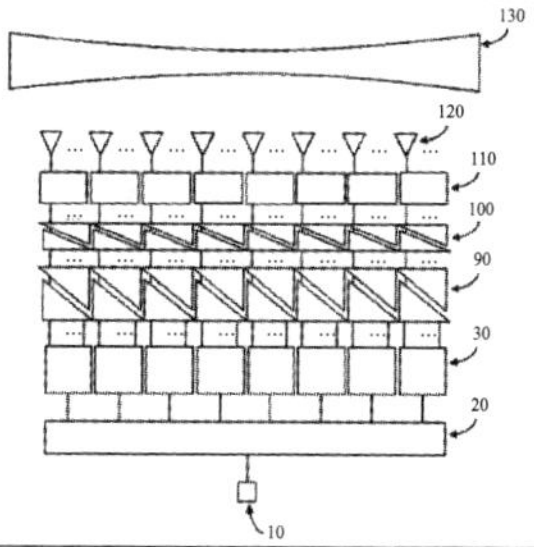
	涵光半导体（中国）	CN201720669527.2	二维相控阵激光发射单元包括激光分束组件、多个呈矩阵分布的光发射天线及多个相位调节器。通过激光分束组件与多个光发射天线配合，可发出多路激光。通过相位调节器调节多路激光的相位可使多路激光存在固定相位差，从而在远程通过干涉得到辐射方向图，以在特定方向上形成最强主光束，实现扫描	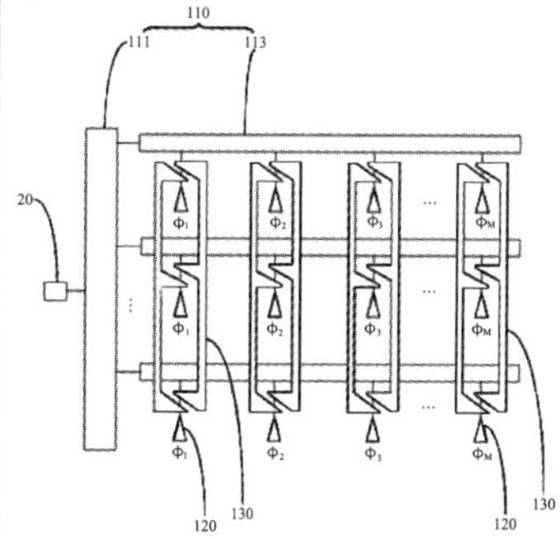

续表

分类	申请人	申请号	摘要	附图
2D/3D Flash 激光雷达	Advance Scientific Concept（美国）	US201213615881A	3D 成像摄像机使用系统控制器从脉冲激光发射器触发高强度光脉冲，并计算从发射端光脉冲开始的时间。从被照射的场景反射的光线冲击到接收光学器件上并被焦平面阵列光学探测器检测到。图像处理器应用图像增强算法提高 Flash 激光雷达成像摄像机中图像质量并获取物体信息	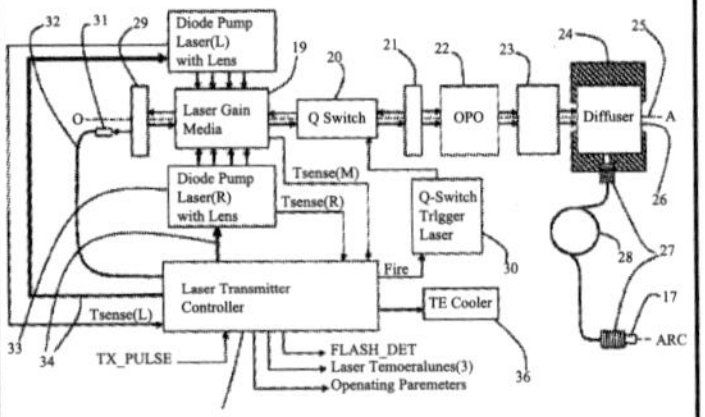

通过对上述核心专利的分析可以发现，车载激光雷达设备的相关专利申请除 MEMS 激光雷达以外均是针对探测系统整体进行保护，例如申请人为 Velodyne、Quanergy 的专利申请，其特点是保护范围普遍较宽，很少涉及内部细节结构。显然，此类公司的专利申请仍然处于专利布局的早期。而在 MEMS 激光雷达的专利申请中例如 Innoluce 的专利申请，其均是在保护核心器件 MEMS 微镜。此外，在 MEMS 激光雷达中所涉及的重点申请人最多。而 3D Flash 激光雷达技术相对仍不够成熟，尚处于研发阶段。综上分析，结合对技术脉络的梳理结果，可以预期在未来的车载激光雷达市场，固态激光雷达将占主流地位，而固态激光雷达中 MEMS 激光雷达最有可能在未来的竞争中胜出。

五、总结与建议

（一）总结

本文分析了智能车辆用激光雷达技术的国内外专利申请趋势、关键技术路线以及主要申请人，并进一步聚焦于汽车激光雷达设备。通过分析可以看出：

（1）当前，智能车辆领域的激光雷达处于飞速发展时期，全球申请量快速增长，参与这一领域的申请人众多，申请量相对平均。目前，核心专利技术主要掌握在美国的手中，中国起步相对较晚，但发展迅速，越来越多的国内申请人参与到智能车辆用激光雷达中来；但汽车激光雷达未来将具体采用何种技术尚不明确，优胜劣汰的竞争不可避免。

（2）得益于中国专利申请的快速增长和智能车辆、人工智能等技术的飞速发展，以及中国国内巨大的私家车市场，中国成为全球申请人专利布局的重点区域。但是相比于国外申请人对国外布局的重视，国内企业在海外布局方面十分欠缺。

（3）由于智能车辆用激光雷达技术还处在快速发展的初期，新兴的技术呈现百家争鸣之势，为了在未来智能车辆激光雷达市场中占有一席之地，需对未来技术趋势有准确预判，而就目前专利申请情况来看，MEMS 激光雷达胜出概率较大。中国在这个技术快速变革的过程中，确实有着巨大的机会后来居上，但风险和机遇并存。

（二）建议

（1）国内企业应当抓住机会、认准方向积极进行专利布局。由于智能车辆用激光雷达属于朝阳行业，行业内的大公司都相对年轻，因而在专利布局上均不完善，其分布基本上都集中在一个技术分支上。并且，相较于传统的机械扫描技术，固态激光雷达技术，如 MEMS 技术、光学相控阵技术、Flash 技术这些新兴的技术分支有望成为未来主流技术，其仍然存在很大的专利布局空间。国内申请人应当抓住机会，积极布局。

（2）国内申请人应当积极提高专利申请文件的质量，提高授权率。国内申请人相对于国外申请人，授权率仍存在较大差距。国内申请人应当积极提高专利申请文件的撰写水平，切实将技术成果保护起来，在提高授权率的同时提高专利权的稳定性。

（3）国内申请人应当注意全球范围内的专利布局。国内的多边申请相较于国外的多边申请差距巨大。国内申请人对外国专利布局缺乏关注，应当适当加强全球布局的眼光。

参考文献

[1] 青岛英谷教育科技股份有限公司．车联网导论［M］．西安：西安电子科技大学出版社，2016：116－118.

[2] 王海晏．光电技术原理及应用［M］．北京：国防工业出版社，2008：207.

[3] 麦姆斯咨询．汽车和工业应用的激光雷达－2018 版［R］.2018.

智能汽车碰撞预警系统专利技术综述*

毕淑琴　田莉莉**　崔洋洋**

摘　要　智能汽车碰撞预警系统（Collision Warning System，CWS）可根据多源传感信息判断车辆潜在碰撞危险，并在危险工况时提前2.7s为驾驶员或主动避撞控制系统提供危险示警，以提醒驾驶员进行避险操作或自动控制汽车进行避险操作。本文主要以德温特世界专利索引数据库（DWPI）以及中国专利文摘数据库（CNABS）中的检索结果为分析样本，从专利文献的视角对智能汽车碰撞预警系统的发展进行了全面的统计和分析，包括碰撞预警系统在中国和全球的专利发展趋势、区域布局、重要申请人等，并重点分析了碰撞预警系统的碰撞可能性预测方法和所采取的避免碰撞、以备碰撞的控制策略，以及重要申请人中申请量最多的丰田公司、博世公司的重点技术和重点专利。通过对上述内容的分析、提炼、总结，为我国碰撞预警系统技术的发展提供借鉴。

关键词　碰撞预警　自动制动　自动转向　危险等级

一、概述

汽车发展的历史就是汽车安全性能不断提升的历史。汽车碰撞安全技术真正引起人们的高度重视，是在1966年美国颁布实施《国家交通和机动车安全法》之后，汽车安全技术从此走上了快速发展的道路。碰撞预警系统是汽车安全的重要一环。

（一）智能汽车碰撞预警系统结构

碰撞预警系统主要是使用测距传感器（雷达、视觉）主动探测前后方车辆的行驶情况以及测量前后方车辆与自身车辆之间的纵向距离，然后再根据自身车辆的当前行驶工况对车辆接下来的行驶是否安全作出分析和判断。一旦发现可能产生追尾碰撞，预警系统会立即采取不同报警方式，例如声音、图形或触觉等，向驾驶员发出警告，警示驾驶员注意规避危险。在紧急情况时，系统还会对车辆采取制动、转向等操作，使其主动避

---

* 作者单位：国家知识产权局专利局专利审查协作江苏中心。
** 等同第一作者。

开碰撞危险，保证车辆与驾驶员行驶安全，或最大限度降低碰撞事故发生的概率。碰撞预警系统的主体框架如图 1－1 所示。

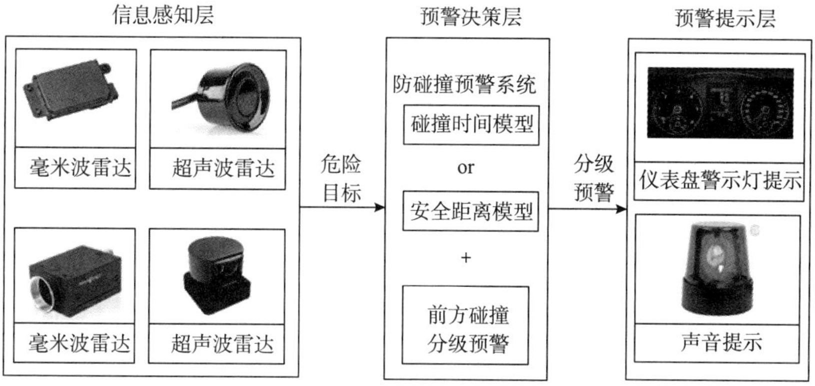

图 1－1　碰撞预警系统的主体框架

（二）检索方式

对智能汽车碰撞预警系统的检索主要依赖于分类号和关键词，在德温特世界专利索引数据库（DWPI）、中国专利文摘数据库（CNABS）中，采用分类号结合关键词进行检索，并通过相关的 CPC 分类号、纯关键词以及重要申请人等进行补充检索，最终确定中外文专利申请共 2985 件作为分析基础。检索完成日期为 2018 年 7 月 10 日。

（三）智能汽车碰撞预警系统的技术分解

技术分解是对所分析的技术领域作进一步的细化和分类，有助于了解行业整体情况以及选取研究重点。一般情况下，可按结构组成、控制方式、工艺流程、产品或用途等进行技术分解。具体到智能汽车碰撞预警系统技术领域，其属于智能控制技术领域，该领域的特殊性决定了汽车企业会更多注重碰撞判定和控制策略。因此，本文从操作流程的角度对智能汽车碰撞预警系统进行技术分解如图 1－2 所示。

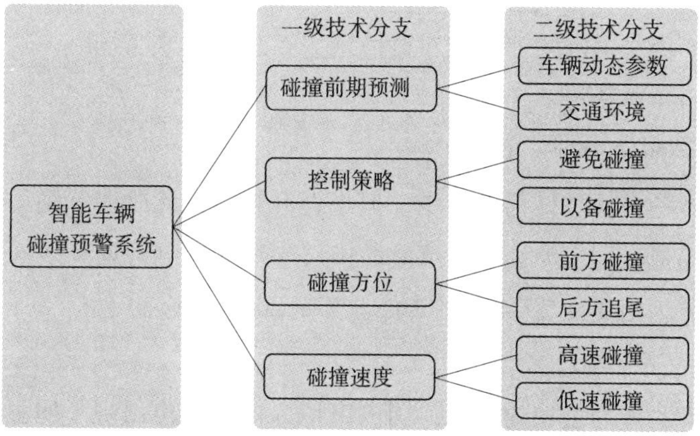

图 1－2　碰撞预警系统的技术分解

二、专利申请分析

（一）中国专利申请状况分析

1. 发展趋势分析

图2－1显示了智能汽车碰撞预警系统技术在我国的专利申请总量、国内申请人申请量以及国外申请人申请量自2000年以来随年份变化的趋势。

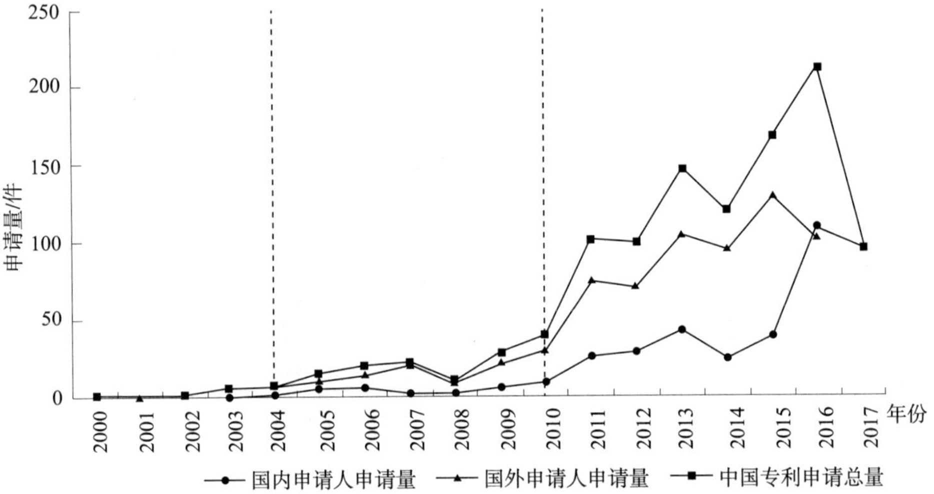

图2－1　碰撞预警系统中国专利申请量趋势

从图2－1可以看出，我国的专利申请量总体呈上升趋势，其中近几年发展迅速。总体来看，智能汽车碰撞预警系统在中国经历了以下三个发展阶段。

（1）萌芽期（2000～2004年）

这一时期，智能汽车碰撞预警系统处于起步阶段，国内申请人申请量和国外申请人申请量均比较少。由于国内的智能汽车碰撞预警系统起步晚于国外，这一时期以国外申请人申请为主，每年申请量不足10件。

（2）缓慢发展期（2005～2010年）

这一时期，专利申请总量仍然较少，但呈上升趋势。此阶段，国外申请人申请量大于国内申请人申请量。国内申请人申请量每年只有几件，申请量最多的2010年也仅有9件，而国外申请人申请量从2004年的7件上升到2010年的30件。

（3）快速发展期（2011年至今）

这一时期，专利申请量快速增长。国内申请人申请量也出现了明显的上升趋势，从2010年的不足10件增长到2015年的40件左右，并在2016年骤升到109件。但是2016年之前，国内申请人申请量与国外申请人申请量仍存在较大差距。国外申请人申请量从

2010 年的 30 件上升到 2015 年的 129 件。由于 2017 年的数据存在公开滞后情况，申请量有所下降，但从总体趋势上可以预见申请量仍然保持增长态势。

总体来看，国内申请人历年专利申请量基本均落后于国外申请人申请量，说明国外申请人非常重视在我国的专利布局，大力发展智能汽车碰撞预警系统技术。国内申请人近年来也逐渐意识到专利布局的重要性，加大了专利申请力度。

2. 区域布局分析

为了研究智能汽车碰撞预警系统技术领域专利申请的区域分布，对所采集的数据按照国内申请人和国外申请人、发明专利和实用新型专利来分别进行统计（见图 2 -2）。

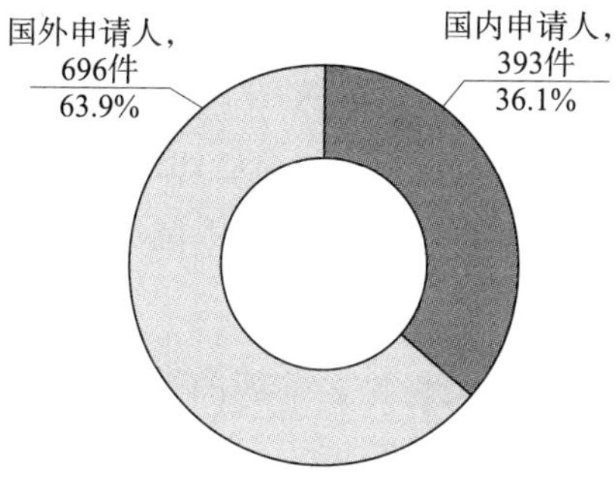

（a）国内外申请人申请量占比

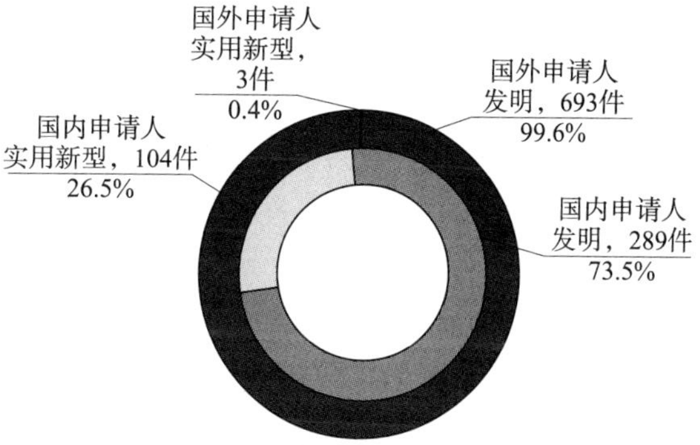

（b）国内外申请人申请类型份额

图 2 -2　碰撞预警系统国内外申请人申请量及申请类型占比

从图 2 -2（a）可以看出，国内申请人申请量与国外申请人申请量分别以 393 件和 696 件占中国申请总量的 36.1% 和 63.9%。从申请量也可以看出，国内在智能汽车碰撞预警系统方面的技术水平是落后于国外的。从图 2 -2（b）可以看出，国外申请人发明专利申请量几乎占到其申请总量的 100%，实用新型极少，只有 3 件。智能汽车碰撞预警系统技术领域的实用新型基本来自国内申请，国内申请中实用新型占到了 26.5%。从申请量来看，国外申请人更加重视在中国的发明专利申请。

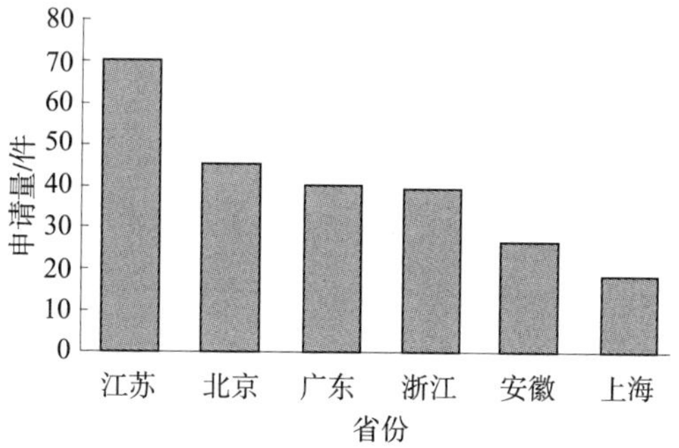

图 2 -3　国内专利申请量排名前六的省份及其申请量

图 2 -3 为国内智能汽车碰撞预警系统技术领域专利申请量排名前六的省份及其申请量。

从图 2 -3 中可以看出，国内申请人申请量排名前六的省份分别是江苏、北京、广东、浙江、安徽、上海，其中，江苏以 70 件专利申请排名第一，占国内申请人申请总量的 17.8%。国内排名前六位的省份专利申请总量为 238 件，占国内申请总量的 60%，专利申请的区域集中度较高。上述省

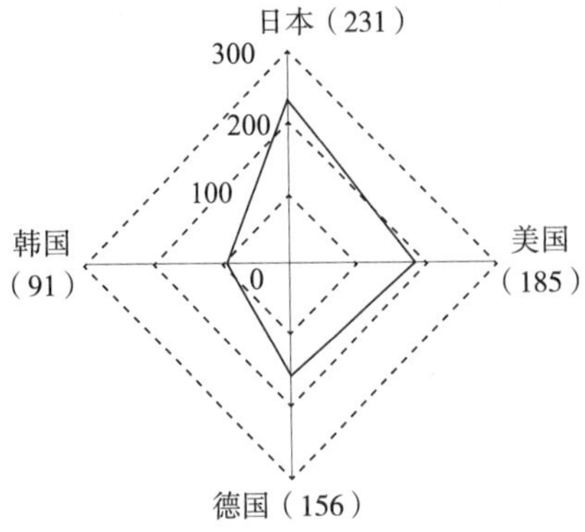

图2-4　国外申请人在华专利申请量排名前四的来源国

注：图中数字表示申请量，单位为件。

份多为经济发达地区或重要申请人所在地区，例如北京有北京汽车集团有限公司，广东有比亚迪股份有限公司，浙江有浙江吉利控股集团，安徽有奇瑞等。

图2-4为智能汽车碰撞预警系统技术领域在华专利申请量排名前四的国外申请人来源国。

如图2-4所示，国外申请人申请量排名前四位的国家分别是日本、美国、德国和韩国，均为汽车工业强国。其中，日本以231件专利申请排名第一，占国外申请人申请总量的33.2%；其次是美国、德国和韩国，申请量分别为185件、156件和91件。国外申请人申请量排名前四位的国家专利申请总量为663件，占国外申请人申请总量的95.3%，专利申请的集中度很高。

图2-5为智能汽车碰撞预警系统技术领域在华专利申请量排名前四的国外申请人来源国的申请量趋势。

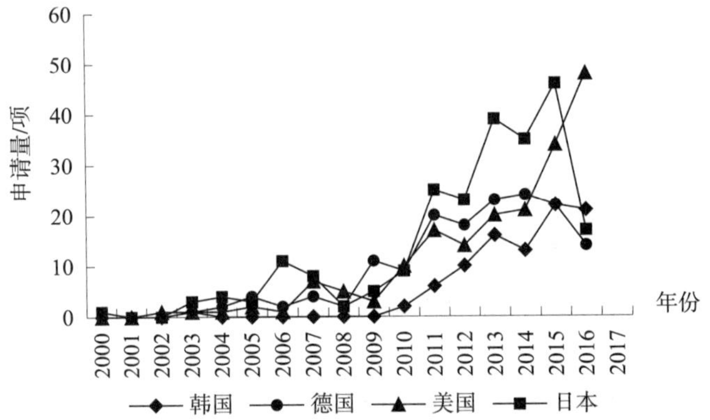

图2-5　碰撞预警系统在华专利申请量排名前四的国外申请人来源国的申请量趋势

如图2-5所示，智能汽车碰撞预警系统技术领域的国外申请人在华专利申请主要集中在2009年之后。其中，日本的专利申请量处于领先地位。排名第二位的美国，在2014年之前的专利申请量相对较少，在2015年申请量猛增，并在2016年达到48件，远高于另外三个国家；德国从2009年开始，专利申请量逐渐增加，呈现出稳定增长的趋势；韩国的申请量相对较少，但是，自2011年开始，也呈现出稳定增长的趋势。可以看出，上述四个国家都比较重视智能汽车碰撞预警系统技术在我国的专利布局。

（二）全球专利申请状况分析

1. 发展趋势分析

专利申请发展趋势分析从涉及碰撞预警系统技术的全球专利申请总体发展趋势对全

球专利申请状况进行分析，其中，所有数据均以目前已公开的专利文献量为基础统计得到，不区分申请与授权。

由图2－6可以看出，全球碰撞预警系统技术领域的发展大致经历了以下四个发展阶段：

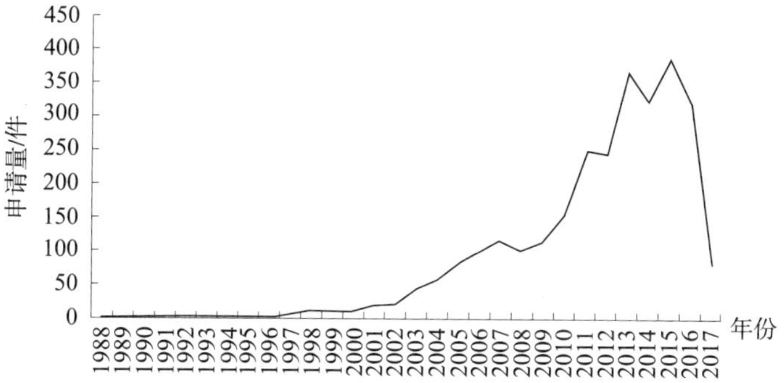

图2－6　碰撞预警系统全球专利申请趋势

（1）萌芽期（1988～2000年）

该阶段属于碰撞预警系统技术的引入阶段，其年申请量为零星的几件，到后期也没有超过10件，这一时期汽车企业的研究重点还没有明确指向智能汽车方向，因而碰撞预警系统技术的申请量较少，导致这一时期发展速度持续维持在较低水平，未形成规模效应。

（2）缓慢发展期（2001～2007年）

在此阶段，碰撞预警系统得以被具有前瞻性的研究机构与企业所逐步重视，其专利申请量也随之呈现整体上升的趋势，基本进入一个良性稳定发展阶段，2006年和2007年的专利申请量均突破100件。其中，丰田、博世、电装等公司的专利申请量明显增多。

（3）快速发展期（2008～2015年）

由图2－6可以看出，碰撞预警系统的专利申请量集中在2008年至今，其中2015年共提出了388件专利申请。2008～2015年是碰撞预警系统技术的黄金发展期，该领域的专利申请量出现明显增长，每年全球范围内的专利申请量以几百件的速度递增，且年均增长率保持稳定。

（4）稳固发展期（2016年至今）

这一时期的专利申请量虽然没有明显增长，但依然维持在较高水平，碰撞预警系统技术的专利申请基本进入一个稳固的黄金发展阶段。

从上述碰撞预警系统技术的专利申请发展轨迹来看，该领域的专利申请大批量地出现在2011年至今，目前依然是该项技术的黄金发展时期，只有在2008年经济危机爆发时申请量略有下滑，其他时期均处于稳步上升趋势。碰撞预警系统技术的发展与近年来对无人驾驶汽车的大力研发密切相关，也是目前汽车驾驶的主要研发方向。

2. 布局区域分析

本节选取DWPI数据库中原创专利申请量排名前五的国家的专利申请数据，从原创申请量排名情况以及近20年来专利申请总量随年份发展趋势等方面对国家的分布特点进行分析。

图2－7为智能汽车碰撞预警系统技术领域全球原创申请量排名前五的国家原创申请量占比。排名前五的国家依次为日本、德国、中国、美国、韩国；其中，日本、德国各以800多件原创申请遥遥领先于其他国家/地区，二者申请量占申请总量的近60%。可见，日本、德国在智能汽车碰撞预警系统技术领域有绝对技术优势；同时还可看出，日、德、中、美、韩之外的国家/地区的原创申请量不足申请总量的10%，可见在智能汽车碰撞预警系统技术领域，关键技术掌握在几个汽车强国手中。

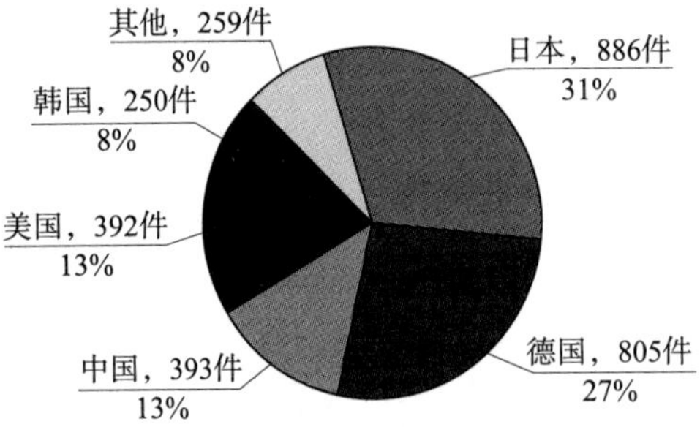

图2－7　全球原创申请量排名前五的国家原创申请量占比

20世纪90年代智能汽车碰撞预警系统技术领域相关技术的萌芽开始出现，但直到2003年，其发展速度仍比较缓慢。2004年之后，在日本、德国的带动下，各国原创申请量才开始出现大幅增长。2014年前后，申请量纷纷达到峰值。日本、德国都属于较早开展智能汽车碰撞预警系统技术领域研发的国家；相比较而言，中国、美国、韩国涉足该领域时间较晚，特别是中国和韩国，2005年后申请量才开始逐渐增长，但后期呈现出快速追赶的状态。仔细对比，可以看出中国在该领域的申请量在2016年出现激增，这与中国大环境下专利申请量增加以及中国政府倡导智能汽车的概念有一定的关系（见图2－8）。

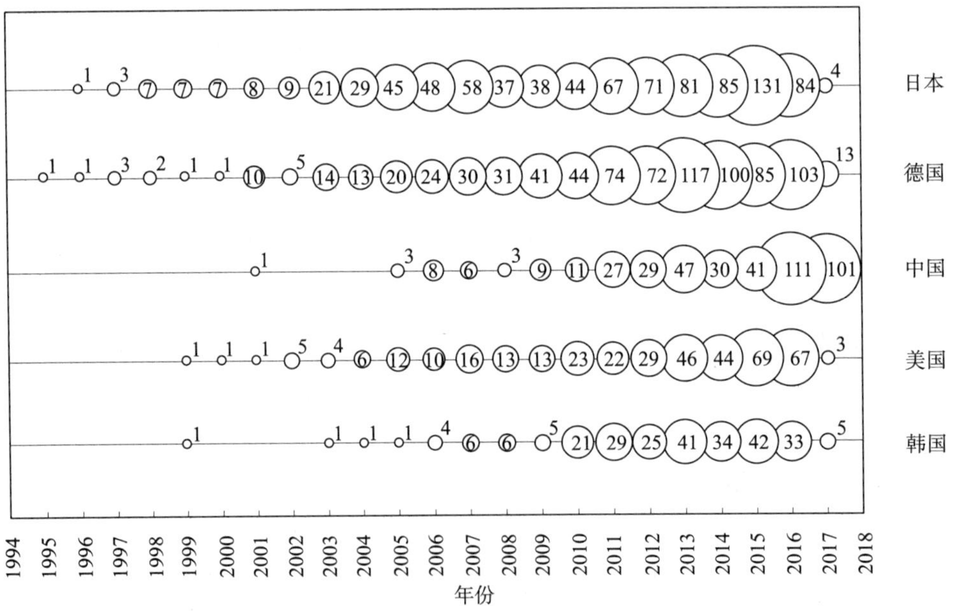

图2－8　碰撞预警系统申请量排名前五的国家原创专利申请量趋势

注：图中数字表示申请量，单位为件。

3. 主要申请人分析

在 DWPI 数据库中检索到全球拥有智能汽车碰撞预警系统专利申请的专利申请人与权利人共计 931 位，针对全球专利申请量排名前八位的申请人的专利申请数据，从申请量排名、近 20 年专利申请量随年份发展趋势以及申请人申请区域分布等方面对智能汽车碰撞预警系统全球重点专利申请人的特点进行分析。

图 2－9 为智能汽车碰撞预警系统技术领域全球专利申请量排名前八的申请人的全球申请量以及在华申请量的分布。

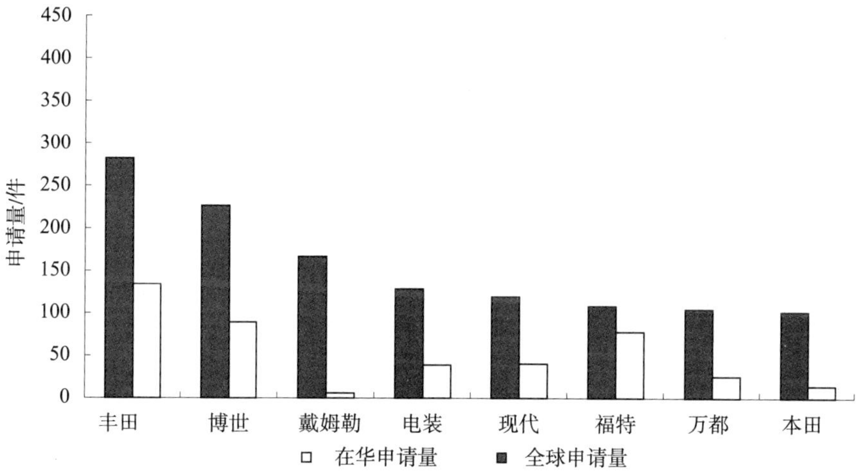

图 2－9　全球专利申请量排名前八的申请人申请量分布

从图 2－9 中可以看出，该技术领域全球排名前八的申请人集中在日、韩、美、德四个国家，其中，日本、德国在该领域占据主要地位。此外，在排名前八的申请人中，丰田、戴姆勒、现代、福特、本田为整车生产商，其他三家为汽车零部件供应商，博世、电装是排名前两位的一级供货商。从图 2－9 可看出，汽车大国在智能汽车碰撞预警系统技术领域的三个重要技术输出国均具有整车企业和相关的零部件供应商，日本有丰田、本田、电装、德国有戴姆勒、博世、韩国有现代、万都。根据其在华申请量可见丰田、博世、福特非常重视在华市场，这与丰田、福特的在华销售量密切相关。中国新车评价规程（C-NCAP）2018 计划指出，到 2018 年，所有新车必须包括高级驾驶辅助系统（Advanced Driver Assistance System，ADAS），博世是中国市场上的主要供应商之一，因此其非常重视中国市场，在中国申请了大量相关专利。

图 2－10 反映了自 1996 年以来智能汽车碰撞预警系统技术领域全球专利申请量排名前八的申请人的全球专利申请量随年份的变化趋势。申请量排名前两位的丰田、博世的申请量自 2005 年后大幅度增加，而福特则在2000～2012 年期间申请量相对平稳，至 2012 年后才显著增加，至 2016 年其申请量已超过博世，可见其在该领域的发展相对较晚，但近年来愈加重视。

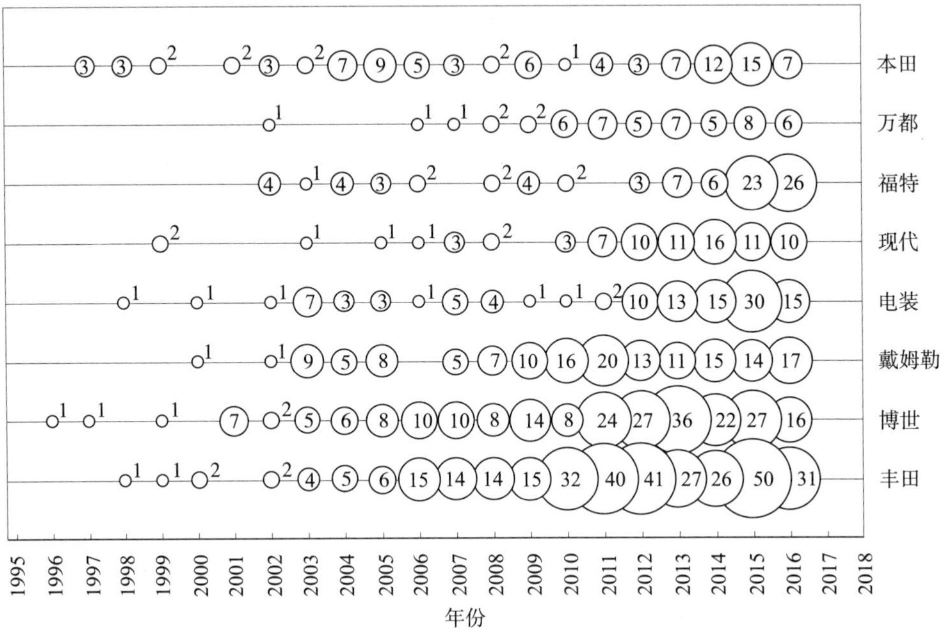

图2－10　碰撞预警系统全球专利申请量排名前八的申请人近20年申请量趋势

注：图中数字表示申请量，单位为项。

三、技术发展脉络分析

（一）智能汽车碰撞预警系统的碰撞可能性预测

避障路线和碰撞可能性的预测是智能汽车碰撞预警系统中重要的组成部分，其中车辆行驶状态和周围交通环境共同决定了车辆的避障路线和是否会发生碰撞，两者息息相关。下文从基于车辆动态参数的预测和基于交通环境的预测两个方面进行分析，为国内企业的研究方向提供参考。

1. 基于车辆动态参数的碰撞可能性预测

智能汽车在预测避障路线和碰撞可能性时，车辆的行驶状态往往是动态变化的，需要根据车辆的动态参数进行预测。因此，基于车辆动态参数的预测是本领域研究的一个重点。

（1）申请态势

通过对全球数据分析，绘制全球基于车辆动态参数预测技术的申请趋势与技术输出国构成（图3－1）。

从图3－1可以看出，2008年之前相关专利申请比较少，直到2009年申请量才开始增加，并在2011年达到第一个峰值。这一时期，申请人注意到车辆参数的动态变化在碰撞预警中的重要性，从而开始对其进行深入研究并迅速开始全球专利布局。其中，德国和日本的专利申请量明显较多。

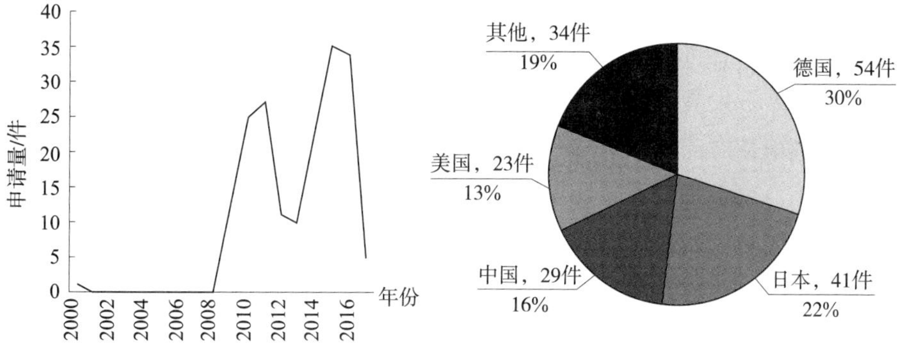

（a）全球申请趋势　　（b）技术输出国构成

图3－1　基于车辆动态参数预测技术全球专利申请趋势和构成

2012～2013年申请量出现了明显的骤降。结合图3－2可以看出，申请总量排名第一的德国和排名第二的日本在2011年申请量达到最大，而排名第三的中国并没有相关申请，排名第四的美国申请量也很少。自2014年开始，随着对车辆控制精度的要求越来越高，如何提高预测精度、适应复杂工况成为研究的重点，使得关于基于车辆动态参数预测技术的申请也越来越多，专利申请进入另一快速发展期，并且一直持续至今。

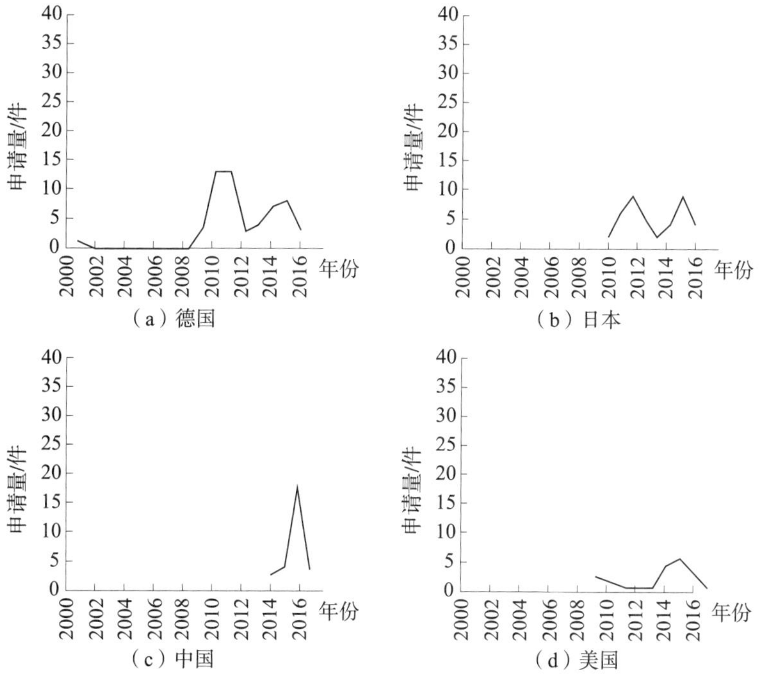

图3－2　德、日、中、美基于车辆动态参数预测技术申请趋势

从图3－2可知，德国在基于车辆动态参数预测技术方面的研究遥遥领先，其在2010年申请量明显增加，以戴姆勒、博世为首进行了大量的相关申请。日本紧随其后，在

2010～2011年申请量也相对较大，其中企业以丰田、电装、本田为主。德国和日本在快速发展后经过短暂调整进入了平稳发展的阶段。

中国的汽车产业发展相对较晚，在2014年之前没有专门针对基于车辆动态参数预测技术的相关专利申请，而在2015年、2016年申请量大幅上升。这是由于随着汽车产业的发展，智能汽车已经成为世界车辆工程领域研究的热点和汽车工业增长的新动力，国内申请人也开始投入更多精力对其进行研究，从而基于车辆动态参数预测碰撞的相关专利申请也迅速增加，并保持良好的发展势头。

美国以福特、通用为主，申请量自2013年开始稳步增长，在基于车辆动态参数预测碰撞方面也占有重要地位。

（2）技术发展脉络

基于车辆动态参数预测碰撞主要是根据车辆行驶过程中各行驶参数的动态变化预测避障路径或预测即将到来的碰撞，主要涉及基于动态参数预测避撞路径、基于自车参数的变化情况判断碰撞可能性、基于自车驾驶状态的变化情况判断碰撞可能性三条主线。基于车辆动态参数预测碰撞的技术发展脉络见图3－3。

①基于动态参数预测避撞路径

基于车辆动态参数预测车辆避撞路径的申请量相对较少，具有代表性的专利为DE102012203187A1，其提出当检测到可能与前方车辆碰撞时，基于车辆的动态参数和车轮与地面的摩擦系数预测本车避开前车的运动轨迹。

②基于自车参数的变化情况判断碰撞可能性

基于自车参数的变化情况判断碰撞可能性是指根据自车参数的动态变化判断是否即将发生碰撞。例如，专利WO2012/062451A1提出根据车辆当前的速度和加速度预测预定时间段内的加速度分布，进而判断自车和前车的路线是否相交来预测是否碰撞，专利DE102011106520A1提出根据制动踏板被快速致动推断出存在碰撞危险。

③基于自车驾驶状态的变化情况判断碰撞可能性

车辆驾驶状态改变（例如变道、超车等）时，往往存在碰撞危险。例如，专利US2013/0030686A1提出车辆正在进行转弯操作时，根据车辆转弯时的动态变化，调整障碍物与车辆的相对位置关系，提高碰撞判定的精度。

2. 基于交通环境的碰撞可能性预测

车辆行驶过程中经常会遇到由于交通环境的变化而出现的紧急情况，基于交通环境进行预测也是本领域的研究重点。

（1）申请态势

通过对全球数据的分析，绘制全球基于交通环境预测技术专利申请的申请趋势与技术输出国构成图。

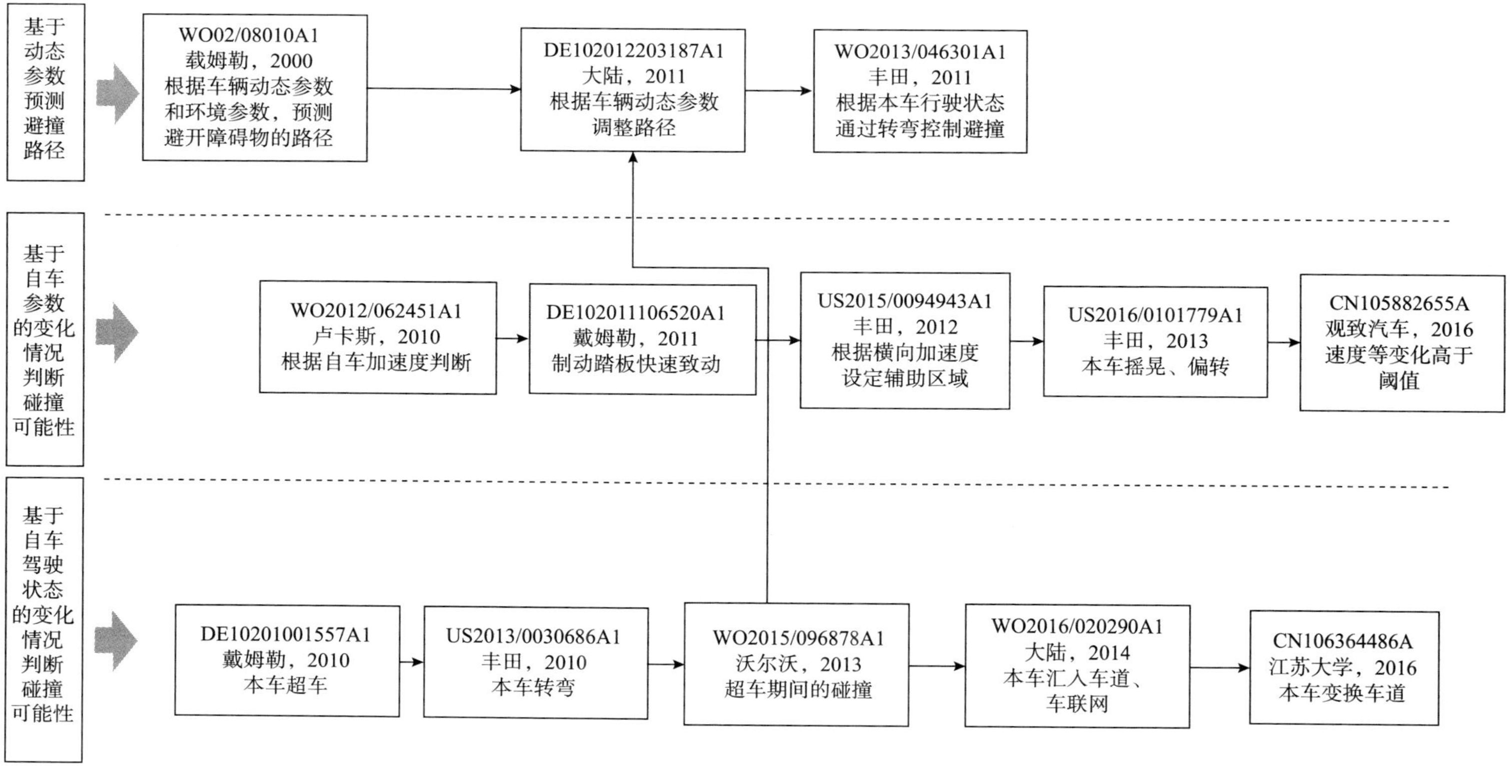

图3-9 基于车辆动态参数预测技术发展脉络

从图 3 -4 可以看出，2008 年之前，基于交通环境预测技术处于缓慢发展期，相关申请很少，并没有对交通环境的复杂性进行深入的研究。2009 ~ 2011 年专利申请量持续上升，结合图 3 -5 可知，其中，德国、日本、美国的申请量均明显增加。而 2012 ~ 2014 年，申请量明显减少，这一时期日本和美国的申请量相对比较平稳，德国的申请量出现了明显下降。直到 2015 年，为了提高预测精度、适应复杂行驶工况，基于交通环境预测技术的相关申请也越来越多，全球专利申请量进入快速发展期。

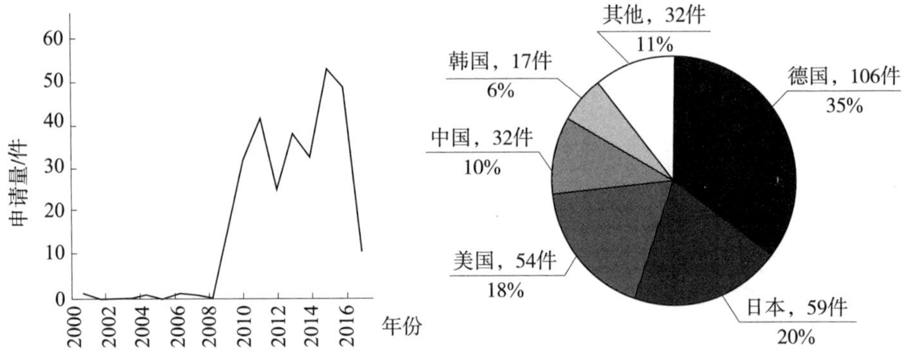

（a）全球申请趋势　　（b）技术输出国构成

图 3 -4　基于交通环境预测技术全球专利申请趋势和技术输出国构成

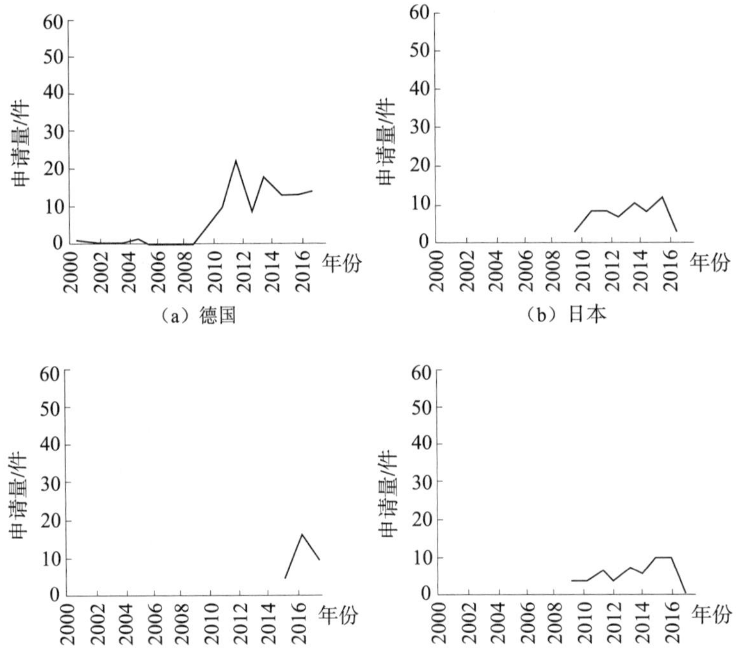

（c）中国　　（d）美国

图 3 -5　德、日、中、美基于交通环境预测技术申请趋势

从图 3 -5 可知，德国在基于交通环境预测技术方面的研究遥遥领先，其在 2010 年申请量明显增加，以戴姆勒、博世、宝马等大公司为主，进行了大量的相关申请，涉及了交通环境相关的各个方向，其在该领域具有非常重要的地位。德国在快速发展后经过短暂调整进入平稳发展的阶段。

日本和美国作为汽车工业大国，在基于交通环境预测技术方面也具有举足轻重的地位，其相关申请逐渐增多，发展相对稳定。

我国直到2015年才出现相关的专利申请，并在2016年大幅上升。这是因为，虽然国家鼓励自主创新，但不可否认的是我国汽车产业在自主创新方面仍存在很多不足，相关技术落后于其他国家。近年来，随着智能汽车的发展，汽车碰撞预警系统成为国内申请人的研究热点，加上国家鼓励发明创造，相关专利申请会迅速增加。

（2）技术发展脉络

基于交通环境预测碰撞主要是根据车辆行驶过程中的交通环境预测避障路径和预测即将到来的碰撞，主要涉及基于碰撞方位、基于交通状况、基于道路类型、基于障碍物类型四条主线。基于交通环境预测技术发展脉络见图3－6。

①基于碰撞方位

车辆行驶过程中，障碍物可能出现在车辆的任何方向，不只有前方。例如，专利DE102004062497A1监测车辆后方车辆障碍物，专利DE102012211034A1检测车辆上方障碍物。

②基于交通状况

障碍物检测装置通常会存在检测不到的区域，例如死角、障碍物后方等。丰田等提出了多种对可能存在的障碍物检测盲点进行碰撞可能性预测的方法，例如专利WO2013/021489A1、专利JP2014-109944A。

交通流中的车辆有时会突然改变行驶状态，例如道路前方发生碰撞、相邻车辆突然变道、前方经过汇入路口等，因此，申请人针对不同的情况进行了相应的研究，例如专利US2012/0268260A1、专利DE102012217936A1、专利WO2015/096878A1。

③基于道路类型

车辆行驶的道路包括多种类型，如交叉路口、弯道等，对于车辆经过不同类型的道路，分别进行碰撞可能性预测是十分必要的。例如，专利DE102010037639A1技术方案为检测并确定车辆是否正进入交叉路口，在确定进入时，根据周围环境进一步控制车辆，以避免或减轻车辆在交叉路口的碰撞危险。丰田等对车辆通过弯道时如何减少碰撞提出了多种方法，例如专利WO2012/042358A2、专利US2012/0150386A1。

④基于障碍物类型

障碍物包括多种类型，例如车辆、行人、非机动车、动物等，不同类型的障碍物具有不同的行为特征，会对车辆执行避撞的操作方式产生影响。因此，对障碍物进行分类能够提高预测的准确性。如专利JP2017-004106A对于不同的生命体进行分类并判断生命体与车辆碰撞的可能性，并根据判定的生命体种类的不同来执行不同的避撞操作。

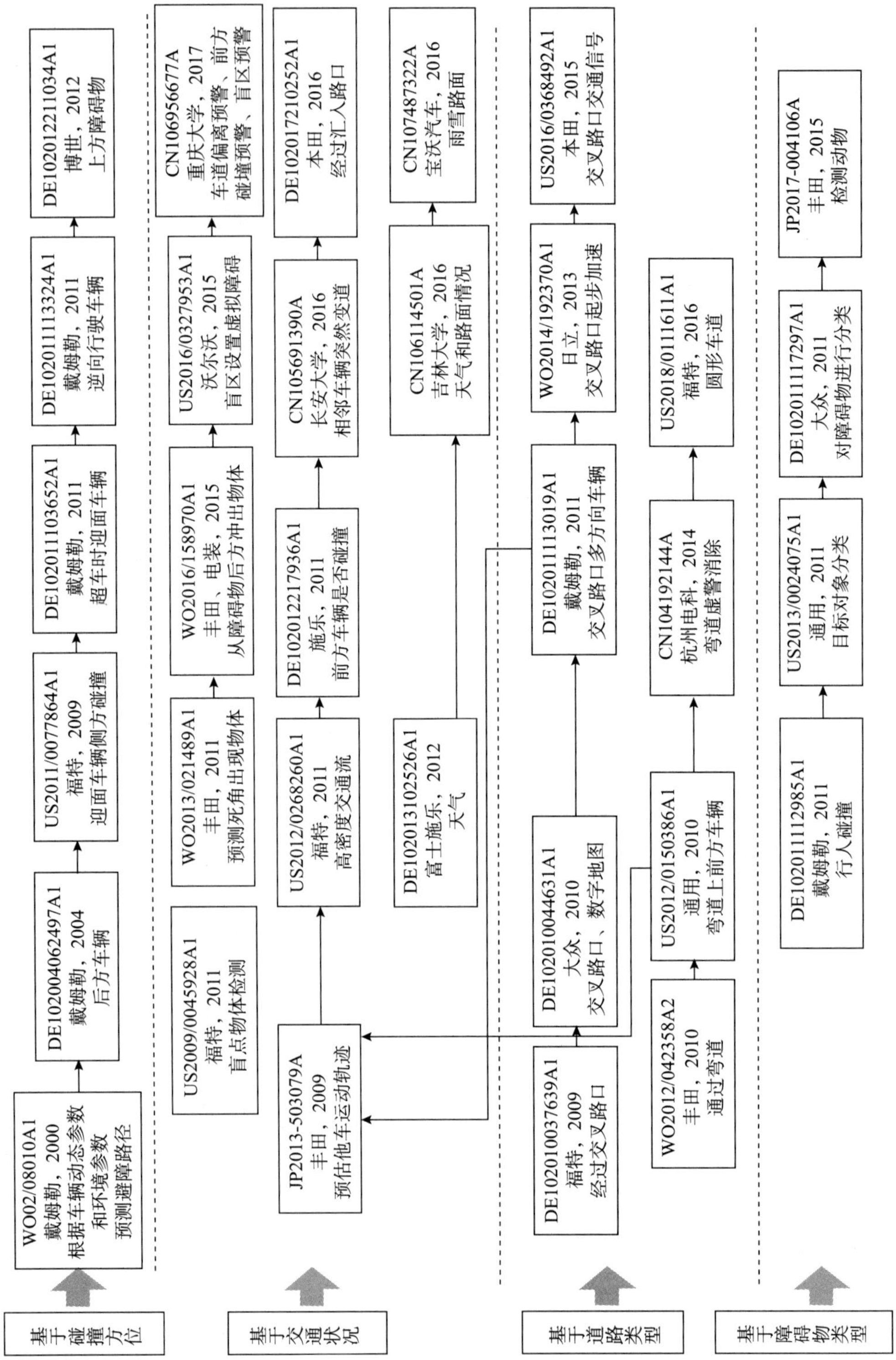

图3-6 基于交通环境预测技术发展脉络

（二）智能汽车碰撞预警系统的控制策略

1. 避免碰撞控制策略

在预测车辆的行进路线和碰撞的可能性后，采取何种自动动作以避免车辆碰撞，例如转向或刹车，是常规的研发方向。

（1）申请态势

由图 3－7 可知，2004 年以前，全球每年只有零星的专利申请，但是已经阐述了避免碰撞技术的基本思路和方法；2004～2007 年，车辆避免碰撞技术的探索更加深入，随着网络技术、雷达探测技术、通信技术以及电子控制技术等高新技术的不断发展和进步，避免碰撞技术得到了大力发展，面对碰撞危险时不再是简单的驾驶员控制转向或制动，而是根据车辆危险系数自动作出避险行为，因而这一时期的专利申请量有明显增加；2008 年至今，随着科技的发展，尤其是在汽车主动安全方面不断有新的技术推出，如车道偏离报警技术、车道保持技术、驾驶员疲劳检测系统、碰撞预防系统、防爆胎控制系统等，车辆避免碰撞技术的专利申请量呈井喷式增长，不再是日本公司一枝独秀，中国、德国、美国等国也都有了大量的专利申请，具体见图 3－7 和图3－8。

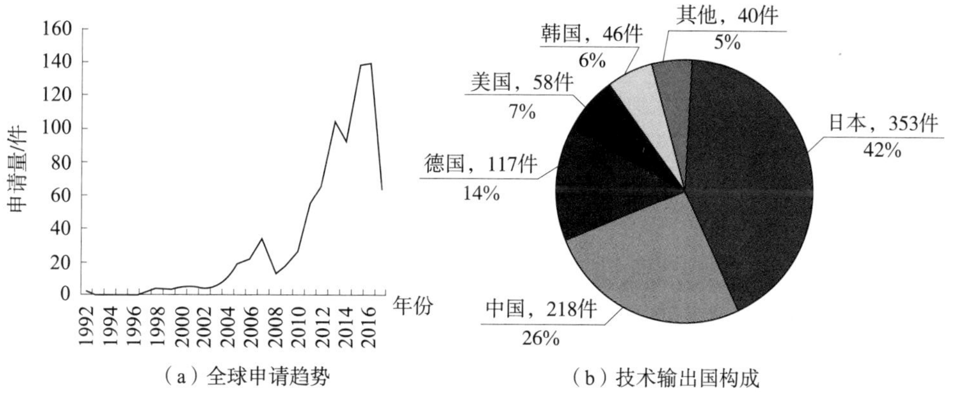

图 3－7　避免碰撞技术全球专利申请趋势和技术输出国构成

日本作为汽车工业大国之一，占到避免碰撞技术专利申请总量的 42%，仅丰田一家就占到避免碰撞技术专利申请总量的 12%。此外，本田、电装也有大量专利申请，体现出日本在碰撞预警系统的避免碰撞方面具有很强的技术实力。

中国作为汽车工业的后起之秀，在碰撞预警方面具有大量专利申请，其中避免碰撞技术专利申请量占到了全球专利申请总量的 26%，这与中国汽车工业起步较晚、发展时间短有关。但近年来，中国避免碰撞技术专利申请一直保持高速发展的良好势头。

德国拥有雄厚的汽车工业基础，在汽车行业技术领先，很多汽车知名企业均在德国设立了研发中心，因此，德国的申请量比例高也是必然的。

美国作为全球汽车工业基地之一，福特、通用在汽车安全领域均有大量投入，其申请量从2012年开始一直保持平稳增长态势，在避免碰撞技术领域占有重要地位。

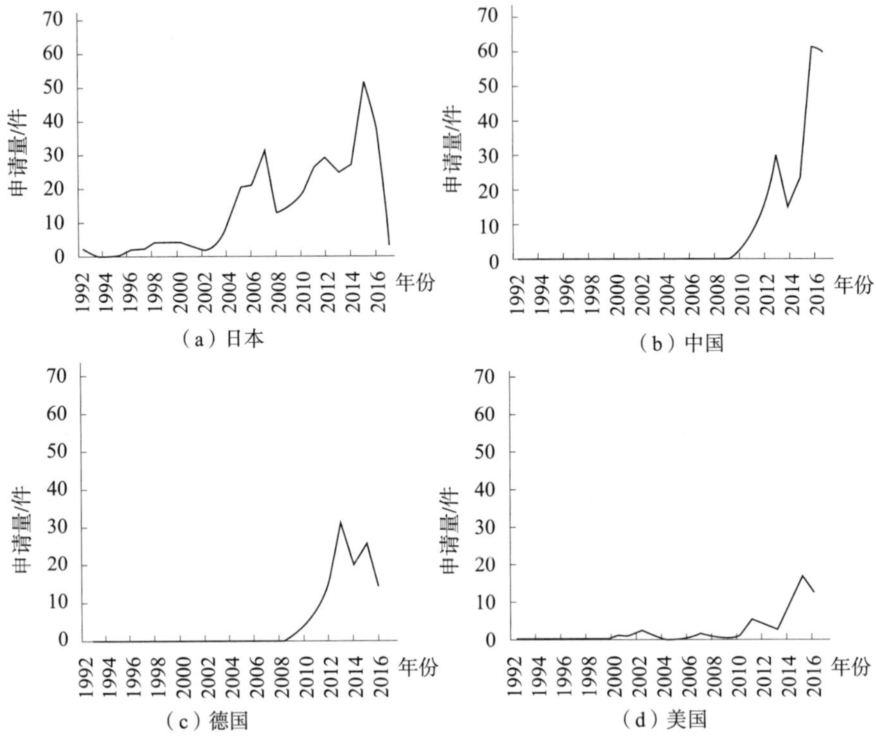

图3-8　日、中、德、美避免碰撞技术申请趋势

（2）技术发展脉络

碰撞预警系统在检测到本车与另一车辆或物体的潜在碰撞或即将发生碰撞时提供车辆自动控制，其中，制动、转向、制动和转向组合避免碰撞是常采用的控制策略，发展情况见图3-9。

①制动

制动是最常规的避免碰撞方式，制动控制策略具有最多的专利申请量。通用常采用的技术方案是设置防撞系统，自动制动中使用动态制动命令，使得主车辆的减速度连续调节，以便停止在距离目标车辆合理的距离处（例如专利US2013/0110368A1、专利US2013/0030651A1）。在通过驾驶辅助装置避免与障碍物碰撞之后，在安全方面会对恢复驱动力的方式施加限制（例如丰田的专利JP2012-61932A），在此基础上，丰田的专利JP2014-91351A、专利WO2015/028864A1公开了驾驶辅助装置在检测到障碍物并且已经通过用于避免碰撞的驾驶辅助抑制了驱动力时，能够以反映驾驶员意图并确保安全的方式来恢复所抑制的驱动力。

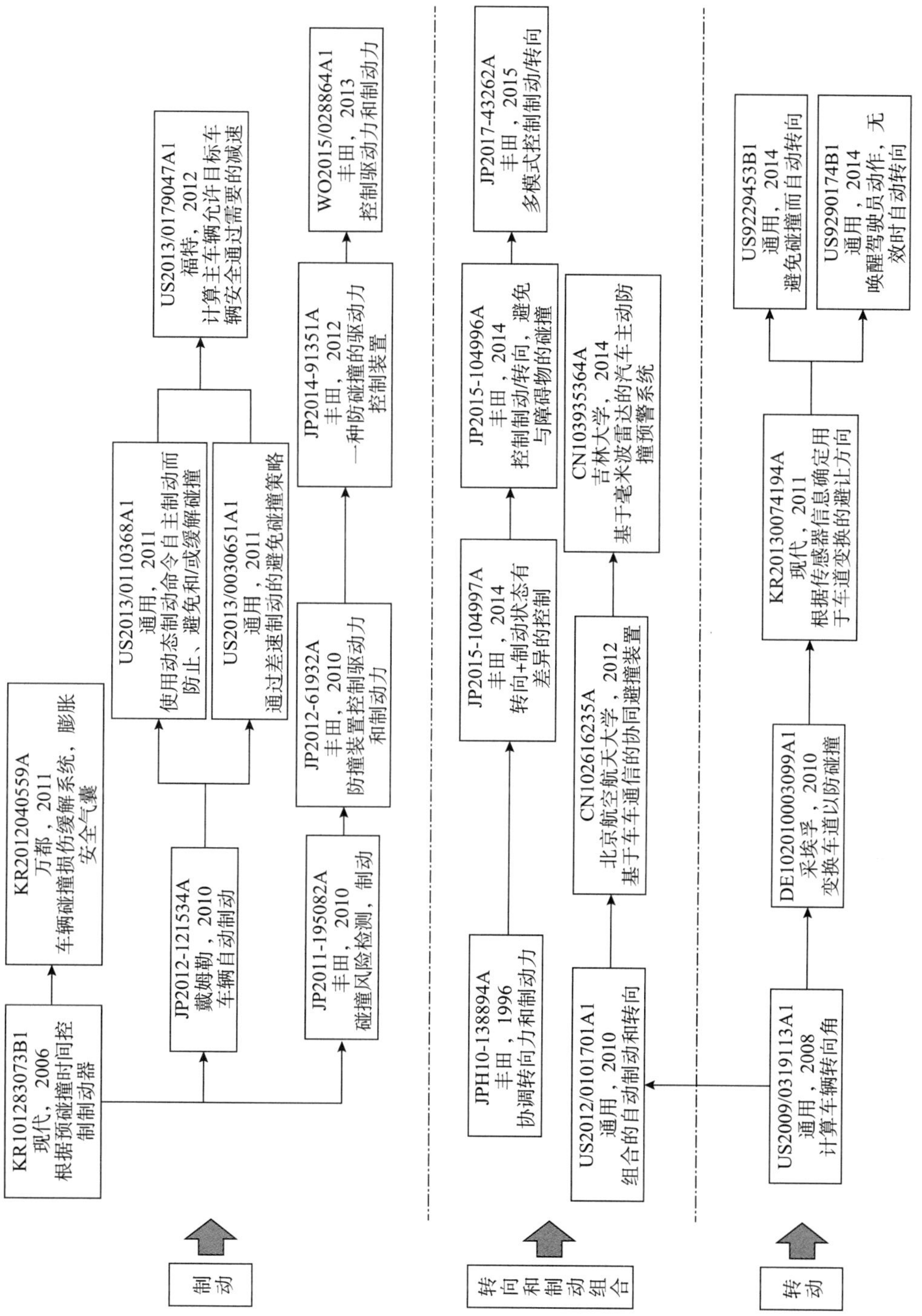

图3-9 避免碰撞技术发展脉络

②转向

通用的专利 US2009/0319113A1 公开了一种用于提供自动车道定位和车道改变目的的路径产生系统，专利 US2010/0082195A1 公开了对在专利 US2009/0319113A1 中披露的路径产生算法改进的方法。但上述两件专利申请都没有揭露在半自动驾驶或自动驾驶的车辆中如何产生避免碰撞路径和如何实现自动转向的方法，而专利 US9229453B1 解决了这一问题。

③制动和转向组合

如专利 JP2012-116403A 所提出的那样，除了通过自动制动实现避免碰撞以外，还可通过操纵转向装置使本车辆向远离障碍物的方向自动转向。但实际操作中存在制动力对车辆的制动与转向发生干涉的问题，有时无法完全避免碰撞。然而，丰田的专利 JPH10-138894A 公开了根据由自动转向产生的横向力，利用摩擦圆计算出对车辆能够产生的最大制动力，通过将制动力的最大值作为算出值可以进行有效的避撞，该方法解决了上述问题。

2. 以备碰撞控制策略

虽然智能汽车碰撞预警系统会在检测出有可能发生碰撞时进行报警，以提醒驾驶员作出应变处理或对车辆进行智能控制，但有些碰撞依然无法避免发生。因此，在已知碰撞无法避免的情况下，如何最大限度地减小碰撞造成的损害也是研究的重点。

（1）申请态势

2013 年开始，以备碰撞专利申请量总体呈增长态势。由图 3－10 可以看出，以备碰撞技术的全球专利申请趋势可以分为两个阶段。

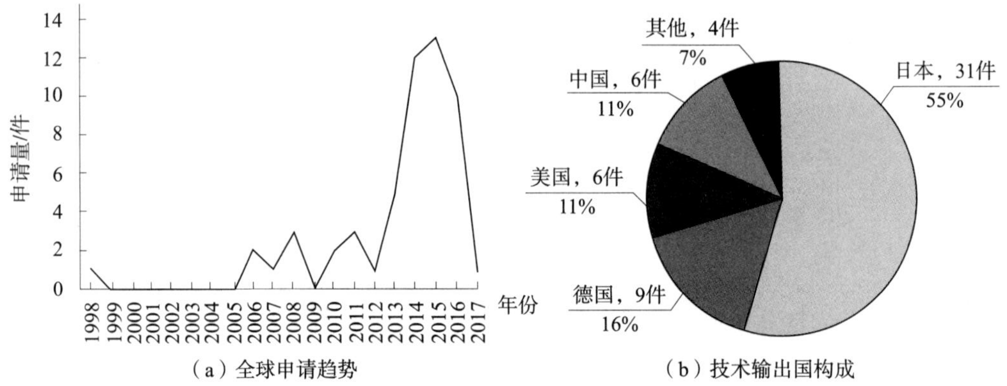

图 3－10　以备碰撞技术全球专利申请趋势和技术输出国构成

2013 年以前以备碰撞技术发展缓慢，全球每年只有零星的专利申请，研究的重点也放在了碰撞的可能性预测方面，对于避免不了的碰撞所采取的措施，即以备碰撞，只是简单提及，并没有深入探讨和研究。代表性专利如丰田的专利 JP2000-95130A、本田的专利 JP2012-232693A 等。2013 年以后，以备碰撞的专利申请量实现了从每年几件到每年十几件的突破。随着人们对于汽车碰撞安全的逐渐重视，对于以备碰撞技术的研发投入也大幅增加，尤其在开发研制碰撞预警系统历史较长的发达国家中，对以备碰撞车辆的行驶路径、撞击部位和保护措施等方面作了很多深入研究，使车辆更好地保障乘客安全。例如，通过改变车辆行驶路径以吸收更多的撞击能量，通过改变车辆的重心以减少碰撞损失等。这一时期，以备碰撞技术的申请人主要集中在日本、德国和美国。

其中，作为汽车工业大国之一的日本，占到专利申请总量的55%，体现了日本在碰撞预警系统的以备碰撞方面具有很强的技术实力。

（2）技术发展脉络

以备碰撞技术的发展涉及改变车辆路径、控制碰撞部位、制动和保护三条主线，三者相互关联但侧重点有所差异（见图3－11）。

①改变车辆路径

专利JP2015-98233A公开了当主车辆与另一车辆的碰撞不可避免时，在主车辆与另一车辆碰撞之前自动使主车辆的转向轮转向，控制器响应于在主车辆周围是否存在除另一车辆之外的目标，来改变由控制器控制转向的转向轮方向；在此基础上，丰田又对该方法进行了改进，其在2016年申请的专利JP2017-136960A通过车辆转向来吸收碰撞能量，进而保护乘客安全。

②控制碰撞部位

日本的斯巴鲁提出了改变车辆重心进而控制撞击部位的方式来面对不可避免的碰撞，并申请了大量专利；除改变车辆重心来控制撞击部位外，富士重工、本田、丰田、福特均提出了根据碰撞参数调整车辆以使其最小损坏部位接受碰撞。并且，现有的车身结构基本具备“吸能＋乘坐”模式，利用车身结构的吸能部位接受碰撞是未来的发展趋势。

③制动和保护

制动和启动安全保护机构属于常规的以备碰撞措施。代表性专利有吉利的专利CN103010210A，其公开了汽车主动防追尾控制系统及控制方法；武汉理工大学的专利CN104210489A采用主动避碰与被动避碰相结合的方法来实施双重避碰，可以让驾驶员作出主动反应避免丧失驾驶主动性从而避免频繁的减速与制动，同时也可避免减速与制动给驾驶员带来的伤害，实现有效保证驾驶员安全的目的。

四、主要申请人分析

本节将对日本、德国的重要申请人代表的技术特点、重点专利进行介绍，其中重点专利主要参考该申请、同族的被引证次数、公开年限，其中公开越晚、引证次数越多的专利，重点度越高。

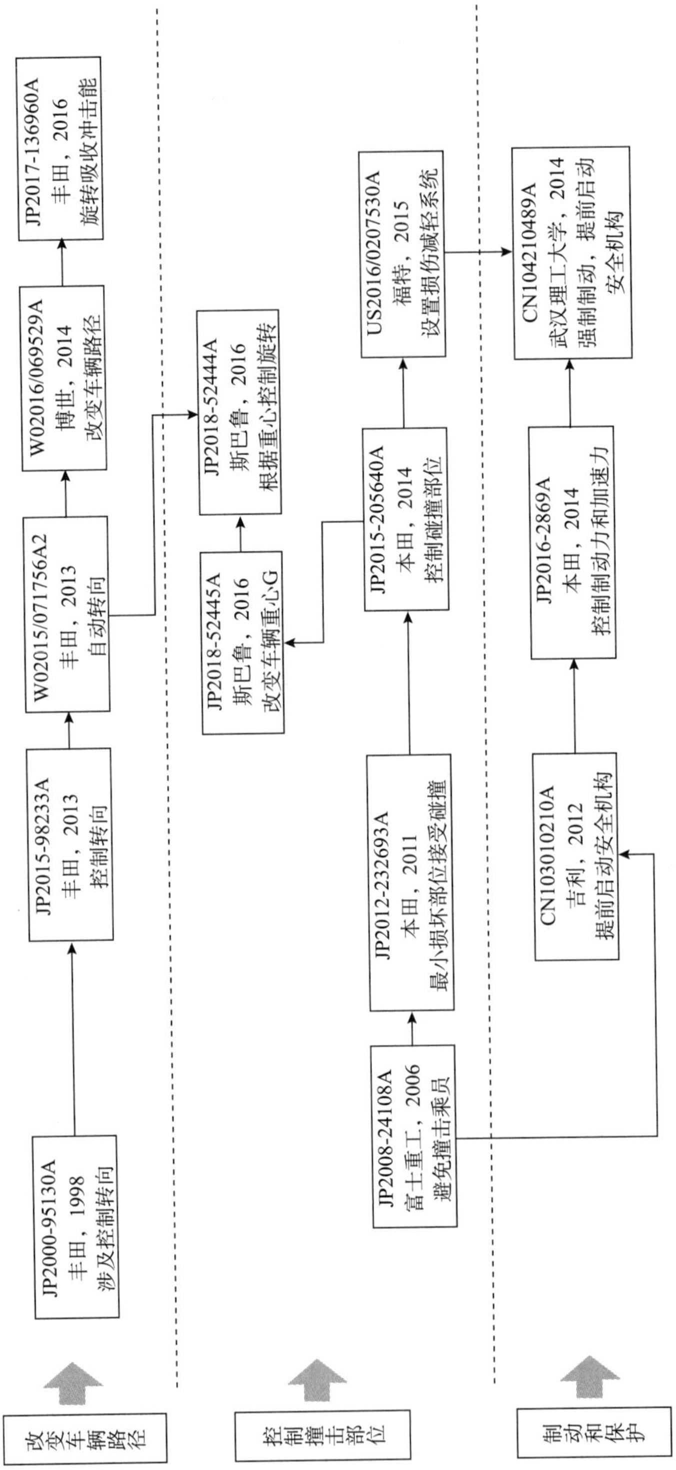

图3-11　以备碰撞技术发展脉络

（一）丰田

丰田作为日系汽车的代表，无论申请数量还是质量均占绝对优势。丰田一贯重视车辆行驶安全，提出整体式行车安全管理概念，包含泊车、主动安全驾驶、前碰安全、被动安全与救助等，其整合车辆上的各独立安全设备，旨在降低各个阶段事故的发生概率。丰田还提出“智行安全”的概念，该概念包含避免碰撞、车道保持、夜间行车支持等。

对丰田在专利数据库中的专利申请进行分析整理，其在汽车碰撞预警系统技术的全球申请量为283件，其中在华申请量为135件，数量上居各申请人第一位。从其发展历程上可见，自2006年之后，丰田在主动避免碰撞安全上的研究逐渐发力，其中控制策略方面的专利申请数量增长迅速，如图4－1所示。

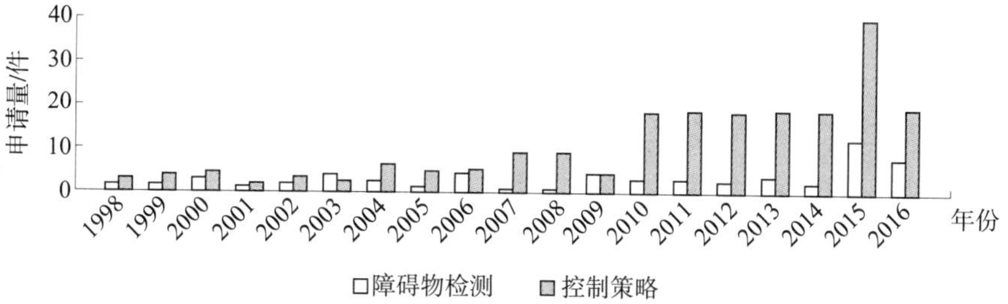

图4－1　丰田汽车碰撞预警不同技术分支的申请趋势

丰田关于障碍物检测方面的申请量也呈增长趋势，其研究方向主要有：雷达检测置信度推定、雷达和摄像双重检测、盲区补充检测、连续尺寸的障碍物检测、弯道检测、确定物体横向边缘等。另外，对避撞系统与其他驾驶辅助系统的干涉上，在驾驶辅助系统具备避免碰撞辅助系统和车道行驶辅助系统的情况下，需要在两个系统间以适当的关系来设定转向操纵控制量，通过循环判定碰撞可能性，不断调整避撞系统和车道行驶辅助系统施加的转向操纵力。

从其技术组成上看，丰田在汽车碰撞预警系统技术领域的两个主要技术分支下都作了一定的专利布局，特别是在控制策略上的专利布局更加稠密［见图4－2（a）］。另外，对碰后的处理上，在发生不可避免的碰撞时，通过改变车辆路径、控制碰撞位置等降低对车辆和车内人员的损伤以及避免发生二次碰撞。其主要技术构成包含前撞安全、横向碰撞、车道保持、多系统干涉［见图4－2（b）］。其中，前撞安全是指车辆同车道行驶时、前后车辆之间的碰撞；横向碰撞包含的类型较多，主要包含人行横道、交叉路口处的碰撞，自车变道时与相邻车道车辆之间的碰撞，与横向延伸的障碍物之间的碰撞；车道保持是指车辆通过识别车道标记线提醒或辅助车辆行驶在车道内；多系统干涉指碰撞预警系统与其他驾驶辅助系统的干涉，其概念主要为，在驾驶辅助装置具有碰撞预警系统和车道行驶辅助系统的情况下，需要在两个系统间以适当的关系来设定转向操纵控制量，通过循环判定碰撞可能性，不断调整碰撞预警系统和车道行驶辅助系统施加的转向操纵力。

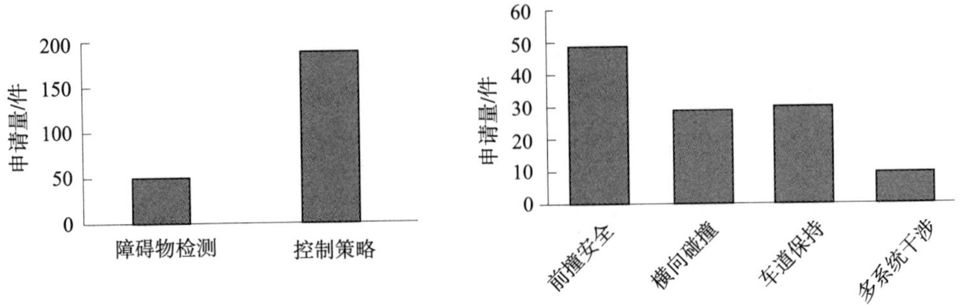

（a）主要专利申请方向　　（b）主要技术构成

图 4－2　丰田汽车碰撞预警主要技术专利申请方向和技术构成

下面将对丰田的重要发明人作进一步的分析。通过对丰田避免碰撞专利申请的发明人进行分析，排名靠前的分别为：永田真一、冲田敏宣、麻生和昭、金道敏树、清水政行（见表 4－1）。研发人员有自己擅长或偏好的领域，在该领域中，技术研发人员的技术优势更加明显。通过对发明人的发明内容和申请时间进行分析，可以得出发明人之间的关系，其中将不同发明人列为一组是基于其具有多件共同专利申请，推定其可能是同一研究组，而将在该领域申请较早的发明人放置在同一组的前位。

表 4－1　丰田重要发明人及重点专利

发明人	时间	研发重点	重点专利
永田真一	2006 年至今	视角盲区突然出现障碍物的避撞	JP2009-274695A，2009－12－02（申请日，下同） 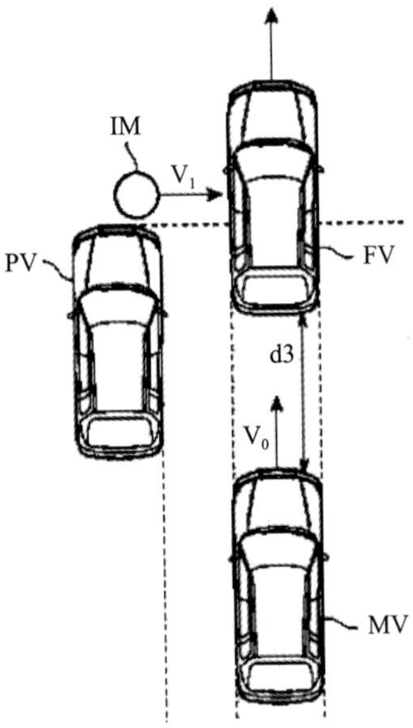

续表

发明人	时间	研发重点	重点专利
冲田敏宣	2006～2012 年	避碰策略中制动力与驱动力的综合控制	JP2006-134321A，2006－05－12 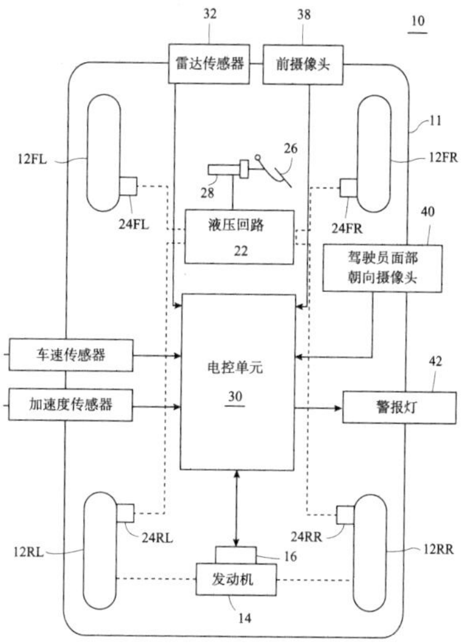
麻生和昭/金道敏树	2006～2014 年	自车和障碍物行驶轨迹的预估	JP2009-141369A，2009－06－12 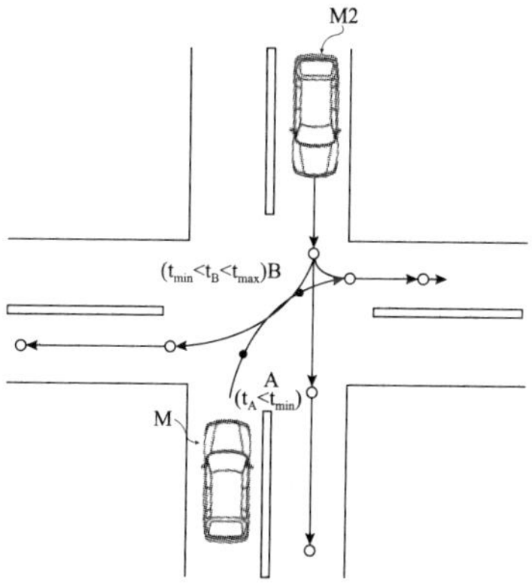
清水政行等	2006 年之后	含车辆转向的行驶轨迹预测，障碍物检测精度的提高	JP2003-353729A，2003－10－14 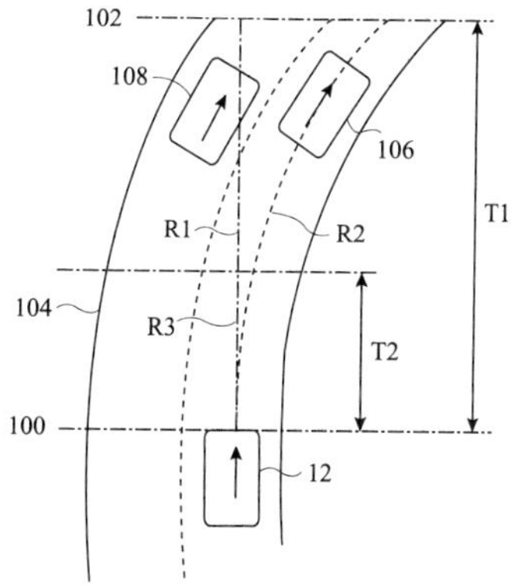

续表

发明人	时间	研发重点	重点专利
贵田明宏	2012 年之后	涉及驱动力抑制的避碰	JP2013-180505A，2013－08－30 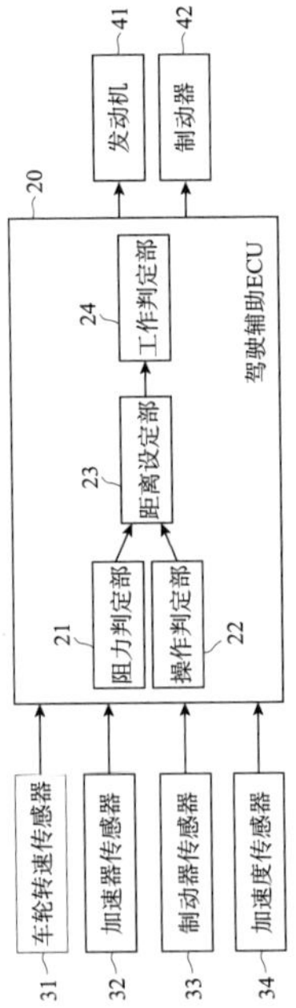
池涉	2012 年之后	转向出现失误时的辅助避碰	JP2014-242296A，2014－11－28 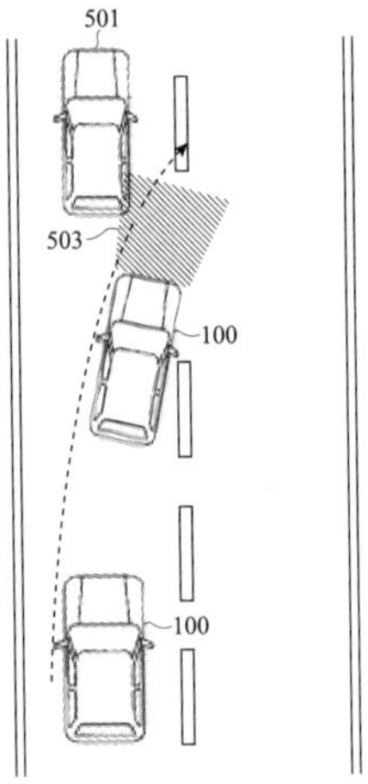

永田真一的研究重点在于涉及驾驶员视野死角区域出现移动体情况下的避免碰撞。

冲田敏宣的研究重点在于避免碰撞控制策略中制动力与驱动力的综合控制。

麻生和昭和金道敏树的研究重点在于自车和移动体行驶轨迹的预估，即根据获取的他车状态对其预计行驶轨迹进行预测。

清水政行研究组，包括后期加入的土田淳、佐藤南、加藤雅之。清水政行研究组的研发重点在于车辆转向的行驶轨迹预测以及障碍物检测精度的提高，主要研究重点从早期的基于驾驶员动作实施自动避免碰撞到后期的基于雷达+摄像的车辆和障碍物行驶轨迹计算并预估碰撞时间。2015年后清水政行研究组与电装实施合作研发。丰田与电装在该领域的合作申请量为13件。而电装作为日本第一大汽车零部件供应商，其在汽车避免碰撞技术领域的研究则非常深入，其合作申请的重点在于障碍物的精确检测。

另两位重要发明人贵田明宏和池涉的研究起步较晚，相关申请基本在2012年之后。池涉主要与爱德克斯（ADVICS）合作。爱德克斯作为丰田的刹车系统供应商，其合作项目旨在解决驾驶员的转向或制动避免碰撞动作未有效实施障碍物检测不到时仍可以进行辅助制动。而贵田明宏的一系列申请研究了控制单元基于获取的障碍物信息执行，用于介入以抑制驱动力为目的的驱动力抑制控制，以反映驾驶员的意图且确保驱动力的安全恢复，消除伪障碍物的影响。其研究领域与冲田敏宣一致，但两者在时间上存在差距。

（二）博世

博世以设计和制造汽车零部件闻名，目前博世几乎所有主动安全系统都是在防抱死制动系统（以下简称“ABS”）的基础上发展而成。1978年博世首次将ABS投放市场，1986年又推出牵引力控制系统（以下简称“TCS”），其通过增加一个发动机管理系统与ABS的接口降低单个驱动轮的驱动转矩来防止车轮打滑。车身电子稳定系统（以下简称“ESP”）是博世的专利申请。ESP整合了ABS和TCS的功能，通过传感系统到检测到车辆失控，ESP会主动干预，对相关车轮进行制动，ESP通过ABS来纠正转向过度或转向不足。ESP不仅能制动车轮，还能够主动干预发动机，帮助驾驶者控制车辆。

国内的高级驾驶辅助系统（ADAS）供应商排名中，博世位列第一，是世界六大电子车身稳定系统供应商之一，成为汽车电子领域的帝国式企业。其借助在汽车电子领域的优势，在汽车碰撞预警系统技术领域拥有众多专利。从博世专利申请的方向可见，其在避免碰撞控制策略（包含紧急制动和路径规划）和障碍物检测系统上均有一定的研发投入［见图4－3（a）］。

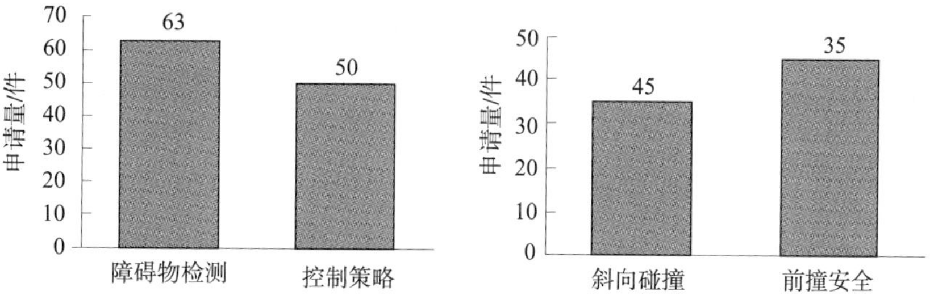

（a）主要专利申请方向　　（b）主要技术构成

图4－3　博世公司汽车碰撞预警技术主要专利申请方向和技术构成

随着感测器和摄像头技术的进步，在障碍物检测系统上，博世对现有的雷达+图像检测系统进行进一步优化，以提高检测精度。专利 WO2008EP52562 描述了一种用两个独立定位系统工作的方法，其中雷达系统提供障碍物纵向位置数据，而基于视频的检测系统则提供横向位置数据，雷达对物体的距离和相对速度可提供相当精确的测量值，为了进一步提高数值精度，其提出用一个参数即本车与障碍物碰撞前的时间来表示两个用于一致性检验的测量值。

具体到技术构成，如图 4-3（b）所示，博世在车辆的斜向碰撞方面（包含变道辅助、横向障碍物避碰、弯道辅助）的研究较多，主要有：专利 DE102007022589A1，判断相邻车道上的交通以及跟随的交通是否允许避让操纵，并在严重碰撞危险的情况下干预车辆的纵向引导；专利 DE102006027326A1，公开了一种当相邻车道后方存在即将进行超车操作的车辆时，避免本车行驶到该相邻车道上的方法；专利 DE102011082126A1，公开了一种判定障碍物导致的堵塞程度，从而辅助车辆变道的方法。

自适应巡航系统涉及避免车辆前后方向的碰撞，该系统监视本车和前后方行车路径上的障碍物之间的距离、相对速度、发生碰撞的时间以及所需的刹车距离，其基于视频对障碍物检测和分类。专利 WO2002DE02546 提出在自适应巡航系统中引入障碍物分类，根据障碍物类别预估其行驶轨迹，再预判车辆与障碍物的碰撞风险以决定是否实施紧急制动。

随着避撞技术的进步，涉及前后碰撞的自适应巡航系统和斜向碰撞系统技术也不断交融，例如专利 WO2005EP50029 提出在接近障碍物时由驾驶员引入的避让机动动作被支持，旨在防止由碰撞造成的事故。

五、总结

本文从专利文献的视角对智能汽车碰撞预警系统技术的发展进行了全面的统计和分析，包括智能汽车碰撞预警系统在中国和全球的专利申请趋势、专利布局、重要申请人等，并重点分析了碰撞预警系统的碰撞可能性预测方法和所采取的控制策略，以及重要申请人的重点技术和重点专利。通过对上述内容的分析、提炼和总结，提出如下几点为中国碰撞预警系统技术的发展提供借鉴。

（1）对于智能汽车碰撞预警系统技术的国内专利申请量而言，从 2010 年的不足 10 件增长到 2015 年的 40 件左右，并在 2016 年骤升到 109 件，增长十分迅速。但是国内申请人历年专利申请量均落后于国外申请人的申请量，排名前四位的国外申请人来源国分别是日本、美国、德国和韩国，都是汽车工业强国，说明国外申请人非常重视在我国的专利布局。对于智能汽车碰撞预警系统技术的全球专利申请量来源国而言，排名前五的依次为日本、德国、中国、美国、韩国；其中，日本、德国各以 800 多件原创申请遥遥领先于其他国家与地区，其总量占总申请量的近60%。日本、德国在车辆避撞技术领域有绝对技术优势，我国与汽车强国相比仍存在较大差距。

（2）智能汽车碰撞预警系统技术根据操作流程主要分为碰撞的可能性预测和控制策略两个一级技术分支，碰撞的可能性预测包括基于车辆动态参数的可能性预测和基于交通环境的可能性预测，控制策略包括避免碰撞和以备碰撞两个方向。本文详细介绍了各技术分支的申请态势和技术发展脉络，为企业选择研发方向提供了十分重要的参考，同时也为中国企业的国际化指引了方向。

（3）智能车辆碰撞预警系统的主要申请人为丰田、博世本文详细介绍了二者的重点技术、重点专利以及研究方向，对我国的智能汽车碰撞预警系统技术的发展具有重要的借鉴意义。

重要的是，通过对碰撞预警系统技术领域的专利技术综述，技术人员可以更好地把握该领域的技术实质，为作出更好的创新发明打下基础。

参考文献

[1] 中华人民共和国国家统计局官网（www. stats. gov. cn）.

[2] 朴奇. 基于多源信息的重型汽车碰撞预警策略研究［D］. 长春：吉林大学，2017.

[3] 杨铁军. 产业专利分析报告（第9册）——汽车碰撞安全［M］. 北京：知识产权出版社，2012.

[4] 魏保志. 热点技术专利预警分析［M］. 北京：知识产权出版社，2014.

智能汽车人机交互专利技术综述*

王青　刘畅**　田梅靖**　李平**　杜琳琳**

摘　要　当前，随着大数据、物联网等技术的发展，智能汽车成为各国和各大企业发展的重点。而在日常车辆使用中，人机交互的便利性和安全性日益得到人们的关注。在人机交互的领域中，由于手势和语音的控制具有方便快捷同时保证驾驶安全的特点，被各大企业关注和研究。本文从中国以及全球的视角，对智能汽车人机交互技术进行了较为全面的专利分析，分别从基于手势和语音的人机交互的维度，对全球和中国的专利进行了挖掘和对比，反映出了整体的发展趋势、技术脉络以及重点的技术布局态势。此外，本文还对人机交互进行了详细的技术分支划分，对分支的技术内容进行了详细的梳理和比较。最后，本文对重要企业专利进行了深入的发掘和比较研究，得到重要企业的技术发展脉络以及智能汽车人机交互技术未来发展方向。

关键词　智能汽车　人机交互　手势　语音

一、概述

智能交通是将先进的传感器技术、通信技术、数据处理技术、网络技术、自动控制技术、信息发布技术等运用于整个交通运输管理体系中而建立起的一种实时的、准确的、高效的交通运输综合管理和控制系统。汽车与人的交互主要涉及如何获取相应的信息、信息的理解和表达等多个方面。2022 年，全球手势识别的传感器市场预计规模为 321 亿元。《中国制造 2025》明确了我国智能汽车发展目标。在技术应用层面，随着智能交通领域的发展，智能人机交互越来越受到各大车企和互联网公司的重视，所以需要对智能汽车人机交互的相关专利进行分析和研究。

现实生活中，人们控制汽车的相应配置，已经逐渐从实体按键控制过渡到触摸屏控制、语音控制以及手势控制等多个方面。通过语音、手势等命令控制车内诸如多媒体、

---

* 作者单位：国家知识产权局专利局专利审查协作河南中心。
** 等同第一作者。

导航、车窗等非驾驶类功能和加速、停车、变换车道等驾驶类功能，可以有效减轻驾驶压力，避免驾驶时转移注意力从而导致事故。因而，语音交互和手势交互实现操作的便利性和安全性成为众多企业和厂商的研究热点，具体可见图 1。

（一）技术概述

1. 基于手势的人机交互

手势识别是人机交互的研究热点，在多个领域具有广泛应用。在智能汽车领域中，基于手势的人机交互是通过车载仪器和设备采集人的手势信息，进而通过车载或者云端采用手势识别算法进行人的手势信息确认，实现手势对车载设备的控制或者交互，其反映出汽车对人的意图和肢体语言的理解。信息采集主要包括摄像头、深度摄像机以及可穿戴设备等进行手势信息的提取。

2. 基于语音的人机交互

语言是人类最自然便捷的沟通手段。智能语音技术是信息时代背景下的“能听会说”的技术，主要包括语音识别、语音合成、自然语言理解等关键技术环节。而在人车语音交互的领域中，由于汽车行驶时具有噪声大、非驾驶人员话语干扰等特点，对语音的处理需要更加准确及时。语音处理包括前端处理、后端处理和功能控制等方面。

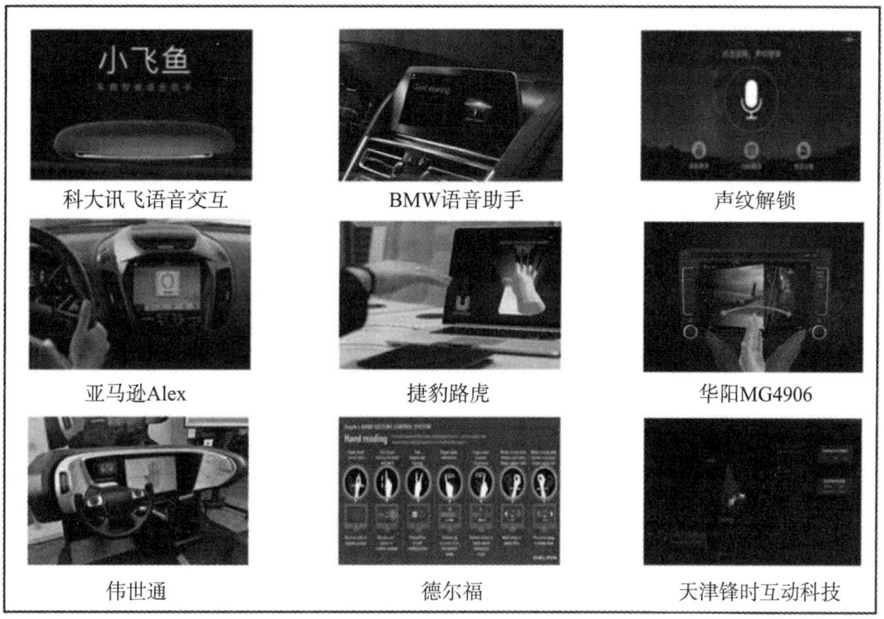

科大讯飞语音交互　BMW语音助手　声纹解锁

亚马逊Alex　捷豹路虎　华阳MG4906

伟世通　德尔福　天津锋时互动科技

图 1　智能汽车手势、语音交互主要产品

（二）专利技术

基于手势专利技术，如专利 KR20120057444A、KR20150067679A、CN104627094A 通过区分驾驶员和乘客的手势，进而通过只识别驾驶员的手势以提高手势识别的准确度；专利 CN106068201A 通过在用户界面的显示单元的边缘的区域中的提示对输入件的位置进行信号化，使得在三维图像操作时更好地将输入件的位置生成信号；专利 CN107038406A 通过用于检测手势的传感器检测三维数据中的运动伪影并对运动伪影进行处理以进行手势识别；专利 CN107636567A 通过动态确定三维图像的交互空间以方便用户交互；专利 WO2018041489A1 基于深度传感器和触摸设备对三维图像进行识别；专利 US2015293585A1 通过手势对抬头显示（HUD）的相应功能进行控制；专利 KR20130068538A 通过手势对车门进行相应的控制；专利 KR20130053915A 通过识别单元控制通风和冷却系统。在中国申请中，专利 CN104679404A 通过手势的输入控制导航信息，专利 CN107813831A 建立移动通信并且实现接打电话的对应功能，专利 CN107608501A 通过手势信息控制车窗、扬声器、空调等设施。基于语音的专利技术有：专利 CN101323305A、CN101645716A 通过语音识别对车载终端的多媒体播放、通信、倒车影像显示等功能的控制，能够实现在车载控制系统中人机语音交互的功能，减少手动操作步骤，避免了驾驶员在开车过程中由注意力分散而导致的安全隐患。专利 JP2018005163A 通过提取声音信息的特征值来与驱动器正常时间语音的特征值进行比较，进而判断驾驶员是否已经发生异常，该声音信息包括语言和非语言的声音信息；当确定驾驶员发生异常时，由操作控制单元控制车辆的操作。

（三）技术分支

智能汽车基于手势和语音的人机交互是多种技术的结合，其包括多个技术分支。通过宏观数据的定量分析和具体技术的分支定性分析相结合的方式，发现基于手势的人机交互的关键技术主要包括手势识别、功能控制、认证三个方面，而基于语音的人机交互的关键技术主要包括前端处理、后端处理、功能控制和认证四个方面。具体的技术分解参见表 1 和表 2。

表 1　基于手势的人机交互技术分解表

一级分支	二级分支
手势识别	触摸设备
	二维图像
	三维图像
	可穿戴设备
	虚拟交互
功能控制	驾驶
	非驾驶
认证	身份识别
	车门

表2　基于语音的人机交互技术分解表

一级分支	二级分支
前端处理	辅助识别
	语音合成
	模式识别
	声学模型
	降噪处理
	特征提取
后端处理	解码器
	置信度
	自然语言模型
功能控制	驾驶
	非驾驶
	语音机器人
	安全冲突
认证	身份识别
	车门

1. 基于手势的人机交互技术分支

(1) 手势识别

第一个分支涉及对手势的识别，主要包括通过触摸设备、二维图像、三维图像、可穿戴设备、虚拟交互以及多种方式的组合提高手势识别的准确度。由于手势识别的准确度直接影响到其关联的控制操作的准确性和安全性，因此，手势识别技术是基于手势的人机交互的核心技术。

触摸设备是指通过触摸屏等传统的触摸设备获取手势并加以识别，主要包括对触摸设备结构的改进以及结合其他参数进行辅助识别。

二维图像是指通过照相机、摄像机等传统的视频采集设备拍摄包含手势的二维图像，通过计算机视觉技术进行处理，对手势加以识别，主要包括对二维图像的特征（例如手指谷、手指尖、手移动轨迹等）提取，然后结合其他参数（例如语音、热变化、车辆状态等）进行辅助识别。

三维图像是指获得手势的三维图像并进行处理以实现手势识别。

可穿戴设备是指直接穿在身上、整合到用户的衣服或配件的一种便携式设备，用于手势识别的可穿戴设备通过穿戴在手上以感测手势信息并对其进行识别。

虚拟交互是指通过在车辆内部空间的显示区中，以全息方式显示出至少一个功能相对应的虚拟操作元件，并在该虚拟操作元件上识别用户输入的手势。显示区包括中控台、车顶、遮光板、仪表盘、车玻璃等。

（2）功能控制

第二个分支是手势识别中的功能控制，主要包括驾驶类、非驾驶类。驾驶类指在驾驶过程中，通过手势对车辆的行驶动作和轨迹进行控制。非驾驶类是指对车辆的相应功能进行控制，比如空调、车窗、导航等。

（3）认证

第三个分支是认证，通过手势信息的比对，判断用户的身份，根据用户的身份对应不同的操作权限。

2. 基于语音的人机交互的技术分支

（1）前端处理

第一个分支是语音识别中的前端处理，其指声音信息的获取过程，主要包括辅助识别、语音合成、模式识别、声学模型、降噪处理、特征提取。

辅助识别是结合多种方式辅助声音的获取和收集，比如利用手势、注视方向、人员位置信息等，从而更准确地获取信息。

语音合成，基于声学统计建模、波形拼接技术、共振峰、线性预测编码（LPC）和对数振幅近似（LMA）技术对语音进行合成。

模式识别，基于不同的设定，对不同的模式定义不同的识别方式，例如在不同的环境下或者基于不同的人采取不同的声音获取策略等。

声学模型用于描述声学基元产生特征序列的过程，高斯混合－隐马尔科夫模型、基于深度神经网络学习的隐马尔科夫模型被视为声学模型中的主流研究方法。

降噪处理用于减少用户说话环境噪声干扰，提高远场情景下语音识别准确率。

特征提取用于消除用户说话方言、口音、情感等个性特征，对提升语音识别性能至关重要。

（2）后端处理

第二个分支是语音识别中的后端处理，主要包括解码器、置信度及自然语言模型。

解码器是语音识别系统的核心环节，在由声学模型、语言模型及发音词典生成的状态空间中，在解码端通过搜索技术寻找最优词串。

置信度是为了正确评价识别结果的可靠性，语音识别系统在得到初步的识别结果以后，将语音置信度引入语音识别的后端处理中，主要包括：错误检测与错误纠正、关键词确认、语音的无监督和半监督训练及自适应技术、语料库的错误语料甄选等。

自然语言模型是通过上下文的语义分析，以语言学技术和语料库为基础，通过计算机的自然语言处理方法获取相应的声音信息。

（3）功能控制

第三个分支是语音识别中的功能控制，主要包括驾驶类、非驾驶类、语音机器人和安全冲突。

驾驶类指在驾驶过程中，通过语音对车辆的行驶动作和轨迹进行控制。

非驾驶类是指对车辆的相应功能进行控制，比如空调、车窗、导航等。

语音机器人指对车内存在的一个语音机器人终端的操作和改进。

安全冲突指在进行语音操作过程中，车辆系统进行进一步判断，确定语音命令的可执行性。

（4）认证

第四个分支是认证，通过语音信息的比对，判断用户的身份，根据用户的身份对应不同的操作权限。

二、专利申请总体情况

（一）数据来源及检索要素

本文采用中国专利文摘数据库（CNABS）、德温特世界专利索引数据库（DWPI）和世界专利文摘数据库（SIPOABS）。其中，CNABS 用于中文专利检索，利用 DWPI 以及 SIPOABS 两者的结合完成英文库专利的检索。

将检索时限截止到 2018 年 8 月 20 日，其中，由于专利文献从提出申请到向公众公开有时间的延后，因此，2017 年及 2018 年的样本会有不完整的问题。所以，对于以下分析图中有关 2017 年和 2018 年申请量的下降曲线不排除是样本数据量的不完整造成的。

（二）全球专利申请量分析

1. 全球历年专利申请量

图 2 示出了智能汽车人机交互技术的全球专利申请趋势状况。自 1978 年起，其技术发展按专利申请的情况主要分为三个阶段。

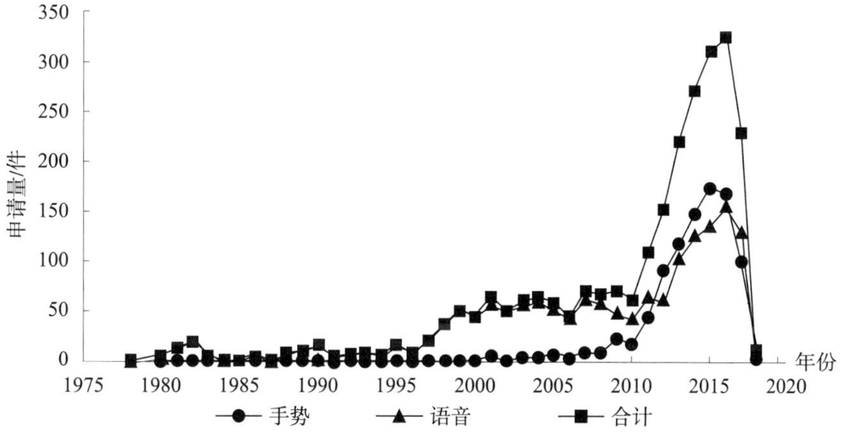

图 2　智能汽车人机交互技术全球专利申请量趋势

萌芽阶段（1978～1995年）：智能汽车人机交互的专利申请量较少，这个时间段智能汽车概念刚刚被提出，并且人机交互相关的语音识别和手势识别技术还不成熟，音频数据和图像数据处理所需的CPU和GPU还不能满足其大量计算的需求，企业和研究机构对其研发的热度不高，尚处于技术萌芽阶段。

快速增长阶段（1996～2009年）：智能汽车人机交互专利申请量开始呈现一定的增长趋势，伴随着计算机硬件技术尤其是英特尔（Intel）和英伟达（NVIDIA）两家公司的CPU、GPU产品性能的发展，以及智能汽车相关硬件如传感器、雷达、摄像头等的快速发展，智能汽车人机交互技术不断成熟，因此年专利申请量迅速增长了近8倍。但由于成本因素以及实际效果难以达到消费者满意的程度，智能汽车人机交互技术仍旧无法达到大规模商业生产的条件。

急速增长阶段（2010年至今）：2010年以后，随着计算机技术和处理器技术的快速发展，以及市场对于智能汽车人机交互技术的需求，各类企业纷纷开始在该领域进行大量专利布局。尤其在2012年，英伟达正式发布了第二代Direct11图形架构产品——代号为Kepler的GTX680，将显卡正式带入高性能低功耗时代，使得2012年智能汽车手势交互专利申请量首次超过了智能汽车语音交互专利申请量并在随后几年持续保持领先，进一步加速了智能汽车人机交互技术的发展。

由图3可以看出，智能汽车人机交互中国专利申请量增长趋势基本与全球申请量增长趋势保持一致，并基本上保持逐步增长的态势。其在中国2001年加入世界贸易组织（WTO）之后开始快速增长，并且在2010年之后与全球申请量一样进入急速增长阶段。

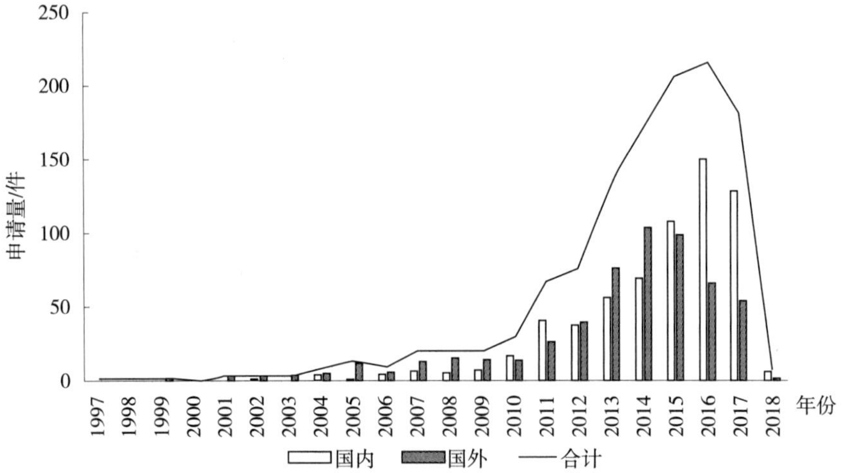

图3　智能汽车人机交互技术中国历年专利申请量及其趋势

智能汽车人机交互中国专利申请相比于全球起步晚，第一件专利申请出现在1997年。这主要是由于国内申请人技术起步较晚，并且早期国内汽车行业市场较小，国外申请人对中国市场不够重视。2003年之后，随着国内技术的发展和中国经济的增长，国内申请人的专利申请量开始快速增长，并在2010年超过了国外申请人申请量；在接下来的几年中，两者的申请量几乎持平。2016年之后，国内申请人智能汽车人机交互专利的申请量占据了绝对数量优势。

2. 各国家/地区专利申请量

由图4可以看出，智能汽车人机交互全球专利申请量前五位国家分别为中国、日本、美国、德国和韩国，这五个国家的申请量占全球申请量的94%，其他国家/地区的申请量仅占全球申请量的6%，可见该领域的专利申请较为集中。其中日本、美国、德国和韩国都是世界上汽车工业较为发达的国家，而中国的汽车工业虽然起步较晚，但在近些年发展迅速。

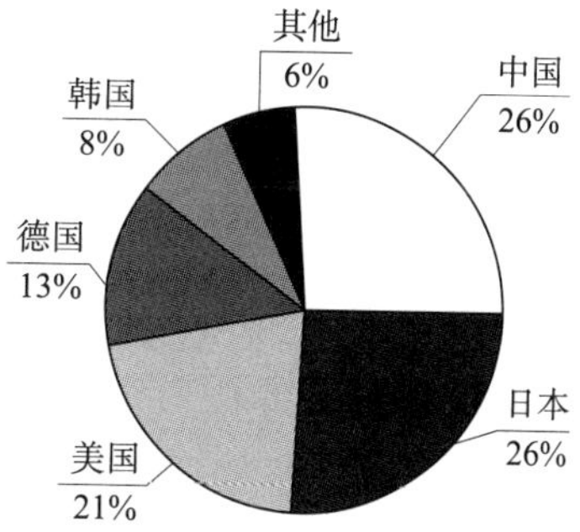

图4 各国家/地区智能汽车人机交互专利申请量分布

（三）全球/中国主要申请人分析

从图5中示出的全球专利申请量排名前20位的申请人来看，主要来自日本、德国、美国、韩国和中国。其中日本企业占据8个席位，德国企业有5个席位，美国企业有4个席位，韩国和中国分别只有2个和1个席位。可见虽然中国智能汽车人机交互专利申请量在全球排在第一位，但仅有奇瑞一家企业的专利申请量排在全球前20位，可见中国申请人的专利申请较为分散，目前还没有实力较强的申请人出现。从企业类型来看，现代、大众、通用、三菱、日产、丰田、福特、本田、戴姆勒、宝马、奇瑞都是各国知名的汽车制造商，占据了11个席位；电装、博世、伟创力、大陆是国际知名的汽车零部件供应商，占据了4个席位；排名前20位的其他申请人中，松下、日立、富士通和LG都是世界知名的以消费电子为主的综合性企业，哈曼国际是全球知名的音响产品制造商。

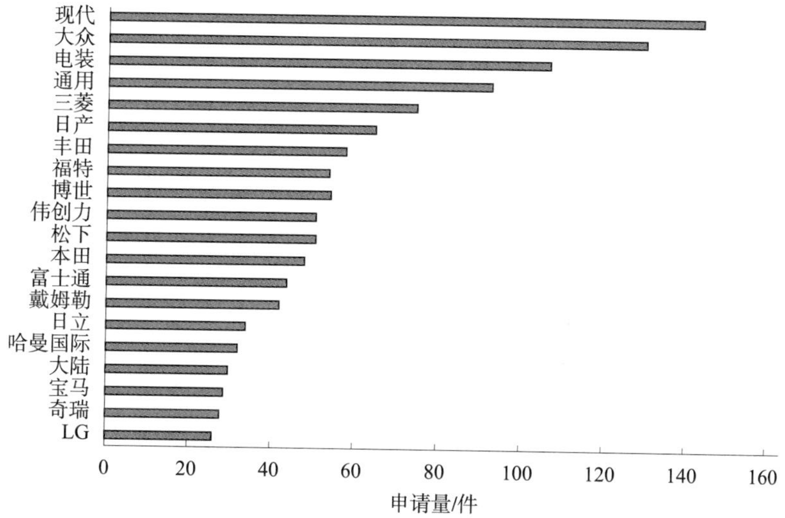

图5 智能汽车人机交互全球主要申请人申请量排名

图 6 示出了国内主要申请人在智能汽车人机交互领域申请专利的情况。与全球主要申请人相比，国内主要申请人在申请量上具有一定的差距，申请量相对较少。其中，奇瑞、吉利、北汽、比亚迪都是传统的车企。值得注意的是，奇瑞的很多申请都来自于旗下的新兴品牌观致汽车，蔚来汽车也是新兴的车企之一。其他几位申请人中，博泰是新兴的车联网公司，科大讯飞专注于语音技术，百度、阿里巴巴和乐视作为传统的互联网公司，都在将自己的技术切入智能汽车。

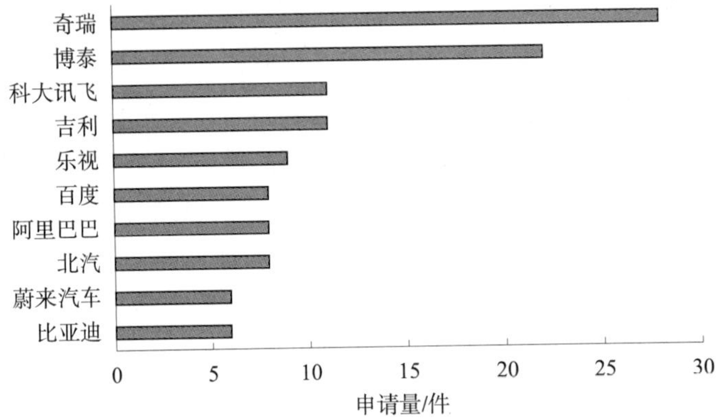

图 6　智能汽车人机交互中国主要申请人申请量排名

三、专利技术分析

（一）重要申请人关键技术分析

1. 基于手势的人机交互申请人关键技术分析

（1）国外申请人

①现代

由图 7 可以看出，现代在智能汽车基于手势的人机交互专利申请中，手势识别在一级分支中占了 71%。手势识别的准确度和可靠性直接影响了人机交互的稳定性和用户体验，因此提高手势识别的准确度和可靠性是现代公司最关注的分支。在手势识别的二级分支中，主要集中在二维图像（35%），其次是触摸设备（19%），其他分支相对较少。

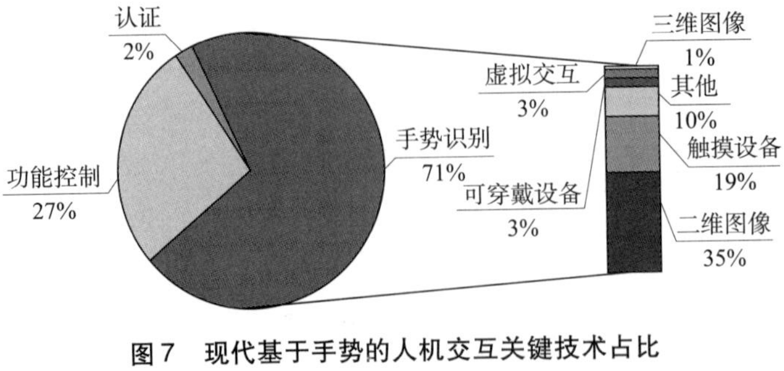

图 7　现代基于手势的人机交互关键技术占比

基于二维图像的手势识别中，通过其他设备和辅助参数提高二维图像识别的准确度是主要分支之一。专利 KR20120057444A、专利 KR20150067679A、专利 CN104627094A 通过区分驾驶员和乘客的手势，进而通过只识别驾驶员的手势以提高手势识别的准确度；专利 KR20130069085A、专利 US2014168058A1 和专利 CN104423570A 分别加入超声波信号、语音信号和热变化信号，并结合二维图像进行识别，通过辅助参数提高二维图像识别的准确度；专利 CN104460975A、专利 CN104460974A、专利 CN105799613A 和专利 KR20160061942A 加入车辆运动等车辆状态信息参数选择性地校正所识别的手势，进而能够防止因车辆的震动错误识别手势；专利 KR20160051360A 则使用可穿戴设备辅助进行二维图像的识别。

基于二维图像的手势识别的另一个主要分支是图像特征的提取。早期的申请中，专利 KR20130071241A 提取的图像特征是骨架连接点。基于该项技术，改进的专利申请 CN103870802A 提取了手指谷作为图像特征，专利 CN104750242A 进一步将手指谷、手指尖和展开手指数目都作为图像特征进行识别，极大地提高了手势识别的准确度和多样性。最新申请的专利 CN105807912A 则提取手的静脉图案对手势进行识别；另外，专利 KR20140087866A 和专利 KR20150063855A 通过比较前后两个图像的变化对手势进行识别；专利 KR20130068945A 和专利 CN103853462A 提取手势轨迹对手势进行识别；专利 CN103914684A 利用选择性照明来识别手势，通过有效移除包括静态干扰光和动态干扰光的不必要图像和噪声来可靠地识别手势。

基于触摸设备的手势识别也是现代申请专利主要的分支之一。专利 CN105607772A、专利 KR20170016587A、专利 US2017060312A1 中的触摸设备具有类似的凹陷形状，并且从边缘部分朝向中央部分逐渐地变深；而专利 US2016162037A1 的触摸设备则是半球形形状。这些关于手势识别触摸设备的改进都可以提高手势的识别准确度。另外，专利 US2010226539A1、专利 KR20160043849A 则通过加入图像、距离等其他参数对触摸设备输入的手势进行辅助识别。

其他分支中，现代还使用可穿戴设备和多种传感器进行手势的识别，专利 CN105700673A 和专利 KR20170132992A 通过可穿戴设备对用户的手势进行识别，专利 KR20150031121A 和专利 CN104044528A 通过超声波对手势进行识别，专利 KR20160033525A 和专利 CN105759642A 通过无线电信号对手势进行识别，专利 KR20140077037A 通过设置在方向盘上的运动传感器对手势进行识别；现代也有虚拟手势交互和三维图像识别相关技术的专利申请，专利 CN103885580A 使用用户的手势来操作呈现在挡风玻璃的图形，专利 KR20150072206A 使用全息图阵列和空间光调制器进行手势操作识别，专利 CN105700674A 通过建立车辆内坐标系并基于该坐标系对三维图像进行识别。

在功能控制分支中，现代的专利申请集中在非驾驶的功能控制。其中，专利

KR20150005222A、专利 US2015293585A1、专利 KR20150072074A 和专利 US2014181759A1 通过手势对抬头显示（HUD）的相应功能进行控制，专利 KR20130068538A、专利 KR20150030789A 通过手势对车门进行相应的控制，专利 KR20130053915A 通过识别单元控制通风和冷却系统。在中国申请中，专利 CN104679404A 通过手势的输入控制导航信息，专利 CN107813831A 建立移动通信并且实现接打电话的对应功能，专利 CN107608501A 通过手势信息控制车窗、扬声器、空调等设施。

②大众

由图 8 可以看出，大众在一级分支中最重视的是手势识别（49%）；在手势识别的二级分支中，大众的申请主要集中在三维图像（25%），其次是二维图像（12%），触摸设备和虚拟交互分别占 7% 和 5%。

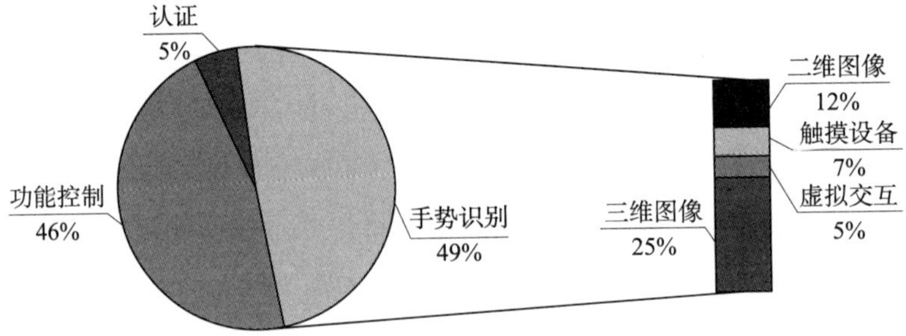

图 8　大众基于手势的人机交互关键技术分析

基于三维图像的手势识别是大众最为关注的分支，也是近些年来各大公司关注的重点分支。专利 DE102014201578A1 通过在输入区域产生流体流动信号对三维图像进行识别；专利 CN106068201A 通过在用户界面的显示单元的边缘的区域中的提示对输入件的位置进行信号化，使得在三维图像操作时更好地将输入件的位置生成信号；专利 CN107038406A 通过用于检测手势的传感器检测三维数据中的运动伪影并对运动伪影进行处理以进行手势识别；专利 CN107636567A 通过动态确定三维图像的交互空间以方便用户交互；专利 WO2018041489A1 基于深度传感器和触摸设备对三维图像进行识别。

其他分支中，专利 CN104205009A、专利 CN104412068A 分别通过加入用户视线和语音等信息对二维图像进行辅助识别，专利 CN104583904A 和专利 DE102016212682A1 则分别提取骨架模型和手势变化对二维图像进行识别，专利 DE102015200010A1 和专利 DE102015011651A1 通过改变触摸设备的架构提高对手势识别的准确度，专利 CN108136908A、专利 CN107584998A 则通过检测用户与虚拟操作元件的手势交互实现对预定功能的控制。

在功能控制分支中，大众的专利申请涉及驾驶类控制和非驾驶类控制，并在 2007 年左右开始进行专利布局。专利 CN101855521A 通过语音指定被搜索的兴趣点（POI）类别，利用手势圈定搜索区域，或者通过“环绕手势”圈定导航显示器上的范围，结合语音输入“餐厅”可控制显示被环绕区域内的餐厅；专利 CN105144070A 通过非触摸手势实现显示面板上内容的显示，显示面板的显示区域被分割为上下两行，当面板下沉下半部分区域内容不可见时，可通过手势将下半部分内容拖到上排可见区域；专利CN105225519A通过手势动作控制系统获取和呈现诸如可用停车位、停车位数量等的停车信息。然而，较之非驾驶类功能控制，控制驾驶功能的专利申请量较少，专利CN104245465A通过手势或者语音实现其期望的驾驶，也就是对汽车进行横向和纵向引导，包括车道变换、加减速、紧急制动等动作；专利DE102016216250A1通过手势的控制动作实现对车辆转向系统的控制，专利CN108327726A通过手势行为来激活驻车模式。

（2）国内申请人

相较于国外申请人，国内申请人基于手势的人机交互的专利申请起步较晚，且申请量也远低于国外申请人的申请量。其中，奇瑞、吉利、惠州华阳等近几年才涉足基于手势的人机交互。虽然上述国内申请人在该领域的起步比较晚，但是都十分重视与技术研发同步进行专利申请，保证市场竞争力。通过分析以上三位国内申请人专利申请中的关键技术，有利于找出国内申请人与国外申请人在关键技术和专利布局等方面的差距，从而寻求打破国外申请人技术垄断的突破点。

①奇瑞

奇瑞在基于手势的人机交互的相关专利中，主要是通过手势识别对汽车的相关设备进行功能控制，包括非驾驶控制和驾驶控制。专利CN104464036A、专利CN107316363A通过手势识别对车辆的后厢盖、音响、座椅、空调等功能的控制，实现对车辆的高效操作和控制。专利CN104386063A通过手势识别进行辅助驾驶，包括车速调节、车距调节、换道、超车、泊车功能，使驾驶辅助系统更灵活，实时性更强。其次是通过触摸设备进行手势识别。专利CN106020625A通过包括沿着一条或多条线朝向触摸屏边缘区域的手指运动，且与手指运动的起始、终止位置无关的触控手势进行应用控制，由于用户能够触摸并感受到触摸屏的边缘，因此只需要大致了解触摸屏的位置，即可在不看触摸屏的情况下实现对应用切换的“盲”操作；专利CN104104914A通过接收用户在触摸显示屏幕上的控制手势控制触摸屏的显示，可以使驾驶员或车上其他人员更加简单方便地在显示屏幕上进行操作，也有利于对通信录等车辆信息或娱乐信息进行查看，使驾驶过程更加安全。此外，还包括通过手势识别进行认证解锁，如专利CN107719303A通过手势验证授权用户，授权用户在车辆的检测区域范围内做出手势动作，该手势动作形成的图像信息被车辆识别后车辆可执行相应的动作，如开启车门或后备厢、解锁车门等动作，授权用户在车辆预存手势信息后，无须取出车辆智能钥匙，就可以控制车辆的相应动作，大大方便了用户对车辆的日常使用。

②吉利

吉利在基于手势的人机交互领域的研究专利申请主要包括两方面，一方面是通过手势控制车辆的自动驾驶，专利 CN107640159A 通过检测操作者的手势指令，选择人机交互级别，结合车辆相关信息使车辆自动做出反应动作，满足不同驾驶员对高度自动驾驶系统的适应能力，降低驾驶员的学习强度，提高可用性；另一方面包括基于三维图像的手势识别，专利 CN108229345A 通过双摄像头成像单元获取驾驶员的三维几何信息，将三维几何信息与数据库中的预设信息进行比对并输出比对结果，根据比对结果判断驾驶员的操作意图和/或驾驶状态，采用双摄像头成像，可以获得包含物体深度信息在内的三维信息以提高识别的准确率，在降低成本的基础上同时实现疲劳监控和手势识别功能。

③惠州华阳

惠州华阳基于手势的人机交互专利申请主要集中于非驾驶类的功能控制，包括对车载终端、抬头显示、娱乐信息系统等的手势控制。专利 CN104049727A 通过车载终端接口识别手势命令，以控制与车载终端相连的移动终端；专利 CN104410676A 通过手势控制实现对多媒体文件共享的控制；专利 CN105373230A 通过预定义不同功能对应的手势形状，实现对音量、导航图像的显示进行控制；专利 CN104348851A 中通过将车况、导航、手机等相关信息显示于抬头显示，并通过手势或者语音进行控制显示；专利 CN103471204A 通过手势对空调进行调整。

2. 基于语音的人机交互申请人关键技术分析

（1）国外申请人

①现代

现代在人车语音交互领域，有很大的研发投入和技术支撑，技术储备丰富。现代从 1999 年起开始布局人车语音交互领域，其专利具有起步早、布局广的特点。

由图 9 可以看出，现代的申请在一级分支中，主要涉及功能控制和前端处理（其中功能控制占 57%，前端处理占 33%，后端处理占 8%，认证占 2%）。

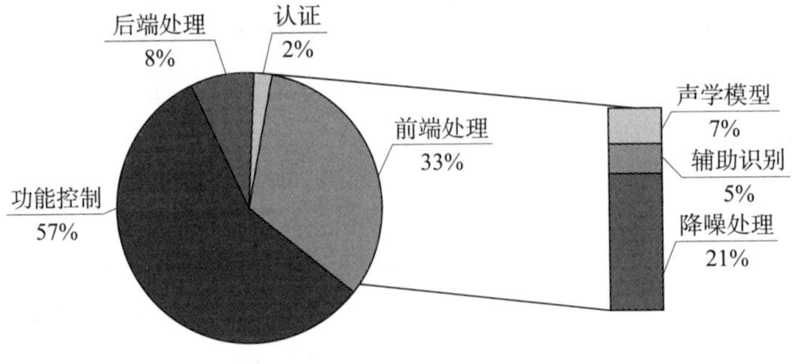

图 9　现代基于语音的人机交互关键技术分析

由于汽车在行驶过程中存在噪声大、声音信号提取不准确的问题，前端处理专利申请主要集中在降噪处理。因此，在前端处理中降噪处理占很大的比重（21%），辅助识别和声学模型占比较少（分别为5%和7%）。专利KR20160030722A通过噪声去除装置和信号噪声比矫正增益值，进行降噪；专利US2015149164A1通过设置阵列麦克风，在束形成区得到音源信息进行降噪；专利CN105590624A设置两个麦克风以及一个噪声消除部和一个语音识别部，通过噪声消除部消除由第一麦克风或第二麦克风所收集的语音数据中的噪声，该语音识别部利用噪声消除部消除了噪声的语音数据执行语音识别。

在功能控制分支中，专利KR20120019003A、专利KR20160008763A、专利KR20160032355A、专利US2016111088A1通过语音识别装置，对语音进行相应的处理，控制车载导航系统进行导航；在语音识别的基础上，语音信息还可以控制车辆的音乐和音响设备，例如专利JP2013088813A提出了通过驾驶终端发送的音源信息提取声音源信息进而控制音乐；专利CN104681025A利用从用户的便携终端机获取到的用户的语音信息驱动存储在音响主机单元的应用程序并执行相应动作，便携终端机与音响主机单元通过近场通信的近距离无线通信收发信息；语音信息还可以对车辆的空调等进行操作，专利KR20140050469A通过语音识别装置调整风的强度等空调操作。

②大众

大众从2000年开始进行基于语音的人机交互专利布局，涵盖驾驶/非驾驶类功能控制、辅助识别、自然语言模型、解码器、置信度、降噪处理等多个领域。

由图10可以看出，大众在一级分支中，申请量较多的是前端处理（38%）和功能控制（36%），后端处理占26%。

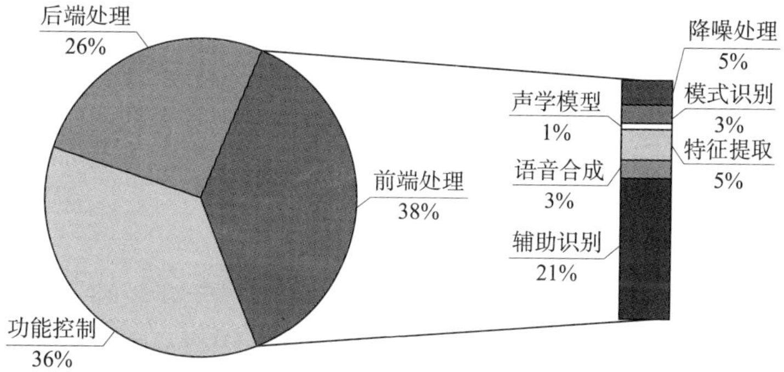

图10 大众基于语音的人机交互关键技术分析

由于辅助识别可以借助手势、云端、数据库或者硬件等技术手段提高交互语音的识别的可靠性，因此辅助识别是大众前端处理中的一个重要分支。其中专利DE19942868A1通过麦克风的布局改善识别效率，专利DE19937490A1、专利DE102010026708A1通过数据记录辅助识别，专利DE19937490A1通过确定语音属性进而通过检索辅助数据库确定语音命令，专利DE102010026708A1使用当前语音与语音记录集比较后的命中数减少会话时间和交互次数，专利DE102016005629A1通过设置多个语音识别器对应识别词典进而识别不同的预定命令域。

功能控制也是大众申请量较多的分支，其中，控制多媒体、导航等非驾驶功能的申请量较多。专利CN101855521A通过语音命令辅以触摸手势实现对音乐、导航的控制，同时还可控制车窗、车门的关闭；专利CN103732452A通过语音命令实现对娱乐信息系统中包含导航、电话以及多媒体等功能的语音控制；专利DE102009018590A1通过语音命令控制汽车引导菜单中一系列子菜单的显示；专利DE19942871A1也是通过语音命令实现对收音机、导航、磁带播放器、电话等设备菜单的调用；专利DE102004025559A1则是将麦克风设置于钥匙形状的装置上，并配置有发射器，麦克风接收用户的语音命令选择菜单，调节汽车的座椅、后视镜等；专利DE102007052345A1还可以实现对照明、空调等的语音控制。

在后端处理分支中，大众的专利申请集中在自然语言模型。其中，专利DE102007042579A1、专利DE102008025532A1通过定义识别语法进行语言识别；专利DE102007042579A1基于用户输入的词或词组将用户的输入安排到系统的语法中以识别用户的自然语言；专利DE102008025532A1在通信单元中存储诸如词、短语之类的语法并在接收到语音输入时基于上下文选择语法进行识别后输入结果；专利DE102008028477A1通过存储语音控制系统相关的上下文解释说明帮助用户实现对车辆不同的语音控制；专利DE102012019994A1接收源语音和目标语音的输入，分别输入至相应的语音识别装置进行翻译，使两个用户之间可以进行对话。

除此之外，大众的专利申请也涉及后端处理中的置信度。专利DE102009024693A1通过为语音指令设置识别概率阈值，该阈值之上的指令才会被有效识别；专利DE102017200976A1为用户输入的语音命令设置置信度值以实现快速更换操作语言，使驾驶员更专注于驾驶。

（2）国内申请人

相较于国外，国内关于基于语音的人机交互专利申请起步较晚，且申请量也远低于国外的申请量。其中，奇瑞、吉利、科大讯飞等近几年才涉足基于语音的人机交互。虽然上述国内申请人在该领域的起步比较晚，但是都十分重视专利，与技术研发同步申请专利，进行专利布局，保证市场竞争力。通过分析以上三位国内申请人专利文献中的关键技术，有利于找出国内申请人与国外申请人在关键技术和专利布局等方面的差距，从而寻求打破国外申请人技术垄断的突破点。

①奇瑞

奇瑞在基于语音交互的汽车人机交互的相关专利中，大部分是通过语音交互对汽车的相关设备进行功能控制，如专利CN101323305A、专利CN101645716A通过语音识别对车载终端的多媒体播放、通信、倒车影像显示等功能的控制，能够实现在车载控制系统中人机语音交互的功能，减少手动操作步骤，避免了驾驶员在开车过程中由注意力分散导致的安全隐患。一部分专利涉及语音识别中的前端处理，主要包括特征提取和降噪处理，如专利CN101966849A通过对获取的语音信号进行特征提取进而判断该语音信号是否为语音指令，是的情况下才进行指令的执行；专利CN107103904A通过前期整理的噪声模型库和语音模型库，匹配优化语音信号，得到纯净语音；前端处理能够提升车内语音识别率，保证语音功能的完整执行。还有一部分专利涉及语音识别结合其他技术进行辅助识别，如专利CN104536978A将本地的语义识别方式和语音识别服务器的识别方式相结合，分别获取每种识别方式的识别结果，从中选取一个识别结果确定为待识别语音数据的识别结果，而不需要用户记忆大量指令词；专利CN105551494A在手机无网络的情况下，采用手机的汽车语音进行识别，而手机有网络时，结合手机和云端的识别结果进行判断分析，通过设置合理的标准来判断采用手机本地或云端的语音识别结果。由此，通过辅助识别可以提高对语音数据进行识别的灵活性。

②吉利

吉利在基于语音交互的相关专利中除了体现在通过语音识别对车速的功能控制（如专利CN106114518A）、通过特征提取消除用户说话方言和口音等个人特征以提高语音识别性能（如专利CN102332265A）外，还体现在通过语音识别对说话者的身份认证及在通过语音控制时考虑用户的安全性。如专利CN202743179U通过语音识别认证驾驶员（指定人员）的身份，防止出现其他人声的误操作。如专利CN106627491A、专利CN108382155A是在语音控制相应功能时，检测车辆或者人员所处环境的状态参数，以提醒驾驶员注意，提高了车辆的安全性和舒适性。

③科大讯飞

科大讯飞基于语音交互的专利如CN102999161A，通过采集各类场景下不同发音人录音数据，训练出一种声学模型，同时通过构建唤醒词检测网络及确认网络，使得该发明适应场景更广泛，同时语音唤醒效果好。专利CN103761462A通过将说话人的声纹特征与训练得到的声学模型进行模式匹配从而确认或者辨认说话人身份，车机系统就可以自动根据系统中存储的信息进行符合该用户习惯的个性化设置。专利CN107767863A利用较小的声学模型及解码网络进行初次唤醒词识别，在识别到唤醒词，并且初次唤醒词识别结果达到设定目标后，再利用较大的声学模型及解码网络进行二次唤醒词识别，从而既降低了唤醒功耗，又保证了唤醒成功率。

（二）技术演进

通过对重要申请人的分析，发现基于手势的人机交互的技术演进主要集中在二维图像和三维图像，而各大创新主体在基于语音的人机交互的研发更集中于前端和后端的处理上。下面对以上的技术分支进行脉络整理，研究其技术的发展趋势。

1. 基于手势的人机交互技术演进

（1）二维图像

二维图像作为传统的手势识别技术，其识别准确度和可靠性一直是技术研发的重点，而其中通过辅助识别和特征提取来提高二维图像识别准确度和可靠性是重要的专利技术分支。二维图像识别技术演进路线如图 11 所示。

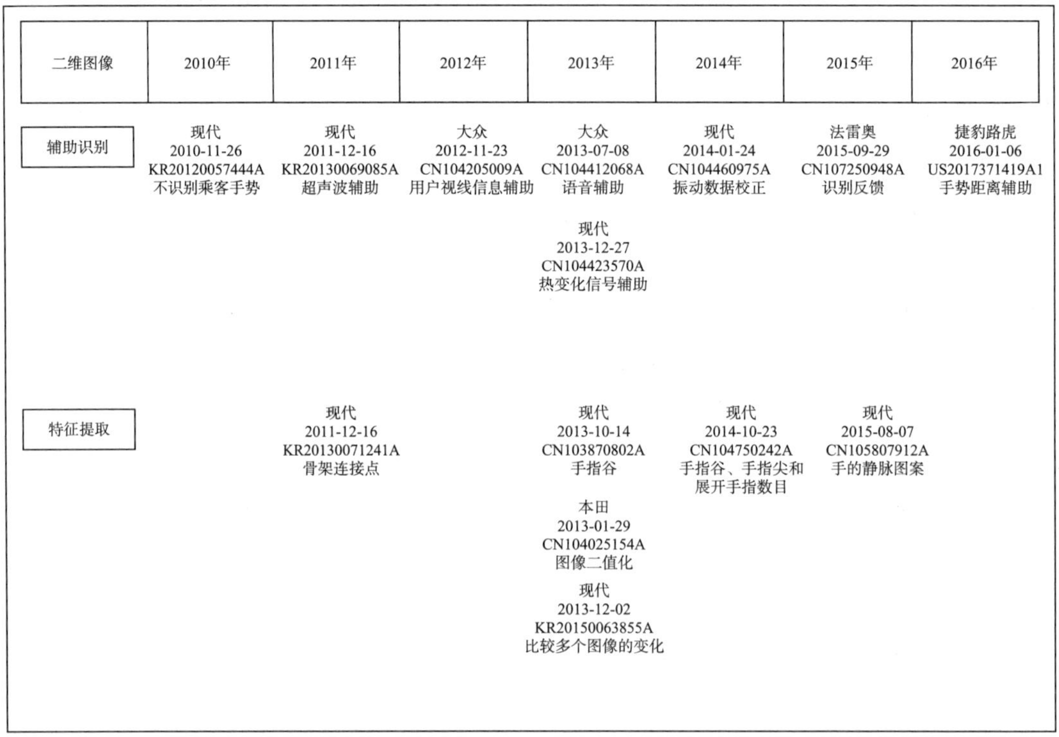

图 11　二维图像识别技术演进路线

辅助识别方面，现代在 2010 年提出了一种通过不识别乘客手势以提高二维图像识别精确度的方法（专利 KR20120057444A），并进一步在 2011 年提出了一种基于超声波辅助识别二维图像的方法（专利 KR20130069085A）。大众在 2012 年提出了一种通过用户视线信息对二维图像进行辅助识别的方法（专利 CN104205009A），其借助视线检测装置来检查操作者的视线是否注视所述至少一个指示单元，如果操作者的视线在输入指令期间没有在一定的时长内注视所述至少一个指示单元，则在第一组输入指令的情况下不实施手势输入指令。大众在 2013 年提出了一种基于语音辅助识别二维图像的方法（专利 CN104412068A），其借助手势识别单元来检测乘员指向物体的手势，借助语音识别单元来检测乘员在检测手势之前、期间或之后所发出的语音指令，借助数据处理单元以相结合的方式对手势、所鉴别的物体和语音指令进行解读以及根据所述相结合的解读来生成控制指令。同年，现代提出了一种加入热变化检测信号辅助进行图像识别的方法（专利

CN104423570A），其通过拍摄车辆内的图像并检测设置区域内的热变化，响应于通过检测所述热变化确定存在手势动作，通过从所拍摄的所述图像中识别所述手势动作来操作所述车辆内的相应装置。2014 年，现代提出了一种能够防止因车辆的振动而错误识别手势的方法（专利 CN104460975A），其通过感测车辆的振动或转动以生成振动数据，根据振动数据选择性地校正所识别的手势。法雷奥在 2015 年提出了一种告知驾驶员其做出的手势的正确或不正确识别的手势识别方法（专利 CN107250948A），其在接收到表示驾驶员做出的手势的数据时，控制至少一个视觉反馈在显示设备上的显示，使得驾驶员能够被告知做出的手势的正确识别。捷豹路虎在 2016 年提出了一种基于手势距离来确定相关模式操作的方法（专利 US2017371419A1），其确定预定手势距车辆内的基准位置的距离，并且响应于该手势而启动操作。

特征提取方面，现代在 2011 年提出提取手的骨架连接点进行手势识别的方法（专利 KR20130071241A），之后在 2013 年提出将手指谷作为图像特征（专利 CN103870802A），在 2014 年提出将手指谷、手指尖和展开手指数目都作为图像特征进行识别（专利 CN104750242A）从而极大地提高了手势识别的准确度和多样性，在 2015 年最新的申请中提出提取手的静脉图案对手势进行识别（专利 CN105807912A）。本田在 2013 年提出了对图像进行二值化进行手势识别的方法（专利 CN104025154A），其仅在规定的区域利用不同的阈值进一步对进行摄像数据的二值化而得到的二值图像进行再次二值化，将在最初的二值图像中因光的照射情况而使得手背和手指的一部分分类为黑的部分分类为白，从而能够在二值图像中使手背与手指结合。同年现代还提出了通过比较多个图像的变化对手势进行识别的方法（专利 KR20150063855A）。

（2）三维图像

在基于手势的人机交互技术中，三维图像识别的改进主要有以下几个方面：识别方式的改进、对识别结果的校正以及确定三维空间操作界限。三维图像识别技术演进路线如图 12 所示。

不同的识别方式决定了三维图像识别的准确程度，因此识别方式的改进是国内外申请人关注的重点，也是较早进行研究的技术方向。波恩大学在 2007 年提出了通过多个角度拍摄的二维图像合成三维图像并识别手势的方法（专利 DE102007041482A1），OBLONG在 2009 年提出了通过摄像机阵列拍摄手和手指的位置、方向和移动信息并进行信号合成识别三维图像手势方法（专利 US2010066676A1）。大众在 2014 年提出了一种基于流体流动信号进行三维图像识别的方法（专利 DE102014201578A1）。现代在 2015 年提出了一种基于预定的车辆坐标系来检测用户手势的坐标和空间向量，进而识别用户的三维图像的方法（专利 CN105700674A）。大众在 2016 年又提出了一种通过用于检测手势的传感器检测三维数据中的运动伪影并对运动伪影进行处理以进行手势识别的方法（专利

DE102016100075A1）。同年，英伟达提出了一种基于多传感器对三维图像进行识别的系统（专利 US2017060254A1），包括雷达传感器、深度传感器、光学传感器，并在识别精度达到一定阈值的情况下关闭部分传感器以降低能耗。罗派智能在 2017 年提出了一种基于彩色图像和深度图像信息融合的三维图像识别方法（专利 CN108038453A），其通过合成算法将色彩、三维坐标和光强度信息整合获得空间彩色三维点云图，实现对三维图像的识别。

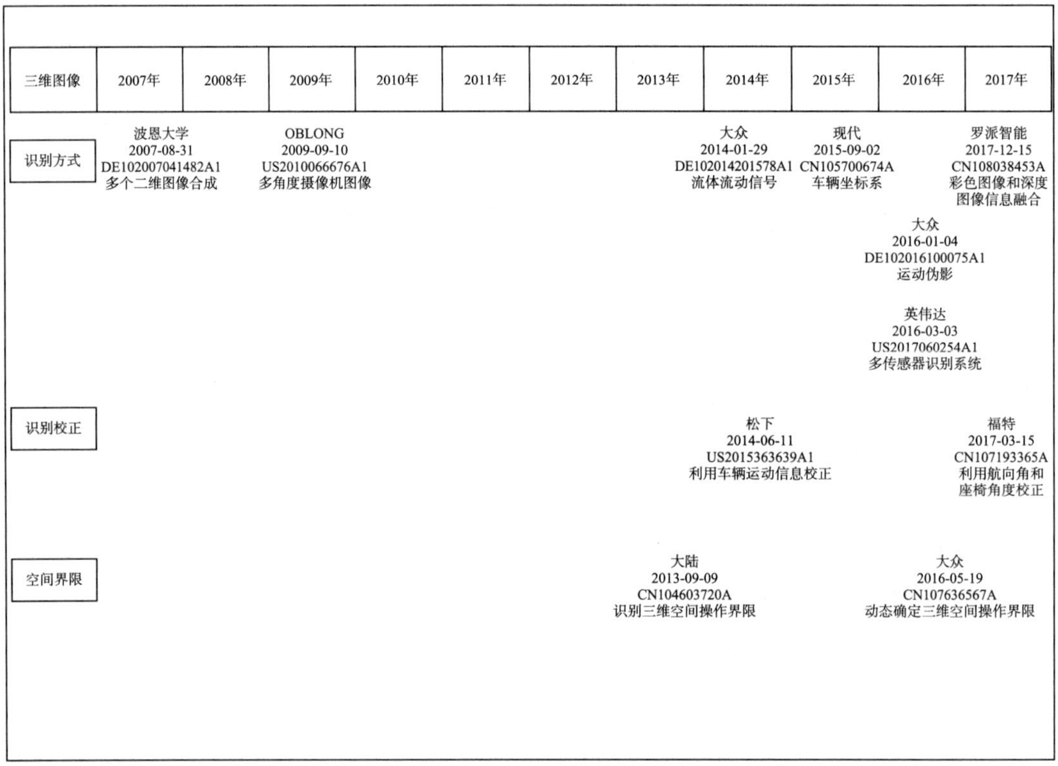

图 12　三维图像识别技术演进路线

三维图像识别的改进还包括对识别结果的校正以及确定三维空间操作界限。松下在 2014 年提出了一种利用车辆运动信息对三维图像识别结果进行校正的方法（专利 US2015363639A1）。福特在 2017 年提出了一种利用航向角和座椅角度对三维图像进行校正的方法（专利 CN107193365A）。大陆在 2013 年提出了一种识别三维操作空间的方法（专利 CN104603720A），其通过在输入件从外部进入或者已经进入三维操作空间中就产生反馈信号来识别三维操作空间时对操作者进行支持。大众在 2016 年提出了一种动态确定三维空间操作界限的方法（专利 CN107636567A），其通过对使用者执行的、预先确定的规定手势加以识别，检测执行该规定手势的至少一个位置，并且确定该规定手势的所检测到的至少一个位置作为交互空间的坐标。

2. 基于语音的人机交互技术演进

（1）前端处理

对输入语音进行的降噪处理、特征提取以及辅助识别等，均属于基于语音的人机交互的前端处理阶段，为后端处理以及最终识别进行辅助。降噪处理用于降低用户说话环境中的噪声干扰以提高识别准确率，特征提取用于消除用户说话的个性特征，对提升语音识别可靠性至关重要。此外，通过人体动作、移动终端、数据库等辅助识别语音也是一些企业关注的重点。前端处理技术演进路线如图 13 所示。

前端处理	1990～1995年	1996～2000年	2001～2005年	2006～2010年	2011～2015年	2016～2020年
降噪处理	丰田 1993-11-24 JP07146698A 比较叠加	电装 1998-07-08 JP2000029500A 频谱分析	精工爱普生 2003-07-17 JP2004206063A 噪音模型	富士通 2008-03-07 JP2009216835A 音频似然性	大陆 2011-04-13 US2012265526A1 比较声学特性	奇瑞 2017-04-12 CN107103904A 双麦克风
特征提取				通用 2007-05-11 CN101071564A 对帧数据特征提取	奇瑞 2014-12-05 CN104536978A 特征匹配	三菱 2016-07-08 JP2018005163A 通过特征值进行异常判断
辅助识别	富士通 1991-08-14 EP0472356A1 麦克风布局	铃木 1999-10-15 JP2001119780A 麦克风位置	现代 2005-08-26 KR1020070024158A 忽略位置影响	现代 2009-12-03 CN102023703A 唇读辅助	德尔福 2014-05-13 EP2806335A1 注视方向 通用 2014-04-18 US2015302851A1 身体姿势	法拉第未来 2017-06-02 CN107465986A 通过麦克风确定目标音源、隔离其他音源数据

图 13　前端处理技术演进路线

在降噪处理方面，丰田在 1993 年提出了一种用于车辆上的声音识别装置（专利 JP07146698A），在存储装置中存储预先预定的车内噪声，根据实际检测到的噪声水平调整存储装置中的噪声水平，将语音信号和调整后的车内噪声输入叠加器，通过比较叠加来消除车内噪声，提高了语音的识别率。电装在 1998 年提出了一种噪声抑制装置（专利 JP2000029500A），对包含车内噪声的输入信号进行分割，频谱计算装置根据帧分频器剪切的帧信号计算频谱，估计单元基于计算出的频谱中的噪声分量的特性来估计噪声频谱，减法器从由语音控制单元计算的频谱中减去估计的噪声频谱，进而实现了车内噪声的抑制。

精工爱普生在 2003 年提出了一种用于在嘈杂空间内（车内）进行语音识别的声学模

型创建方法（专利 JP2004206063A），该方法通过收集各种类型的噪声并基于所收集的噪声创建多种类型的噪声数据，通过将多种类型的噪声数据叠加在标准语音数据上来创建噪声叠加的语音数据，通过对叠加的语音数据执行噪声去除处理来创建去除噪声的语音数据，使用去除噪声的语音数据创建多个声学模型。该方法允许驾驶员使用适合于各种类型噪声的声学模型通过语音操作车辆。

富士通在 2008 年提出了一种声音回声消除方法（专利 JP2009216835A），能够用于车载装置的语音识别系统的声音回声去除。该方法通过数据库存储由生成单元生成的传输特性；接收单元接收表示由环境中的若干信道输出的音频信号的参考信号；存储的传输特性用于每个接收的参考信号；移除单元通过估计单元移除在语音之外的音频中估计的声音回声；输出单元选择具有最高音频似然性的结果，该结果表示消除了声音回声的语音音频的特征强度。

大陆在 2011 年提出一种确定信号是语音信号还是噪声信号的方法（专利 US2012265526A1）。该方法从接收的输入信号获得多个电特性，根据获得的电特性确定多个声学特征，每个声学特征与其他声学特征不同；将至少一些声学特征与多个预定标准进行比较；并且基于声学特征与多个预定标准的比较，确定信号何时是语音信号或噪声信号。该方法提高了语音操作车辆设备的精确度。

奇瑞在 2017 年提出了一种应用于车载语音识别的双麦克风降噪方法（专利公布号为 CN107103904A）。该方法是在信号差分放大的基本框架上，主麦克风接收语音和噪声，副麦克风单独接收噪声，并通过噪声模型库优化噪声信号。在差分后通过语音模型库优化纯净语音信号。相比传统方式，让最终得到的语音信号更加纯净清晰，更适用于车载语音识别系统。

在特征提取处理方面，通用在 2007 年提出了一种将词表外语音与词表内语音区别开的方法（专利 CN101071564A）。该方法的实施需要首先对语音数据进行预处理，通过预处理器模块把数字语音数据分段成例如 10 ~ 30ms 持续时间的重叠语音帧；预处理器模块还执行语音分析以从每帧内提取声学参数，例如时变特征向量；用户语音内的发声被表示为这些特征向量的序列，解码器接收该特征向量，并使用合适的声学模型和算法处理该特征向量。

奇瑞在 2014 年提出了一种识别语音数据的方法（专利 CN104536978A），通过将待识别语音数据分割成多个预设时长的数据段，将得到的每个数据段的语音特征信息与预先存储的基准信息进行匹配检测，确定与待识别语音数据中的第一语音特征信息相匹配的第一基准信息；基于确定出的第一基准信息，获取待识别语音数据对应的第一控制指令；如果未接收到语音识别服务器发送的识别消息，则将第一控制指令确定为待识别语音数据的识别结果。

三菱在2016年提出了一种驾驶辅助方法（专利JP2018005163A）。该方法通过提取声音信息的特征值来与驱动器正常时间语音的特征值进行比较，进而判断驾驶员是否已经发生异常，该声音信息包括语言和非语言的声音信息；当确定驾驶员发生异常时，由操作控制单元控制车辆的操作。

在辅助识别处理方面，辅助识别是提高语音识别可靠性的一个重要技术手段，通过辅以外界的技术手段，如移动设备、硬件、云端服务、手势等降低识别难度，提高语音识别的准确性。初期辅助语音识别的关注点在于硬件的改进以及布局。富士通在1991年提出通过麦克风及相关硬件的布置（专利EP0472356A1），区分产生语音命令的座位以及语音识别的内容来确定语音命令的有效性；铃木在1999年提出了通过将麦克风设置在适当的位置改善需要识别的语音输入（专利JP2001119780A）。后期随着技术的发展，辅助的手段逐渐多样化，包括基于数据库、云端或者摄像机等技术手段。丰田在2005年提出了为不同的驾驶员记录驾驶日志（专利JP2006349427A），并基于该日志生成适用于每个驾驶员的语音识别词汇表，词汇表包括地名、地点的音素串和其他内容，通过为不同的驾驶员设置针对性的词汇表以辅助提高识别准确度；现代在2005年提出了通过一定的算法实现不受车内乘客所在的位置的影响（专利KR1020070024158A），提高识别效率和可靠性。此外，现代还于2009年提出通过摄像机跟踪唇部运动，在受到噪声影响无法准确识别出语音命令时进行唇读模块识别用户的命令（专利CN102023703A）；通过摄像机进行辅助识别的申请还包括德尔福于2014年提出的通过监视器确定用户的注视方向确定语音命令所指向的需激活设备（专利EP2806335A1）；以及通用于2014年提出的通过身体姿势辅助识别连续语音输入的数字（专利US2015302851A1）。能够辅助语音识别的手段不止于此，法拉第未来于2017年提出了通过多个麦克风之间的音频相位差确定目标音源，进而隔离其他音源数据（专利CN107465986A）。

（2）后端处理

基于语音的人机交互的后端处理中，模型和算法的改进与最终语音识别的准确程度息息相关，各大车企和互联网企业对此予以关注并且进行改进。在基于语音的人机交互系统中，后端处理主要包括解码器、置信度和自然语言模型。后端处理技术演进路线如图14所示。

在解码器方面，马自达在1995年提出了一种语音识别系统（专利JP09034488A），其包括一个词典转换设备，将语音在词典中进行查找。2000年电装提出一种声音识别系统（专利JP2001306088A），其将语音词典分成高层词典和底层词典，在不同层级中进行查找，提高效率和准确度。2005年奔驰提出一种语言系统（专利DE102005018174A1），通过确定相应的可靠性值，进而确定必要数据字段，通过对必要数据字段的查询提高检索效率。2008年大众提出一种用于车辆的自动语音识别列表方法（专利DE102008062923A1），通过对语音列表的修正和处理，更新识别词典。2012 年电装公开了话音识别系统（专利 JP2013167739A），基于移动终端的词典进行识别。2016 年奥迪提出了一种语音控制的装置（专利 DE102016008862A1、专利 DE102016009196A1），其包括了机器学习功能，设置补充词表对现有的数据库进行学习和补充。最初解码器仅能实现语言的查找和识别，之后引入概率模型提高了相应的查找准确率。通过对词语进行同义词查询、特征词提取等方式，提高检索效率和准确性。另外，随着大数据、机器学习和数据挖掘技术的发展，从 2012 年起，各大公司进一步对查询的词典进行了技术改进，对词典分级以及对词典的内容进行扩充。

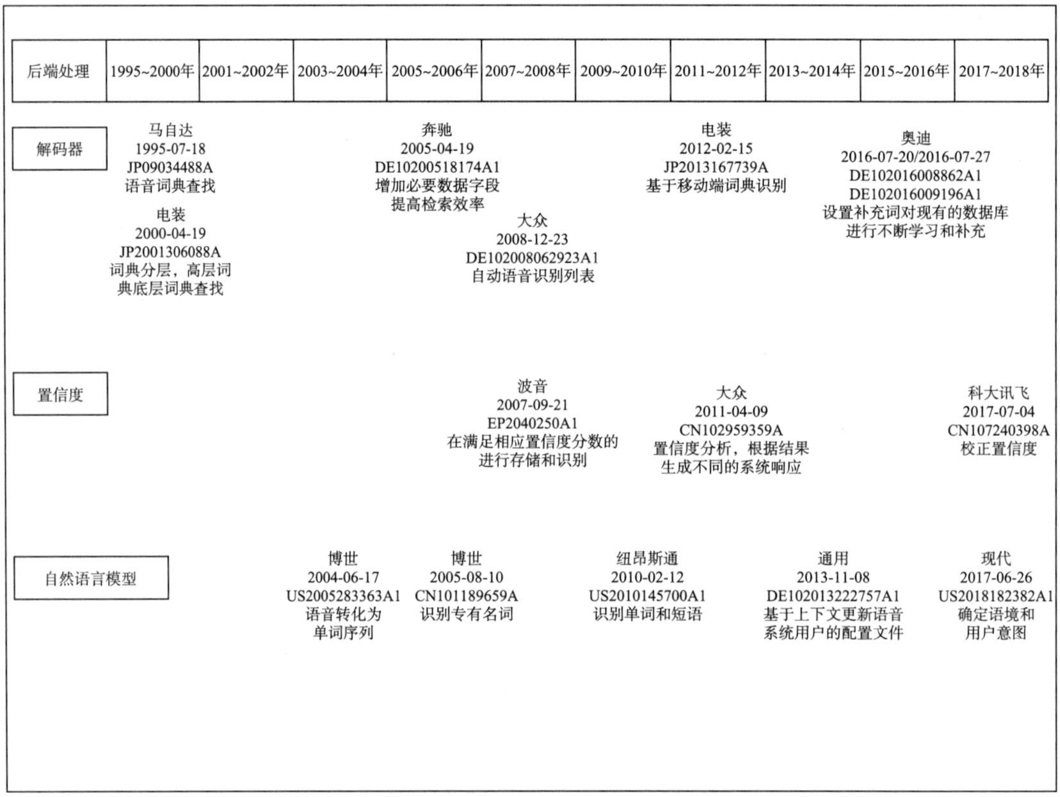

图 14　后端处理技术演进路线

在置信度方面，2007 年波音提出了一种基于语音的车辆控制系统（专利 EP2040250A1），通过口头确认适用于语音识别的预期准确性，如通过单词置信度表达，提高了识别的准确度。2011 年大众提出了一种用于运行用户接口的方法和设备（专利 CN102959359A）对用户的输入进行置信度分析，根据置信分析的结果生成不同的系统响应。2017 年科大讯飞提出了智能语音交互方法及装置（专利 CN107240398A），实时采集语音数据，通过人人交互数据的相关信息来校正人机交互中置信度，提高对人机交互语音理解的正确率，提升用户体验。最初的技术为将语音的识别结果进行处理，得到相应的分值进行存储和后续操作，随着无线通信、互联网和大数据技术的发展，置信度的识别和计算不再局限于本地的识别和发现，而是进一步在互联网和云端进行处理，采集的信息也不局限于驾驶者的语音，还可通过其他的对话记录进行辅助识别，数据采集量大，判断结果更为准确。

在自然语言模型方面，如果需要记住复杂的汽车交互语音指令、短语，可能会影响用户驾驶的专注度，因此，如何使用户通过更加口语化和自然的语音输入实现和汽车的交互也成为诸多企业的一个研究方向。博世于2004年提出了将输入的语音转化为单词序列（专利US2005283363A1），并确定其含义；于2005年提出将语音转换的单词序列识别为完全专有名词和部分专有名词（专利CN101189659A），再利用自然语言模型确定含义。纽昂斯通也于2010年提出对车辆语音输入的自然语言语音中的单词和短语进行识别（专利US2010145700A1），并根据解释的单词和短语理解上下文，形成请求。2013年，通用提出利用车辆数据和语音系统数据确定上下文模式（专利DE102013222757A1），基于上下文更新语音系统用户的配置文件；2017年，现代提出了可通过自然语言处理器确定当前的语境、用户的意图（专利US2018182382A1），如路线导引、天气、交通搜索、空调控制等，并提取与话语对应的动作。

四、结论与建议

在智能汽车人机交互技术领域，传统国外车企占据全球专利技术的领先地位。日、韩、美、德的传统车企技术研发能力强，并且占据全球高端汽车消费市场，其用户具有对智能汽车新技术更高的需求，因此这些企业掌握了智能汽车人机交互领域大多数的核心专利，覆盖的技术分支也很全面。中国申请人的总申请量虽然在全球排名第一，但排名前20位的申请人只有奇瑞一家中国申请人，并且核心专利不多，可见中国申请相对较为分散，没有技术实力雄厚的大公司。并且，中国申请更多集中于简单的功能控制，涉及手势识别、语音识别等重要技术的申请量较少。因此从整体上来看，传统的国外车企占据全球专利技术的领先地位，国内申请人的技术研发有待加强。

三维图像识别和辅助手势识别是智能汽车手势交互未来研发的重点。在智能汽车有限的空间和计算环境中，手势识别是基于手势的人机交互的关键技术，手势识别的准确性和稳定性直接影响到功能控制的可靠性。由于智能汽车手势识别可能伴随着对车辆驾驶功能的控制，还关系到用户的安全性问题，因此，相比其他应用场景，手势识别的准确性和稳定性显得格外重要。三维图像相比传统的二维图像识别更为准确，随着计算机视觉和硬件技术的发展，近些年来专利申请量逐步增多，成为技术研发的热点；在车内手势识别的场景中，车内光线、车辆振动等参数会对手势识别造成影响，同时也可以采用其他参数如语音、热变化信号等提高手势识别的准确度，因此对手势识别结果的校正以及加入其他参数进行识别的辅助识别技术一直是智能汽车手势识别的热点技术。可以预见，随着其他相关技术的发展，三维图像识别和辅助手势识别是智能汽车手势交互未来的研发重点。

在国家重视中国制造和中国智造的背景下，中国的企业在人机交互技术中领先的大多为科大讯飞、百度、阿里等互联网企业或者吉利、奇瑞等车企，而作为国之重器的大型国企比如一汽、二汽并未积极在国内进行专利布局，大型国企在人机交互领域有很大的提升空间。国内车企也可以和国内大型互联网企业更加紧密地合作，发挥各自的软硬件技术优势，整合优势资源与国外的领军型企业抗衡。此外，语音人机交互领域中，国外专利重点布局于前端和后端的语音处理之中，而中国的专利往往重点关注于功能控制之中，需要扩展前端和后端语音处理的专利深度，缩小与国外企业的差距。最后，中国企业的专利布局主要集中于国内，在国际层面并未积极进行专利布局，不利于中国车企走向世界，打破汽车行业强国的垄断地位。

参考文献

[1] 马天旗．专利分析方法、图表解读与情报挖掘［M］．北京：知识产权出版社，2015.

[2] 杨铁军．产业专利分析报告（第5册）［M］．北京：知识产权出版社，2012.

[3] 杨铁军．专利分析实务手册［M］．北京：知识产权出版社，2015.

[4] 贺化．专利导航产业和区域经济发展实务［M］．北京：知识产权出版社，2013.

智能汽车相关的环境感知专利技术综述*

白露霜　孟子山**　巩瑜**　刘芳**　于白**

摘　要　随着科技的日新月异，智能汽车开始步入人们的视野。智能汽车相关的环境感知技术通过车载传感器感知周围环境，通过协同装置获取车辆和道路的信息，在很大程度上提高了汽车驾驶的安全性和便利性。本文在充分检索的基础上，首先对智能汽车环境感知技术领域的专利申请进行整体分析；其次对该领域下的四个重要技术分支进行具体分析，包括雷达技术、红外技术、机器视觉和车联感知技术；最后对国内外重要申请人进行深入剖析，分别从其专利发展概况、重点专利布局以及最新产品动态等方面阐述了本领域领军企业的技术发展，揭示了智能汽车相关的环境感知技术的技术现状和发展趋势。

关键词　智能汽车　环境感知　雷达　红外　机器视觉　车联感知

一、概述

（一）行业现状

现代生活中，汽车已经成为人类日常生活的重要组成部分，然而汽车产业的不断发展也带来了很多实际的问题，例如道路拥挤、交通事故等。因此，使用科技手段协助驾驶、减少驾驶员的工作量和受伤机会成为汽车工业发展的一个必然趋势。国际上将智能汽车从驾驶辅助到完全自动驾驶分为 L1 ~ L5 五个层级（L1：驾驶辅助；L2：部分自动化；L3：有条件自动化；L4：高度自动化；L5：全自动化）。现有的自适应巡航控制系统（ACC）、车道偏离警示系统（LDW）等，都属于智能汽车应用领域的范畴。

智能汽车需要具备感知、分析、预测和反映道路及周边环境的能力，其关键特征是对环境及情境感知的意识。感知技术是智能汽车发展中的关键技术，感知能力的进步将促进车辆智能化技术的飞跃。从 20 世纪 50 年代起，人类就开始探索车辆智能化及自动驾驶技术。在其后几十年的发展过程中，智能汽车对车辆状态及行驶环境的感知从单一

---

* 作者单位：国家知识产权局专利局专利审查协作北京中心。
** 等同第一作者。

传感器感知发展到多传感器融合感知的阶段。近年来，车联网技术的出现极大地促进了信息在车与车、车与路、车与人以及车与互联网之间的传输，这也为智能汽车对行驶环境的感知提供了新的手段。

有研究机构预计，2020 年我国智能汽车市场规模将接近 600 亿元。面对这一庞大的新兴市场，传统车企、互联网企业、技术支撑企业争相涌入，不断加大在智能汽车领域的布局。此外，各大创投资本、股权私募也争相入场。我国智能汽车产业正以产业联姻、跨界融合等方式快速发展。

（二）技术概况

智能汽车的环境感知技术主要运用传感器融合等技术来获得车辆行驶环境中的有用信息，如车流信息、车道信息、周边车辆的速度信息、行车标志信息等。智能汽车的环境感知技术离不开相应的传感器，传感器将外界的各种信号转化成能够识别的电信号，进而对其进行有效识别与信息处理。环境感知技术按照感知方式的不同，主要可以分为雷达技术、机器视觉、红外技术和车联感知四大类。

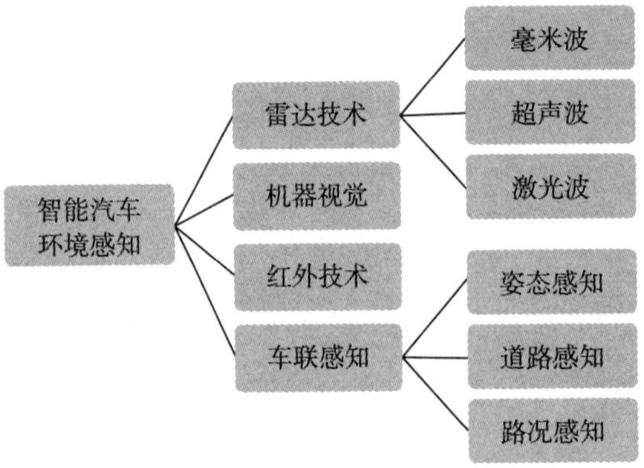

图 1－1　智能汽车的环境感知技术分支

如图 1－1 所示，智能汽车相关的环境感知技术主要集中在雷达技术、机器视觉、红外技术和车联感知这四个主要技术分支中。雷达技术按照雷达信号的类型还可以分为毫米波、超声波、激光波等。车联感知技术按照感知对象的不同还可以分为对车辆位置或姿态的感知、对道路静态环境的感知以及对道路动态环境（路况）的感知。其中，对车辆位置或姿态的感知主要包括车辆定位、GPS 车道保持/循迹、跟驰、导航等内容的感知，对道路静态环境的感知可以是对路面、交通信号、交通标识等内容的感知，对道路动态环境的感知是指对交通状况、天气情况等内容的感知。

（三）检索策略与数据处理

本文采用的是专利检索与服务系统（Patent Search and Service System，简称“S 系统”），检索主题是智能汽车相关的环境感知技术，具体涉及雷达技术、机器视觉、红外技术和车联感知四个主要技术分支的专利申请，检索基于的数据库是德温特世界专利索引数据库（DWPI）和中国专利检索系统文摘数据库（CPRSABS）。

首先进行初步检索，采用关键词和分类号对各技术主题进行检索，对初检结果进行统计分析并抽样进行人工阅读与关键词的进一步提炼。为了综合不同数据库的优势，以得到尽可能全面准确的检索结果，还适时进行了转库操作。具体转库过程为：在初步检索完成后，将所有检索数据库的结果转库到目标分析数据库，即转库到用于统计分析的数据库。在全球专利申请分析时，需要将所有检索结果转库到 DWPI 数据库；在国内专利申请分析时，需要将所有检索结果转库到 CPRSABS 数据库。由于专利申请涉及大量的同族专利，在检索过程中同族专利会自动合并，无须重复计算。转库操作完成之后，进一步对检索结果进行导出和筛选操作，共得到相关的全球专利申请 10858 项，国内专利申请 5978 件（检索日期截至 2018 年 6 月 30 日），下文将基于检索结果分别对专利申请进行全球和国内专利数据的定量和定性分析。

二、研究内容

（一）全球及国内专利概况

1. 专利申请量趋势

如图 2－1 所示，智能汽车的环境感知技术在全球范围内起源于 1970 年，但 1985 年之前每年只有少量专利申请，之后呈缓慢增长趋势。1985 年开始，国内在该领域的相关专利申请才开始起步，直至 2008 年开始呈快速增长趋势。2008～2010 年，全球的专利申请量出现了短期的波动，究其原因可能是与 2008 年的经济危机导致的全球经济萎靡有关；这一时期国内的专利申请量也受到经济危机的影响，呈缓慢增长态势。2011～2017 年，全球和国内的相关专利申请量均较多，并都呈逐年增长趋势，于 2016 年达到申请量的顶峰。2017～2018 年的专利数据由于部分申请未公开等原因有所下降。随着全球智能汽车产业的蓬勃发展，可以预见，在未来几年的时间里，环境感知技术的专利申请量依然会呈现不断增长的趋势，还可能出现新的前沿的感知技术被应用于智能汽车领域。

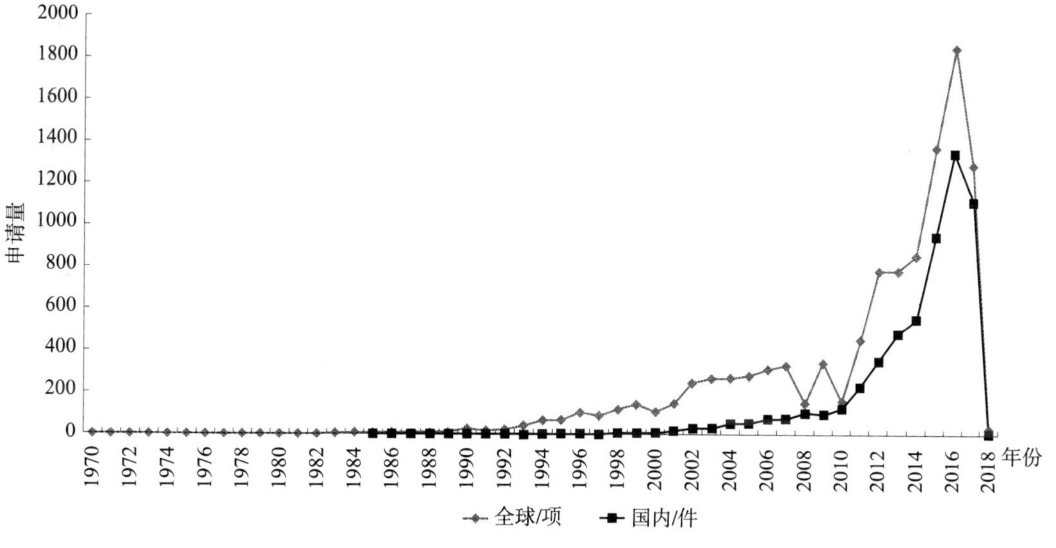

图 2－1 智能汽车的环境感知技术全球和国内专利申请量趋势

2. IPC 技术分布

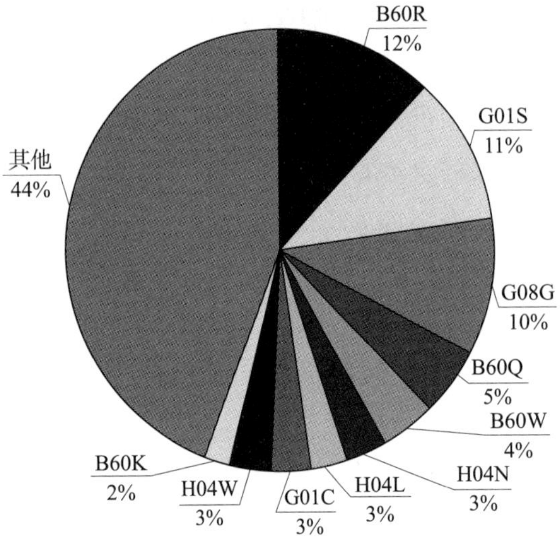

图 2－2　智能汽车环境感知技术全球专利申请 IPC 分布

如图 2－2 所示，对于该领域按 IPC 分类号的分布情况，全球与国内的专利申请的分布基本一致，总体分布较为分散。其中，分布较多的 IPC 分类号主要有 B60R（车辆配件或车辆部件、无线电定向）、G01S（无线电导航；采用无线电波测距或测速；采用无线电波的反射或再辐射的定位或存在检测）、G08G（交通控制系统、专用于交通控制的雷达或类似系统、声呐系统或激光雷达系统，专用于防碰撞目的的雷达或类似系统、声呐系统或激光雷达系统），分别占比 12%、11% 和 10%。本领域涉及的 IPC 分类号还有 B60Q、B60W、H04N、H04L、H04W 等，内容涉及车辆照明或信号装置、车辆驾驶控制、电通信和无线通信网络等技术，分别占比 3% ~5%。除此之外，其他申请分布较分散。

3. 全球原创国/地区分析

如图 2－3 所示，从全球范围来看，智能汽车的环境感知领域的专利申请量最多的是中国（CN），占比 52%，可见我国在这一技术领域的专利申请量目前处于国际领先地位；其次是日本（JP）和美国（US），分别占比 19% 和 13%；其他相关专利申请较多的国家有德国（DE）和韩国（KR）。可见，全球智能汽车环境感知领域专利申请量绝大部分集中在中、日、美、德、韩等国家——它们的总申请量占据了全球相关总专利申请量的 94%，而法国（FR）、英国（GB）、澳大利亚（AU）等其他国家在智能汽车环境感知领域的专利申请量则相对较少。

4. 全球和国内申请人

如表 2－1 所示，从智能汽车环境感知技术分别在全球和国内的主要申请人的分布情况可以看出，在智能汽车环境感知领域，传统车企以及提供新技术支持的企业已经占据了领先地位。全球申请量排名前十的申请人中，传统车企占 4 席，分别是丰田汽车、日产汽车、奇瑞汽车和现代汽车。其中，日本作为汽车生产和制造的传统强国，在全球申请量的排行榜上占据了 4 位，体现出日本传统车企在智能汽车新技术方向的先发优势。位于全球榜单前十位的国内申请人有奇瑞汽车和长安大学，分别位于该榜单的第六名和第七名，体现出中国企业和高校在智能汽车新技术领域向国际知名车企靠拢的积极意识。另外，为智能汽车提供新技术支持和零部件供应的企业也不可小觑，如日本电装、美光科技、博世汽车（罗伯特·博世）、普廷数码、三菱电机均在榜单之中，说明在智能汽车领域，各技术支撑企业在知识产权方面的竞争十分激烈。

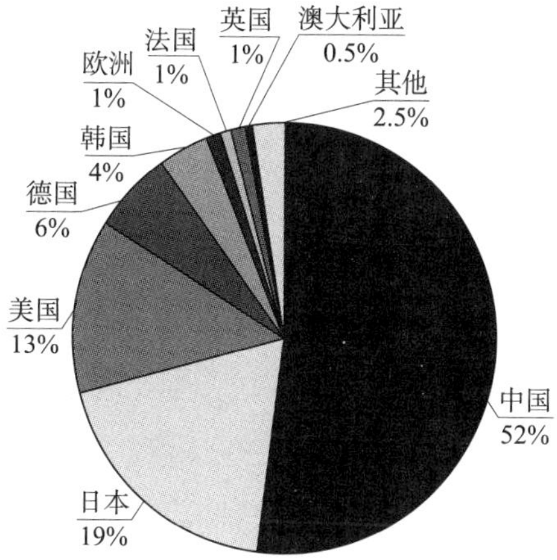

（a）专利申请比例

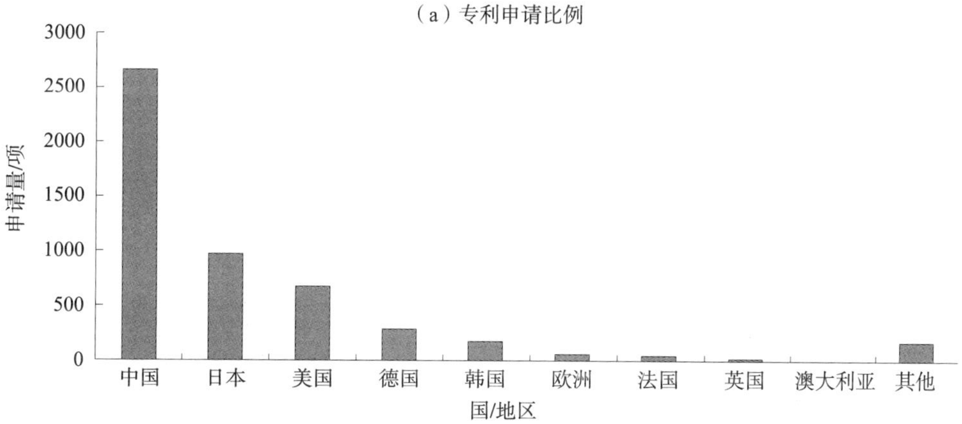

（b）专利申请数量

图2-3　智能汽车环境感知技术专利申请全球原创国/地区分析

表2-1　智能汽车环境感知技术全球和国内主要申请人专利申请数量对比

排名	全球	国别	申请量/项	国内	申请量/件
1	丰田汽车	日本	282	奇瑞汽车	97
2	日产汽车	日本	256	长安大学	83
3	日本电装	日本	251	大连楼兰	74
4	美光科技	美国	164	江苏大学	70
5	博世汽车	德国	149	吉林大学	61
6	奇瑞汽车	中国	110	福特汽车	50
7	长安大学	中国	108	北京航空航天大学	49
8	普廷数码	美国	103	吉利汽车	42
9	三菱电机	日本	91	乐卡汽车	41
10	现代汽车	韩国	86	同济大学	40

国内申请量排名前十的申请人中，高校申请人占5席，分别是长安大学、吉林大学、江苏大学、北京航空航天大学以及同济大学，其中申请数量最多的高校是长安大学，其总排名也位居第二，仅次于奇瑞汽车。长安大学建成有价值超过20亿元的国内高校唯一的车联网与智能汽车试验场，这体现出以长安大学为代表的高等院校对智能汽车关键技术和车联网等研究方向的高度关注意识和深度研发能力。国内申请量排名前十的车企有4家，分别是奇瑞汽车、福特汽车、吉利汽车和乐卡汽车，其中奇瑞汽车在申请数量上超越其他企业或高校，位居第一。可见，奇瑞汽车在传统车企的转型过程中对新技术的研发投入了相当大的精力，在专利申请量上也处于领先地位。福特汽车作为一家国际大型车企，较为重视中国市场，积极在中国进行大量专利申请，以占据中国智能汽车市场。

5. 全球和国内专利申请技术构成

从图2－4可以看出，全球与国内有关智能汽车环境感知的专利申请所涉及的技术构成基本一致，占比较大的是车联感知技术分支和雷达技术分支，其次是红外技术和机器视觉技术，可见，国内的相关技术发展与国际上基本保持同步。其中，全球专利申请中，雷达技术占比38%，车联感知技术占比36%，而红外技术和机器视觉分别占比15%和11%；而国内相关的专利申请中，车联感知技术相关的专利申请最多，占比39%，雷达技术占比30%，红外技术和机器视觉分别占比18%和13%。

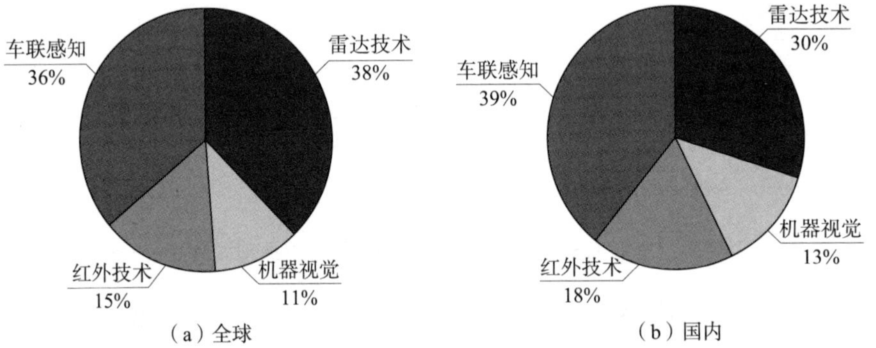

图2－4　智能汽车的环境感知全球和国内专利申请技术构成

6. 全球和国内重要申请人技术布局

图2－5分别是全球和国内排名前十的专利申请人在智能汽车环境感知领域四个主要技术分支的技术布局。从图中可以看出，大部分申请人的专利申请主要集中在雷达技术和车联感知这两个领域，机器视觉领域的领先企业以国外企业为主，而国内企业则在红外技术中暂时领先。

对于雷达技术，全球范围内专利申请量较多的企业主要为日本传统车企和供应商，如丰田汽车、日产汽车、日本电装、三菱电机等；国内在雷达技术领域研究和申请量较多的是奇瑞汽车、长安大学、江苏大学等。

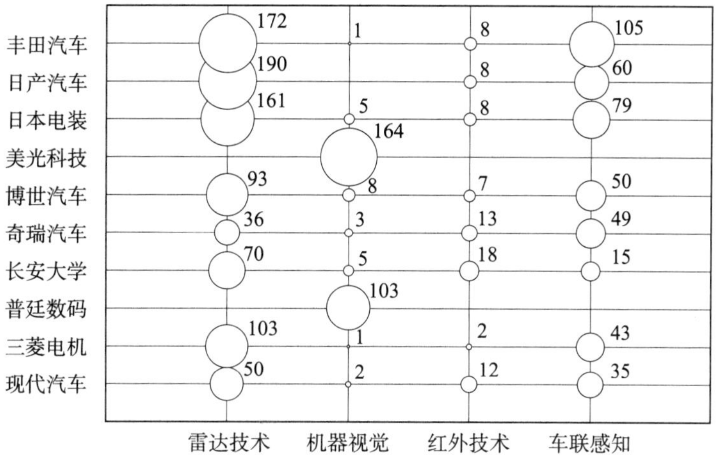

（a）全球

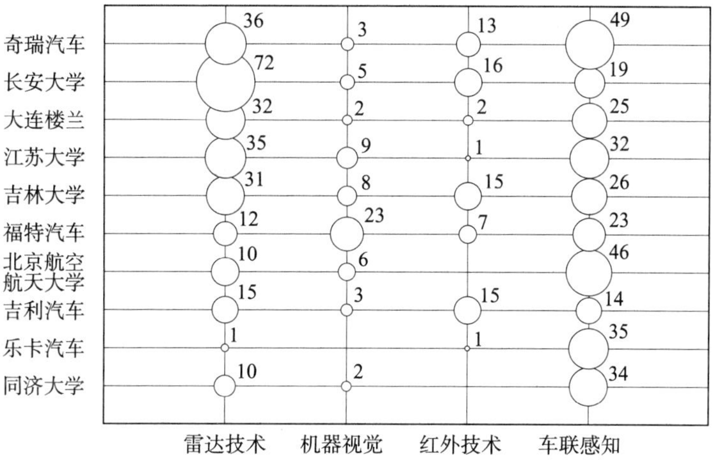

（b）国内

图2－5　智能汽车的环境感知全球和国内重要专利申请人技术布局

注：图中数字表示申请量，全球申请单位为项，国内申请单位为件。

对于车联感知技术，全球范围内专利申请量较多的有日本的丰田汽车、日产汽车、日本电装以及德国的博世汽车；而国内申请人在这一领域申请量位于前列的则是奇瑞汽车、北京航空航天大学、乐卡汽车、同济大学。

在机器视觉领域，国外申请人在该领域具有绝对领先地位，如普廷数码和美光科技在机器视觉领域的申请量均超百项，福特汽车在中国的申请量也达到了23件，而其他企业或高校在该领域的研发明显不足，这也提示国内有志于进军智能汽车产业的技术支撑企业应该把握机会，将机器视觉技术在智能汽车环境感知中的应用作为一个研发突破口，可更有利于占据智能汽车市场。

对于红外技术，全球范围内专利申请量较多的是长安大学和奇瑞汽车，除此之外，该领域国内专利申请量较大的还有吉林大学和吉利汽车，可见，国内企业和高校在红外技术领域的研发能力和知识产权保护意识均较强。

7. 国内申请量省区市排名

图2－6示出了国内主要省区市在智能汽车环境感知领域的申请量排名，其中排名前五的分别为江苏、北京、广东、安徽和上海。江苏是传统的汽车生产制造大省和强省，2013年以来江苏省常熟市连续五年承办了中国智能车未来挑战赛，江苏的高等院校——例如江苏大学在智能汽车的环境感知领域的研究也位于国内前列（参见表2－1），这是江苏的专利申请量排名位居全国第一的重要原因。广东和安徽都是汽车生产和制造的大省，其中，广东于2018年7月举办了国际新能源、节能及智能汽车展览会，安徽预期也要开展智能汽车试点示范工程。北京和上海在智能汽车领域的研发也非常活跃，专利保护意识较强。

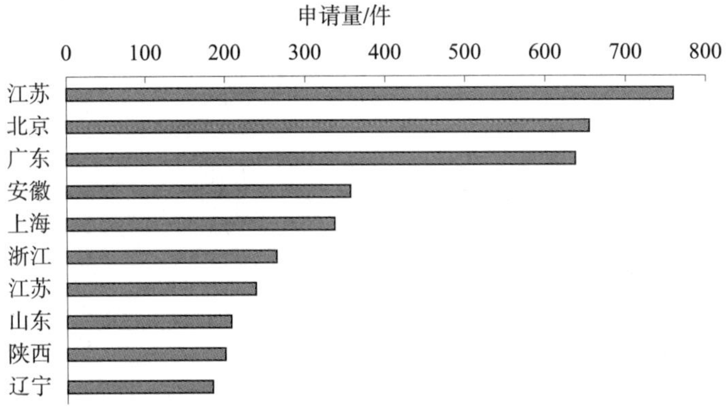

图2－6　智能汽车的环境感知国内专利申请量主要省区市排名

（二）技术主题专利分析

1. 全球申请量趋势

如图2－7所示，智能汽车的环境感知技术在全球范围内的专利申请量呈逐年上升趋势，并在近些年保持了较高的增长速度，这体现出该技术领域在全球范围内维持了较高的关注度。具体来说，智能汽车的环境感知技术包含雷达技术、机器视觉、红外技术和车联感知四个分支，在1991年以前的年申请量均为个位数；1992～2009年，四个技术领域的专利申请量均呈缓慢增长趋势；从2010年起，四个技术领域的专利申请量迅速攀升。车联感知和雷达技术的申请量相对较多。车联感知技术虽然相较于雷达技术起步较晚，但从2012年起申请量反超雷达技术，并持续保持领先地位。1972～2003年，车联感知方面的技术研究尚处于起步阶段；2004～2011年，专利申请量开始逐步攀升，该领域的技术研究不断成长；2012～2016年，专利申请量陡增，呈指数级增长，短短4年的时间，申请量攀升至每年数百件，可见，随着前期技术研究的深入，专利技术成果不断涌现。

机器视觉和红外技术的年申请量相近，自 1992 年起，二者的发展趋势及申请数量基本保持一致，略有上下浮动，近几年，红外技术的专利申请量略高于机器视觉技术。

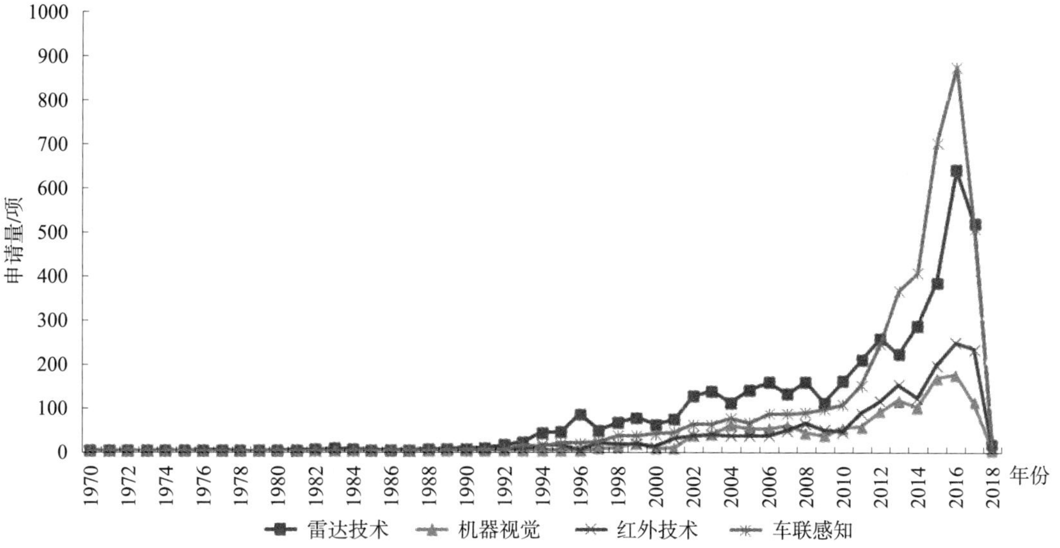

图 2-7　智能汽车的环境感知各技术分支全球申请量趋势

自 2012 年开始，车联感知技术的专利申请量一直处于行业领先地位，究其原因，随着汽车的智能化程度越来越高，单一的环境感知技术也逐渐发展成熟，例如障碍物感知、雨雾感知、路况感知等，但依然不能满足于智能汽车市场的需要，为了解决更复杂的环境感知问题，车联感知技术应运而生并飞速发展。车联感知技术目前更多地停留在车联网辅助信息交互的阶段，预计在中期会发展到车联网的协同感知阶段，而到 2025 年左右才会真正实现车联网的协同控制决策阶段。

2. 全球申请人

图 2-8 是智能汽车环境感知技术的四个分支在全球范围内主要申请人的分布和排名情况。从图中可以看出，全球申请量排名前十的多为国际知名车企和高校，如丰田汽车、本田汽车、三菱汽车、福特汽车、吉利汽车、奇瑞汽车、长安大学、吉林大学等。然而，在雷达技术、车联感知技术、机器视觉技术和红外技术中，排名前十的申请人不尽相同，相同的申请人在各技术分支中的排名次序也不尽相同，这体现出不同的企业重点研发方向的不同。从上述分析可以看出，知名车企和高等院校已经成为智能汽车环境感知这一技术领域创新的主导力量。

3. 国内重要申请人

图 2-9 是智能汽车环境感知领域的四个主要技术分支的国内主要专利申请人的分布和排名情况。从图中可以看出，在雷达技术领域，国内专利申请人主要以高校为主，占据前十名中的 7 席，如长安大学、江苏大学、北京理工大学等，可见国内在雷达技术方

面已有大量基础研究，目前亟须加快基础研究的产业化迈进，以进一步开拓产、学、研、用的步伐，加快占领雷达领域的市场；另外三位专利申请人分别为国内的奇瑞汽车和大连楼兰以及日本的丰田汽车。

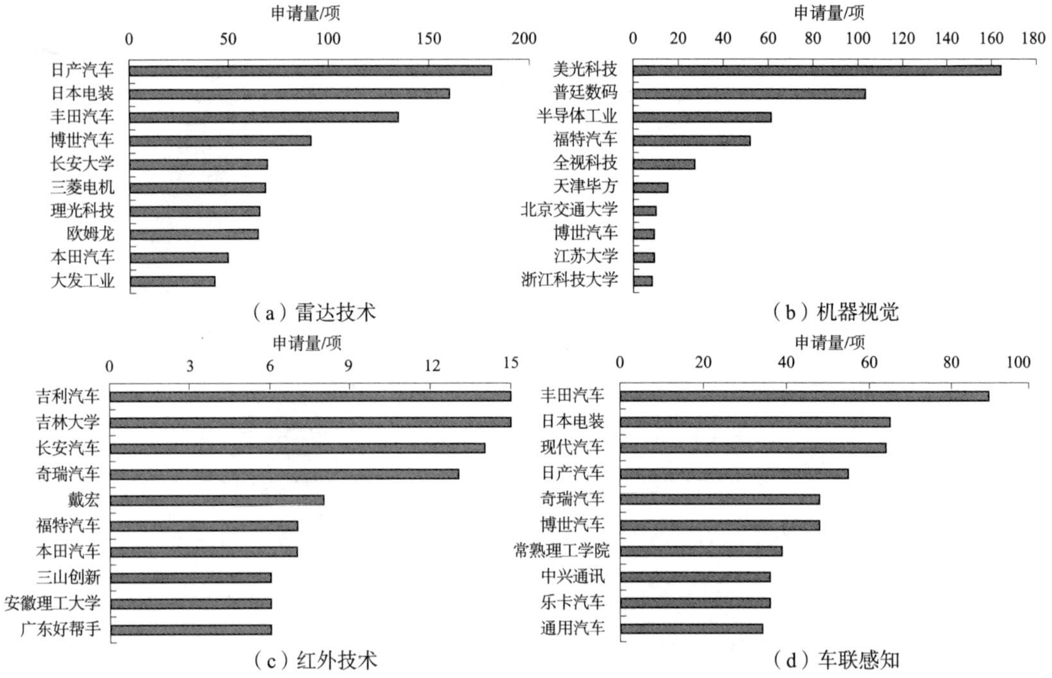

图2-8　智能汽车的环境感知各技术分支全球主要申请人

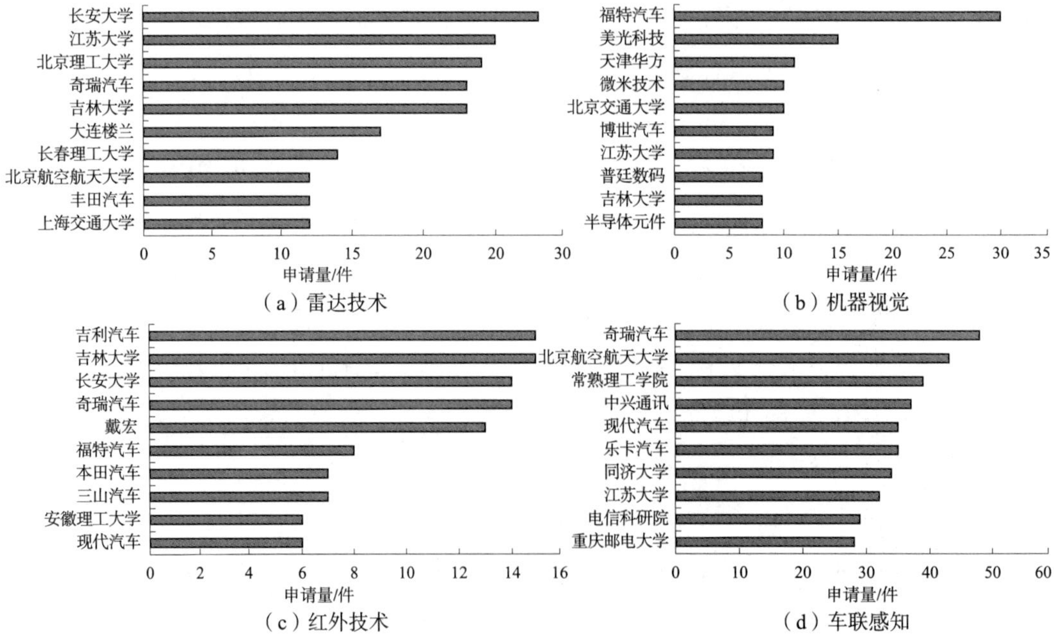

图2-9　智能汽车的环境感知各技术分支国内专利申请人的申请量

在机器视觉领域，国内专利申请人主要以汽车和科技企业为主，如福特汽车、美光科技、天津华方等。美国企业占据3席，另外中国高等院校有北京交通大学、江苏大学、吉林大学，还有德国的博世汽车。福特汽车之所以在机器视觉方面具有显著优势，与其收购了在图像及视频处理、深度学习、信号处理及分类方面具有雄厚技术实力的 SAIPS 公司不无关系。

在红外技术领域，国内专利申请人主要以传统汽车企业为主，占据前十名中的七席，如吉利汽车、奇瑞汽车、福特汽车、本田汽车等，可见传统汽车企业是该领域创新的主导力量。近些年，吉利汽车在这一领域的专利申请量占据国内首位，原因在于近年吉利汽车与腾讯公司以及高德公司的深入合作使得其在智能汽车领域占据了一定的优势。吉林大学、长安大学等高等院校在红外技术的研究也占据国内重要地位。

在车联感知领域，国内专利申请人中企业与高校的比例各占一半，排名前四的申请人有：奇瑞汽车、北京航空航天大学、常熟理工学院、中兴通讯。可见，随着国家将智能汽车发展提升到战略性高度，不断推进政策支持和一系列有效举措，国内申请人对车联感知领域的创新活力被充分激发，成果丰硕。

综合各技术分支的国内专利申请量可以看出，奇瑞汽车、福特汽车、长安大学、江苏大学的综合研究实力较强，在重点领域均占据重要地位。例如，奇瑞汽车在车联感知领域占据首位，在雷达和红外技术领域均占据第四位。奇瑞汽车持续重视研发，并积极布局智能感知领域，与百度、科大讯飞等企业开展战略合作，其在国内智能汽车领域具备强劲的综合实力。长安大学在雷达技术领域占据第一位，在红外技术领域占据第三位，其拥有世界唯一的高校汽车综合试验场并以此为依托，积累了大量的车辆雷达以及红外技术的研究成果。福特汽车在机器视觉的专利申请量遥遥领先，具有显著优势，其在红外技术领域的中国专利申请量占据第六位。江苏大学在雷达技术领域的专利申请量位于国内第二，在机器视觉和车联感知领域的专利申请均位于国内前列。

4. 重要申请人全球历年申请量

如图 2 - 10 所示，在雷达技术、红外技术、机器视觉和车联感知这四个分支中，车联感知领域的技术发展比较早，早在 1990 年就提出了专利申请，其余三个分支中的雷达技术、机器视觉和红外技术分别起步于 2000 年、2002 年和 2003 年。下面分别对上述四个分支中申请量最多的前六位专利申请人的历年申请量进行分析。

在雷达技术领域，日产汽车的专利申请于 2002 年就达到申请量的顶峰，之后年份中申请量下滑较多，直到 2011 年之后几乎没有这一领域的专利申请；日本电装和丰田汽车、博世汽车的专利申请随年份呈波动式分布；三菱电机每年的申请量不多，呈个位数分布；长安大学从 2001 年起开始雷达技术方面的专利申请，且在 2012 ~ 2015 年申请量保持在两位数。

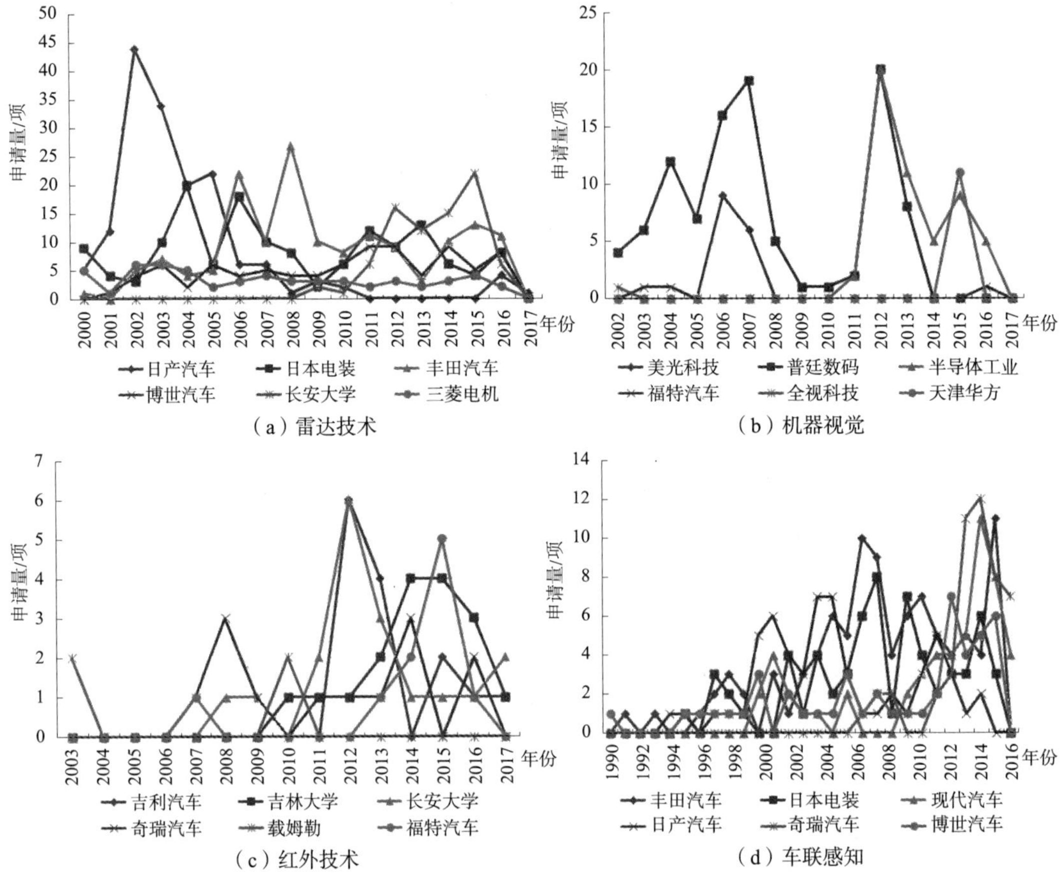

图2-10　智能汽车的环境感知各技术分支对应全球专利重要申请人的历年申请量

在机器视觉领域，占据市场较早的是美光科技和普廷数码，两家公司在这一领域的专利申请量分别于2006年和2007年达到历史最高；半导体工业在该领域的专利申请起步于2010年，并于2012年达到申请量的顶峰；中国企业天津华方于2015年就该领域提出较多专利申请。

在红外技术领域，现代汽车的专利申请较早，始于2003年，之后申请量呈波动式增长，于2013年达到顶峰之后回落；奇瑞汽车的申请量在2007～2017年呈波动式分布；长安大学的申请量起步于2007年，并于2012年达到申请量顶峰；吉林大学的申请在2010年之后呈稳步增长态势，可见吉林大学一直在这一领域持续研究；福特汽车在2007年有少量申请之后，于2013年开始实现申请量的增长，并于2015年达到顶峰。

在车联感知领域，博世汽车和丰田汽车的起步较其他企业更早，分别在1990年和1991年就有了专利申请，并进行该领域技术的持续研发；日产汽车和日本电装分别于1994年和1995年开始在该领域的技术产出，之后申请量一直呈现波动式增长，并分别在

2005年和2008年达到申请量顶峰；现代汽车在1999年开始在该领域有所产出，并一直对丰田汽车和日本电装形成追赶之势。中国企业奇瑞汽车在2007年开始在该领域进行追赶，并一直在该领域进行技术投入，其专利申请量逐年攀升，于2015年达到顶峰，后来超过了最先发展的企业博世汽车。

5. 重点技术分支

在智能汽车环境感知技术的四个分支中，雷达技术和车联感知技术对于减轻驾驶员的负担、减少驾驶员的误判以及全面获取车辆和道路信息起到极为重要的作用；红外技术不受强光、闪光干扰，可以实现远距离，全天候观察；机器视觉技术对于提取图像特征、控制现场设备动作等起着重要作用。本文在全面研究的基础上，对上述各技术分支的重要专利进行统计，并绘制了如图2－11所示的四个重要技术分支的技术路线演进。下面将对各技术分支进行具体讨论。

（1）雷达技术

雷达技术可按类型进一步分为毫米波雷达、超声波雷达和激光雷达，不同类型的雷达各有特色。超声波雷达是利用传感器内的超声波发生器产生40kHz的超声波，再由接收探头接收经障碍物反射回来的超声波，根据超声波反射接收的时间差计算与障碍物之间的距离。超声波雷达成本较低，但探测距离相对较短，只有几米，通常用于泊车系统中，且超声波雷达会受限于天气条件。激光雷达通过向目标发射激光束，将接收到的从目标反射回来的信号与发射信号进行比较，作适当处理后获得目标的有关信息——如目标距离、方位、高度、速度、姿态甚至形状等参数，从而实现对目标的探测、跟踪和识别。激光雷达具有分辨率高、精度高、抗有源干扰能力强等优点，主要应用于无人驾驶系统。毫米波雷达指工作在毫米波波段的雷达，其探测距离较长，可达200多米，可以对目标的距离、速度以及方位进行测量。毫米波雷达具有穿透力强、分辨率高等特点，能够穿透雨、雾、霾、烟、尘对物体进行探测，不受光线影响，可以在全黑环境下工作，主要应用于高级辅助驾驶系统。

雷达技术从1980年起被大量应用在智能汽车的环境感知领域，与其相关的专利申请量从1980年起至今一直处于持续攀升的状态。在1989年，发明名称为“用激光来检测和记录违反道路交通规则的系统”（CN1031616A）的发明专利申请，提出了通过激光雷达检测和记录违反道路交通规则的系统。以该专利申请为代表，1980～1990年关于智能汽车环境感知中雷达的专利申请多体现在对道路标志的检测方面。

1991～2000年，于1999年公开的发明名称为“倒车用超声波传感器”（CN1233758A）的发明专利申请，提出了一种倒车用超声波传感器，该超声波传感器的探测区域的水平方向可涵盖整个车身，而垂直方向则不会涵盖地面，有效地消除探测死角并防止误动作的产生。

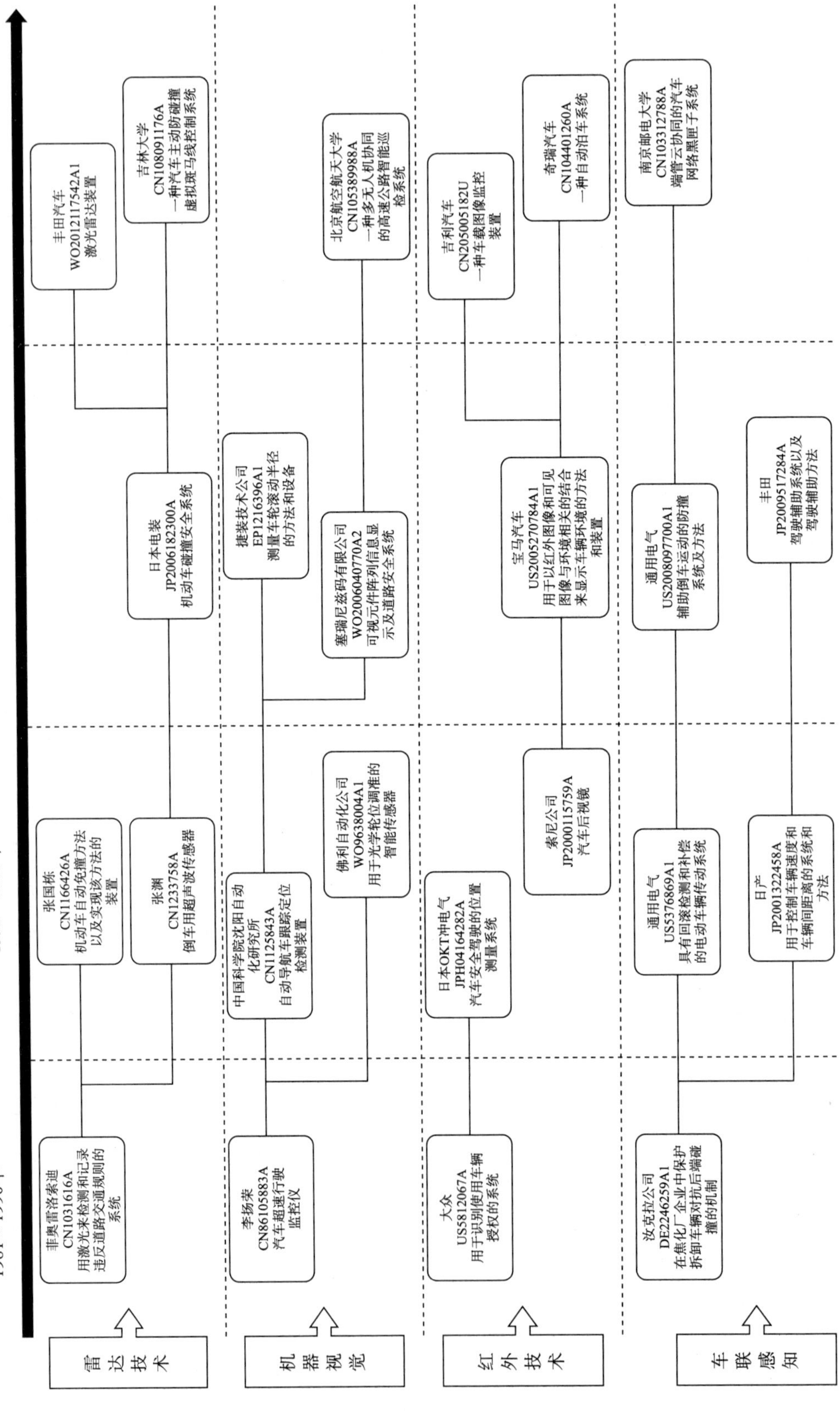

图2-11 智能汽车的环境感知技术各技术分支专利路线演进

2001～2006 年，于 2004 年公开的发明名称为“倒车用超声波传感器”（JP2006182300A）的发明专利申请，提出了一种机动车碰撞安全系统，通过碰撞检测器——如超声传感器、激光雷达传感器，检测机动车碰撞时产生的碰撞信号。上述两阶段的发明专利已经被应用在了障碍物的检测方面。

2007～2013 年，丰田汽车于 2013 年提出的发明名称为“激光雷达装置”（JP2013502107A）的发明专利申请给出了一种新型的激光雷达的传感器装置；2010 年，浙江大学的发明名称为“车载雷达测距测速仪”（CN101672918A）的发明专利申请提出一种车载雷达测距测速仪，使用毫米波雷达测量汽车间的距离和相对速度，防止汽车相撞，特别适用于解决大雾、泥沙等恶劣天气下，高速公路上能见度低时，汽车无法上高速路的难题。该阶段的发明专利除了障碍物检测，还涉及车辆的距离、速度以及方位的测量，测量精度也有所提升。

2014～2018 年，发明名称为“一种汽车主动防碰撞虚拟斑马线控制系统”（CN108091176A）的发明专利申请，提出了一种汽车主动防碰撞虚拟斑马线控制系统，通过车距雷达测距仪、轮角传感器、位置信息采集器等多种传感器的组合实时获取行人与机动车的位置关系，根据机动车与行人的动态轨迹实时判断潜在的碰撞风险，并自动控制风险。这一阶段的发明专利申请量大幅上升，传感器的使用也越来越多元化和复杂化，检测的类型也越来越丰富、精度越来越高。

由图 2－12 可知，三种雷达技术中，激光雷达技术的专利申请量占比 51%，超过了超声波雷达和毫米波雷达的总和，而超声波雷达和毫米波雷达的申请量基本相同，分别

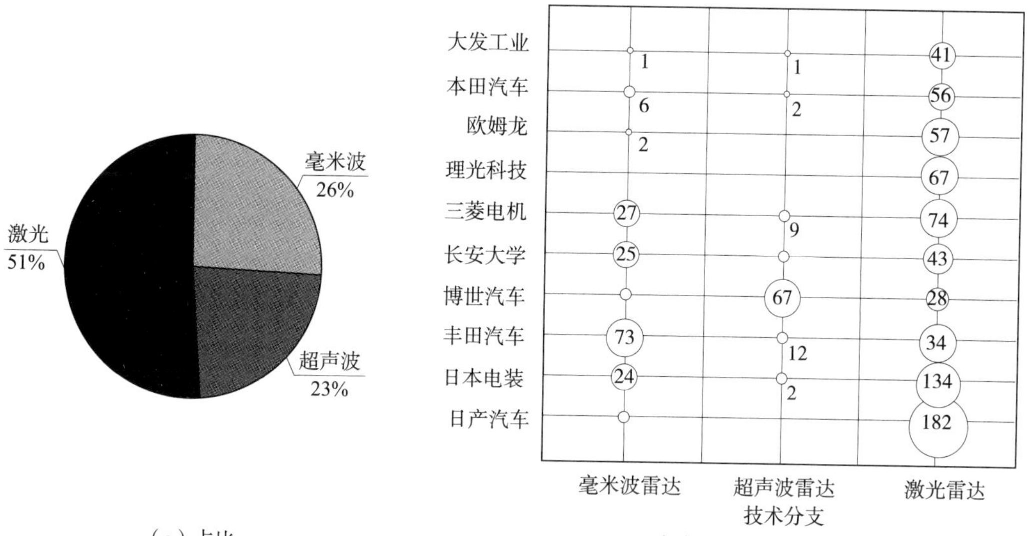

（a）占比

（b）重要申请人各分支分布

图 2－12　雷达技术各分支全球专利申请分布及重要申请人各分支分布

注：图（b）中数字表示申请量，单位为项。

占比 23% 和 26%。对于前述三种雷达技术，其全球专利申请人主要分布在传统车企和高校。上述主要申请人关于雷达技术的专利申请主要集中在激光雷达上，在毫米波雷达和超声波雷达上的申请数量均较少。其中，申请量最多的是日产汽车，激光雷达的申请量达 182 件，其次是日本电装，激光雷达的申请量达 134 件，虽然二者的总申请量靠前，但技术分布不均匀，毫米波雷达和超声波雷达方面申请量均较少。丰田汽车在毫米波雷达方面的申请量为 73 件，为全球之首；其次为三菱电机，申请量为 27 件；国内高校长安大学紧随其后，在毫米波雷达方面申请量为 25 件。

国外的科技企业在雷达技术方面的创新层出不穷，例如苹果、谷歌等，都不断推出新的雷达技术。

如图 2 - 13 所示，苹果公司于 2016 年新获得了一项与激光雷达有关的专利（US9285477B1），该专利描述了一款新型激光雷达传感器的硬件和功能规格，其设计包括固定反射镜、扫描镜、光电探测器和激光发射器，可以用来创建更精确的三维地图。

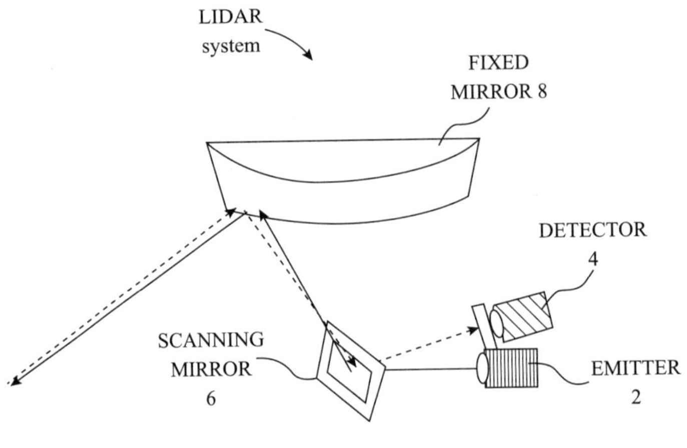

图 2 - 13　US9285477B1 的技术示意图

在自动驾驶汽车中广泛使用的是被称之为“Lidar”的传感器，即激光雷达传感器，也被称为无人驾驶汽车的眼睛。Lidar 可以发射激光束并通过捕捉反射回来的信号绘制出周围环境的 3D 模型。谷歌、Uber 和丰田等公司测试的自动驾驶车都依赖于这种激光雷达系统，使得车辆可以自我定位并识别行人和过往车辆。当前最好的激光雷达传感器可以识别距离 100 米之外、大小只有几厘米的物体。

如图 2 - 14 所示，2018 年，谷歌公司有关自动驾驶汽车的专利申请（US20180017680A1）显示了其如何使用激光雷达来探测前方的道路。该申请提供了包括位于车辆的底侧的一个或多个车轮的车辆。车辆还包括位于与底侧相对的车辆的顶侧的第一光检测和测距装置（LIDAR）。第一 LIDAR 被配置为基于第一 LIDAR 围绕轴线的旋转来扫描车辆周围的环境，第一 LIDAR 具有第一分辨率。车辆还包括第二 LIDAR，其被配置为扫描沿着第二 LIDAR 的观察方向远离车辆延伸的环境的视场（FOV），第二 LIDAR 具有第二分辨率。车辆还包括控制器，该控制器被配置为基于第一 LIDAR 和第二 LIDAR 对环境的扫描来操作车辆。

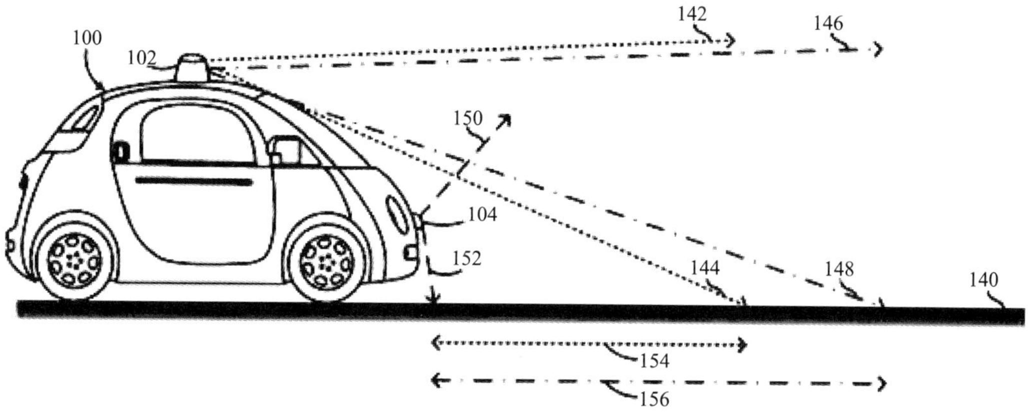

图 2 - 14　US20180017680A1 的技术示意图

（2）机器视觉

机器视觉，也叫计算机视觉（Computer Vision），是用机器代替人眼来做测量和判断。机器视觉系统是指通过机器视觉产品（图像摄取装置，分 CMOS 和 CCD 两种）将被摄取目标转换成图像信号，传送给专用的图像处理系统，根据像素分布和亮度、颜色等信息，转变成数字化信号。图像系统对这些信号进行各种运算来抽取目标的特征，进而根据判别的结果来控制现场的设备动作。机器视觉通常分为低层视觉与高层视觉两类，低层视觉主要执行预处理功能，如边缘检测、移动目标检测、纹理分析，以及立体造型、曲面色彩等，主要目的是使得看见的对象更突出。高层视觉主要是理解对象，需要掌握与对象相关的知识。

机器视觉的专利演进历程始于 20 世纪 90 年代，代表专利申请有 1996 年的发明名称为“汽车超速行驶监控仪”（CN86105883A）的专利申请。之后机器视觉技术被应用于自动导航、跟踪定位和轮位调准领域，如中国科学院沈阳自动化研究所于 2003 年提出的“自动导航车跟踪定位检测装置”（CN1125843A），以及美国的佛利自动化公司提出的发明名称为“用于光学轮位调准的智能传感器”（WO9638004A1）的专利申请。机器视觉技术用于车辆检测与跟踪的例子还有 2002 年的“测量车轮滚动半径的方法和设备”（EP1216396A1）、塞瑞尼兹码有限公司于 2006 年提出的发明名称为“可视元件阵列信息显示及道路安全系统”（WO2006040770A2）的专利申请。

2007 年以后，无人驾驶汽车起步，机器视觉技术也被大量用于无人驾驶状态下的车辆智能控制领域，如吉利汽车于 2013 年提出的“一种无人状态下的车辆智能制动系统及方法”（CN102991483A），以及北京航空航天大学于 2016 年提出的“一种多无人机协同的高速公路智能巡检系统”（CN105389988A）。

如图2－15所示，专利申请EP1216396A1（2002年）提出了一种在轮位对准和其他诊断或维修操作中使用的车轮滚动半径测量方法和设备。在车轮上安装一个光扫描标板。采用机器视觉系统，诸如三维轮位对准器，测量第一位置。使汽车行进一个短距离，测量第二位置。利用第一位置测量数据和第二位置测量数据的线性差和角度差，计算和储存滚动半径值。根据滚动半径值，对汽车轮位对准操作取得的轮位对准值进行修改。可以用得出和储存的平面角的角度值来调整轮位对准值。该方法采用机器视觉技术测量车轮滚动半径，可提供测量数据，表明汽车车轮的尺寸；可测定某种特定的汽车车轮尺寸之间可能出现的差异，显示车轮测量结果；还可测量台架面与车辆面之间的夹角，以达到正确的轮位对准。

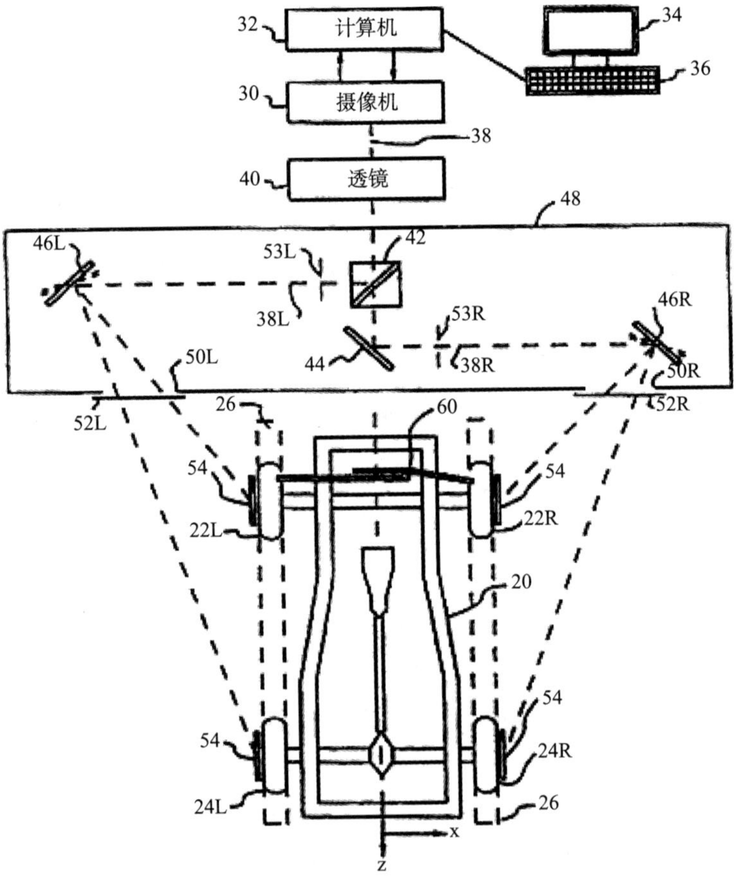

图2－15　EP1216396A1的技术示意图

（3）红外技术

智能汽车为了提高感知能力往往除了常见的可见光摄像机外，还采用多种不受光线影响的摄像装置，例如红外摄像机。红外摄像机运用了红外热成像技术——红外热成像技术是一种波长转换技术，即把红外辐射图像转换为可见光图像的技术，它利用景物自身各部分辐射的差异获得图像的细节，通常采用 3 ~ 5μm 和 8 ~ 14μm 两个波段，这是由大气透红外性质和目标自身辐射所决定的。红外热成像系统具有一定的穿透烟、雾、雪等限制以及识别伪装的能力，不受强光、闪光干扰致盲，可以实现远距离、全天候观察。

参见图 2－11 所示的技术路线可知，随着时代的发展，红外技术更多是在应用领域和应用方向上不断地扩充和拓展着其使用场景。

1981 ~1990 年，红外技术往往简单地应用在车辆的防盗领域中，例如这一阶段的代表专利申请有德纳公司于 1985 年提出的“震动检测器”（US4683753A），该震动检测器可利用红外技术进行车辆防盗检测。

1991 ~2000 年，陆续有申请人开始提出有关较简单的、利用红外技术辅助检测周围情况的专利申请，例如日本 OKI 冲电气于 1990 年提出的发明名称为“汽车安全驾驶的位置测量系统”（JPH04164282A）的发明专利申请，以及索尼公司于 1998 年提出的发明名称为“汽车后视镜”（JP2000115759A）的发明专利申请。

2001 ~2010 年，不少专利申请中红外技术的应用范围又拓展到车辆环境监测这一方向，例如宝马汽车于 2005 年提出的发明名称为“用于以红外图像和可见图像与环境相关的结合来显示车辆环境的方法和装置”（US2005270784A1）的发明专利申请，就是用来解决车辆的后视系统在黑暗环境中使用困难等问题的。

2011 ~2018 年，一方面仍有不少申请人继续利用红外技术来监测车辆周围环境，例如吉利汽车于 2015 年提出的发明名称为“一种车载图像监控装置”的实用新型专利申请（CN205005182U），另一方面，开始有不少申请人将红外技术和自动驾驶技术相结合并应用于实现车辆的自动泊车，例如奇瑞汽车于 2014 年提出的发明名称为“一种自动泊车系统”（CN104401260A）的发明专利申请。如图 2－16 所示的专利申请于 2012 年公开了一种车辆夜间弯道辅助与视觉增强装置（CN102582508A），包括：一随动转向照明子系统，一红外夜视子系统，一嵌入式处理控制平台和一 LCD 显示屏；嵌入式处理控制平台用于采集、传输车辆状态信息，计算随动转向照明子系统的控制量，实现对随动转向照明子系统的控制，还用于采集、处理红外夜视子系统的视频信号；嵌入式处理控制平台分别通过 CAN 总线接口与车辆 CAN 网络和随动转向照明子系统连接；嵌入式处理控制平台通过视频传输线缆/接口与红外 CCD 摄像头连接；嵌入式处理控制平台与 LCD 显示屏连接。本发明充分利用汽车电子技术和微电子技术，通过技术的充分融合，扩展驾驶员夜间行车视野，增强驾驶员在不利条件下的危险状态感知能力，提高夜间行车安全性。

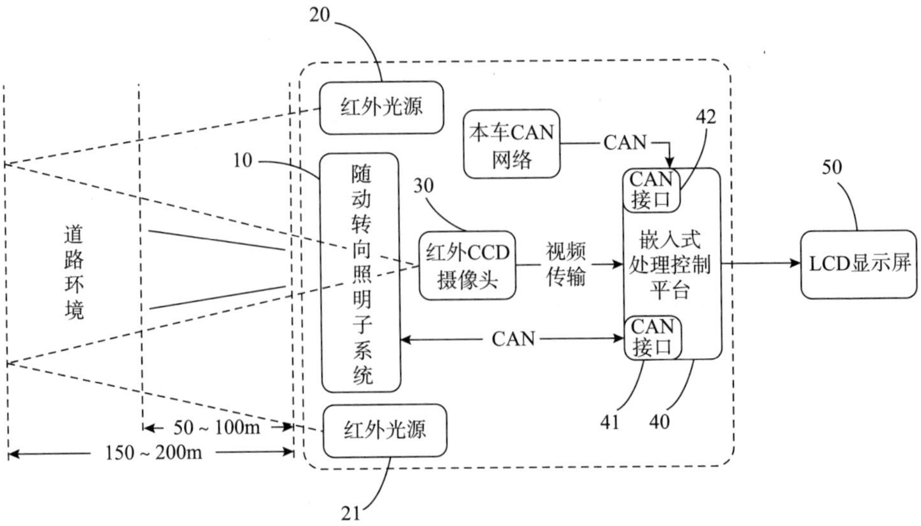

图 2－16　CN102582508A 的技术示意图

如图 2－17 所示，日本的专利申请 JP2013504098A 于 2012 年公开了一种车辆周围监测装置，通过上下身区域识别装置识别出目标物体的上、下身的区域；利用形变探测装置探测上、下身形态的时间相关变化；由差异获取装置获取上、下身形态的差异；在差异的振幅值大于阈值时，判定目标物体。所述车辆周围监测装置，用于从安装于车辆上的红外摄像机捕捉到的图像中探测到作为目标物体的正在骑自行车的骑车人，包括：上

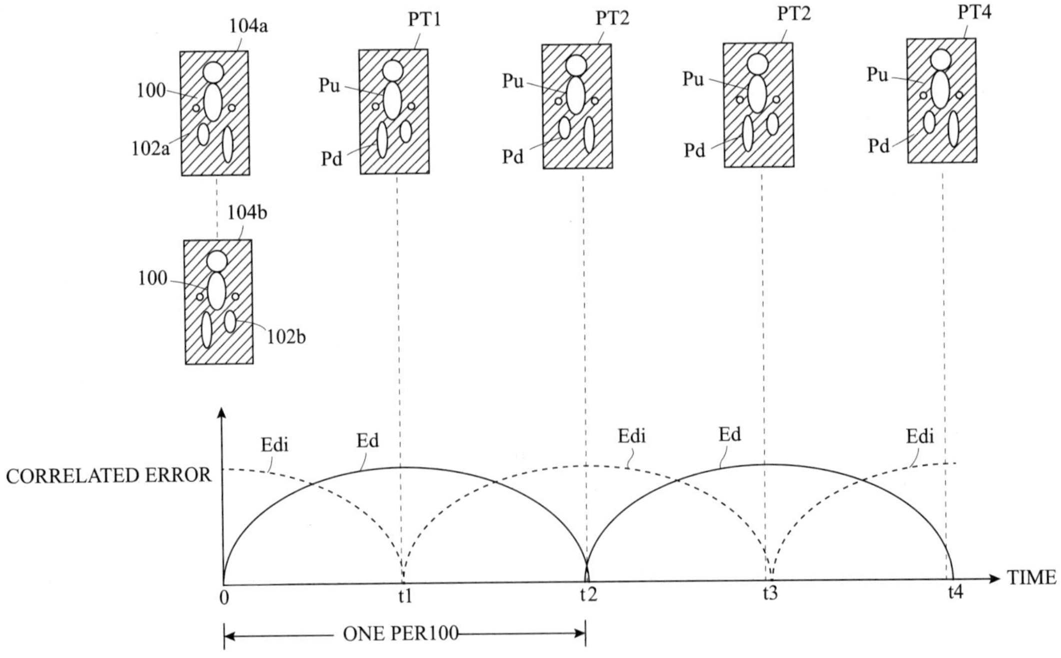

图 2－17　JP2013504098A 的技术示意图

下身区域识别装置，用于从图像中识别出被预估为目标物体的包括上（Pu）、下身（Pd）的区域；形变探测装置，用于探测识别出的包括上、下身的区域中的上（100）、下身形态（102b）的时间相关变化；差异获取装置，用于在每次探测到时间相关变化时获取上、下身形态之间的差异；以及骑车人判定装置，用于在差异的振幅值大于阈值时，判定目标物体即为骑车人。

（4）车联感知

为了对车联感知中的技术进行具体分析，现将其中的感知技术分为三个分支，分别是姿态感知、道路感知、路况感知。

姿态感知包括：车辆定位/GPS、车道保持/循迹、跟驰、导航等信息的感知，辅助车辆完成基本的智能驾驶功能；其中，车辆定位是结合GPS卫星定位和我国的北斗系统，对车辆的地理位置准确定位。循迹/车道保持感知是通过摄像头等视觉系统采集路面图像，通过比较路面和路面上的交通标线的明暗反差识别分道线来监控汽车运行线路走向。跟驰行驶是借助车辆行驶记录仪、高空摄像机、GPS定位等技术获取大量微观数据进行参数标定，代入跟驰模型中以达到安全行驶距离的目标。导航中的感知是指对道路施工、堵塞等影响车辆行驶路径的信息进行定位。

道路感知包括：路面、交通标识、交通信号等信息的感知，辅助车辆遵守基本的交通规则。其中路面感知是借助于嵌入路面的电磁感应器等事先部署的基础设施感知路面形成状况；交通标识感知是通过摄像头等采集交通标志图像，通过计算机视觉算法识别交通标志；交通信号感知是通过视频或传感器判断交通信号。

路况感知包括：交通状况、天气情况等信息的感知，辅助智能汽车做出宏观行驶决策。路况感知一般借助于视频感知、RFID技术和传感器技术等手段，感知行车速度、交通状况等信息。

由图2－18（a）可见，路况感知、姿态感知和道路感知这三个分支的技术比重相差不大，基本呈现出1:1:1的分布状况，可见三个技术分支对车辆环境信息的感知、分享与交换都起到了同等重要的作用。针对车联感知领域中申请量最多的前十位申请人的申请技术方向进行分析，由图2－18（b）可知，丰田汽车、日本电装、现代汽车和奇瑞汽车对上述三个技术分支都非常重视，各自在三个领域的专利布局相对均匀，可见上述申请人注重对车辆行驶中的周边环境进行较为全面的感知，不仅对车辆自身，还对车辆的所处道路以及整体路况等信息都进行收集。而中兴通讯、乐卡汽车和常熟理工学院更侧重于对道路的感知，可见它们对于道路上的车道线、红绿灯、交通标识等信息更关注。日产汽车侧重于姿态和路况的感知，也就是更注重车辆所处位置以及整体路况的信息，以有利于车辆的路径规划等。博世汽车和通用汽车较侧重于姿态的感知，更注重车辆自身方面的信息。

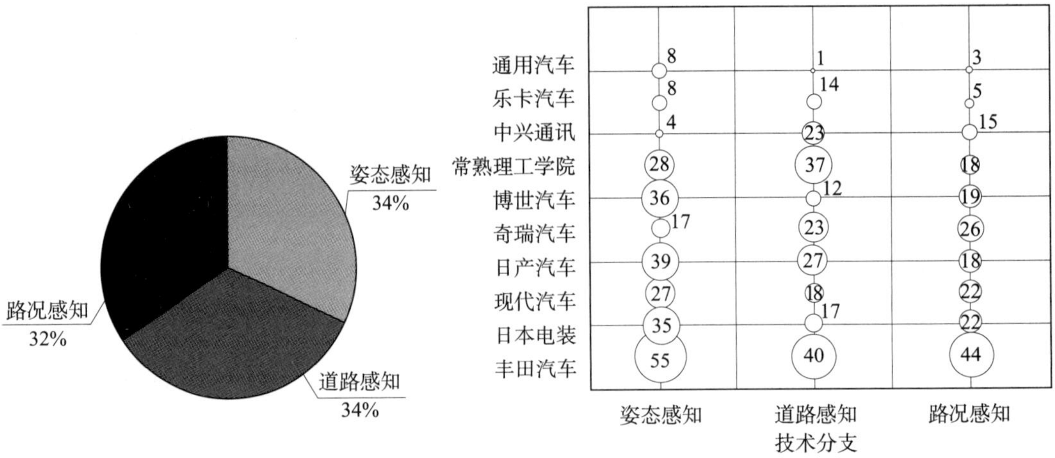

（a）占比　　　　　　（b）技术分布分支

图2-18　车联感知技术全球专利申请分布及重要申请人技术分支分布

注：图中数字表示申请量，单位为项。

从车联感知技术的发展路线上来看，从1972年汝克拉公司提出的车联感知的第一篇专利申请（DE2246259A1）开始，最初的车联感知主要应用于轨道交通中，而非应用于一般的交通道路。随着家用汽车的普及，汽车道路上的车联感知技术逐渐发展起来，自20世纪90年代起，出现了车辆跟驰技术（日产汽车，JP2001322458A，2000年公开）、防滑坡技术（通用电气，US5376869A1，1993年公开）等；2000年后，汽车的辅助驾驶技术进一步优化，出现了倒车防撞（通用电气，US2008097700A1，2006年公开）、车道保持技术（丰田汽车，JP2009517284A，2006年公开）等。

受2004~2007年DARPA举办的无人驾驶汽车挑战赛所提出的无人驾驶设想的推动，车联感知技术开始了无人驾驶方面的探索：导航路线规划、躲避拥堵（博世汽车，JP2010043673A1，2008年公开）、周围道路环境感知（现代汽车，KR20140055353A，2012年公开）等。随着车联感知技术的深入，单靠车辆本身的传感系统所收集的信息已不足以满足汽车自动驾驶的需要。为了辅助自动驾驶系统更好地决策，车联感知系统借助车联网系统，通过云系统收集网络中车辆终端发送的车内和车外参数，通过移动互联网技术实现信息的分发和共享，并通过云存储、云计算以及数据挖掘等数据分析技术，为事故勘察、智能交通ITS、车联网IOV等提供全方位的技术支持（南京邮电大学，CN103312788A，2013年公开；参见图2-19）。

如图2-19所示，CN103312788A公开了一种端管云协同的汽车网络黑匣子系统，在终端侧，利用装载在汽车上的智能感知终端，感知车辆的静态和动态参数；管道侧，通过智能接入不同的无线移动互联网络，实现车辆的泛在通信功能，尽最大可能地保证终端采集的黑匣子数据以及其他数据可靠地传送到云服务器端；云端采用云存储、云计算以及数据挖掘等数据分析技术，为事故勘察、智能交通 ITS、车联网 IOV 等应用提供云服务及应用接口。

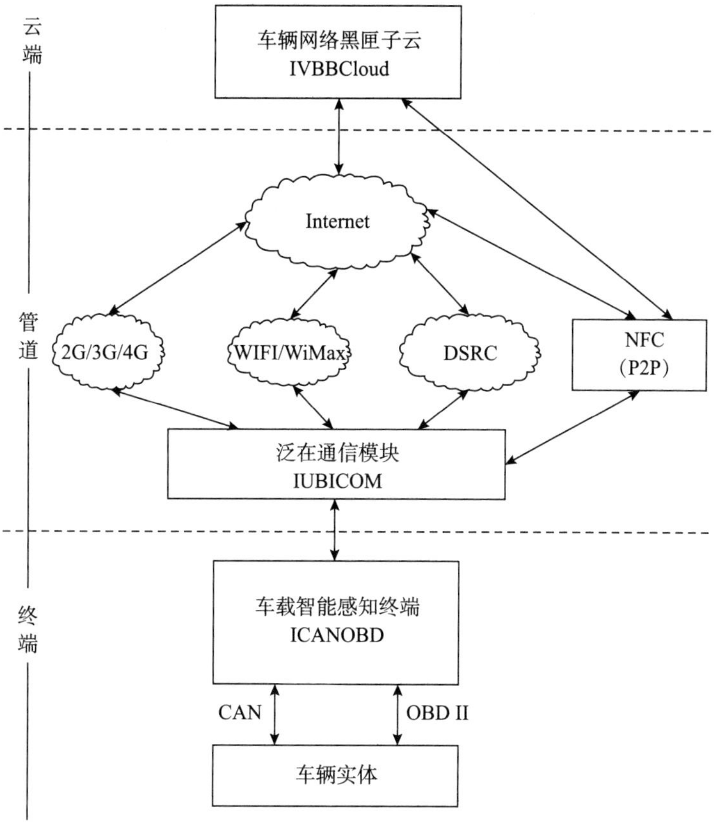

图 2－19　CN103312788A 的技术示意图

（三）重要申请人分析

为了更准确地了解智能汽车领域相关的环境感知技术的布局情况，接下来将从国内外传统车企、互联网企业和技术支撑企业三个方面对典型企业分别进行重点介绍与深入剖析，从专利发展概况、重点专利布局以及最新产品动态等方面阐释这一领域领军企业的技术发展，以揭示智能汽车领域环境感知技术的现状和发展趋势。

1. 传统车企

（1）丰田汽车

丰田汽车（丰田汽车株式会社）是一家总部设在日本的汽车工业制造公司，自 2008 年起逐渐取代通用汽车成为世界排名第一的汽车生产厂商。丰田汽车很早就开始了智能汽车环境感知技术的研究。在 1996～2000 年，丰田汽车陆续申请了关于车辆位置、车间距离的 26 件专利申请，如 1997 年公开的发明名称为“车辆运输支持系统”（JPH09293200A）的发明专利申请，通过车辆上的激光雷达检测两个连续车辆之间的距离。

2001~2005年，丰田汽车陆续申请了关于碰撞预测、障碍物检测的37件专利，如2008年公开的发明名称为“车辆行驶支持系统”（JP2008305421A）的发明专利申请，通过使用雷达和图像识别装置作为障碍探测装置来支持车辆行驶。2006~2010年，专利申请的数量则有大幅度增加，智能汽车环境感知的方式更加丰富，涉及前方车辆位置确定、速度检测、驾驶支持、道路形状推定、行驶轨迹测定以及视野辅助系统等，专利申请量达111件，如2008年公开的发明名称为“驾驶辅助系统以及驾驶辅助方法”（CN101321655A）的发明专利申请，通过位置偏差检测单元基于车辆周围的信息检测车辆位置与车辆的前行路径的偏差；如2008年公开的发明名称为“车辆的自适应巡航控制系统”（JP2008007062A）的专利申请，通过车速传感器检测车辆的速度。

2010~2018年，共有91件专利申请，涉及标志线检测、碰撞规避、驾驶员信息检测、驾驶员意识推定等，如2015年公开的发明名称为“标志线检测系统”（CN104908649A）的专利申请、2016年公开的发明名称为“用于执行例如碰撞避免控制的装置”（JP2016167188A）的专利申请，以及2012年公开的发明名称为“行驶支持设备”（CN103299208A）的专利申请。随着申请量的大幅增加，丰田汽车在环境感知领域已经积累了一定的研究成果，并向更加智能化的阶段迈进。

上述CN103299208A的专利申请如图2-20所示，其通过前方传感器检测在车辆前方的障碍物，通过前进接触防止装置对车辆的行驶进行控制，以在车辆前进时防止在车辆和由前方传感器检测到的障碍物之间的接触，以及通过后方传感器检测在车辆后方的障碍物。

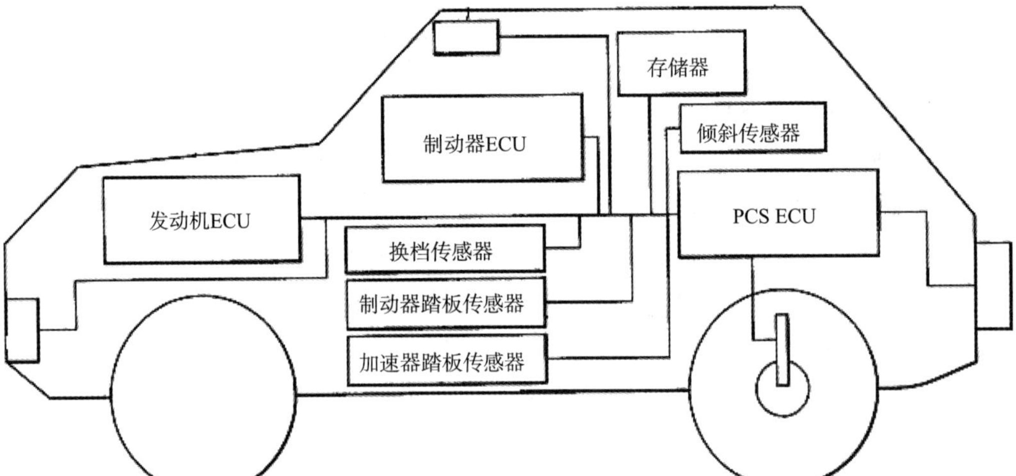

图2-20　CN103299208A的技术示意图

（2）福特汽车

福特汽车成立于1903年，总部位于美国密歇根州迪尔伯恩市。在中国，福特汽车与长安汽车合资成立了长安福特马自达汽车有限公司。在自动驾驶汽车的研究和开发领域，福特汽车已积累有十余年的经验。早在2008年，福特汽车就开始了智能汽车相关的专利申请，但在2008～2014年，专利申请数量较少，仅有4件，如2014年公开的用于确定交通状况的方法和设备（CN104050800A）的发明专利申请。自2015年开始，福特汽车在智能汽车的环境感知技术领域的专利申请量持续攀升，在2015～2018年的专利申请量为45件。

从专利申请的内容来看，福特汽车的专利申请更加多元化，不仅注重障碍物检测、周边环境感知、车辆位置确定、道路形状推定等较为基础和传统的环境感知技术，而且在2017年和2018年申请了大量关于物体追踪、环境情景分析、冰和雪检测、金属桥检测、危险道路和车辆打滑的自动检测、横穿道路的异常检测、自主停车等方面的专利申请。

2017年公开的发明名称为“车辆远程起动安全系统”（CN107762703A）的发明专利申请（参见图2－21），车辆包括距离检测传感器和自主单元，自主单元响应于接收到起动信号而通过距离检测传感器来确认车辆所在的车库门打开、起动车辆的发动机并且自主操纵车辆离开车库直到车辆的排气尾管在车库外。此外还有2018年公开的发明名称为“激光雷达传感器霜探测”（CN107765589A）的专利申请和发明名称为“金属桥检测系统和方法”（CN107839692A）的专利申请。

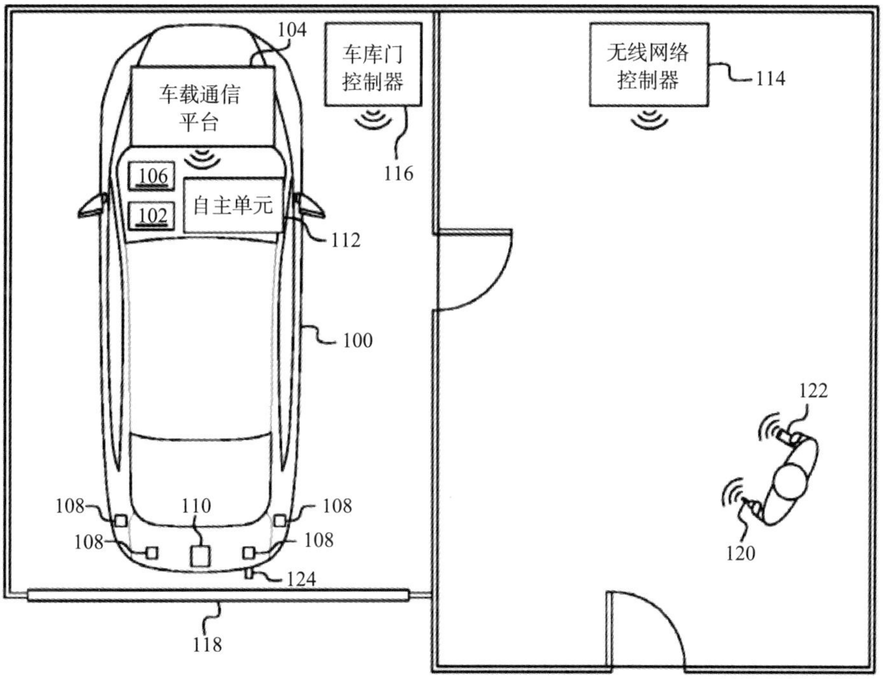

图2－21　CN107762703A的技术示意图

（3）奇瑞汽车

奇瑞汽车（奇瑞汽车股份有限公司）是一家成立于1997年，从事汽车生产的国有控股企业，其产品覆盖了乘用车、商用车、微型车等领域，是中国自主品牌中的代表企业。作为中国传统车企，奇瑞汽车很早就意识到智能汽车会突破传统汽车的制造现状，因而着手于在智能汽车领域的专利布局。2008～2011年，奇瑞汽车在这一领域的专利申请只有7件，数量较少，大多属于基于红外技术探测盲区或行人以及辅助夜视系统，例如2008年公开的发明名称为“一种车辆盲区探测、报警装置及其探测、报警方法”（CN101311034A）的专利申请，以及2009年公开的发明名称为“一种汽车全景与夜视显示方法及装置”（CN101710943A）的发明专利申请等。

2011～2013年的专利申请有14篇，逐渐涉及自动泊车、目标识别和车速预警领域。例如2012年公开的发明名称为“一种辅助泊车系统及其控制方法”（CN102632837A）的发明专利申请和发明名称为“雷达传感器、汽车以及目标方位识别方法”（CN102749626A）的发明专利申请，以及2013年公开的发明名称为“特殊路段车速预警方法、设备和系统”（CN103500514A）的发明专利申请。

2014～2017年的专利申请有76件，数量有大幅度增长，技术上主要涉及通过激光雷达或毫米波雷达进行自动测速测距以控制车速、防止车辆相撞、实现车辆紧急避让或紧急制动，以及通过雷达和双目摄像辅助实现自动泊车、车路协同、车车协同，并在此基础上向驾驶者提供交通信息和两车距离提示，或者对驾驶员进行实时监测以确保安全驾驶。其中的重点专利有公开号为CN104677377A，申请于2015年，发明名称为“车载导航方法及系统”的专利申请（参见图2－22），该专利申请通过对导航信息进行处理得到显示信息，再将显示信息通过增强现实投影设备更加清晰地投射至车辆的挡风玻璃的预设区域内，落入预设区域的驾驶员的视线延长线与车辆的引擎盖所在面相交，相较于现有的车载导航方法，优势在于驾驶员无须低头并转向一定的角度查看显示信息。

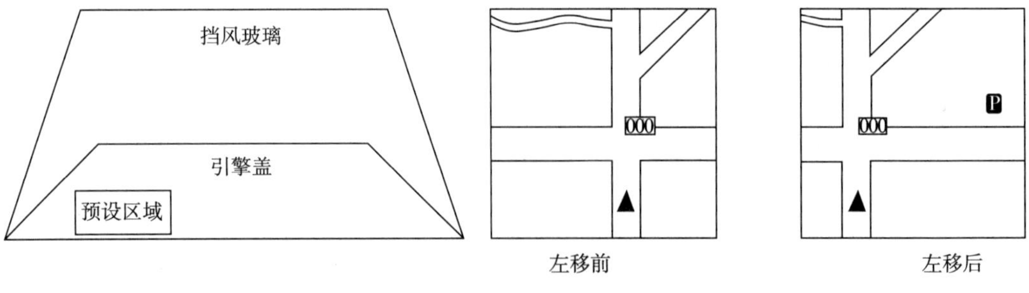

图2－22　CN104677377A的技术示意图

例如公开号为CN106347351A、申请于2016年、发明名称为“一种带有自动紧急制动的自适应巡航方法及系统”的发明专利申请（参见图2-23），该专利申请通过毫米波雷达传感器获取本车前方物体的雷达探测信息，双目立体摄像头获取本车前方物体的图像探测信息，并根据所述雷达探测信息和所述图像探测信息，确认位于本车同一车道内的前方物体的类型及与本车的相对速度和相对距离，进而控制本车在低速行驶过程中更精确地实现执行自适应巡航或自动紧急制动。

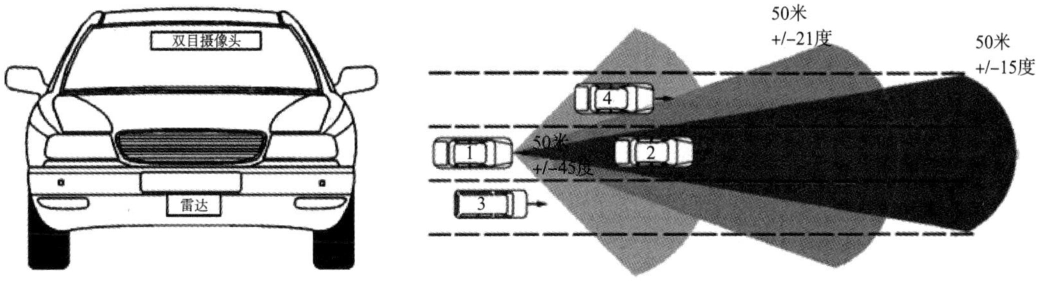

图2-23　CN106347351A的技术示意图

其他代表性专利还包括：公开于2014年的发明名称为“基于车路协同的汽车曲线运行速度处理系统及方法”（CN104064048A）的发明专利申请和发明名称为“一种自动泊车系统”（CN104401260A）的发明专利申请，还有于2015年公开的发明名称为“基于车车协同的变道预警装置”（CN104900089A）的发明专利申请等。

由上述分析可见，奇瑞汽车在智能驾驶的专利布局上属于传统车企中的领跑者。据报道，2018年，奇瑞汽车计划量产车型能达到SAE L2级别的自动驾驶，而从已经上路测试的车型看，已经能够做到：自动跟车（参见发明名称为“跟车方法及系统”、公开号为CN105882656A的发明专利申请，公开于2016年）、自动识别交通指示牌（参见发明名称为“一种交通标识识别系统”、公开号为CN104361350A的发明专利申请，公开于2014年）、盲点监测（参见发明名称为“一种车辆盲区监测报警系统”公开号为CN104175954A的发明专利申请，公开于2014年）、行人监测（参见发明名称为“一种汽车行人防撞红外线自动感应装置”、公开号为CN101380927A的发明专利申请，公开于2008年）等。对于未来，奇瑞汽车计划于2020年实现L3级别的自动驾驶，在封闭的高速公路上，基本能将驾驶员解放出来，而到2025年最终实现L4~L5级的自动驾驶。

（4）吉利汽车

吉利汽车（浙江吉利控股集团）始建于1986年，1997年进入汽车领域，是中国汽车行业十强，旗下拥有吉利汽车、沃尔沃汽车、伦敦出租车等品牌。吉利汽车在2007~2011年的专利申请数量非常少，只有3件，2012~2017年的专利申请数量有了大幅增加，总计39件，其内容涉及障碍物识别、自动泊车等方向。例如2015年公开的发明名称为“一种车载图像监控装置”（CN105141927A）的发明专利申请以及2017年公开的发明名称为“一种自动泊车系统”（CN106945660A）的发明专利申请。除此之外，由这39件专利申请内容来看，其中大量都是有关汽车的安全保障功能。

例如公告号为CN203472776U、公开于2013年、名称为“一种汽车自燃方便车内人员逃生装置”的实用新型专利，其通过烟雾传感器和红外传感器分别感测是否有烟雾大于预定值以及车内是否有人，并在符合检测条件时通过电动马达自动解开安全带，通过门锁电机自动打开车门锁，从而减少车辆自燃可能对车内人员造成伤害的概率。例如公告号为CN202574074U、公开于2012年、名称为“汽车防中暑防窒息装置”的实用新型专利，可以防止中暑事件导致儿童死亡的不幸事件的发生。还有例如涉及通过红外监测轮胎温度（参见发明名称为“汽车轮胎监控装置和方法”、公开号为CN102745025A、公开于2012年的发明专利申请）和汽车涉水行驶辅助系统及方法（参见发明名称为“一种汽车涉水行驶辅助系统及方法”、公开号为CN107839599A、公开于2017年的发明专利申请）等。可见，吉利汽车在自动驾驶、测距、防撞等方向的专利申请数量虽然不多，但其在汽车的智能安全保证方面投入了不少研发力量。

2017年，吉利汽车发布了G-Pilot系统作为吉利汽车自动驾驶技术路径规划（参见2017年公开的、发明名称为“一种车辆及其控制方法”、公开号为CN107089230A的发明专利申请；以及2015年公开的、发明名称为“车辆自适应巡航系统的控制方法及车辆自适应巡航系统”、公开号为CN105691394A的发明专利申请；以及如图2－24所示的2017年公开的、发明名称为“一种自动泊车系统”、公开号为CN106945660A的发明专利申请）。吉利汽车预计在2020年后实现高度自动驾驶，并于2024年后将G-Pilot系统推向新高度。可以期待，吉利汽车作为一家传统车企，将在未来智能汽车领域取得领先优势。

如图2－24所示，吉利汽车于2017年提出的有关自动泊车系统的专利申请（CN106945660A），该系统包括：超声波雷达探测器、摄像探头、泊车控制器、驾驶控制模块，泊车控制器接收超声波雷达探测器探测的障碍物距离数据和像探头采集的图像信息，并结合自车信息获取泊车位及实时规划纠正泊车路径，发送控制指令控制驾驶控制模块按照所述泊车路径对车辆进行转向、变速、刹车、驻车控制，以实现车辆按照所述泊车路径行驶，完成泊车，泊车控制器将距离数据和图像信息进行计算，二者优势互补，增强了自动泊车系统对真实环境的感知能力，同时泊车控制器控制驾驶控制模块实现自动泊车功能，采用多传感器识别模式，增强系统的稳健性，保证驾驶员使用的便利性和舒适性。

2. 互联网企业

（1）Alphabet

2017年，美国科技媒体 *The Information* 调研了目前主要的17家发展L4级及以上无

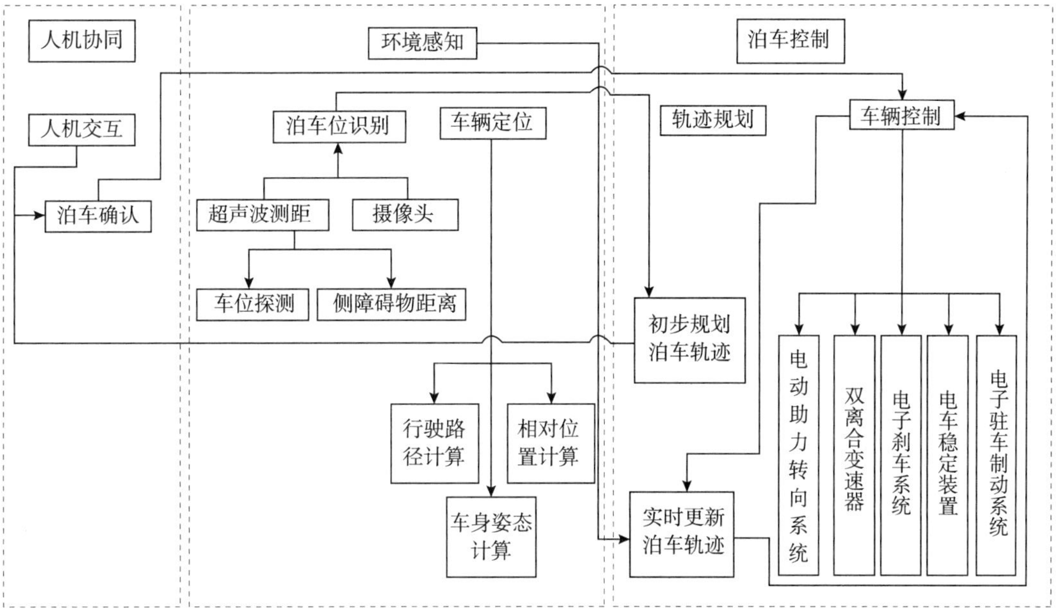

图 2-24 CN106945660A 的技术示意图

人驾驶技术的公司，从技术、工程、商业模式三个方面进行考量，最终得出综合排名，其中，Alphabet（谷歌的母公司）旗下的 Waymo 获得第一名。早在 2009 年，Alphabet 公司就正式启动无人驾驶项目，远早于后来的新兴汽车公司。目前，Waymo 汽车的实际路测里程已超过 300 万英里，模拟测试里程超过 10 亿英里，在本行业中的技术及工程总评分占据优势地位。

Alphabet 在 21 世纪初于该领域的主要专利申请有：一种用于无人驾驶领域的巡航无人机装置（US2016304198A1，公开于 2016 年）、卫星中的多向天线（US2018013193A1，公开于 2018 年）、驾驶中的交通危险警报计算机实现方法（US2015199578A1，公开于 2015 年）、驾驶过程中的巡航地图生成方法（US9709679B1，公开于 2017 年）、车辆中的感知传感器自动测量方法（US8838322B1，公开于 2014 年）、基于图像的实时交通灯检测方法（US9187088B1，公开于 2015 年）、基于激光的车辆路线检测方法（US9261881B1，公开于 2016 年）、车辆驾驶中的传感器减少检测装置（US9274525B1，公开于 2016 年）、基于图像的车辆转弯指示灯检测方法（US9305223B1，公开于 2016 年）、无人驾驶环境下的无线电和测距系统实现方法（US9395727B1，公开于 2016 年）、车辆导航系统中的雷达（US9423498B1，公开于 2016 年）、使用车载传感器检测天气条件的方法和系统（WO2014168851A1，公开于 2014 年）等。

如图 2-25 所示，2014 年的专利申请 WO2014168851A1 公开了一种使用车载传感器检测天气条件的示例方法和系统，该方法包括接收针对车辆的环境收集的激光数据，激光数据包括多个激光数据点，由计算设备将多个激光数据点中的激光数据点与环境中的一个或多个对象相关联；再将多个激光数据点中的、与环境中的一个或多个对象无关联的给定激光数据点确定为代表未追踪到的对象，基于所述一个或多个未追踪到的对象可以得到计算设备识别环境的天气条件的指示。

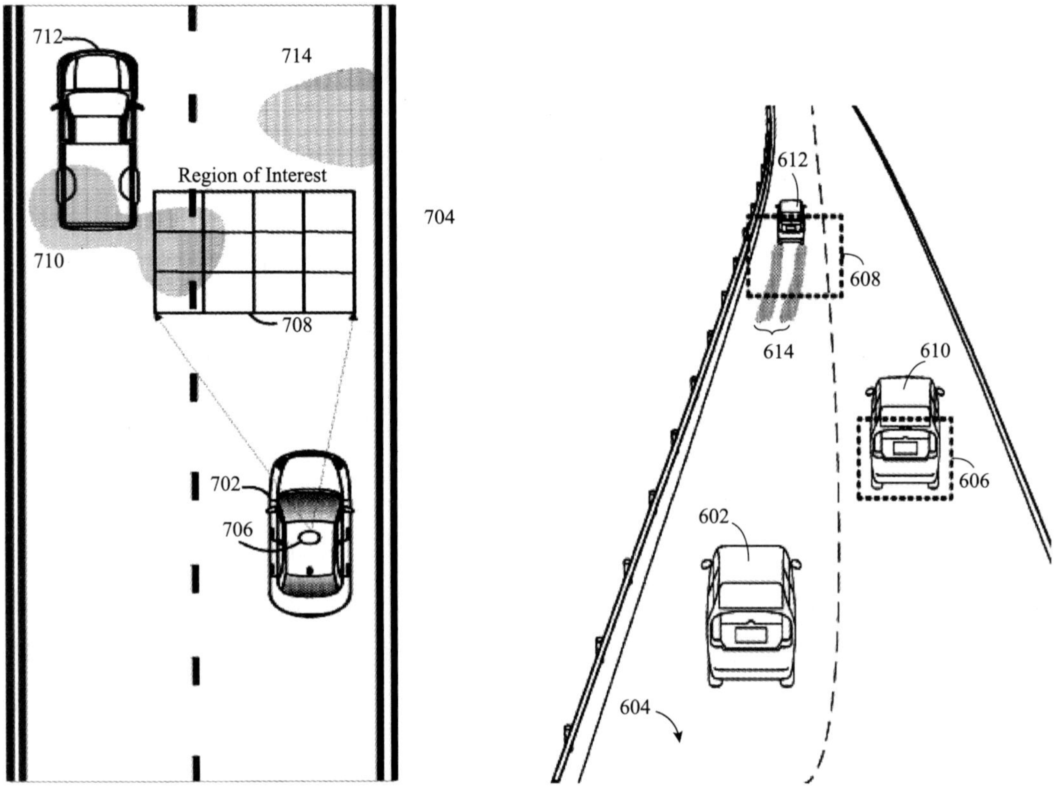

图 2-25　WO2014168851A1 的技术示意图

（2）特斯拉

特斯拉汽车公司（Tesla Motors Inc.）是一家美国电动车及能源公司，产销电动车、太阳能板及储能设备。2017 年 2 月 1 日，特斯拉汽车公司正式改名为特斯拉（Tesla Inc.），这意味着汽车不再是其唯一业务。2017 年 9 月开始，特斯拉正式开发汽车芯片，这些芯片正是为自动无人驾驶汽车准备的，因为如果汽车自动行驶，各种摄像头和传感器会生成大量遥测记录和数据，汽车需要强大的计算力来处理这些信息。

特斯拉在智能汽车领域的专利申请起步于 2010 年，主要集中在电池、充电器等领域，例如用于高能存储系统的点滴式充电器（EP2378622A2，公开于 2011 年）、可再充电电池组（US2009020346A1，公开于 2009 年）、具有可变功率分配的多端口车辆 DC 充电系统（US2013057209A1，公开于 2013 年）、电池模块中作为高电压互连的柔性电路板（US2014212695A1，公开于 2014 年）、能量存储系统中通信和数据传输的功能的冗余（WO2015153911A1，公开于 2015 年）、基于成本和寿命的电池充电（CN101821121A，公开于2010年）、具有涡流分离器的能量存储容器（US2016380248A1，公开于2016年）等。这一系列的专利申请构成了特斯拉汽车占据国际汽车市场的重要支持与保障。

（3）百度

百度公司是一家主要经营搜索引擎服务的互联网公司，于2000年1月创立于美国。2017年7月，百度与微软公司宣布，双方已达成推进无人驾驶业务合作相关的协议。百度无人驾驶汽车由百度研究院主导研发，其技术核心是“百度汽车大脑”，包括高精度地图、定位、感知、智能决策与控制四大模块。其中，百度自主采集和制作的高精度地图记录完整的三维道路信息，能够在厘米级精度实现车辆定位。同时，百度无人驾驶汽车依托国际领先的交通场景物体识别技术和环境感知技术，实现高精度车辆探测识别、跟踪、距离和速度估计、路面分割、车道线检测，为自动驾驶的智能决策提供依据。

百度公司在智能汽车的智能感知领域的专利申请主要集中在2015～2018年，比较典型的专利申请有：基于车联网的无人驾驶车多车协同驾驶方法及装置（CN105739534A，公开于2016年）、环境感知设备和应用于环境感知设备的信息获取方法（CN106043169A，公开于2016年）、用于车载雷达系统的障碍物检测方法和装置（CN106405555A，公开于2017年）、用于无人驾驶车辆的目标物体识别方法和装置（CN106407947A，公开于2017年）、用于车辆的障碍物识别方法和装置（CN106707293A，公开于2017年）、用于测量无人驾驶车辆的行驶精度的方法和装置（CN106769080A，公开于2017年）、障碍物识别方法及装置、计算机设备及可读介质（CN106919908A，公开于2017年；CN106934347A，公开于2017年）、用于确定无人驾驶车辆的偏航角的方法和装置（CN106969763A，公开于2017年）、传感器组合装置（CN107128255A，公开于2017年）、路上车辆放行的控制方法和装置和系统（CN107818687A，公开于2018年）、检测公路天气状况（US2014081507A1，公开于2014年）、用于无人驾驶车辆的数据获取方法和装置（US2018074202A1，公开于2018年）、用于无人驾驶车辆的数据获取方法和装置（US2018081039A1，公开于2018年）等。

下面以用于车载雷达系统的障碍物检测方法和装置（CN106405555A，公开于2017年）为例详细介绍。如图2-26所示，该专利申请公开了一种用于车载雷达系统的障碍物检测方法和装置。所述方法包括：探测位于预设的多个位置的标定物的第一点云数据集合以及探测所述标定物的第一二维数据集合；基于预设安装位置、第一点云数据集合、第一二维数据集合，对车载雷达系统进行标定，得到标定转向角度差、标定位移差及标定竖坐标；探测障碍物的第二点云数据以及探测所述障碍物的第二二维数据；基于标定转向角度差、标定位移差及标定竖坐标，将第二二维数据转换到激光雷达坐标系中，得到转换三维坐标；融合第二点云数据及转换三维坐标，确定所述障碍物的位置。该方案能够有效地同时利用激光雷达和毫米波雷达对障碍物实现精准检测。

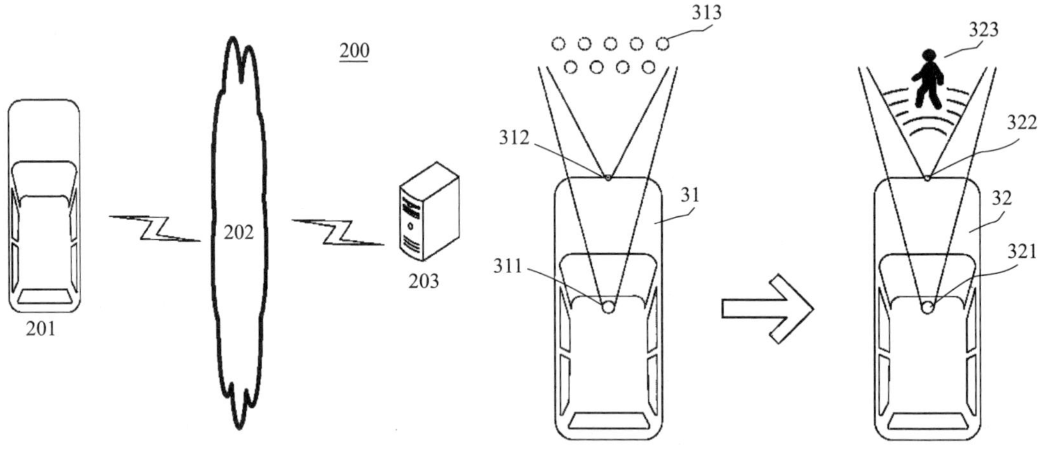

图 2-26　CN106405555A 的技术示意图

3. 技术支撑企业

（1）威力登

谷歌自动驾驶咨询顾问 Brad Templeton 曾说过："做到 99% 的准确度对于车辆驾驶而言并不够，我们需要的是 99.99999% 的准确。激光雷达就是小数点后几位的最强保障"。可见，作为无人驾驶汽车"眼睛"的激光雷达技术，是智能汽车领域的兵家必争之地。威力登公司（Velodyne）于 1983 年成立之初时是一家音响设备公司，其 2006 年前的专利申请都是关于扩音器以及音响的。2004 年之后，Velodyne 把研究重点转向了激光扫描产品的开发并逐渐成为业界 360 度高性能激光雷达的领先者。

2007 年，威力登的创始人哈尔申请了第一件激光雷达传感器专利——"多光束旋转激光雷达传感器"（WO2008008970A2，公开于 2007 年，参见图 2-27），解决了之前三维点云系统存在的采集时间长、视场不足、距离性能差等缺陷难以适用公路的技术问题，达到了高速导航的帧频、主动和被动障碍物同时识别、优越的点云密度、全 360 度水平视野 HFOV、宽的垂直视场 VFOV、高精度的比率以及在所有的照明和大多数天气条件

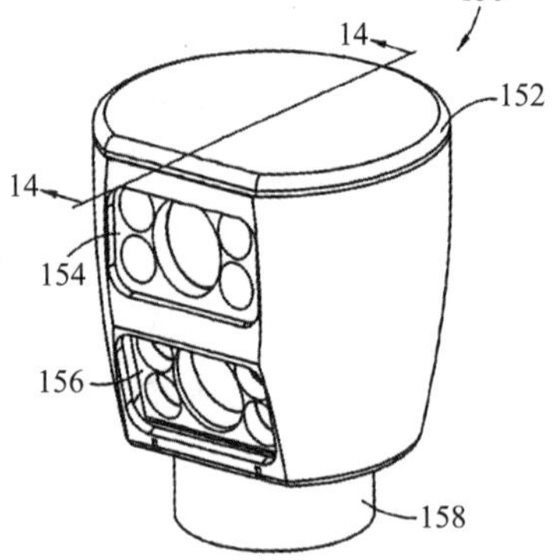

（a）扫描装置实施例

（b）安装在车顶的效果图

图 2-27　WO2008008970A2 的技术示意图

（包括雨、雾）下良好地工作。

威力登公司的这项专利颠覆了汽车和科技产业。在2007年的城市挑战赛中，威力登公司的激光扫描器已经应用到了大多数的参赛队伍中，6个完赛的参赛队伍中有5个使用了威力登公司的产品，可见该公司的激光扫描器在智能汽车领域具有极高的应用广度。

之后，在2010~2011年，威力登公司还发明了配合激光雷达传感器的彩色雷达扫描仪（WO2010141631A1，公开于2010年）以及包括32个发射器/探测器对的3-D点云测量系统（EP2388615A1，公开于2011年）。之后经过长达5年的技术研发，威力登在2016~2018年提出了11件发明专利申请，同时，其雷达部门也从原音响公司（VELODYNE ACOUSTICS INC.）中分离出来成立了一个独立的威力登雷达公司（VELODYNE LIDAR INC.）。

为了解决3D点云成像中垂直方向上的不足，威力登还提出了“具有目标视场的三维LIDAR系统”（US2017146640A1，公开于2016年）以及一系列改进雷达脉冲光束强度和照明系统的发明申请：“基于激光雷达的三维成像的综合照明与检测”（WO2017164989A1，公开于2017年）、“基于不同的脉冲重复的激光雷达三维成像”（WO2017165316A1，公开于2017年）、“具有不同的照明场密度的激光雷达三维成像”（WO2017165318A1，公开于2017年；WO2017165319A1，公开于2017年）、“基于激光雷达的三维成像结构光和集成照明和检测”（WO2018175387A1，公开于2018年）、“多像素扫描激光雷达”（WO2017210418A1，公开于2017年）等。其中为了解决现有多脉冲技术总存在的脉冲间信息串扰的问题，提出了对测量脉冲序列进行编码并对返回测量脉冲序列进行解码，将与测量脉冲序列的照射相关联的反射信号与外源信号区分开的发明专利申请（US2017146640A1，公开于2016年）；为了平衡光束强度太弱会导致探测距离太近，而如果光束强度太强，不慎与人眼相遇时对人眼造成损害，使得现有的3D雷达的激光光束的探测距离一般是100~200米的问题，提出了“基于激光雷达的三维成像与远场照明”（US2018164408A1，公开于2017年）。

威力登公司在最新的专利申请（WO2018183843A1，公开于2018年）中为了使激光雷达更小巧，三维还原的精度更高、效果更逼真，利用集成LIDAR测量设备执行三维LIDAR测量的系统，将照明灯源与检测器集成在一个公共衬底上，以保证照明光束与收集光束路径的一致性，采用基于氮化镓（GaN）的照明驱动器集成电路，以提高短时脉冲的能量，使得激光雷达的体积更小，而且成像分辨率更高。上述改进使得威力登的激光雷达技术在扫描、光束、3D成像上的性能都得到了大幅提升，使得其生产的激光雷达仍是市面上自动驾驶汽车中车周环境感知传感器的首选。

（2）普廷数码

普廷数码（Aptina Imaging）是一家智能成像解决方案的全球提供商，其前身是Photobit公司。1990年，Photobit公司实现了CMOS图像传感器产品商业化。2001年Photobit

被美光科技有限公司收购，2008 年其被美光科技命名为 Aptina，2009 年 Aptina 从美光分拆出来而成为独立的公司并于 2014 年被安森美半导体公司收购。

从 1998 年普廷数码的第一篇专利申请起，至今已有 998 件专利申请，可见其知识产权保护意识之强，投入技术研发力度之大，其相应的专利成果也非常丰硕。其中关于成像方面的专利有 794 件，可知成像技术也是其研发的核心内容。其成像技术研发的领域涉及：成像电路及系统（EP1076453A2，公开于 2000 年，名称为“改进的数字成像电路和方法”；WO2013041924A1，公开于 2012 年，名称为“堆叠芯片成像系统”等）、传感器（US20060017829A1，公开于 2004 年，名称为“杆状细胞和视锥细胞响应传感器”；US2006044634A1，公开于 2004 年，名称为“多放大率彩色图像传感器”等）、光电二极管结构（WO2005017982A1，公开于 2004 年，名称为“具有降低工艺变化敏感度的成像器光电二极管电容器结构”等）、晶片设计（WO2005114750A1，公开于 2005 年，名称为“微电子成像器的覆盖物及微电子成像器的晶片级封装方法”）等，几乎涉及数字成像的各个技术内容。

普廷数码公司的图像传感器应用了经过多年的技术积累而产出的 Aptina Clarity + TM 等技术，能在要求严苛的环境中提供高品质的丰富图像，而该类技术是现有手机厂商所宣称的逆光拍照也清晰的功能的支撑技术。其赖以实现的核心是该公司于 2004 年申请的专利：“杆状细胞和视锥细胞响应传感器”（US20060017829A1，公开于 2004 年）。该技术将 Pixel 阵列中的 G Pixel 直接替代成了白光可以通过的滤色片，从而使得到达反应层参与反应的光能量和电信号大大增强［参见图 2 - 28（a）］。后端再通过算法还原出 G 分量以及基于 RGB 的三原色原理还原图像，其成像效果能够达到在光线不足的情况下清晰成像的程度。

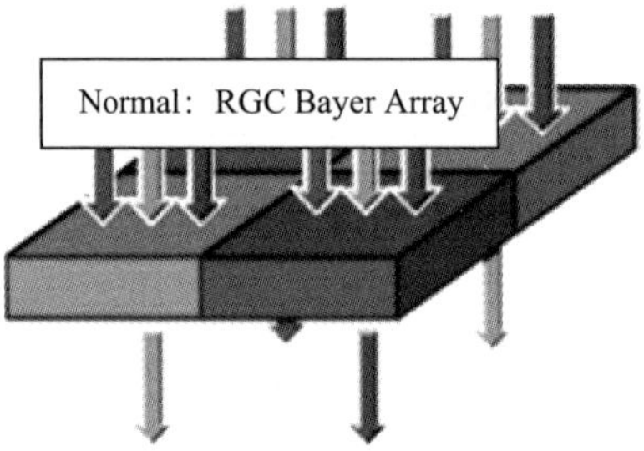

（a）RGB Bayer Array

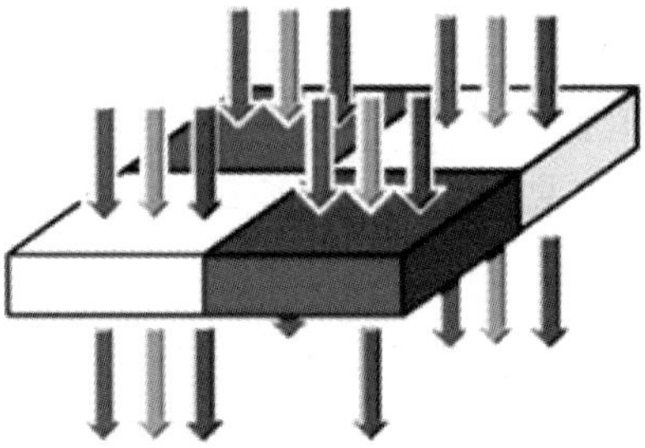

（b）Clarity+中的Pixel阵列

图 2 - 28　RGB Bayer Array 以及 Clarity + 中的 Pixel 阵列

为了扩展其成像系统在汽车上的应用，普廷数码公司还提供用于倒车摄像头解决方案的 ASX344AT SoC。ASX344AT SoC 专为降低成本和缩短上市时间而设计，融合了高性能传感器（US20060017829A1，公开于 2004 年）、图像处理和 180 度视角图像复原功能（WO2013041924A1，公开于 2012 年），是适用于倒车摄像头解决方案的单芯片解决方案。这大大降低了总体系统成本，缩小了物理解决方案的尺寸，能够在恶劣的光照环境下生成精准图像。普廷数码作为致力于成像系统研发的企业，其对成像技术的研发实力一直占据领先优势。

三、结语

本综述以智能汽车的环境感知技术为研究对象，首先，通过对本领域的相关技术进行技术分解，主要划分为四个技术主题，包括雷达技术、红外技术、机器视觉和车联感知；其次，在充分检索的基础上，基于全球和国内专利申请总量以及各技术主题的专利数据，从申请量趋势、重要申请人、申请区域分布、技术主题构成等多方面对智能汽车的环境感知技术的专利申请状况进行了分析；再次，对于该领域下的四个重要技术分支进行了具体分析，呈现了技术发展路线图和主要技术改进内容；最后，选取了传统车企、新兴互联网公司和相关技术支撑企业中具有代表性的申请人，分别从其发展历程、重点专利、最新技术、前沿产品和未来前景等方面进行了深入剖析，分析了智能汽车环境感知技术的专利发展脉络，展望了智能汽车环境感知技术未来的发展方向。

环境感知技术作为车辆主动安全领域的关键技术，在过去几十年间得到了极大关注和快速发展，该技术在交通领域的应用从根本上改变了传统车辆的控制方式，并显著提高了交通系统的效率和安全性。城市环境中道路结构多变，车辆类型众多，环境背景复杂，同时近年来环境污染导致雾霾天气频发，这些都给智能汽车的环境感知技术带来了新的挑战。为了应对更复杂环境感知方面的技术挑战，综合利用多种传感器独特优势的多传感器整合技术将会为车辆周围环境提供更精准的绘图信息，实现对复杂道路交通环境的全息感知，从而成为未来该领域的发展热点和趋势。我国政府、企业与高等院校应该紧跟时代趋势，密切关注国际上先进的环境感知技术在智能汽车领域的研究成果与应用，与国际前沿技术接轨，不断推进以先进车辆控制与安全系统为核心的智能交通系统建设，形成协同创新模式，并开展多层次的国际合作，引进消化吸收国外先进的技术成果，以促进我国智能汽车环境感知技术的不断蓬勃发展。

参考文献

[1] 沈峘．智能车辆视觉环境感知技术的研究［D］．南京：南京航空航天大学，2010.

[2] BUEHLER M，et al. The DARPA Urban Challenge：Autonomous Vehicles in City Traffic［C］. Berlin Heidelberg：Springer-Verlag，2009.

[3] 陈慧岩．智能车辆先进技术丛书：无人驾驶汽车概论［M］．北京：北京理工大学出版社，2014.

[4] 汤森路透．颠覆性的划时代创新：2016 年全球创新报告［J］．科学观察，2016（4）：20-71.

[5] NORDIN P，et al. Sensor Data Fusion for Terrain Exploration by Collaborating Unmanned Ground Vehicles［C］. Cologne：2008 11th International Conference on Information Fusion，2008.

[6] URMSON C, et al. Autonomous Driving in Urban Environments: Boss and the Urban Challenge [J]. Journal of Field Robotics, 2008, 25 (1): 425 – 466.

[7] MONTEMERLO M, et al. The Stanford Entry in the Urban Challenge [J]. Journal of Field Robot, 2008, 25 (9): 569 – 597.

[8] 王科. 城市交通中智能车辆环境感知方法研究 [D]. 长沙：湖南大学，2013.

[9] 国家知识产权局. 专利审查指南2010 [M]. 北京：知识产权出版社，2010.

[10] 马天旗. 专利分析：方法、图表解读与情报挖掘 [M]. 北京：知识产权出版社，2015：35 – 40.

[11] KATO S, et al. An Open Approach to Autonomous Vehicles [J]. IEEE Micro, 2015, 35 (6): 60 – 69.

[12] 陈龙. 城市环境下无人驾驶智能车感知系统若干关键技术研究 [D]. 武汉：武汉大学，2013.

[13] 黄武陵. 智能车辆环境感知技术与平台构建 [J]. 单片机与嵌入式系统应用，2016，16 (8)：9 – 13.

[14] 徐杰. 智能车辆视觉导航中道路边界识别技术的研究 [D]. 吉林：吉林大学，2001.

[15] KAZUO O, et al. A Technique for Mapping Thermal Infrared Radiation Variation within Land Cover [J]. IEEE Transactions on Geosciences and Remote Sensing, 2003, 41 (6): 1521 – 1524.

[16] 付强. 基于红外图像序列的目标检测在智能汽车上的应用研究 [D]. 重庆：重庆大学，2007.

[17] 蔡志理，孙丰瑞，韦凌翔，等. 基于车联网技术的车路协同系统设计 [J]. 山东交通学院学报，2011，19 (4)：17 – 23.

[18] 张家同，王志强，曹绪龙. 国内外车联网的发展 [J]. 数字通信世界，2012 (2)：26 – 28.

[19] 程刚，郭达. 车联网现状与发展研究 [J]. 移动通信，2011 (17)：23 – 26.

[20] 中国信息通信研究院，华为技术有限公司，电信科学技术研究院. 车联网白皮书 [R]. 北京：中国信息通信研究院，2017.

[21] 晓寒. 对话 Velodyne 中国负责人：解密激光雷达市场真相 [EB/OL]. [2017 – 12 – 26]. https://baijiahao.baidu.com/s? id = 1587862191150107891&wfr = spider&for = pc.

[22] 从奇瑞雄狮战略发布看智能汽车领域的格局战 [EB/OL]. [2018 – 04 – 23]. http: www.chinacar.com.cn.

[23] 高航网. 百度无人驾驶：中国专利布局分析 [EB/OL]. [2018 – 03 – 19]. http://www.gaohangip.com.

[24] 汤淑明，乔昕，黄武陵. 无人驾驶车辆测试研究现状与未来展望 [C]. 北京：国家自然科学基金委员会视听觉信息的认知计算重大研究计划2010年学术交流会，2010：320 – 326.

智能汽车用深度摄像头专利技术综述*

张海洋　倪晓东**

摘　要　智能驾驶技术涵盖了许多技术分支，包括不同的智能层次，然而无论是在何种层次，首先需要的都是感知外界环境的能力，即为汽车安装一个“眼睛”，而深度摄像头就是智能汽车各类“眼睛”中的一种。本文首先通过对深度摄像头在智能汽车领域中的专利申请进行检索，获取了应用于智能汽车的深度摄像头的申请趋势、区域分布、申请技术主题、重要申请人等信息；其次，通过技术功效矩阵获取了各种类型的深度摄像头在智能汽车领域中的应用情况，从而获知在不同的应用情况下，何种类型的深度摄像头具有技术优势以及当前的研发热点；最后，通过重点申请人的重要专利分析获知行业领跑者技术动向。本文有利于汽车领域申请人或者是深度摄像头供应商从专利分析中提前明确其技术发展脉络，在重点领域以及重点方向上进行技术研发或专利布局，针对中国企业给出了措施建议。

关键词　深度摄像头　3D 摄像头　汽车　3D sensor　depth sensor　car　automobile

一、概述

深度摄像头，是指能获知被拍摄物体与摄像头之间的距离的摄像头，其除了传统的能对被拍摄物体进行像素还原之外的功能之外，还能获知被拍摄物体的深度信息，以便在计算机需要对物体的深度信息进行处理时使用。深度摄像头也是在当前人工智能的需求下不断发展，在通过摄像头直接获取被拍摄物体的深度信息之后，能显著降低后端计算机的工作量，降低计算机硬件设备的要求以及功耗，并且能够提高运行速度，在人工智能高速发展具有重要意义。

（一）深度摄像头技术简介

深度摄像头目前有三种主流技术[1]：结构光、双目视觉、飞行时间（TOF）。这三种

---

* 作者单位：国家知识产权局专利局专利审查协作江苏中心。
** 等同第一作者。

技术具有不同的优势与劣势。图1－1示出了深度摄像头的技术分支。

（1）结构光

结构光是目前最主流、应用最广泛的深度感知方案，其基本原理是由结构光投射器向被测物体表面投射可控制的光点、光条或光面结构，并由图像传感器获得图像，通过系统几何关系，利用三角原理计算得到物体的三维坐标。图1－2示出了结构光法测量原理。

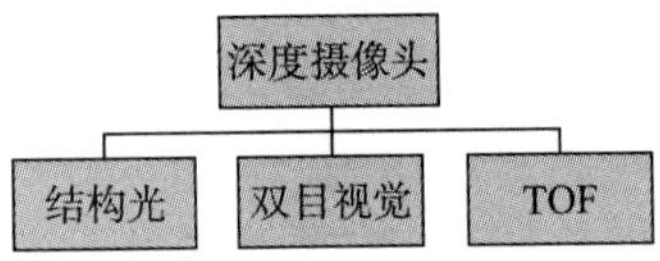

图1－1　深度摄像头技术分支

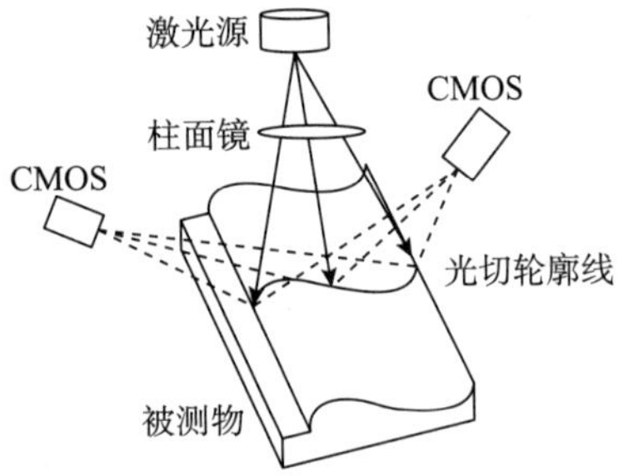

图1－2　结构光法测量原理[1]

优势：结构光方案优势在于技术成熟、识别距离远、深度图像分辨率可以做得比较高，但容易受光照影响。

缺点：由于以折射光的落点位移来计算位置，这种技术不能计算出精确的深度信息，对识别的距离也有严格的要求，而且容易受到环境光线的干扰，强光下不适合，响应也比较慢。

（2）双目视觉

不同于结构光技术，双目视觉技术并不需要激光源，而是直接设置两个摄像头，利用双目立体视觉成像原理，通过两个摄像机来提取包括三维位置在内的信息进行深度感知。图1－3示出了双目视觉成像原理。

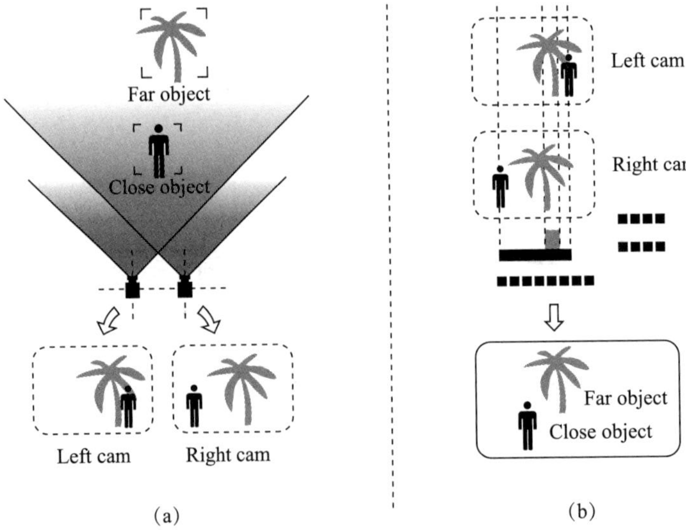

图1－3　双摄像头模拟双目视觉成像原理[1]

优势：双目视觉的方案不容易受到环境光线的干扰，适合室外环境，满足 7×24 小时的长时间工作要求，不易损坏，而且，由于不涉及光学系统，双目视觉方案的成本是三种深度感知方案中最低的。

缺点：不足的是，这种技术需要庞大的程序计算量，对硬件设备有一定配置要求，同时受外界环境影响大，比如在环境光线昏暗、背景杂乱、有遮挡物等情况下不适用。

（3）飞行时间（TOF）

TOF 是飞行时间（Time of Flight）技术的缩写，基本原理是传感器发出经调制的近红外光，遇物体后反射，传感器通过计算光线发射和反射时间差或相位差，来换算被拍摄景物的距离，以产生深度信息，此外再结合传统的相机拍摄，就能将物体的三维轮廓以不同颜色代表不同距离的地形图方式呈现出来。图 1－4 示出了 TOF 深度摄像头原理。

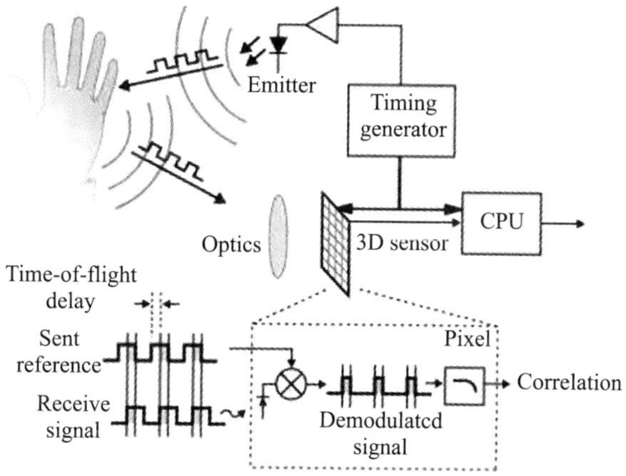

图 1－4　TOF 深度摄像头原理[1]

优势：TOF 其实是相对结构光和双目视觉来说受环境影响最小的技术，其响应速度快、深度信息精度高。

缺点：由于传感器芯片并不成熟，成本很高，所以实现量产困难。另外，TOF 分辨率不高，因此不适合精度要求高的场景。

（二）智能汽车对摄像头的需求

根据相关机构调研[2]，在 2012 年之前的自动驾驶领域，包括摄像头在内的传感器主要应用在自适应巡航及车道偏离预警，至 2015 年前后则发展至自主泊车及紧急情况自主刹车等，以及后来的自主驾驶，而传感器的类型也变得大大丰富，从前期的雷达、摄像头（功能较为单一），至后期的智能驾驶主要通过摄像头（长距摄像头、环绕摄像头和立体摄像头）和雷达（超声波雷达、毫米波雷达、激光雷达）实现感知。当前最先进的智能汽车采用了 17 个传感器（仅指应用于自动驾驶功能），预计 2030 年将达到 29 个传感器。从中可以看出，随着智能驾驶需求的提高，对摄像头传感器的功能需求也增多。

表1－1示出了国内车载摄像头市场规模预测。根据预测，2020年国内智能汽车车载摄像头需求量将达到近4200万个，市场规模达60多亿元。

表1－1　国内车载摄像头市场规模估算[3]

	摄像头类别	前视	侧视	后视	内置	各总数总和/万个
前装	单车个数/个	1	2	1	1	—
	渗透率	40%	20%	50%	5%	—
	总数/万个	1080	1080	1350	135	3645
后装	单车个数/个	1	—	1	—	—
	渗透率	10%	—	10%	—	—
	总数/万个	270	—	270	—	540
2020年前后装摄像头需求量总和/万个						4185

（三）深度摄像头在智能汽车应用中的优势

（1）智能汽车具有广阔的应用空间。当前，随着汽车辅助驾驶（ADAS）的不断推进，汽车的智能化、自动化要求程度更高，市场也更偏爱具有高级辅助驾驶功能的汽车，而深度摄像头作为汽车的眼睛，能够帮助汽车感知外部环境。随着智能汽车的市场规模不断扩大，深度摄像头的规模必然也会随着智能汽车的发展而不断扩大。智能汽车也需要深度摄像头的感知能力来完成例如驾驶员监测、自动泊车、障碍探测等任务。

（2）深度摄像头可以完成普通摄像头所有的功能，并且能获知被拍摄物体的距离信息，真正达到感知外部环境的功能。深度摄像头大致具有结构光、双目视觉、TOF三种结构，而这三种结构现在应用于汽车中尚不完善，还有许多可以进行改进的空间。也正是因为现在的技术不完善，而市场需求度又不断扩大，越来越多的人才和资金会被吸引到智能汽车用深度摄像头之中，其市场与技术都将引来迅速的发展。

（3）在现有的探测外部环境的设备中，主要包括深度摄像头和激光雷达，然而，激光雷达具有价格太高的缺点，在推向市场进行普及时，深度摄像头相较于激光雷达更容易被企业所接受。当前，激光雷达系统的价格在3500～20000美元，而一个深度摄像头系统的价格在500美元以下，从价格上来说，后者占有非常明显的优势。从效果上来讲，深度摄像头的距离测量精度也能达到毫米级别。因此，可以预测深度摄像头的市场前景一片光明。

（四）数据检索

在检索时采用了关键词＋分类号限定的方法，使用了如下数据库以及分类号关键词。

（1）数据库：S系统、Patentics检索平台以及Incopat检索平台。

（2）分类号：B60、G05D 1、G08G 1、G06F 3、G06K 9、G06T、H04N 5、

G01、E01。

（3）关键词：3D 摄像头、3D 摄像机、照相机、3D 相机、深度摄像头、深度摄像机、深度照相、深度相机、三维摄像头、三维摄像机、三维照相机、三维相机、RGBD；

汽车、车辆、驾驶；

交通、倒车、障碍、避障、驾驶员、驾驶人、姿势、疲劳、姿态、手势、辅助、行人、防撞、停车、泊车、红灯、绿灯、交通灯、信号灯、车道、刹车、EBA、ASR、TCS、安全、道路、事故；

结构光、双目、飞行时间、TOF；

"3d" camera?、depth camera?、Three-Dimension + Camera?、Three Dimension + Camera?、"3d" sensor +、depth sensor +、Three-Dimension + sensor +、Three Dimension + sensor +、car?、vehicle?、automobile?、motor?、automotiv +; structur + light +、binocular、tof、time? of flight +; posture +、gesture?、hand-type?、pedestrian?、traffic light?、Traffic signal?、green light?、red light?、collision + or crash +、(traffic 3d line?)、Road line?、obstacle?、((Auxil + or assist +)5d(driv + or car or vehicle? or automobile? or motor? or automotiv +))、revers +、(driv +5d behav +)、(driv +5d saf +)、park +、fatigu +、(traffic 5d accident +)、EBA、ASR、TCS、ADAS、roadway +、lane? or brak +、(driver? 5d(car? or vehicle? or automobile? or motor? or automotiv +)、accident +。

截至本文的检索日期（2018 年 8 月），数据经标引后，全球专利申请为 970 项，中国专利申请为 548 件。

二、智能汽车用深度摄像头专利申请整体状况分析

深度摄像头是指能够感知被拍摄物体距离的摄像头，其能生成被拍摄物体的三维信息，真正达到感知外部环境的能力。而智能汽车用深度摄像头是指应用于智能汽车的深度摄像头，智能汽车通过深度摄像头所获知的距离信息，从而完成汽车辅助驾驶（ADAS）的各项要求。通过对智能汽车用深度摄像头的全球以及中国专利申请的整体状况进行梳理，得出申请趋势、主要申请人、申请区域以及技术主题等信息，以把握智能汽车用深度摄像头的整体发展状况以及发展趋势。

（一）智能汽车用深度摄像头全球专利申请整体状况分析

本小节通过梳理全球专利申请态势，以便了解全球智能汽车用深度摄像头的发展状况。通过前期的检索以及数据处理，得到全球共有 970 项相关专利申请。同族专利申请视为 1 项申请，其中以每个同族中的最早优先权日期为该申请的申请日。

1. 智能汽车用深度摄像头全球专利申请态势

从图 2－1 中可以看出，深度摄像头专利申请始于 1999 年；在 2008 年以前，年申请

量都维持在较低的数值（20 项及以下）且相对平稳；自 2008 年起，申请量逐步提升，至 2014 年年申请量已达 60 余项；从 2015 年起，申请量则迎来了快速增长，这种增长得益于中国申请人的大量申请。另外，由于 2016 年及以后的申请尚未完全公开，2016 年之后的申请量实际数据应比图中的多，分析可知从整体申请态势而言，相关申请仍然是处于增长阶段。从图中还可看出，在全球申请中，中国申请人自 2008 年起的申请量也呈现逐年上升的总体趋势，自 2015 年起则快速增长，至 2016 年在全球申请中贡献了较大比例。

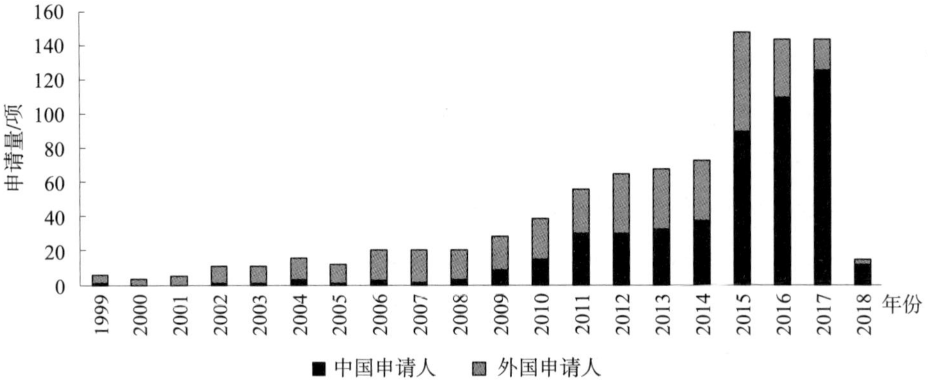

图 2-1 智能汽车用深度摄像头全球专利申请态势

从以上统计数据来看，可以将深度摄像头相关技术分为两个阶段：第一是技术起步阶段，第二是快速发展阶段。

第一阶段为 1999～2008 年，虽然对相关技术已经有所研究，但这时限制于硬件技术、成本、市场需求等方面的发展，专利申请数量并不多。但一些核心的构想在这一阶段就已经被提出，例如在 1999 年公开的 CN1218355A 中提出的汽车自动驾驶系统中，就已经提出双目摄像系统采用黑白 CCD 摄像机，并经过图形信号处理平台进行信号处理，系统软件进行图形处理、模板识别及控制等。但人们容易知晓：无论是摄像系统，还是用于信号处理、数据运算的系统，在这一时期的性能都是较低的，成本也是十分高的，这些因素显然制约了相关技术的研究、发展及应用。因此，在第一阶段虽然有相关专利申请，但是增速缓慢，因此这一阶段为萌芽期。

第二阶段为 2009 年至今，这一阶段相关技术的专利申请数量明显上升。一方面深度摄像头中最主要的图像传感器技术在不断进步，例如作为普通消费者即可感知近年来手机摄像头在像素等性能方面的提升，这在技术及成本上大大推动了深度摄像头在智能汽车上的研究、发展及市场化应用；另一方面，作为在智能汽车中用于图像处理及运算、控制等的处理器的性能，在此期间也不断发展，硬件技术逐渐成熟成本逐渐降低。在这一阶段，无人驾驶的智能汽车已经在试验中成功上路驾驶，例如百度于 2013 年开始研发的无人驾驶车在 2015 年 12 月已经实现城市、环路及高速道路混合路况下的全自动驾驶，还于 2018 年亮相央视春晚，在无人驾驶模式下完成“8”字交叉跑。[4] 可以预测，随着无人驾驶从试验到商用的发展，对深度摄像头及相关技术的要求还会有所提升，因此在目前及今后一段时期内，该领域相关专利申请仍然会有所增加。

2. 智能汽车用深度摄像头全球专利申请区域

图 2－2 反映了全球深度摄像头专利申请区域分布。从图中可以看出，向中、美、日、德、韩提出的专利申请最多［向世界知识产权组织（WIPO）提交申请需要进入国家阶段才能获得专利保护，因此这种申请不计在内］。就技术研发而言，以上国家或地区均有较强的、独立自主的汽车制造技术以及较强的半导体或汽车电子器件制造技术；另外，以上国家/地区也都是经济实力较强的区域，它们为智能汽车消费及深度摄像头的应用提供了较大的市场。从专利申请及保护的角度来看，作为创新主体的申请人期望深度摄像头技术能够在广阔的市场中获得保护，以便其积极参与当地市场的竞争。

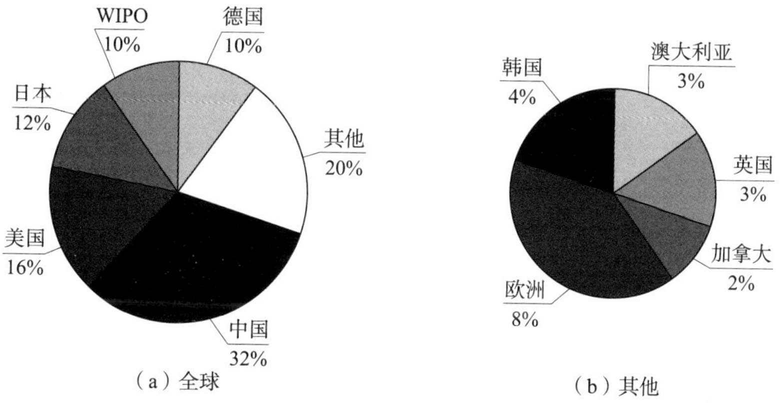

图 2－2　智能汽车用深度摄像头全球专利申请区域分布

进一步对不同国家/地区的申请人进行分析，图 2－3 示出了智能汽车用深度摄像头专利申请人国家/地区申请分布。可以看出，美国、德国、日本在全球的专利布局比较全面，而中国申请人主要布局在中国。对于德国、日本的申请人而言，在美国布局的专利比在中国的更多。结合图 2－4 所示的各技术主题按国家的分布，可知美国、德国、日本的技术主题更侧重于结构光及 TOF 技术，而中国则更侧重于双目视觉技术，德国、日本申请人的技术主题与美国申请人的技术主题更为接近，这可能导致在美国的技术竞争及技术保护方面有更多的需求，因此相关技术在美国进行了更多的专利布局。

表 2－1 统计了主要申请国家的专利申请人类型。通过该表可知，中国的申请人中大专院校、科研单位占了很大一部分比例，而在美国、德国、日本，则主要以企业申请为主。

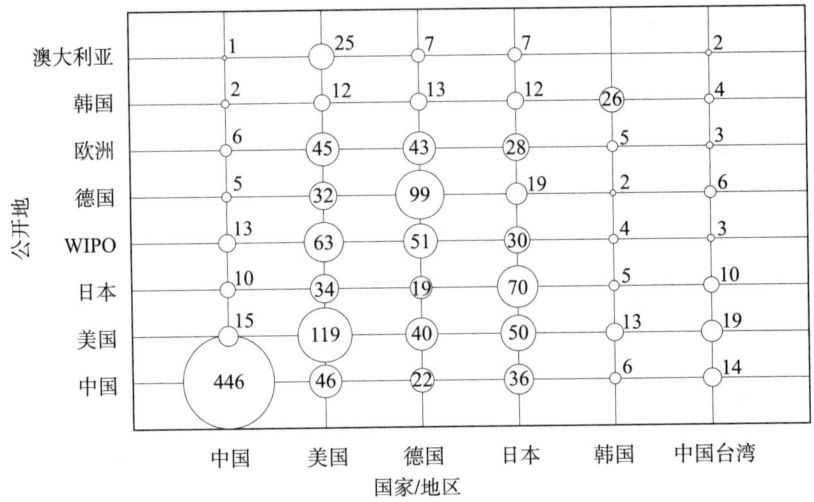

图2-3　智能汽车用深度摄像头专利申请人国家/地区申请分布

注：图中数字表示申请量，单位为项。

表2-1　智能汽车用深度摄像头主要国家专利申请人类型分析　单位：件

申请人类型	中国	美国	德国	日本
企业	204	86	98	61
大专院校	156	9	6	7
个人	43	12	0	7
科研单位	35	10	5	3
其他	12	12	3	5
总体	450	129	112	83

3. 智能汽车用深度摄像头全球专利申请主体

表2-2示出了全球申请人排名——博世、德国大陆集团在申请量上位居前列。然而由于深度摄像头还是出现的时间较晚，各企业的申请量差别并不大，但从专利申请数量分析并不能判断各企业的相关技术积累及专利布局。从表中还可看出，深度摄像头技术的研发者中有传统的汽车企业或汽车零部件企业，例如德国的大陆集团，日本的丰田、本田；也有高校、科研院所，例如中国的浙江大学、上海交通大学；还有少数则是半导体或电子器件企业，例如鸿海精密。

表2-2　智能汽车用深度摄像头全球专利申请人排名　单位：项

申请人	国别	申请量	申请人	国别	申请量
大陆集团	德国	14	浙江零跑科技	中国	7
博世	德国	14	武汉光庭科技	中国	6

续表

申请人	国别	申请量	申请人	国别	申请量
丰田	日本	12	浙江吉利	中国	6
本田	日本	11	浙江大学	中国	6
胡夫·许尔斯贝克和福斯特	德国	10	EDGE3 技术	美国	5
易福门电子	德国	10	卡波施交通公司	奥地利	5
矢崎总业株式会社	日本	10	微软	美国	5
奥迪	德国	9	高田	日本	5
上海交通大学	中国	9	南京航空航天大学	中国	5
北京万集科技	中国	9	吉林大学	中国	5
长安大学	中国	9	西南交通大学	中国	5
戴姆勒	德国	8	财团法人金属工业研究发展中心	日本	5
比亚迪股份	中国	8	宝马	德国	4
鸿海精密	中国	8	尼桑	日本	4
福特	美国	9	大众	德国	4
奇瑞汽车	中国	7			

4. 智能汽车用深度摄像头全球专利申请技术主题

由图 2－4 可知，在中国提交的深度摄像头的专利申请的技术主题中最多的是双目视觉，而在其他国家/地区提交的则以 TOF 或结构光为主。这主要是与申请人有关。例如美国、日本、德国等地的申请人，它们进入深度摄像头技术较早，因此早期集中于结构光和 TOF 技术并且后续有较多的技术延续；而中国申请人进入该领域相对较晚，此时由于摄像头传感器、芯片处理能力技术更加成熟且成本降低，使得不少中国申请人直接采取依赖于这两种技术的双目摄像头技术。

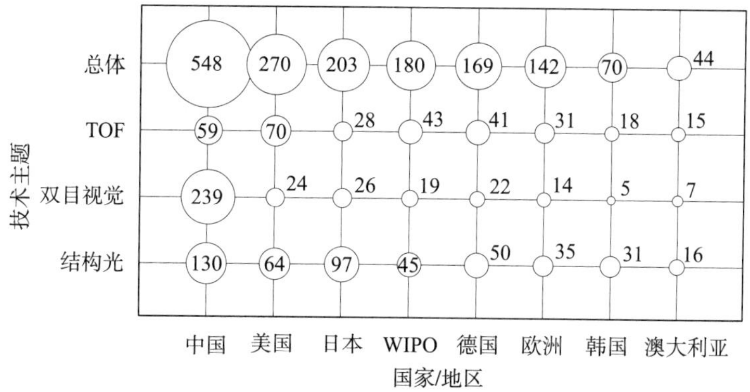

图 2－4　智能汽车用深度摄像头全球专利申请技术主题按国家/地区分布

注：图中数字表示申请量，单位为项。

图2－5示出了智能汽车用深度摄像头全球专利申请在智能汽车领域的应用情况。在车道保持、驾驶员监测以及障碍探测这三个领域，智能汽车用深度摄像头技术的应用分布较为平均；而在自动泊车领域的相关技术应用较少。

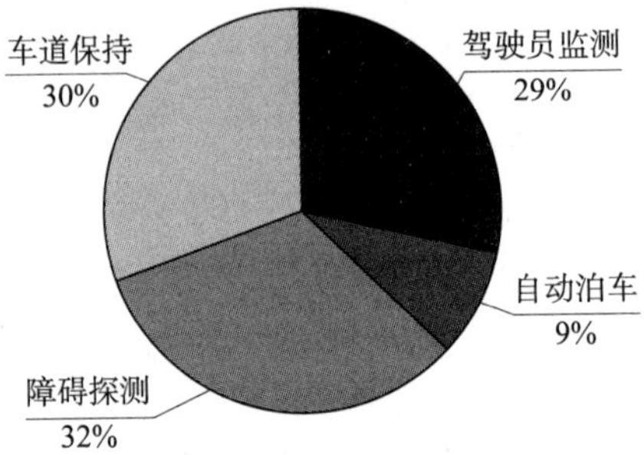

图2－5　智能汽车用深度摄像头技术全球专利申请应用分布情况

（二）智能汽车用深度摄像头中国专利申请整体状况分析

本小节梳理了中国专利申请态势，以了解中国智能汽车用深度摄像头的发展状况。通过前期的检索以及数据处理，检出中国共有548件相关专利申请。

1. 智能汽车用深度摄像头中国专利申请态势

图2－6反映了深度摄像头专利申请在中国的态势。从图中可以看出，自2009年起，在中国的相关申请总体呈现逐年增加趋势，在2015年则呈现大幅增长。由于2016年之后的申请并未全部公开，可以预期2016年后的申请仍保持着增加趋势。

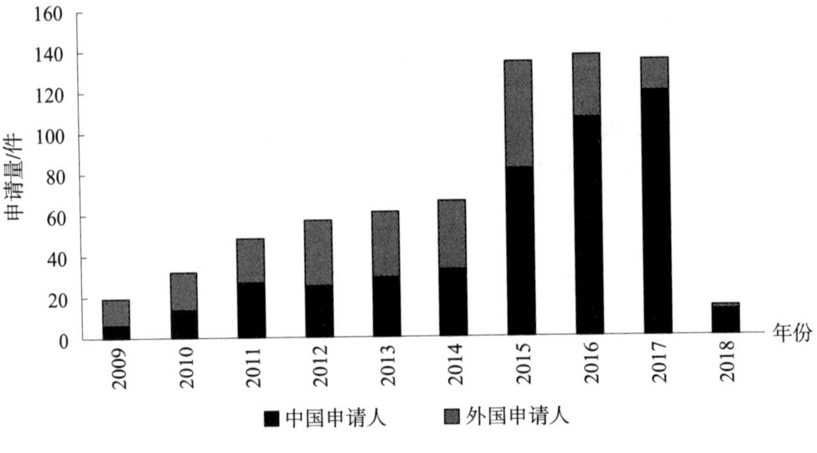

图2－6　智能汽车用深度摄像头中国专利申请态势

2. 智能汽车用深度摄像头中国专利申请区域

表2－3示出了相关中国专利申请按申请人国家/地区的分布。在向国家知识产权局递交的申请中，有460件由中国申请人提交，位列第一。其次是美国、日本、德国的申请，分别为44项、36项、22项。从绝对数量上看，中国申请人占了绝大多数，这主要

得益于近年来中国企业和科研院所对该技术的深入研究。

表 2－3　智能汽车用深度摄像头中国专利申请按申请人国家/地区分布

国家/地区	申请量/项
中国	460
美国	44
日本	36
德国	22
荷属安的列斯	8
澳大利亚	8
韩国	6
奥地利	5
阿根廷	4

表 2－4 示出了国内申请人的按地区申请量排名。进一步分析国内申请人的申请量地域分布，其中来自北京的申请最多（67 项），随后为依次广东、江苏、浙江、上海。申请集中于北京和长三角、珠三角地区，即我国创新能力最为活跃的地区。

表 2－4　智能汽车用深度摄像头国内申请中国专利申请区域分布

区域	申请量/件	区域	申请量/件
北京	67	吉林	9
广东	65	福建	9
江苏	49	广西	7
浙江	39	重庆	6
上海	31	河北	5
湖北	28	黑龙江	4
安徽	21	湖南	4
山东	18	云南	4
辽宁	17	江西	1
陕西	16	甘肃	1
四川	13	宁夏	1
台湾	12	新疆	1
天津	10	香港	1
河南	10		

3. 智能汽车用深度摄像头中国专利申请主体

表 2－5 示出了中国专利申请的申请人排名。在中国专利申请中，国内申请人占据了绝大多数，其中以汽车制造企业及高校为主；国外申请人中，汽车制造企业则占据绝大多数。从申请数量上看，并没有哪一个申请人占有绝对数量优势，意味着在这一领域存在多个创新主体。

表 2－5　智能汽车用深度摄像头中国专利申请人排名　　单位：件

申请人	申请量
上海交通大学	9
万集科技	9
长安大学	9

续表

申请人	申请量
比亚迪	8
奇瑞	7
浙江零跑科技有限公司	7
FORD GLOBAL（福特）	6
武汉光庭科技有限公司	6
浙江吉利集团	6
浙江大学	6
TAKATA CORP（高田）	4

4. 智能汽车用深度摄像头中国专利申请技术主题

图2－7中统计了不同国家的申请人在中国的专利申请技术主题分布。从中可以看出，在向中国递交的专利申请中，中国申请人在双目视觉相关的技术主题下的专利申请最多，而美国、德国、日本等地的申请人则主要在结构光和TOF下有一定量申请，但在双目视觉领域的申请较少。

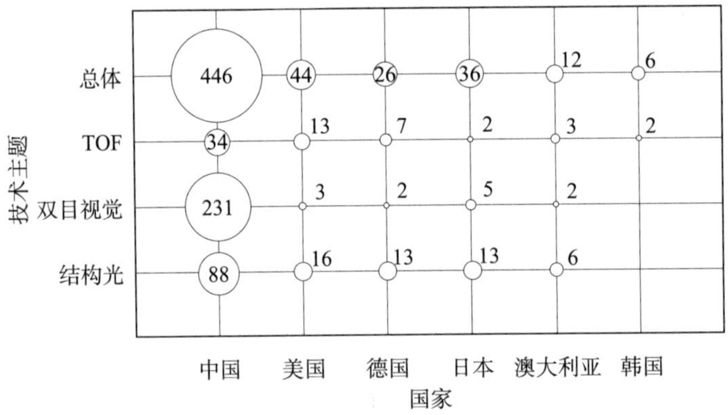

图2－7　智能汽车用深度摄像头不同国家申请人在中国的专利申请技术主题分布

注：图中数字表示申请量，单位为件。

（三）小结

本节分析了智能汽车用深度摄像头的专利申请总体状况。从全球智能汽车用深度摄像头的申请趋势来看，2015年出现了爆发式的增长，而该增长也是得益于中国申请人的大力推动，深度摄像头也由此进入了快速发展的阶段。同时，中国专利申请也是在2015年出现了大规模的增长，中国申请人的专利申请大多数布局在中国，较少数布局于海外。

从全球智能汽车用深度摄像头的专利申请人排名来看，各主要申请人的申请量相差不大，主要是因为深度摄像头本身还是比较新颖的结构，各大车企以及研究单位的研究才刚刚起步，尚处于专利的发展期，这也给了中国申请人进入该领域全球层面的机会。中国申请人可以通过专利导航提前布局，谋求后期的发展。从中国专利方面来看，企业和大专院校正在该领域积极申请专利，申请量增长迅速，说明业界普遍看好深度摄像头的发展前景。

从全球智能汽车用深度摄像头的专利申请区域来看，申请国主要是来自中国、美国、日本、德国，目标国主要是中国和美国。日本和德国作为汽车强国的身份促使两国跻身前列。

三、智能汽车用深度摄像头关键技术专利分析

在完成了对全球专利申请和中国专利申请的整体状况分析的基础上，继续梳理出智能汽车用深度摄像头的技术发展脉络，并通过技术功效矩阵来分析深度摄像头的三种结构所最擅长的应用场景，通过重要申请人的专利布局情况来进一步寻找关键技术，最后通过分析重要申请人的核心专利来仔细探究重要申请人在智能汽车用深度摄像头的专利布局情况。

（一）智能汽车用深度摄像头技术路线

通过对汽车行业重要供应商和整车制备商进行梳理，然后结合专利申请量、专利申请的同族数量、申请时间、专利公开的技术手段信息确定重要申请人的重要专利，再对这些重点专利进行梳理。从功能上划分，在智能汽车深度摄像头的应用场景中，主要是划分为如下几种场景：驾驶员监测、自动泊车、障碍探测与车道保持。图 3 –1 示出了深度摄像头的主要应用场景。

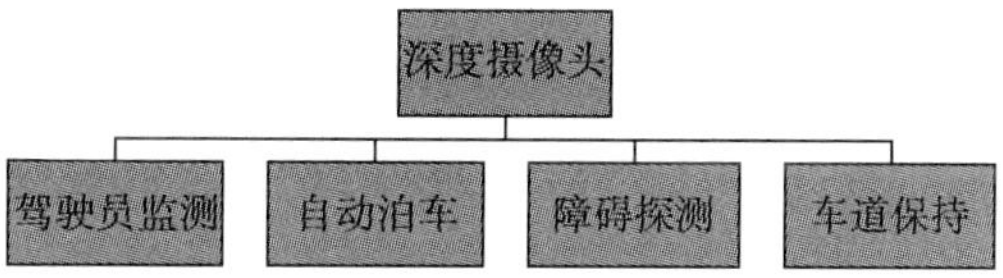

图 3 –1　深度摄像头的主要应用场景

通过使用分类号以及关键词进行检索后，再通过专利公开的技术方案、同族数量、申请人以及被引用频次等特征筛选出重点专利，然后对智能汽车用深度摄像头在上述四个应用场景的重点专利进行梳理，整理出智能汽车用深度摄像头的发展脉络，如图 3 –2 所示。下面分别从四个应用场景的角度出发，进行解读。

（1）驾驶员监测，主要是监测驾驶员在驾驶过程中有无疲劳驾驶的情况。此项功能主要是应用于长途汽车或者长途货车中，以保证驾驶员是在精力充沛的情况下驾驶汽车，保证驾驶安全。驾驶员监测还可以根据驾驶员的手势，让汽车完成相应的命令，比如通过手势完成手机与蓝牙的连接，以拨打电话。高田在 2008 年申请了专利 CN101153798A，其公开了通过 3D 深度摄像头来提醒驾驶员集中精力驾驶，避免因为注意力下降、反应迟钝或不良习惯导致交通事故，然而在专利文本中，没有公开具体的 3D 深度摄像头的类

型；EDGE3 在 2010 年申请了专利 US20110286676A1，其公开了通过机器学习以及 3D 摄像头来分析手势，以帮助驾驶员更好地使用车内的娱乐系统，防止传统方法中由于需要点击按键而造成驾驶注意力下降的问题，在该申请中使用的 3D 摄像头为 TOF 摄像头；胡夫在 2014 年申请的专利 CN104919333A 公开了通过 TOF 摄像头来快速判断驾驶员的操作意图；比亚迪在 2013 年申请的专利 CN104182742A 公开了使用 TOF 摄像机来判断驾驶员的头部姿态，具有检测快速精确，受环境光影像小的优点；日本矢崎总业株式会社在 2017 年申请的专利 JP2017097608A 公开了使用 TOF 摄像头对驾驶员手势进行识别，提高了识别精度。从驾驶人监测的技术路线来说，几乎所有的厂商都选择了 TOF 摄像头的技术方案，因其具有受环境影响小，响应速度快的优点。

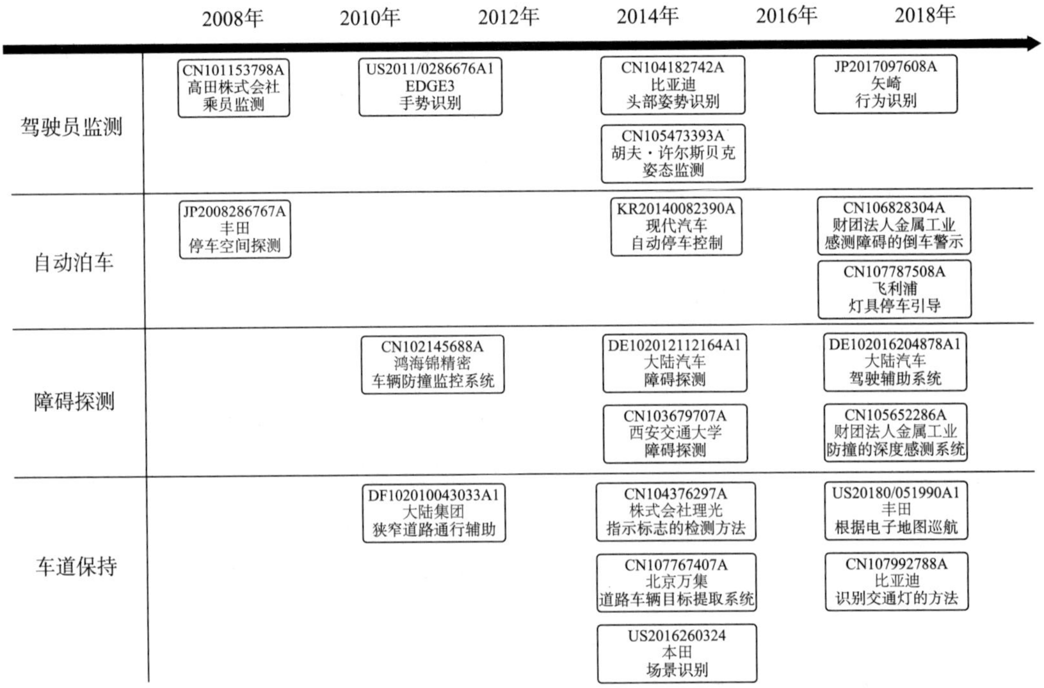

图 3－2　智能汽车用深度摄像头专利技术发展路线图

（2）自动泊车，是指汽车在试图停在某处时，能自动识别停车位，首先判定该停车位能否停下该汽车，然后通过自动的汽车轨迹控制，以使汽车能够安全、快速、准确地停放在停车位之中。丰田公司在 2008 年申请的专利 JP2008286767A 公开了使用 TOF 摄像头以对车辆周围空间进行探测，然后控制车辆以适当的方式自动泊车到预定空间中；博世在 2008 年申请的专利 EP2081167A 公开了一种通过 3D 摄像头进行自动泊车的方法，但没有公开具体的 3D 摄像头类型；现代汽车在 2014 年申请的专利 KR20140082390A 公开了通过 3D 摄像头对地理信息进行测量，然后计算出汽车需要进行的操作，以将车辆停靠到相应位置中，但没有公开 3D 摄像头的类型；JDS UNIPHASE 在 2013 年申请的专利

US2014240692A 公开了一种使用 TOF 摄像头进行停车辅助的方法。

（3）障碍探测，主要是指汽车在行驶过程中，能探测出危险信号并发出报警信号，以达到安全驾驶的目的，例如，在前方突然出现行人时，能自动报警并主动刹车；在与前方车辆的车距过近时，也能够发出报警信号，并通过主动的刹车控制来避免交通事故。鸿海精密在 2010 年申请的专利 CN102145688A 公开了一种利用 TOF 摄像头对车辆前方的被摄物体与车辆之间的距离进行判定的方法，当距离小于安全车距时，控制警示灯并发出声音警告，接着再进行自动刹车的操作；大陆汽车在 2012 年申请的专利 DE102012112164A 公开了一种使用 3D 摄像头探测障碍物的方法，障碍物本身的高度信息能被准备测量，以衡量车辆是否能够通过；西安交通大学在 2013 年申请的专利 CN103679707A 公开了一种基于双目摄像头进行障碍物探测的系统；大陆汽车在 2013 年申请的专利 DE102016204878A 公开了行车辅助系统，采用双目摄像头对碰撞进行警示，以达到安全驾驶的目的；财团法人金属工业在 2014 年申请的专利 CN105652286A 公开了使用结构光摄像头对车辆周边的物体进行拍摄，然后判断其是否会影响行车安全，当存在风险时，及时报警以确保驾驶员能处理；财团法人金属工业在 2015 年申请的专利公开了运用结构光摄像头在倒车时进行预警，提高倒车的安全性；丰田公司在 2016 年的专利申请 US2018051990A 公开了使用 TOF 摄像头在车辆周围的物体进行位置测量，以防止车辆碰撞障碍物。

（4）车道保持，是指汽车在无人操作的环境下，在自己的车道进行巡航，并且在前方有车辆时，还能自动切换车道，以达到超车或者避车的目的，只是为汽车输入一个目的地之后，汽车自动寻找路线到达目的地，是属于比较高级的辅助驾驶技术。大陆集团在 2010 年申请的专利 DE102010043033A 公开了一种使用结构光摄像头进行车道保护的技术，使用车头灯对道路进行照明以帮助结构光摄像头更好的识别车道；理光在 2013 年申请的专利 CN104376297A 公开了使用双目摄像头对道路标志进行检测，以帮助驾驶员准确获取道路信息；大陆汽车在 2013 年申请的专利公开了使用双目摄像头以进行车道保持；本田汽车在 2015 年申请的专利 US2016260324A1 公开了使用 3D 摄像头以进行辅助驾驶，保证车辆行驶在车道的正确位置；北京万集在 2016 年申请的专利 CN107767407A 使用了 TOF 摄像头以进行道路车辆目标提取的系统；比亚迪在 2016 年申请的专利 CN107992788A 公开了一种通过 TOF 摄像头进行交通灯识别的系统，从而筛选出正确的形成道路。

从图 3 - 2 可知，在驾驶员监测和自动泊车领域，专利布局时间较早，而在障碍探测以及车道保持领域，专利布局时间较晚，并且在这些重要专利中，日本和德国企业的专利布局较为完善，在各个领域均有布局。在驾驶员检测中，大家主要选择 TOF 摄像头进行手势识别，这是因为在驾驶室内，TOF 摄像头具有速度快，受环境光影响较小的优点；在自动泊车领域，其摄像头的选择范围更宽，其主要解决的技术问题是通过计算机控制车辆以能够正确的停到相应的空间；在障碍探测的技术领域，三种方式的深度摄像头均有公开，并且在该领域也是各大企业研究比较多的领域；在车道保持领域，其起步的时间较晚，企业针对行车标识、车道线等进行了3D识别，以帮助车辆更好的保持在相应的车道中。

（二）智能汽车用深度摄像头技术功效分析

从图3－3可知，在智能汽车辅助驾驶类应用时，双目视觉深度摄像头都有比较广泛的应用，由此可知，当前采用双目视觉深度摄像头是比较成熟的选择，也是大多数企业的选择。其次是通过结构光深度摄像头来完成各项驾驶辅助的应用，采用TOF深度摄像头的应用较少。针对每一种具体的结构，其中TOF深度摄像头在驾驶员监测、自动泊车、车道保持方面的应用大致相当；双目视觉深度摄像头主要应用于自动泊车；结构光深度摄像头主要应用于车道保持。在当前各主要应用中，驾驶员监测、障碍探测以及车道保持采用深度摄像头的方案较多；而在自动泊车中，采用深度摄像头的方案较少。

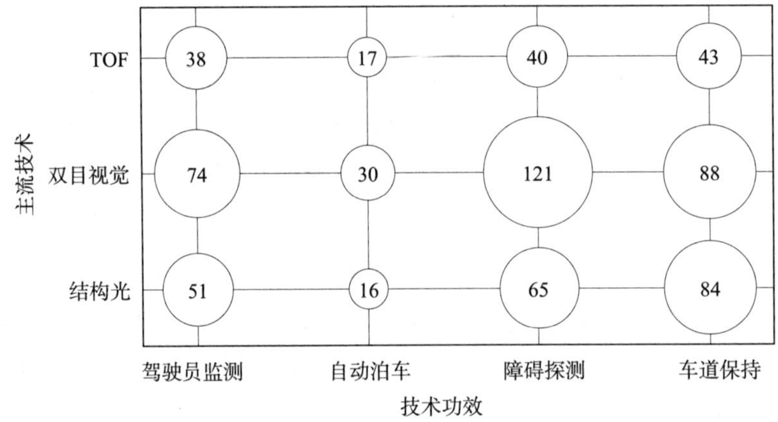

图3－3　智能汽车用深度摄像头技术功效分析

注：图中数字表示申请量，单位为项。

（三）重要申请人专利技术分布

从图3－4可知，在各重要申请人针对深度摄像头的布局中，各大企业基本都在障碍探测、驾驶员监测、车道保持中运用了深度摄像头方案进行了专利布局，而在自动泊车中，采用深度摄像头的方案较少。进一步分析重要申请人的区域信息，其中，日本、美国排名靠前的申请人基本都是整车制备企业；而德国的主要是博世和大陆汽车，都是整车制备商的重要的零部件供应商；在中国，主要是北京万集和整车制备企业比亚迪，而比亚迪在智能领域也进行了多年的布局。

通过进一步分析这些重要申请人申请的专利所公开的技术方案，可以明确其技术发展路线。例如在障碍探测领域，德国的大陆汽车通过3篇专利来构建比较完整的布局，其中，EP2752348A1公开了主要应用于行车过程中车距的控制，通过3D摄像头判断车距，防止追尾事故的发生；WO2016059451A1 公开了通过 3D 摄像头向驾驶员展示车辆与车道边缘或附近的障碍物的距离，防止车辆与周围的车辆或者是障碍物剐蹭；WO2013034138A1 公开了通过 3D 摄像头预判前方道路的通过性。因此，通过将 3D 摄像头应用在不同的具体场景，对障碍探测需要解决的技术问题都进行了比较全面的保护。

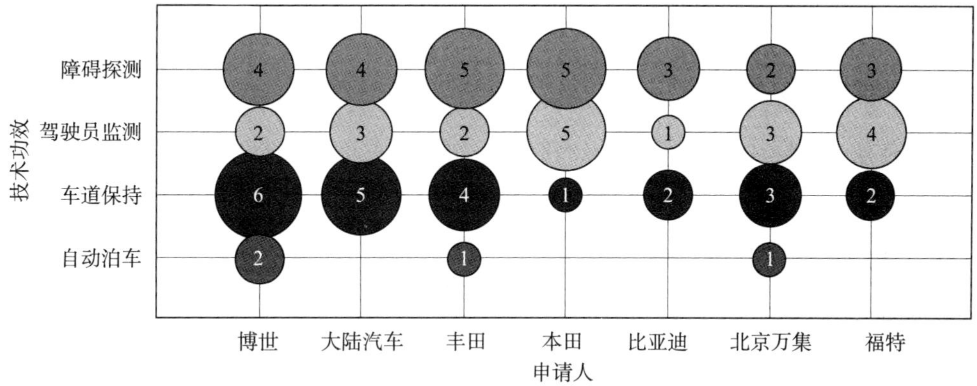

图 3－4　智能汽车用深度摄像头重要申请人在辅助驾驶应用中的布局

注：图中数字表示申请量，单位为项。

比亚迪在 2017 年 3 月 2 日申请了 4 件关于车辆自动控制方法的专利，通过在车辆的前方、后方增加 3D 摄像头，对车辆前方车辆、车辆后方车辆、车道线、行车标识进行识别，从而控制车辆的运动参数，对巡航进行准确控制，提高行车安全。

图 3－5 是各个重要申请人所采用的深度摄像头方案对比，非常明显的便是中国申请人万集科技和比亚迪都是采用了 TOF 深度摄像头方案进行辅助驾驶的实现。日本的丰田也主要是采用 TOF 的技术方案，而本田最主要是采用结构光和双目视觉的技术方案。德国的博世主要是采用了结构光深度摄像头进行辅助驾驶类应用，大陆汽车在各个深度摄像头之间的布局较为均衡。美国的福特尚未明确使用 TOF 进行辅助类驾驶。

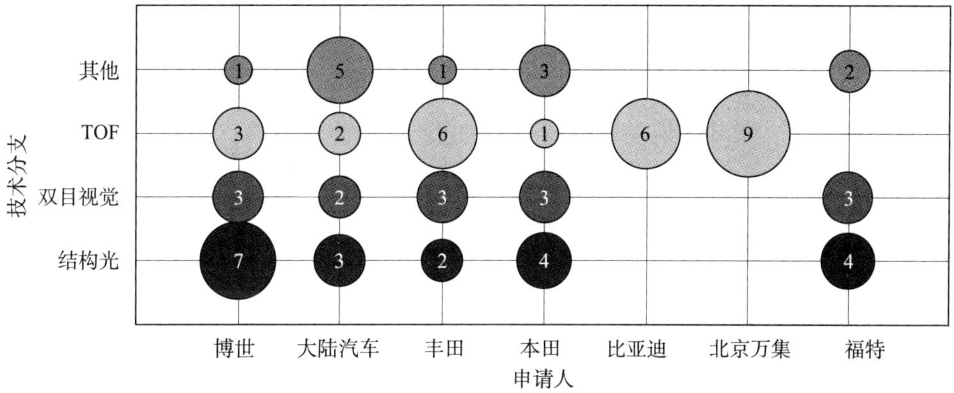

图 3－5　重要申请人在智能汽车用深度摄像头中的专利布局

注：图中数字表示申请量，单位为项。

（四）小结

本小节分析了智能汽车用深度摄像头的关键技术发展脉络、技术功效矩阵、重要申请人的技术分布以及重点专利，从而由趋势到具体，从面到点，逐步聚焦，获取了各种类型的深度摄像头在智能汽车领域中的应用情况，从而获知在不同的应用情况下，何种类型的深度摄像头具有技术优势以及当前的研发热点，再进一步通过重点申请人的技术路线分析获知行业领跑者技术动向，有利于汽车领域申请人或者是深度摄像头供应商从专利分析中提前明确其技术发展方向与脉络以及技术要求，从重点领域以及重点方向上进行技术研发，了解行业方向，以在相应重点领域进行技术研发以及专利布局。

四、总结与建议

（一）总结

（1）智能汽车用深度摄像头当前专利申请总量不高，然而从2015年开始，专利申请数量进入快速增长期，尤其是大量中国申请人开始进入到该领域进行专利布局。

（2）在智能汽车用深度摄像头全球专利申请中，德国和日本是技术的领跑者，其申请的时间早，申请的数量高，已经开始在智能汽车用深度摄像头领域谋求专利布局，并且这两个国家都积极在中国和美国布局专利。

（3）在智能汽车用深度摄像头中国专利申请中，比亚迪、北京万集以及诸如上海交通大学等高校已经开始在该领域谋求专利布局，并且比亚迪和北京万集都是采用的TOF方案的深度摄像头。

（4）中国申请人当中，大专院校占比与企业相当，并且高校使用了各种类型的深度摄像头进行了多种驾驶辅助类的应用。

（二）建议

（1）当前全球专利申请总量不高，重要申请人的专利申请数量也不多，说明该领域作为新兴技术领域，专利围墙尚未形成。已经有相当数量的中国申请人在该领域申请了专利，中国企业应当积极谋划在该领域的技术发展以及专利布局，以占领先机。

（2）德国和日本作为当前的技术领跑者，中国企业可以从它们的重点申请人的技术发展方向上学习借鉴，并通过技术合作的方式以帮助提升自己在该领域的技术实力。

（3）中国的重要申请人当前已经在TOF深度摄像头方面开始进行专利布局。其中有汽车整车制备厂商如比亚迪、吉利等公司，也有一些方案提供商如鸿海精密、北京万集等。在当前国际环境对中国制造进行一些技术封锁的情况下，整车制备厂商可以和方案提供商相互合作，以提升技术实力，节省技术开发成本。

（4）中国大量高校已经开始在该领域进行了研究并且申请了相当数量的专利，中国企业可以从高校公开的专利中寻求相应的高校进行重点合作，以达到事半功倍的效果。

参考文献

[1] Super D 超多维科技．深度感知解决方案：深度摄像头的三种主流技术优劣对比 [EB/OL]. [2017－08－28]. https://www.sohu.com/a/167779271_323700.

[2] Sensors and Data Management for Autonomous Vehicles Report 2015 [EB/OL]. [2015－10－31]. https://www.i-micronews.com/category-listing/product/sensors-and-data-management-for-autonomous-vehicles-report-2015.html.

[3] 风行证券．重磅丨你是车的眼 带我领略未来的汽车——智能汽车深度报告之传感器 [EB/OL]. (2017－06－15) [2018－08－15]. http://www.sohu.com/a/149189877_276701.

[4] 百度无人驾驶汽车 [EB/OL]. [2018－08－15]. https://baike.baidu.com/item/百度无人驾驶汽车.